土木工程材料

TUMU GONGCHENG CAILIAO

唐朝晖　程　瑶　丁文霞　徐光黎　编

中国地质大学出版社
ZHONGGUO DIZHI DAXUE CHUBANSHE

图书在版编目(CIP)数据

土木工程材料/唐朝晖,程瑶,丁文霞,徐光黎编.—武汉:中国地质大学出版社,2011.2
ISBN 978-7-5625-2591-2

Ⅰ.①土…
Ⅱ.①唐…②程…③丁…④徐…
Ⅲ.①土木工程-建筑材料-高等学校-教材
Ⅳ.①TU5

中国版本图书馆 CIP 数据核字(2011)第 023694 号

土木工程材料　　唐朝晖　程　瑶　丁文霞　徐光黎　编

责任编辑:段连秀　　责任校对:戴　莹

出版发行:中国地质大学出版社(武汉市洪山区鲁磨路 388 号)　　邮政编码:430074
电　话:(027)67883511　　传　真:67883580　　E-mail:cbb @ cug.edu.cn
经　销:全国新华书店　　http://www.cugp.cn

开本:787 毫米×1 092 毫米 1/16　　字数:440 千字　印张:17
版次:2011 年 2 月第 1 版　　印次:2011 年 2 月第 1 次印刷
印刷:武汉教文印刷厂　　印数:1—3 000 册

ISBN 978-7-5625-2591-2　　定价:32.00 元

前　言

“土木工程材料”是土木工程专业的主干课程之一。由于国家本科专业目录的调整，现有的土木工程专业涵盖原有的建筑工程、桥梁工程、地下工程及岩土工程等专业，原有的《建筑材料》教材（1999年编）已不能满足国家拓宽专业口径的要求。同时，由于近年来土木工程材料技术和产品不断创新，有关标准和规范已更新。根据社会和科学技术的发展，重新编写了该书，并更名为《土木工程材料》。

本书内容包括：绪论、土木工程材料的基本性质、气硬性胶凝材料、水泥、混凝土、建筑砂浆、土木工程用钢材、沥青和沥青混合料、土工合成材料、木材、砌筑材料、建筑装饰材料和土木工程材料实验共13章。全书在编写过程中力求使教材能理论联系实际、内容精练、重点突出。在内容安排上注意深度与广度的结合，既重点介绍了水泥、水泥混凝土，又全面、广泛地介绍了各种土木工程材料的基本知识及其发展、新材料、新技术等，以利于各类专业合理选择教学内容；并按新标准、新规范要求改写了有关内容，如通用硅酸盐水泥（GB175－2007）等。同时加强了环保意识，删除了某些传统的日趋淘汰的产品，如黏土瓦、煤沥青及其制品、毒性较大的溶剂型涂料等；加强了若干新概念的内容，如绿色混凝土、高性能混凝土等，并特别增加了在水利水电工程与岩土工程等工程建设中日益广泛使用的土工合成材料。

本书由中国地质大学（武汉）唐朝晖、程瑶、徐光黎及湖北交通职业技术学院丁文霞编写。具体分工为：唐朝晖，第一、二、三、四章和第十三章第一至第四节；程瑶，第五、六、十、十一、十二章和第十三章第五至第八节；丁文霞，第七、八章和第十三章第九、十节；徐光黎，第九章。全书由唐朝晖、程瑶统编、定稿。

由于土木工程材料的发展日新月异，加之编者水平的局限性，本书难免有谬误之处，敬请广大读者批评指正。

编　者

2010年10月

目 录

第一章　绪　论

土木工程材料是指土木工程中使用的各种材料及制品，它是一切土木工程的物质基础。一般来说，优良的土木工程材料必须具备足够的强度，能够安全地承受设计荷载；自身的重量以轻为宜，以减少下部结构和地基的负荷；具有与使用环境相适应的耐久性，以便减少维修费用；用于装饰的材料，应能美化房屋并产生一定的艺术效果；用于特殊部位的材料，例如，屋面材料要能隔热、防水；楼板和内墙材料要能隔声等。除此以外，土木工程材料还应尽可能保证低能耗、低物耗及环境友好。

第一节　土木工程材料分类

土木工程材料的发展经历了漫长的社会生产实践和科学研究历程，已经形成了一个庞大的品种繁多、组成各异、用途不一的复杂的材料体系。为了使用、研究和论述的方便，经常从不同的角度对其进行分类。通常是按土木工程材料的化学组成、使用功能和用途进行分类。

一、按土木工程材料的化学组成分类

通常可以分为有机材料、无机材料和复合材料三大类，见表1-1。

表1-1　土木工程材料按化学成分分类

<table>
<tr><th colspan="3">分　类</th><th>实　例</th></tr>
<tr><td rowspan="7">无机材料</td><td rowspan="2">金属材料</td><td>黑色金属</td><td>钢、铁及其合金、合金钢、不锈钢等</td></tr>
<tr><td>有色金属</td><td>铝、铜、铝合金等</td></tr>
<tr><td rowspan="5">非金属材料</td><td>天然石材</td><td>砂、石及石材制品等</td></tr>
<tr><td>烧土制品</td><td>黏土砖、瓦、陶瓷制品等</td></tr>
<tr><td>胶凝材料及制品</td><td>石灰、石膏及其制品、水泥及混凝土制品、人造石材等</td></tr>
<tr><td>玻璃</td><td>普通平板玻璃、特种玻璃等</td></tr>
<tr><td>无机纤维材料</td><td>玻璃纤维、矿物棉等</td></tr>
<tr><td rowspan="3">有机材料</td><td colspan="2">植物材料</td><td>木材、竹材、植物纤维及制品等</td></tr>
<tr><td colspan="2">沥青材料</td><td>煤沥青、石油沥青及其制品等</td></tr>
<tr><td colspan="2">合成高分子材料</td><td>塑料、涂料、胶粘剂、合成橡胶、土工合成材料等</td></tr>
<tr><td rowspan="3">复合材料</td><td colspan="2">有机与无机非金属材料复合</td><td>聚合物混凝土、玻璃纤维增强塑料等</td></tr>
<tr><td colspan="2">金属与无机非金属材料复合</td><td>钢筋混凝土、钢纤维混凝土等</td></tr>
<tr><td colspan="2">金属与有机材料复合</td><td>PVC钢板、有机涂层铝合金板等</td></tr>
</table>

二、按土木工程材料在建筑物中的使用功能分类

根据材料在土木工程中的部位或使用性能，大体可分为三大类，即土木工程结构材料（如钢筋混凝土、预应力混凝土、沥青混凝土、水泥混凝土、路面基层及基底层材料等）、墙体材料（如砌墙砖、加气混凝土砌块等）和土木工程功能材料（如吸声材料、装饰材料、耐火材料等）。

1. 土木工程结构材料

土木工程结构材料主要是指构成土木工程结构受力构件和结构所用的材料，如梁、板、柱、基础、框架及其他受力构件和结构等所用的材料。对这类材料主要技术性能的要求是要有足够的强度和耐久性。目前所用的主要结构材料有砖、石、水泥、水泥混凝土及两种材料的复合物——钢筋混凝土和预应力钢筋混凝土、沥青和沥青混凝土等。在相当长的时期内，钢材、钢筋混凝土及预应力混凝土仍是我国土木工程中的主要结构材料；沥青、沥青混凝土、水泥混凝土、无机结合料稳定基层及基底层则是我国交通土建工程中的主要路面材料。随着工业土建事业的发展，轻钢结构、铝合金结构、复合材料、合成材料占有的比重将会逐渐加大。

2. 墙体材料

墙体材料是指建筑物内外及分隔墙体所用的材料，有承重和非承重两类。目前，我国大量采用的墙体材料为砌墙砖、混凝土及加气混凝土砌块等。此外，还有混凝土墙板、石膏板、金属板材和复合墙体等，特别是轻质多功能的复合墙板发展较快。

3. 土木工程功能材料

土木工程功能材料主要是指担负某些建筑功能的非承重用材料，如防水材料、绝热材料、吸声材料、装饰材料、耐火材料、采光材料等。这些材料的品种、形式繁多，功能各异，随着国民经济的发展以及人民生活水平的提高，这类材料会越来越多地应用于土建结构物上。

一般来说，土建结构物的可靠度与安全度主要由土木工程材料组成的构件和结构体系所决定，而土建结构物的使用功能与品质主要取决于土木工程功能材料。此外，对某一种具体材料来说，它可能兼有多种功能。

第二节　土木工程材料在土木工程中的地位

土木工程材料是土木工程的物质基础，土木工程的发展与土木工程建造技术的进步有着不可分割的联系，它们相互制约、相互依赖和相互推动。新型土木工程材料的诞生推动了土木工程设计方法和施工工艺的变化，而新的土木工程设计方法和施工工艺对土木工程材料品种和质量提出了更高的多样化的要求。一种新型土木工程材料的出现，必将促进土木工程结构设计和施工技术的革新。提高土木工程材料的强度，则在相同承载力下构件的截面尺寸可以减小，自重也随之降低。材料的重量减轻，不仅构件自重小，而且在相同的运输能力下，构件和制品的尺寸就可增大。如果采用轻质大板、空心砌块取代传统的烧结普通砖，既减轻了墙体自重，又改善了墙体的保温性能。采用轻质高强土木工程材料可以使整个建筑物的重量大大降低，从而使建筑物的下部结构和地基的负荷相应减少，抗震能力增强。同时，也有利于机械化施工，加快工程施工进度。例如，武汉世界贸易广场原设计为 54 层，后采用新型 C60 混凝土材料，将原设计高度“拔高”了 4 层，变成了现在的 58 层，创下了国内建筑业的一项奇迹。

随着社会生产力的发展和人民生活水平的提高，对土木工程在功能方面提出了各种各样的新要求，这反过来又将促进土木工程材料的发展。例如，现代高层建筑和大跨度结构需要高强轻质材料；化学工业厂房、港口工程、海洋工程等需要耐化学腐蚀材料；建筑物下部结构、地铁和隧道工程等需要高抗渗防水材料；建筑节能需要高效保温隔热材料；严寒地区的工程需要高抗冻性材料；核工业发展需要防核辐射材料；为使建筑物满足美观的要求，则需要各种绚丽多彩的装饰材料等等。

土木工程生产活动中，土木工程材料不但使用面广、用量大、规格多，而且经济性强，直接影响工程建设项目的造价。据统计，一般土木工程的总造价中材料费用占一半以上，并呈上升趋势。因此，在土建工程中，按照建筑物对材料功能的要求及其使用时的环境条件，正确合理地选用材料，做到材尽其能，物尽其用，这对于节约材料，降低工程造价，提高基本建设的技术经济效益，具有重大的意义。

第三节　土木工程材料的发展

材料科学和材料本身都是随着社会生产力和科技水平的提高而逐渐发展的。自古以来，我国劳动者在土木工程材料的生产和使用方面曾经取得了许多巨大成就。在上古时期，人类居于天然山洞或树巢中，随后逐步采用黏土、石、木等天然材料建造房屋。例如，距今 18 000 年前的北京周口店山顶洞人，仍是住在天然岩洞里；而在距今约 6 000 年的西安半坡遗址已是采用木骨泥墙建房，并发现有制陶窑场。后来，人们开始大量利用天然材料制造各种复合土木工程材料，为较大规模建造土木工程创造了基本条件。如公元前 7 世纪开始修建的万里长城，所使用的砖石材料就达 $1\times10^8 m^3$。在不断的建筑实践中，人们在建材生产、施工和使用方面的智慧和技巧都在不断地提高。

建国以来，特别是改革开放以后，我国土木工程材料生产得到了更迅速的发展。钢材已跻身于世界生产大国之列；水泥工业已由解放前年产量不足百万吨的单一品种，发展为品种、强度等级齐全，年产量突破 $4\times10^8 t$ 的水平；陶瓷材料也由过去的单一白色瓷器发展到有上千种花色品种的陶瓷产品，而且生产的高档配套建筑、卫生陶瓷已可满足高标准建筑的需要；我国的玻璃工业也发展很快，普通玻璃已由建国初期年产仅 108 万标箱发展到 1 亿余标箱，且能生产功能各异的新品种。随着生活水平的提高和住房条件的改善，建筑装饰材料更是丰富多彩，产业蓬勃兴旺。

近几年来，我国的水泥、平板玻璃、建筑卫生陶瓷和石墨、滑石等部分非金属矿产品的产量已跃居世界第一。我国的水泥产量已占世界总产量的 33%(2002 年)，平板玻璃占 30.8%(2001 年)，建筑陶瓷占 50%(2006 年)，卫生陶瓷占 30%(2006 年)，是名副其实的建材生产大国。但是，必须看到，我国建材行业的总体科技水平、管理水平还是比较落后，主要表现在：能源消耗大，劳动生产率低；产业结构落后，污染环境严重；集约化程度低，科技含量低；市场应变能力差等，因此，我国建材工业还处于“大而不强”的状态。针对此种情况，建材主管部门提出了建材工业“由大变强，靠新出强”的跨世纪发展战略。具体总目标是：从现在起力争用 30～40 年时间，逐步把建材工业建设成具有国际竞争能力，适应国民经济高度发展的现代化原材料及制品工业，和建筑业一起成为国民经济的支柱产业。这个总目标的内容包括：

(1)建设具有我国特色的现代化的新技术结构，着力发展新技术、新工艺、新产品。

(2)建设起高效益的新产业结构，实现由一般产品向高质量产品，低档产品向中、高档产品，单一产品向配套产品的转变，使产品结构适应需求变化。

(3)建立新的现代化管理体制和制度。

(4)塑造一支适应现代化建设要求的新队伍。

因此，到21世纪，我国的建材工业必将会发展得更快，其产品的品种、质量和产量可极大地满足我国建设事业蓬勃发展的需要。

随着人类的进步和社会的发展，更有效地利用地球有限的资源，全面改善及迅速扩大人类工作与生存空间势在必行，未来的土木工程材料必将需要在各种苛刻的条件下，实现多功能化，甚至智能化，满足愈来愈多的安全、舒适、美观、耐久的要求。土木工程材料在原材料、生产工艺、性能及产品形式诸方面均将面临可持续发展和人类文明进步的严酷挑战。今后，在原材料方面，要最大限度地节约有限的资源，充分利用再生资源及工农业废料；在生产工艺方面，要大力引进现代技术，改造或淘汰陈旧设备，降低原材料及能源消耗，减小环境污染；在性能方面，要力求轻质、高强、耐久及结构-功能一体化；在产品形式方面，要积极发展预制技术，逐渐提高构件化、单元化的水平。当前具有感知、自调节、自修复能力的土木工程材料的开发研制以及各种机敏或智能化材料在土木工程中应用的研究正在蓬勃开展。

第四节　土木工程材料的标准化

产品标准化是现代工业发展的产物，是组织现代化大生产的重要手段，也是科学管理的重要组成部分。目前我国绝大多数的土木工程材料都制订有产品的技术标准，这些标准一般包括：产品规格、分类、技术要求、检验方法、验收规则、标志、运输和贮存等方面的内容。

土木工程材料的技术标准，是产品质量的技术依据。对于生产企业，必须按标准生产合格的产品，同时它可促进企业改善管理，提高生产率，实现生产过程合理化。对于使用部门，则应当按标准选用材料，可使设计和施工标准化，从而加速施工进度，降低工程造价。再者，技术标准又是供需双方进行产品质量验收的依据，是保证工程质量的先决条件。

我国祖先很早就注意土木工程材料的标准化。如在咸阳和秦始皇兵马俑墓穴陪葬俑坑中，以及明代修建的长城山海关段，所用砖的规格已向条砖转化，长宽厚之比接近1∶2∶1，与目前普通砖的规格比例相近。河北蓟县独乐寺，是公元984年的建筑，其观音阁的梁枋斗拱种类多达几十种，构件上千件，但规格仅为6种。18世纪欧洲产业革命和商品生产、商品交换的发展，使标准化工作在西方工业发达国家得到长足的进展，成为现代工业发展的重要基石。

土木工程材料的技术标准分为国家标准、行业标准、地方标准和企业标准，各级标准分别由相应的标准化管理部门批准并颁布，我国国家技术监督局是国家标准化管理的最高机关。国家标准和部门行业标准都是全国通用标准，是国家指令性技术文件，各级生产、设计、施工等部门，均必须严格遵照执行。凡没有制定国家标准、行业标准的产品，均应制定企业标准。

各级标准都有各自的部门代号，例如，GB——国家标准；GBJ——建筑工程国家标准；JGJ——建设部行业标准；JC——国家建材局标准；YB——冶金部标准；JG——建工行业标准；JT——交通行业标准；QB——企业标准；DB——地方标准；ZB——国家级专业标准等等。标准的表示方法，系由标准名称、部门代号、编号和批准年份等组成，例如：

(1)国家标准《通用硅酸盐水泥》GB175－2007。标准的部门代号为GB，编号为175，批准年份为2007年。

(2)建设部行业标准《普通混凝土配合比设计规程》JGJ55－2000。标准的部门代号为JGJ,编号为55,批准年份为2000年。

随着我国对外开放和加入世界贸易组织,常常涉及到一些与土木工程材料关系密切的国际标准或外国标准,其中主要有:国际标准,代号为ISO;美国材料试验学会标准,代号为ASTM;日本工业标准,代号为JIS;德国工业标准,代号为DIN;英国标准,代号为BS;法国标准,代号为NF等。

第五节　本课程的学习任务与内容

土木工程材料是一门实用性很强的专业基础课。它是以数学、力学、物理、化学等课程为基础,而又为学习其他有关的后续专业课程提供材料基本知识,同时它还为学生从事工程实践和科学研究打下必要的基础。该课程的基本任务是使学生通过学习,获得土木工程材料的基础知识,掌握土木工程材料的技术性能、应用方法及其试验检测技能,同时对土木工程材料的储运和保护也有所了解,以便在今后的工作实践中正确选择与合理使用土木工程材料。

教材中对每一种土木工程材料的叙述,一般包括原材料、生产、组成、构造、性质、应用、检验、运输和贮存等方面的内容。学习本课程的学生,多数是土木工程材料的使用者,所以学习重点应是掌握材料的建筑性质和合理选用材料。要达到这一点,就必须了解各种材料的特性,在学习时,不但要了解每一种土木工程材料具有哪些性质,而且应对不同类属、不同品种材料的特性进行相互比较,只有掌握其特点,才能做到正确合理选用材料。同时,还应知道材料之所以具有某种工程性质的基本原理,以及影响工程性质变化的外界条件。此外,土木工程材料的运输和贮存等注意事项,也是根据该材料的性质所规定的。

实验课是本课程的重要教学环节,是为了加深了解材料的性能和掌握实验方法,培养科学研究能力以及严谨的科学态度。通过实验,一方面要学会利用各种常用土木工程材料的检验方法,能对土木工程材料进行合格性判断和验收;另一方面是提高实践技能,能对实验数据、实验结果进行正确的分析和判别,培养科学认真的态度和实事求是的工作作风。因此,结合课堂讲授的内容,加强对材料实验的实践是十分必要的。

第二章　土木工程材料的基本性质

建筑物是由各种土木工程材料建造而成的，这些土木工程材料在建筑物的各个部位的功能不同，均要承受各种不同的作用，因而要求土木工程材料必须具有相应的基本性质。例如，用于结构部位的材料主要受不同外力作用，应具有所需的力学性能；用于基础的材料除了受建筑物的荷载作用外，还可能受地下水侵蚀或冰冻作用；长期暴露在大气中的材料经常受到风吹、雨淋、冰冻、日晒而引起的温度、湿度变化及反复冻融等的破坏作用；公路路面材料受到磨耗作用；有的工厂或车间还经常受到高温及酸碱等腐蚀介质的作用。为了保证在工程设计与施工中能够正确地选择和合理地使用土木工程材料，必须了解土木工程材料的主要性能，掌握对材料质量的评定指标。

土木工程材料种类繁多，性质也各种各样，其基本性质主要包括物理性质、力学性质、耐久性、装饰性、防火性、防放射性等。

第一节　材料的基本物理性质

一、材料的密度、表观密度与堆积密度

密度是指物质单位体积的质量，单位为 g/cm^3 或 kg/m^3。由于材料所处的体积状况不同，故有实际密度（以前称为真密度）、表观密度和堆积密度之分。

1. 实际密度(True Density)

实际密度，简称密度(Density)，是指材料在绝对密实状态下，单位体积所具有的质量，按下式计算：

$$\rho=\frac{m}{V} \tag{2-1}$$

式中：ρ——实际密度(g/cm^3)；

m——材料的质量(g)；

V——材料在绝对密实状态下的体积(cm^3)。

绝对密实状态下的体积是指不包括孔隙在内的体积。除了钢材、玻璃等少数接近于绝对密实的材料外，绝大多数材料都有一些孔隙，如砖、石材等块状材料。在测定有孔隙的材料密度时，应把材料磨成细粉以排除其内部孔隙，经干燥至恒重后，用密度瓶（李氏瓶）测定其实际体积，该体积即可视为材料绝对密实状态下的体积。材料磨得愈细，测定的密度值愈精确。

在测量某些较致密的不规则的散粒材料（如卵石、砂等）的实际密度时，常直接用排水法测其绝对体积的近似值（颗粒内部的封闭孔隙体积无法排除），这时所求得的实际密度为近似密度（旧称视密度）。

材料的密度与4℃纯水密度之比称相对密度，这是一个无量纲的物理量。

2. 表观密度(Apparent Density)

旧称容重，是指材料在自然状态下，单位体积所具有的质量，按下式计算：

$$\rho_0=\frac{m}{V_0} \tag{2-2}$$

式中：ρ_0——表观密度(g/cm^3)；

m——材料的质量(g)；

V_0——材料在自然状态下的体积，或称表观体积(cm^3)。

材料在自然状态下的体积是指材料的实体积与材料内所含全部孔隙体积之和。对于外形规则的材料，其测定很简便，只要测得材料的重量和体积，即可算得表观密度。不规则材料的体积要采用排水法求得，但材料表面应预先涂上蜡，以防水分渗入材料内部而影响测定值。

材料表观密度的大小与其含水情况有关。当材料含水时，其重量增大，体积也会发生不同程度的变化。因此测定材料表观密度时，须同时测定其含水率，并予以注明。通常所指材料的表观密度是以干燥状态下的测定值为准。

3. 材料的堆积密度(Bulk Density)

散粒材料在自然堆积状态下单位体积的质量称为堆积密度，可用下式表示：

$$\rho_0'=\frac{m}{V_0'} \tag{2-3}$$

式中：ρ_0'——散粒材料的堆积密度(g/cm^3)；

m——散粒材料的质量(g)；

V_0'——材料在自然状态下的堆积体积(cm^3)。

散粒材料在自然状态下的体积，是指既含颗粒内部的孔隙，又含颗粒之间空隙在内的总体积。测定散粒材料的堆积密度时，材料的质量是指在一定容积的容器内的材料质量，其堆积体积是指所用容器的容积。若以捣实体积计算时，则称紧密堆积密度。

土木工程中在计算材料用量、构件自重、配料计算以及确定堆放空间时，均需要用到材料的上述状态参数。常用土木工程材料的密度见表 2-1 所示。

表 2-1 常用建筑材料的密度、表观密度、堆积密度及孔隙率

材料名称	密度(g/cm^3)	表观密度(kg/m^3)	堆积密度(kg/m^3)	孔隙率(%)
钢　材	7.8～7.9	7 850	—	0
花岗岩	2.7～3.0	2 500～2 900	—	0.5～3.0
石灰岩	2.4～2.6	1 800～2 600	1 400～1 700(碎石)	—
砂	2.5～2.6	—	1 500～1 700	—
黏　土	2.5～2.7	—	1 600～1 800	—
水　泥	2.8～3.1	—	1 200～1 300	—
烧结普通砖	2.6～2.7	1 600～1 900	—	20～40
烧结空心砖	2.5～2.7	1 000～1 480	—	—
红松木	1.55～1.60	400～600	—	55～75

二、材料的密实度与孔隙率

1. 密实度(Dense)

密实度(D)是指材料的固体物质部分的体积占总体积的比例，说明材料体积内被固体物质所充填的程度，即反映了材料的致密程度，按下式计算：

$$D=\frac{V}{V_0}=\frac{\rho_0}{\rho}\times 100\% \tag{2-4}$$

由于材料含有孔隙，因而其密实度均小于1。材料的很多性质如强度、吸水性、耐久性、导热性等都与其密实度有关。

2. 孔隙率(Porosity)

材料体积内，孔隙的体积(V_P)占材料总体积(V_0)的百分率，称为材料的孔隙率(P)。

因 $V_P=V_0-V$，则 P 值可用下式表示：

$$P=\frac{V_0-V}{V_0}\times 100\%=(1-\frac{\rho_0}{\rho})\times 100\% \tag{2-5}$$

材料孔隙率的大小直接反映材料的密实程度，孔隙率大则密实度小。孔隙率相同的材料，它们的孔隙特征(即孔隙构造)可以不同。孔隙率与密实度的关系为：

$$P+D=1 \tag{2-6}$$

按孔隙的特征，材料的孔隙可分为开口孔隙和闭口孔隙两种，二者孔隙率之和等于材料的总孔隙率。按孔隙的尺寸大小，又可分为微孔、细孔及大孔三种。不同的孔隙对材料的性能影响各不相同。一般而言，孔隙率较小，且连通孔较少的材料，其吸水性较小，强度较高，抗冻性和抗渗性较好。工程中对需要保温隔热的建筑物或部位，要求其所用材料的孔隙率要较大。相反，对要求高强或不透水的建筑物或部位，则其所用的材料孔隙率应很小。几种常用建筑材料的孔隙率见表2-1。

三、材料的空隙率

散颗材料(如砂、石子)堆积体积(V_0')中，颗粒间空隙体积所占的百分率称为空隙率(P')，可用下式表示为：

$$P'=\frac{V_0'-V_0}{V_0'}\times 100\%=(1-\frac{\rho_0'}{\rho_0})\times 100\% \tag{2-7}$$

在控制混凝土骨料级配和计算混凝土含砂率时，砂、石子的空隙率是重要依据。

四、材料的水理性质

1. 亲水性与憎水性

当材料与水接触时，可以发现，有些材料能被水润湿，有些材料则不能被水润湿，因而可以根据材料是否能被水湿润，将材料分为亲水性与憎水性两大类。

材料产生亲水性的原因是因其与水接触时，材料与水分子之间的亲合力大于水分子之间的内聚力所致。当材料与水接触，材料与水分子之间的亲合力小于水分子之间的内聚力时，材料则表现为憎水性。

材料被水湿润的情况可用湿润边角 θ 来表示。当材料与水接触时，在材料、水、空气三相的交界点，作沿水滴表面的切线(γ_L)，此切线与材料和水接触面(γ_{SL})的夹角θ，称为润湿边角，如图2-1所示。θ角愈小，表明材料愈易被水润湿。试验证明，当$\theta \leqslant 90°$时，如图2-1(a)，材料表面吸附水，材料能被水润湿而表现出亲水性，这种材料称亲水性材料。$\theta > 90°$时，如图2-1(b)，材料表面不吸附水，称之憎水性材料。当$\theta = 0°$时，表明材料完全被水润湿。

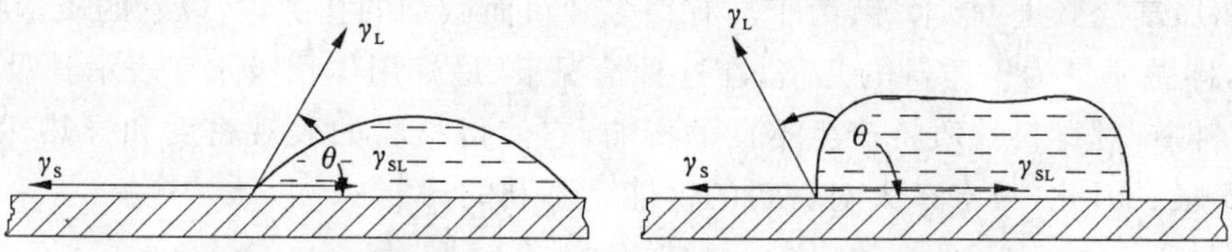

(a) 亲水性材料　　(b) 憎水性材料

图2-1 材料的润湿示意图

上述概念也适用于其他液体对固体的润湿情况，相应称为亲液材料和憎液材料。

大多数土木工程材料，如石料、砖、混凝土、木材等都属于亲水性材料，表面均能被水润湿，且能通过毛细管作用将水吸入材料的毛细管内部。

沥青、石蜡及某些塑料等属于憎水性材料，表面不能被水润湿，该类材料一般能阻止水分渗入毛细管中，因而能降低材料的吸水性。憎水性材料不仅可用作防水材料，而且还可用于亲水性材料的表面处理，以降低其吸水性。

2. 材料的吸水性

材料在浸水状态下吸收水分的能力称为吸水性。材料吸水性大小用吸水率表示，吸水率有质量吸水率与体积吸水率两种表示方法。

质量吸水率是指材料在吸水饱和时，内部所吸收水分的质量占材料干燥时质量的百分率，用下式计算：

$$W_{质} = \frac{m_{湿} - m_{干}}{m_{干}} \times 100\% \tag{2-8}$$

式中：$W_{质}$——材料的质量吸水率(%)；

$m_{湿}$——材料在吸水饱和状态下的质量(g)；

$m_{干}$——材料在干燥状态下的质量(g)。

体积吸水率是指材料在吸水饱和时，其内部所吸水分的体积占干燥材料自然体积的百分率，用公式表示如下：

$$W_{体} = \frac{V_{水}}{V_0} = \frac{m_{湿} - m_{干}}{V_{干}} \cdot \frac{1}{\rho_{水}} \times 100\% \tag{2-9}$$

式中：$W_{体}$——材料的体积吸水率(%)；

V_0——干燥材料在自然状态下的体积(cm^3)；

$\rho_{水}$——水的密度(g/cm^3)。

工程用土木工程材料一般均采用质量吸水率。质量吸水率与体积吸水率存在如下关系：

$$W_{体} = W_{质} \times \rho_0 \tag{2-10}$$

式中：ρ_0——材料在干燥状态下的表观密度(g/cm^3)。

材料的吸水性不仅取决于材料本身是亲水的还是憎水的，也与其孔隙率的大小及孔隙特征有关。对中细微连通孔隙，孔隙率愈大，则吸水率愈大；封闭的孔隙，水分不易进入；粗大开口的孔隙虽然水分易进入，但不能存储，只能润湿孔壁，故材料的体积吸水率常小于孔隙率。这类材料常用质量吸水率表示它的吸水性。

各种材料的吸水率很不相同，差异很大，如花岗岩的吸水率只有 0.5%～0.7%，混凝土的吸水率为 2%～3%，黏土砖的吸水率达 8%～26%，而木材的吸水率可超过 100%。对于某些轻质材料，如加气混凝土、软木等，由于具有很多开口而微细的孔隙，所以它的质量吸水率往往超过 100%，即湿质量为干质量的几倍，在这种情况下，最好用体积吸水率表示其吸水性。

水在材料中，对材料性质将产生不良的影响，它使得材料的表观密度和导热性增大，强度降低，体积膨胀。因此，吸水率大对材料的性能是不利的。

3. 吸湿性

材料在潮湿空气中吸收水分的性质称为吸湿性。潮湿材料在干燥的空气中也会放出水分，此称还湿性。材料的吸湿性大小用含水率表示。含水率系指材料内部所含水的质量占材料干燥质量的百分率。用公式表示为：

$$W_{含}=\frac{m_{含}-m_{干}}{m_{干}}\times 100\% \qquad (2-11)$$

式中：$W_{含}$——材料的含水率(%)；

$m_{含}$——材料含水时的质量(g)；

$m_{干}$——材料在干燥状态下的质量(g)。

材料的吸湿性随空气的湿度和环境温度的变化而改变。当空气湿度较大但温度较低时，则材料的含水率就大，反之则小。材料中所含水分与空气的湿度相平衡时的含水率，称为平衡含水率。具有微小开口孔隙的材料，吸湿性特别强，如木材及某些绝热材料，在潮湿空气中能吸收很多水分，这是由于这类材料的内表面积大，吸附水的能力强所致。当材料吸水达到饱和状态时的含水率即为吸水率。

材料的吸湿性也会对材料的性能产生不利影响。材料吸湿和还湿会引起其体积变形而影响使用，不过利用材料的吸湿性可起到除湿作用，常用于保持环境的干燥。

4. 材料的耐水性

材料长期在水作用下不破坏，强度也不显著降低的性质称为耐水性。材料的耐水性用软化系数表示，可按下式计算：

$$k_{软}=\frac{f_{饱}}{f_{干}} \qquad (2-12)$$

式中：$k_{软}$——材料的软化系数；

$f_{饱}$——材料在饱水状态下的抗压强度(MPa)；

$f_{干}$——材料在干燥状态下的抗压强度(MPa)。

软化系数 $k_{软}$ 的大小，表明材料在浸水饱和后强度降低的程度。一般来说，材料被水浸湿后，强度均会有所降低。这是因为水分被组成材料的微粒表面吸附，形成水膜，削弱了微粒间的结合力所致。$k_{软}$ 值愈小，表示材料吸水饱和后强度下降愈大，即耐水性愈差。材料的软化系数 $k_{软}$在 0～1 之间。对于经常位于水中或潮湿环境中的重要结构物的材料，其软化系数不宜小于 0.85；受潮较轻的或次要结构物的材料，其软化系数不宜小于 0.75。软化系数大于 0.8 的材料，通常可以认为是耐水的材料。

5. 材料的抗渗性

材料抵抗压力水渗透的性质称为抗渗性，或称不透水性。材料的抗渗性通常用渗透系数 K 表示。

达西定律表明，在一定时间内，透过材料试件的水量与试件的断面积与水头差(液压)成正比，与试件的厚度成反比，即：

$$W=K\frac{H}{d}At \tag{2-13}$$

或

$$K=\frac{Wd}{AtH} \tag{2-14}$$

式中：K——渗透系数(cm/h)；

W——渗透水量(cm^3)；

d——试件厚度(cm)；

A——渗水面积(cm^2)；

t——渗水时间(h)；

H——静水压力水头(cm)。

渗透系数 K 反映了材料抵抗压力水渗透的性质，K 值愈大，表示材料渗透的水量愈多，即抗渗性愈差。

对于混凝土和砂浆材料，抗渗性常用抗渗等级 P 表示。抗渗等级 P 是以规定的试件，在标准试验方法下所能承受的最大静水压力来确定，以符号 Pn 表示，其中 n 为该材料所能承受的最大静水压力的十倍的 MPa 数，如 P4、P6、P8 等分别表示材料能承受 0.4、0.6、0.8MPa 的静水压力而不渗透。

材料的抗渗性与其孔隙率和孔隙特征有关。孔隙率很小而且是封闭孔隙的材料具有较高的抗渗性；细微连通的孔隙及开口大孔隙水易渗入，故这种孔隙愈多，材料的抗渗性愈差。对于地下建筑及水工构筑物，因常受到压力水的作用，故要求材料具有一定的抗渗性；对于防水材料，则要求具有更高的抗渗性。材料抵抗其他液体渗透的性质也属于抗渗性。

6. 材料的抗冻性

材料在吸水饱和状态下，能经受多次冻融循环作用而不破坏，也不严重降低强度的性质，称为材料的抗冻性。有些建筑材料，如混凝土常用抗冻等级(记为 F)表示。抗冻等级是以规定的试件，在规定试验条件下，测得其强度降低不超过规定值，并无明显损坏和剥落时所能经受的冻融循环次数，以此作为抗冻等级，用符号 Fn 表示，其中 n 即为最大冻融循环次数，如 F25、F50 等。通常采用－15℃的温度(水在微小的毛细管中低于－15℃才能冻结)冻结后，再在 20℃的水中融化，这样的过程称为一次冻融循环。

材料抗冻等级的选择，是根据结构物的种类、使用条件、气候条件等来决定的。例如，烧结普通砖、陶瓷面砖、轻混凝土等墙体材料，一般要求其抗冻标号为 F15 或 F25；用于桥梁和道路的混凝土应为 F50、F100 或 F200，而水工混凝土要求高达 F500。

材料经多次冻融交替作用后，表面将出现剥落、裂纹，产生质量损失，强度也会降低。冰冻对材料的破坏作用，是由于孔隙内的水结冰时体积膨胀(约增大 9%)而引起孔壁破裂所致。所以，材料抗冻性的高低，决定于材料的吸水饱和程度和材料对结冰时体积膨胀所产生的压力的抵抗能力。另外，从外界条件来看，材料受冻融破坏的程度，与冻融温度、结冰速度、冻融频繁程度等因素有关。环境温度愈低、降温愈快、冻融愈频繁，则材料受冻破坏愈严重。材料的冻融破坏作用是从外表面开始产生剥落，逐渐向内部深入发展。

抗冻性良好的材料，对于抵抗大气温度变化、干湿交替等风化作用的能力较强，所以抗冻性常作为考查材料耐久性的一项指标。在设计寒冷地区及寒冷环境（如冷库）的建筑物时，必须要考虑材料的抗冻性。处于温暖地区的建筑物，虽无冰冻作用，但为抵抗大气的风化作用，确保建筑物的耐久性，也常对材料提出一定的抗冻性要求。

五、材料的热工性质

为了保证建筑物具有良好的室内气候，同时能降低建筑物的使用能耗，必须要求建筑材料具有一定的热工性能。建筑材料常用的热工性质有导热性、热容量、比热等。

1. 导热性

当材料两侧存在温度差时，热量将由温度高的一侧，通过材料传递到温度低的一侧，材料的这种传导热量的能力，称为导热性。

材料的导热性可用导热系数来表示，导热系数的物理意义是：厚度为 1m 的材料，当其相对两侧表面的温度差为 1K 时，经单位面积（$1m^2$）单位时间（1s）所通过的热量，用公式表示为：

$$\lambda=\frac{Q\delta}{At(T_2-T_1)} \tag{2-15}$$

式中：λ——材料的导热系数[W/(m·K)]；

Q——传导的热量(J)；

δ——材料的厚度(m)；

A——热传导面积(m^2)；

t——热传导时间(s)；

(T_2-T_1)——材料两侧温度差(K)。

材料的导热系数愈小，表示其绝热性能愈好。各种建筑材料的导热系数差别很大，大致在 0.035～3.5W/(m·K)之间。如泡沫塑料 $\lambda=0.035$W/(m·K)，而大理石 $\lambda=3.5$W/(m·K)。工程中通常把 $\lambda<0.23$W/(m·K)的材料称为绝热材料。导热系数与材料内部孔隙构造有密切关系。由于密闭空气的导热系数很小[$\lambda=0.023$W/(m·K)]，所以，材料的孔隙率较大者其导热系数较小，但如孔隙粗大而贯通，由于对流作用的影响，材料的导热系数反而增高。材料受潮或受冻后，其导热系数会大大提高。这是由于水和冰的导热系数比空气的导热系数高很多[分别为 $\lambda=0.58$W/(m·K)和 2.20W/(m·K)]。因此，绝热材料应经常处于干燥状态，以利于发挥材料的绝热效能。

2. 热容量与比热

热容量是指材料受热时吸收热量和冷却时放出热量的性质。热容量的大小用比热容（也称热容量系数，简称比热）表示。材料吸收或放出的热量可用下式计算：

$$Q=mc(T_2-T_1) \tag{2-16}$$

$$c=\frac{Q}{m(T_2-T_1)} \tag{2-17}$$

式中：Q——材料的热容量(J)；

m——材料的质量(g)；

(T_2-T_1)——材料受热或冷却前后的温度差(K)；

c——材料的比热[J/(g·K)]。

比热是反映材料的吸热或放热能力大小的物理量。不同材料的比热不同，即使是同一种材料，由于所处物态不同，比热也不同。例如，水的比热为 4.186 J/(g·K)，而结冰后比热则是 2.093 J/(g·K)。

材料的导热系数和热容量是设计建筑物围护结构(墙体、屋盖)进行热工计算时的重要参数，设计时应选用导热系数较小而热容量较大的土木工程材料，以使建筑物保持室内温度的稳定性。同时，导热系数也是工业窑炉热工计算和确定冷藏库绝热层厚度时的重要数据。几种典型材料的热工性质指标如表 2-2 所示。

表 2-2　几种典型材料的热工性质指标

材　料	导热系数[W/(m·K)]	比热[J/(g·K)]	材　料	导热系数[W/(m·K)]	比热[J/(g·K)]
钢	58	0.48	泡沫塑料	0.03	1.30
花岗岩	3.49	0.92	冰	2.20	2.05
普通混凝土	1.51	0.84	水	0.58	4.18
烧结普通砖	0.80	0.88	静止空气	0.023	1.00
松木(横纹)	0.17～0.35	2.72			

3. 材料的保温隔热性能

在材料热工中常把 $1/\lambda$ 称为材料的热阻，用 R 表示，单位为(m·K)/W。导热系数 λ 和热阻 R 都是评定土木工程材料保温隔热性能的重要指标。人们习惯把防止室内热量的散失称为保温，把防止外部热量的进入称为隔热，将保温隔热统称为绝热。

材料的导热系数愈小，其热阻值愈大，则材料的导热性能愈差，其保温隔热的性能就愈好，常将 $\lambda\leqslant 0.175$W/(m·K)的材料称为绝热材料。

第二节　材料的力学性质

材料的力学性质，主要指材料在外力(荷载)作用下，抵抗破坏和变形能力的性质。

一、材料的强度与等级

1. 材料的强度

材料可抵抗外力(荷载)作用而引起破坏的最大能力，称为材料的强度。当材料受外力作用时，其内部就产生应力。外力增加，应力相应增大，直至材料内部质点间结合力不足以抵抗外力作用所产生的内部应力时，材料即发生破坏。材料破坏时，应力达极限值，这个极限应力值就是材料的强度，也称极限强度。

根据外力作用形式的不同，材料的强度有抗压强度、抗拉强度、抗弯强度及抗剪强度等，均以材料受外力破坏时单位面积上所承受的力的大小来表示。材料的这些强度是通过静力试验来测定的，故总称为静力强度。材料的静力强度是通过标准试件的破坏试验而测得，必须严格按照国家规定的试验方法标准进行。材料的强度是大多数材料划分等级的依据。表 2－3 列出了材料的抗压、抗拉、抗剪和抗弯强度的计算公式。

表 2－3　材料的强度分类及受外力作用示意图

强度类别	受力作用示意图	强度计算式	附　注
抗压强度 f_c (MPa)	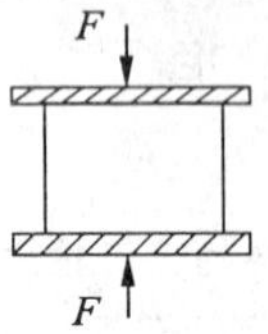	$f_c=\frac{F}{A}$	F:破坏荷载(N)； A:受荷面积(mm^2)； l:跨度(mm)； b:断面宽度(mm)； h:断面高度(mm)
抗拉强度 f_t (MPa)	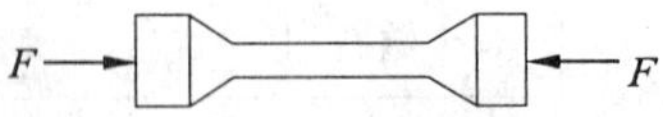	$f_t=\frac{F}{A}$	
抗剪强度 f_v (MPa)	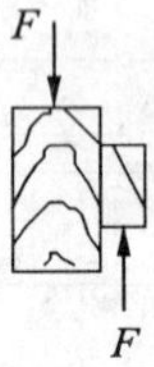	$f_v=\frac{F}{A}$	
抗弯强度 f_{tm} (MPa)	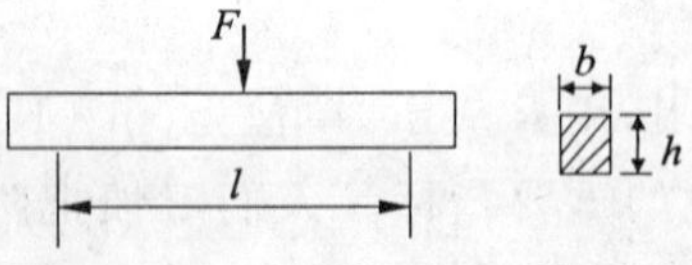	$f_{tm}=\frac{3Fl}{2bh^2}$	

对材料强度影响较大的因素主要有以下四种：

(1)材料的组成。材料的组成不同，其强度差异很大，因而物质组成对材料的强度起着最主要的作用。

(2)材料的结构。即使材料的组成相同，其构造不一样，强度也不同。例如，同一种材料，孔隙率越大，其强度则越小，两者之间存在近似直线的反比关系；一般表观密度大的材料，其强度也大；晶粒结构的材料，其强度还与晶粒粗细有关，细晶粒的强度高。玻璃原是脆性材料，抗拉强度很小，但当制成玻璃纤维后，则成了很好的抗拉材料。

(3)材料的含水状态及温度。含有水分的材料，其强度较干燥时的为低。一般温度高时，材料的强度将降低，这对沥青混凝土尤为明显。

(4)测试所用的试件形状、尺寸、试验时加荷速度及试件表面性状。相同材料采用小试件测得的强度较大试件高；加荷速度快者所测强度值偏高；试件表面不平或表面涂润滑剂时，所测强度值偏低。

2. 材料的等级

大部分建筑材料根据其极限强度的大小，可划分为若干不同的强度等级，如普通混凝土按其抗压强度分为 C7.5，……，C80 等 16 个强度等级；硅酸盐水泥按抗压强度分为 32.5，……，62.5 等强度等级；碳素结构钢按其抗拉强度分为 5 个等级，等等。建筑材料按强度划分为若干个强度等级，对生产者和使用者均有重要的意义，它可使生产者在生产中控制产品质量时有依据，从而确保产品的质量。对使用者而言，则有利于掌握材料的性能指标，便于合理选用材料，正确进行设计和控制工程施工质量。常用建筑材料的强度见表 2－4 所示。

表 2－4　常用建筑材料的强度(MPa)

材　料	抗压强度	抗拉强度	抗弯强度
花岗岩	100～250	5～8	10～14
烧结普通砖	7.5～30	—	1.8～4.0
普通混凝土	7.5～60	1～4	—
松木(顺纹)	30～50	80～120	60～100
建筑钢材	235～1 600	235～1 600	—

3. 材料的比强度

对于不同强度的材料进行比较，可采用比强度这个指标。比强度是按单位体积质量计算的材料强度，其值等于材料强度与其表观密度之比。比强度是衡量材料轻质高强性能的重要指标。优质的结构材料，必须具有较高的比强度。几种主要材料的比强度见表 2－5 所示。

表 2－5　几种主要材料的比强度

材　料	表观密度(kg/m^3)	强度(MPa)	比强度
低碳钢	7 850	420	0.054
普通混凝土(抗压)	2 400	40	0.017
松木(顺纹、抗拉)	500	100	0.200
玻璃钢	2 000	450	0.225
烧结普通砖(抗压)	1 700	10	0.006

由表 2－5 可知，玻璃钢和木材是轻质高强的高效能材料，而普通混凝土为质量大而强度较低的材料，所以努力促进普通混凝土这一当代最重要的结构材料向轻质、高强方向发展，是一项十分重要的工作。

4. 材料的理论强度

以上讨论的材料强度是通过试验实际测定的，故称实际强度。材料的实际强度远低于其理论强度。所谓理论强度就是从材料结构的理论上分析，材料所能承受的最大应力。理论强度是克服固体内部质点间的结合力，形成两个新表面时所需的力。材料受力破坏主要是因为外力致使材料质点间产生拉裂或位移所致。计算固体材料理论强度的公式很多，一般可用下式(奥洛旺公式)计算：

$$\sigma_L=\sqrt{\frac{E\gamma}{d}} \tag{2-18}$$

式中：σ_L——理论抗拉强度(Pa)；

E——弹性模量(N/m^2)；

γ——固体表面能(J/m^2)；

d——原子间距离(m，平均为 2×10^{-10}m)。

实际工程中所用的材料，其内部组织结构中均存在一定的缺陷，主要是晶格缺陷（位错、杂原子）、微裂缝等，构成材料受力时的软弱部。晶格缺陷的存在，能致使材料在较小应力下就发生晶格位移，而微裂缝的存在，使材料受力时易出现应力集中，致使裂缝不断扩大、延伸、相互连通，从而严重降低材料的强度。由于以上因素的影响就造成了材料的实际强度远较其理论强度为低。

例如，钢的理论抗拉强度为 30 000MPa，但实际上普通碳素钢的强度仅为 400MPa（高强钢丝为 1 800MPa）；玻璃在常温下的理论强度为 14 000MPa，而普通玻璃的实际强度只有 70～150MPa（玻璃纤维的实际抗拉强度为 3 500～5 000MPa）。

二、材料的弹性与塑性

材料在外力作用下产生变形，当外力去除后，材料变形即可完全消失并能完全恢复到原来形状的性质，称为弹性。材料的这种当外力取消后瞬间内即可完全消失的变形，称为弹性变形。弹性变形属可逆变形，其数值大小与外力成正比，其比例系数 E 称为材料的弹性模量。材料在弹性变形范围内，弹性模量 E 为常数，其值等于应力 σ 与应变 ε 的比值，即：

$$E=\frac{\sigma}{\varepsilon} \tag{2-19}$$

式中：σ——材料的应力(MPa)；

ε——材料的应变；

E——材料的弹性模量(MPa)。

弹性模量是衡量材料抵抗变形能力的一个指标。E 值愈大，材料愈不易变形，亦即刚度愈好。弹性模量是结构设计时的重要参数。

材料在外力作用下产生变形，如果取消外力，仍保持变形后的形状尺寸，并且不产生裂缝的性质，称为塑性。这种不能消失的变形，称为塑性变形，或永久变形。

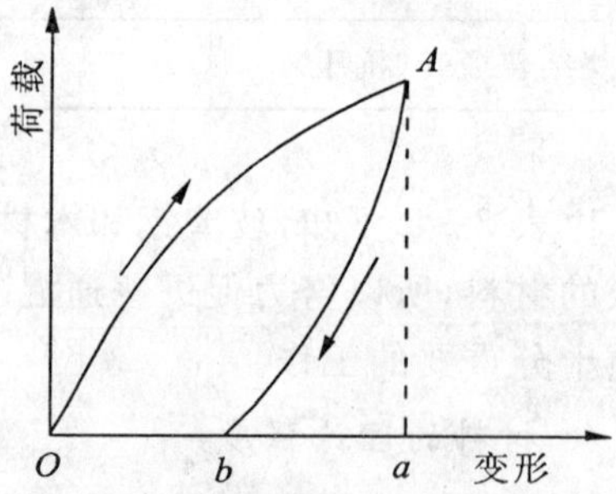

图 2－2　弹塑性材料的变形曲线

实际上纯弹性变形的材料是没有的。有些材料在所受外力小于弹性极限时，仅产生弹性变形；而外力大于弹性极限后，则除了弹性变形外，还产生塑性变形，如建筑钢材。有些材料在受力后，弹性变形和塑性变形同时产生，当外力取消后，弹性变形会恢复，而塑性变形不能消失，如混凝土。弹塑性材料的变形曲线如图 2－2 所示，图中 ab 为可恢复的弹性变形，bO 为不可恢复的塑性变形。

三、材料的脆性与韧性

材料在外力作用下,当外力达到一定限度后,材料发生突然破坏,且破坏时无明显的塑性变形,这种性质称为脆性。具有这种性质的材料称为脆性材料。

脆性材料抵抗冲击荷载或振动荷载作用的能力很差。其抗压强度远大于抗拉强度,可高达数倍甚至数十倍。所以脆性材料不能承受振动和冲击荷载,也不宜用作受拉构件,只适于用作承压构件。土木工程材料中大部分无机非金属材料均为脆性材料,如天然岩石、陶瓷、玻璃、普通混凝土等。

材料在冲击或振动荷载作用下,能吸收较大的能量,产生一定的变形而不破坏,这种性质称为韧性。如建筑钢材、木材等属于韧性较好的材料。材料的韧性值用冲击韧性指标 α_K 表示。冲击韧性指标系指用带缺口的试件做冲击破坏试验时,断口处单位面积所吸收的功。其计算公式为:

$$\alpha_K=\frac{A_K}{A} \tag{2-20}$$

式中:α_K——材料的冲击韧性指标(J/mm^2);

A_K——试件破坏时所消耗的功(J);

A——试件受力净截面积(mm^2)。

在土木工程中,对于要求承受冲击荷载和有抗震要求的结构,如吊车梁、桥梁、路面等所用的材料,均应具有较高的韧性。

四、材料的硬度与耐磨性

1. 硬度

硬度是材料表面能抵抗其他较硬物体压入或刻划的能力。不同材料的硬度测定方法不同,通常采用的有刻划法和压入法两种。刻划法常用于测定天然矿物的硬度。矿物硬度分为10级(莫氏硬度),其递增的顺序为:滑石1;石膏2;方解石3;萤石4;磷灰石5;正长石6;石英7;黄玉8;刚玉9;金刚石10。钢材、木材及混凝土等的硬度常用钢球压入法测定(布氏硬度HB)。

材料的硬度愈大,则其耐磨性愈好,但不易加工。工程中有时也可用硬度来间接推算材料的强度。

2. 耐磨性

耐磨性是材料表面抵抗磨损的能力。材料的耐磨性用磨损率(B)表示,其计算公式为:

$$B=\frac{m_1-m_2}{A} \tag{2-21}$$

式中:B——材料的磨损率(g/cm^2);

m_1、m_2——分别为材料磨损前、后的质量(g);

A——试件受磨损的面积(cm^2)。

材料的耐磨性与材料的组成成分、结构、强度、硬度等有关。在土木工程中,对于用作踏步、台阶、地面、路面等的材料,应具有较高的耐磨性。一般来说,强度较高且密实的材料,其硬度较大,耐磨性较好。

第三节　材料的耐久性

材料在使用过程中能长久保持其原有性能的能力，称为耐久性。

耐久性是材料的一种综合性质，诸如抗冻性、抗风化性、抗老化性、耐化学腐蚀性等均属耐久性的范围。此外，材料的强度、抗渗性、耐磨性等也与材料的耐久性有密切关系。

一、材料经受的环境作用

材料在建筑物使用过程中，除材料内在原因使其组成、构造、性能发生变化以外，还要长期受到周围环境和各种自然因素的破坏作用，这些破坏作用一般可分为物理作用、化学作用、机械作用及生物作用等几个方面。

(1)物理作用。包括材料的干湿变化、温度变化及冻融变化等。这些变化可引起材料的收缩和膨胀，长时期或反复作用将会使材料渐遭破坏。

(2)化学作用。包括大气和环境水中的酸、碱、盐等溶液或其他有害物质对材料的侵蚀作用，以及日光、紫外线等对材料的作用。这些作用使材料产生质的变化而破坏，如钢筋的锈蚀等。

(3)机械作用。包括荷载的持续作用，交变荷载对材料引起的疲劳、冲击、磨损、磨耗等。

(4)生物作用。包括菌类、昆虫等的侵害作用，导致材料发生腐朽、虫蛀等而破坏。如木材及植物纤维材料的腐烂等。

一般矿物质材料，如石材、砖瓦、陶瓷、混凝土等，暴露在大气中时，主要受到大气的物理作用；当材料处于水位变化区或水中时，还受到环境水的化学侵蚀作用；金属材料在大气中易被锈蚀；沥青及高分子材料，在阳光、空气及辐射的作用下，会逐渐老化、变质而破坏。

二、材料耐久性的测定

对材料耐久性最可靠的判断，是对其在使用条件下进行长期的观察和测定，但这需要很长的时间。为此，近年来常用快速检验法，这种方法是模拟实际使用条件，将材料在实验室进行有关的快速试验，根据试验结果对材料的耐久性作出判定。在实验室进行快速试验的项目主要有：干湿循环、冻融循环、加湿与紫外线干燥循环、碳化、盐溶液浸渍与干燥循环、化学介质浸渍等。

三、提高材料耐久性的重要意义

在设计建筑物选用材料时，必须考虑材料的耐久性问题。因为只有采用了耐久性良好的土木工程材料，才能保证建筑物的耐久性。

为了提高材料的耐久性，以利于延长建筑物的使用寿命和减少维修费用，可根据使用情况和材料特点采取相应的措施。如设法减轻大气或周围介质对材料的破坏作用(降低湿度，排除侵蚀性物质等)；提高材料本身对外界作用的抵抗性(提高材料的密实度，采取防腐措施等)；也可用其他材料保护主体材料免受破坏(覆面、抹灰、刷涂料等)。

提高材料的耐久性，对节约土木工程材料，保证建筑物长期正常使用，减少维修费用，延长建筑物使用寿命等，均具有十分重要的意义。

第四节　材料的装饰性

一、材料装饰性的重要意义

建筑是技术与艺术相结合的产物，而建筑艺术的发挥，除建筑设计外，在很大程度上取决于建筑材料的装饰性。为了满足这方面的要求，人们在不断地研制和生产出各种形形色色、琳琅满目的装饰材料。

建筑装饰材料主要用作建筑物内、外墙面、柱面、地面及顶棚等处的饰面层，这类材料往往兼具结构、绝热、防潮、防火、吸声、隔音或耐磨等两种以上的多种功能。因此，采用装饰材料修饰主体结构的面层，不仅能大大改善建筑物的外观艺术形象，使人们获得舒适和美的感受，最大限度地满足人们生理和心理上的各种需要，同时也起到了保护主体结构材料的作用，提高建筑物的耐久性。所以材料的装饰性对于建筑物具有十分重要的作用。近年来，随着人们生活水平的提高，对建筑装修、装饰的要求越来越高。目前，一般用于建筑装饰的费用要占建筑总造价的1/3以上，高等级的建筑物甚至高达1/2。

二、材料的装饰功能

装饰材料通常通过以下功能来美化建筑物。

1. 色彩

色彩最能突出表现建筑物的美。古今中外的建筑物，无一不是利用材料的色彩来塑造其外表美观。同时，不同色彩能使人产生不同的感觉。建筑外部的浅色块给人以庞大、肥胖感，深色块感觉瘦和苗条。在室内看到红、橙、黄等色使人感觉温暖，故称暖色；见到绿、蓝、紫罗蓝等色会让人感到凉爽，故称冷色。暖色调使人感到热烈、兴奋、温暖，冷色调使人感到宁静、幽雅、清凉。为此，建筑装饰材料均制成具有各种不同色彩的材料，且要求其颜色能经久不褪，耐久性高。

生产中鉴别材料的颜色，通常采用标准色板进行比较，或者用光谱分光色度仪进行测定。

2. 光泽

光泽是材料的表面特性之一，它也是材料的重要装饰性能。高光泽的材料具有很高的观赏性，同时在灯光的配合下，能对空间环境的装饰效果起到强化、点缀和烘托的作用。许多装饰材料的面层均加工成光滑的表面，如天然大理石和花岗石板材、釉面砖、镜面玻璃、不锈钢钢板等。

生产中判别材料表面的光泽度，可采用光电光泽度计进行测定。

3. 透明性

能透光又能透视的材料称透明体（如普通平板玻璃），只能透光而不能透视者称半透明体（如压花玻璃）。由于透明材料具有良好的透光性，故被广泛用作建筑采光和装饰材料。采用大量透明材料建造的玻璃幕墙建筑，给人以通透明亮，具有强烈的时代气息之感。

4. 表面质感

表面质感是指材料本身具有的材质特性，或材料表面由人为加工至一定程度而造成的表面视感和触感，如表面粗细、软硬程度、手感冷暖、纹理构造、凹凸不平、图案花纹、明暗、色差等，这些表面质感均会对人们的心理产生影响。设计时根据建筑功能要求，恰当地选用各种不同质感的材料，充分发挥材料本身的质感特性，是成功的重要途径。

5. 形状尺寸

材料的形状与尺寸是建筑构造的细部之一。将建筑材料加工生产成各种形状和不同尺寸的型材，以配合建筑形体和线条，可构筑成风格各异的各种建筑造型，既满足使用功能要求，又创造出建筑的艺术美。

复习思考题

1. 何谓材料的实际密度、表观密度和堆积密度？如何计算？

2. 何谓材料的密实度和孔隙率？两者有什么关系？

3. 如何区别亲水性材料和憎水性材料？

4. 土木工程材料的亲水性和憎水性在土木工程中有什么实际意义？

5. 材料的质量吸水率和体积吸水率有何不同？两者存在什么关系？什么情况下采用体积吸水率或质量吸水率来反映材料的吸水性？

6. 何谓材料的吸水性、吸湿性、耐水性、抗渗性和抗冻性？各用什么指标表示？

7. 材料的孔隙率与孔隙特征对材料的表观密度、吸水、吸湿、抗渗、抗冻、强度及保温隔热等性能有何影响？

8. 软化系数是反映材料什么性质的指标？为什么要控制这个指标？

9. 弹性材料与塑性材料有何不同？

10. 何谓材料的强度？根据外力作用方式不同各种强度如何计算？其单位如何表示？

11. 何谓材料耐久性？应包括哪些内容？

12. 一块烧结普通砖的外形尺寸为 240mm×115mm×53mm，吸水饱和后重为 2 940g，烘干至恒重为 2 580g。今将该砖磨细并烘干后取 50g，用李氏瓶测得其体积为 18.58cm^3。试求该砖的密度、表观密度、孔隙率、质量吸水率、开口孔隙率及闭口孔隙率。

13. 某石灰岩的密度为 2.62g/cm^3，孔隙率为 1.20%。今将该石灰岩破碎成碎石，碎石的堆积密度为 1 180kg/m^3，求此碎石的表观密度和空隙率。

14. 已知碎石的表观密度为 2.65g/cm^3，堆积密度为 1.50 g/cm^3，求 2.5m^3 松散状态的碎石，需要多少松散体积的砂子填充碎石的空隙？若已知砂子的堆积密度为 1.55 g/cm^3，求砂子的重量为多少？

15. 称河砂 500g，烘干至恒重时重量为 494g，求此河砂的含水率。

16. 石灰岩的密度和石灰岩碎石的表观密度有何不同？天然含水量的大小对碎石的表观密度是否有影响？为什么？

17. 烧结黏土砖进行抗压试验，干燥状态时的破坏荷载为 207kN，饱水时的破坏荷载 172.5kN。若试验时砖的受压面积均为 11.5cm×12cm。试问此砖用在建筑物中常与水接触的部位是否可行？

18. 已测得陶粒混凝土的 $\lambda=0.35W/(m\cdot K)$，普通混凝土的 $\lambda=1.40W/(m\cdot k)$。若在传热面积为 0.4 m^2、温差为 20℃、传热时间为 1h 的情况下，问要使普通混凝土墙与厚 20cm 的陶粒混凝土墙所传导的热量相同，则普通混凝土墙需要多厚？

第三章　气硬性胶凝材料

凡在一定条件下，经过自身一系列物理、化学作用后，能将散粒或块状材料粘结成为具有一定强度的整体材料，统称为胶凝材料。

胶凝材料根据化学成分分为无机胶凝材料和有机胶凝材料两大类。

- 胶凝材料
  - 无机凝胶材料
    - 气硬性胶凝材料
      - 石膏
      - 石灰
      - 水玻璃
      - 镁质胶凝材料
    - 水硬性胶凝材料：各种水泥
  - 有机胶凝材料：沥青、树脂、像胶等

气硬性胶凝材料只能在空气中凝结硬化，保持并发展其强度。在水中不能硬化，也就不具有强度。其已硬化并具有强度的制品在水的长期作用下，强度会显著下降以至破坏。

水硬性胶凝材料既能在空气中硬化，又能更好地在水中硬化，保持并继续发展其强度。

第一节　石　膏

我国的石膏资源极其丰富，分布很广，有自然界存在的天然二水石膏($CaSO_4 \cdot 2H_2O$，又称软石膏或生石膏)、天然无水石膏($CaSO_4$，又称硬石膏)和各种工业副产品或废料——化学石膏。作为建筑材料，石膏的应用有着悠久的历史，二水石膏是生产水泥不可缺少的原料。建筑石膏及其制品具有许多优良的性能(如质轻、耐火、隔音、绝热等)，而且，原料来源丰富，生产工艺简单，是一种理想的高效节能材料。

一、石膏胶凝材料的生产

石膏胶凝材料的生产，通常是将原材料(二水石膏)在不同压力和温度下煅烧、脱水，再经磨细而成。同一种原料，在不同的煅烧条件下，所得产品的结构、性质、用途也各不相同(图3-1)。

1. *建筑石膏*

天然石膏或工业副产品石膏是经脱水处理制得的，以β型半水石膏($\beta-CaSO_4 \cdot \frac{1}{2}H_2O$)为主要成分，不预加任何外加剂或添加剂的粉状胶凝材料，即为建筑石膏。因其晶体细小，将它调制成一定稠度的浆体时，需水量较大，因而其制品的强度较低。

2. *高强石膏*

由二水石膏原料在有蒸汽压力的条件下脱水，所得产品(α型半水石膏)经磨细得到的白

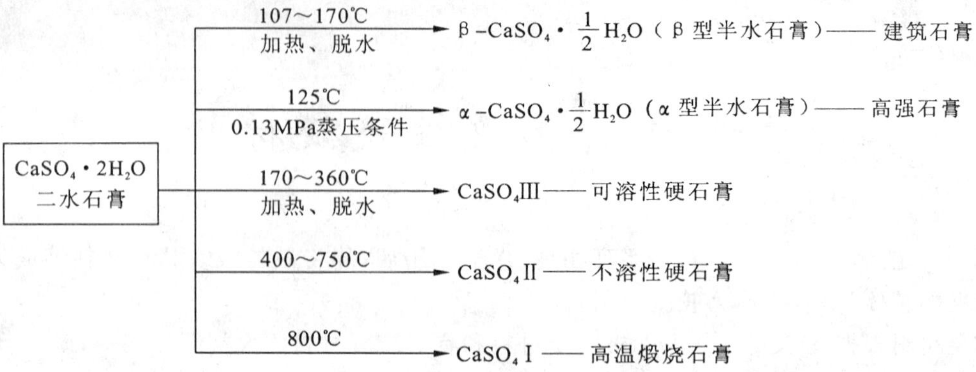

图3-1　石膏加工条件及其相应产品示意图

色粉末，即为高强石膏。因其晶粒粗大，比表面积小，需水量少，其制品硬化后密实度大，强度较高，用于建筑抹灰，制作装饰制品和石膏板。

3. 可溶性硬石膏

因其脱水温度较高，半水石膏易转变为结构疏松的无水石膏。其需水量较大，凝结很快，强度低，不宜直接使用。但储存一段时间（即陈伏处理），使其转变成半水石膏后，才可使用。

4. 不溶性硬石膏

已成为死烧石膏。难溶于水，失去凝结硬化能力。但是，如果掺入适量激发剂（如石灰等）混合磨细，即可制成无水石膏水泥，强度可达5～30MPa，用于制造石膏板和其他制品等。

5. 高温煅烧石膏

凝结硬化较慢，但耐水性和强度高，耐磨性好，可用于铺设地面，也称地板石膏。

二、建筑石膏的水化与硬化

建筑石膏与适量的水相混合，最初形成可塑浆体，但浆体很快失去塑性，并产生强度而发展成为坚硬的固体。这个过程实为β型半水石膏重新水化放热生成二水石膏的化合反应过程。其反应式如下：

$$CaSO_4 \cdot \frac{1}{2}H_2O + 1\frac{1}{2}H_2O \longrightarrow CaSO_4 \cdot 2H_2O$$

由于二水石膏在水中的溶解度仅为半水石膏在水中溶解度的1/5，因此半水石膏的水化产物二水石膏在过饱和溶液中沉淀并结晶，致使液相中原有的平衡浓度破坏，导致半水石膏进一步溶解、水化，直至完全变成二水石膏为止。随着浆体中的自由水因水化和蒸发逐渐减少，浆体变稠失去塑性，石膏凝结。其后，二水石膏晶体继续大量形成、长大，彼此相连共生，交错搭接形成结晶结构网，使之逐渐产生强度，并不断增长，直至完全干燥，强度发展到最大值，石膏硬化。

三、建筑石膏的技术要求

建筑石膏呈洁白粉末状，组成中β型硫酸钙（$\beta-CaSO_4 \cdot \frac{1}{2}H_2O$）的含量（质量分数）应小于60.0%。建筑石膏的技术要求有细度、凝结时间和强度。按强度和细度的差别，建筑石膏划分为三个等级。建筑石膏的物理力学性能应符合表3-1的要求。

建筑石膏易受潮吸湿，凝结硬化快，因此在运输、储存的过程中，应注意避免受潮。石膏长期存放，强度也会降低。一般储存三个月后，强度下降30%左右，所以建筑石膏储存时间不宜过长，若超过三个月，应重新检验并确定其等级。

表3-1　建筑石膏的物理力学性能(GB/T 9776-2008)

等级	细度(0.2mm方孔筛筛余)(%)	凝结时间(min)		2h强度(MPa)	
		初凝	终凝	抗折	抗压
3.0	≤10	≥3	≤30	≥3.0	≥6.0
2.0				≥2.0	≥4.0
1.0				≥1.6	≥3.0

四、建筑石膏的特性

1. 凝结硬化快

建筑石膏的初凝和终凝时间都很短，加水后3分钟即可凝结，终凝不超过30分钟，在室温自然干燥条件下，约1周时间可完全硬化。为施工方便，常掺加适量缓凝剂，如硼砂、纸浆废液、骨胶、皮胶等。

2. 孔隙率大，表观密度小，保温、吸声性能好

建筑石膏水化反应的理论需水量仅为其质量的18.6%，但在施工中为了保证浆体有必要的流动性，其加水量常达60%～80%，多余水分蒸发后形成大量孔隙，硬化后孔隙率可达50%～60%。由于硬化体的多孔结构特点，而使建筑石膏制品具有表观密度小、质轻，保温隔热性能好和吸声性强等优点。

3. 具有一定的调温调湿性

由于多孔结构的特点，石膏制品的热容量大，吸湿性强，在室内温度、湿度变化时，由于制品的"呼吸作用"，使环境温度、湿度能得到一定的调节。

4. 耐水性、抗冻性差

石膏是气硬性胶凝材料，吸水性大，长期在潮湿环境中，其晶体粒子间的结合力会削弱，直至溶解，因此不耐水、不耐冻。使用时，应注意所处环境的影响。

5. 凝固时体积微膨胀

建筑石膏在凝结硬化时体积略有膨胀，其体积膨胀率约为0.05%～0.15%。这种特性可使成型的石膏制品表面光滑、轮廓清晰，线、角、花纹图案饱满，尺寸准确。干燥时不产生收缩裂缝。

6. 防火性好

二水石膏遇火后，结晶水蒸发，火与板之间形成蒸汽带，阻止火势蔓延，起到防火作用。但建筑石膏不宜长期在65℃以上的高温部位使用，以免二水石膏缓慢脱水分解而降低强度。

五、建筑石膏的用途

在建筑工程中，建筑石膏应用广泛，如做各种石膏板材、装饰制品、空心砌块、人造大理石及室内粉刷等。

1. 室内抹灰及粉刷

石膏洁白细腻，用于室内抹灰、粉刷，具有良好的装饰效果。经石膏抹灰后的墙面、顶棚，还可直接涂刷涂料、粘贴壁纸等。因建筑石膏凝结快，用于抹灰、粉刷时，需加入适量缓凝剂及附加材料配制成粉刷石膏，其凝结时间可控制为略大于 1 小时，抗压和抗折强度及硬度应满足设计要求。

2. 制作石膏制品

由于石膏制品质量轻，且可锯、可钉，加工性能好，同时石膏凝结硬化快，制品可连续生产，工艺简单，能耗低，生产效率高，施工时制品拼装快，可加快施工进度等，所以，石膏制品在我国有着广阔的发展前途，是当前着重发展的新型轻质材料之一。目前，我国生产的石膏制品主要有纸面石膏板、纤维石膏板、石膏空心条板、石膏装饰板及石膏吸音板，以及各种石膏砌体等。

(1)纸面石膏板。纸面石膏板以建筑石膏为主要原料，加入少量外加材料如填充料、发泡剂、缓凝剂等加水搅拌、浇注、辊压，以石膏作芯，两面用纸作护面，经切断、烘干制成纸面石膏板。纸面石膏板主要用于内墙、隔墙、天花板等处。

(2)纤维石膏板。纤维石膏板是以建筑石膏为主要原料，掺加适量纤维增强材料而制成。这种板的抗弯强度和弹性模量高，可用作内墙和隔墙，也可用来代替木材制作家具。

(3)石膏空心条板。石膏空心条板是以建筑石膏为主要原料，掺加适量轻质填充料或少量纤维材料，以提高板的抗折强度和减轻自重，加水搅拌、振动、成型、抽芯、脱模、烘干而成。这种石膏板不用纸，工艺简单，施工方便，同时不用龙骨，强度较高，可用作内墙或隔墙。

(4)石膏装饰板。石膏装饰板是以建筑石膏为主要原料，加入少量纤维增强材料及外加剂，加水搅拌成均匀料浆，浇注成型、脱模修边、干燥制成。有平板、多孔板、花纹板及浮雕板等，造型美观，品种多样，主要用于公共建筑的内墙及天花板。

第二节　石　灰

石灰是建筑中使用较早的一种矿物胶凝材料。石灰的原料是石灰岩，主要成分为碳酸钙($CaCO_3$)，其次为碳酸镁($MgCO_3$)。由于原料广泛，工艺简单，成本低廉，使用方便，所以至今仍被广泛地应用于建筑工程中。

一、生石灰的生产

生石灰是将以碳酸钙为主要成分的原料，在一定烧结温度下，煅烧而得的产物(CaO)。生产生石灰的原料有天然石灰石、白云质石灰岩、白垩等，这些原料主要含 $CaCO_3$ 及少量 $MgCO_3$、SiO_2、Al_2O_3 等杂质。其煅烧反应式如下：

$$CaCO_3 \xrightarrow{900\sim1\,000℃} CaO + CO_2\uparrow$$

煅烧过程对石灰质量有很大影响。煅烧温度过低或时间不足，会使石灰中残留有未分解

的 $CaCO_3$，称为欠火石灰。欠火石灰中 CaO 含量低，降低了其质量等级和石灰的利用率；若煅烧温度超过烧结温度或煅烧时间过长，将出现过火石灰。过火石灰呈灰黑色，质地密实，有玻璃体的外壳，所以消化十分缓慢。

二、生石灰的水化

它又称熟化或消化，是指生石灰与水发生水化反应，生成氢氧化钙的过程。其反应如下：

$$CaO + H_2O \longrightarrow Ca(OH)_2 + 64.9kJ$$

经消化所得的氢氧化钙称为消石灰（又称熟石灰）。生石灰具有强烈的水化能力，水化时放出大量的热，同时体积增大 1～2.5 倍。一般煅烧良好、氧化钙含量高、杂质少的生石灰，不但消化速度快，放热量大，而且体积膨胀也大。

过火石灰消化速度极慢，当石灰抹灰层中含有这种颗粒时，由于它吸收空气中的水分继续消化，体积膨胀，致使墙面隆起、开裂，严重影响施工质量。为了消除这种危害，生石灰在使用前应提前洗灰，使灰浆在灰坑中储存 2～3 周，以使石灰得到充分消化，即所谓陈伏。陈伏期间，为防止石灰与 CO_2 作用产生碳化，应在其表面保存一定厚度的水层，以隔绝空气。

三、石灰的硬化

石灰浆体的硬化包含了干燥、结晶和碳化三个交错进行的过程。

1. 干燥硬化

干燥时，石灰浆体中多余水分蒸发或被砌体吸收而使石灰粒子紧密接触，获得一定强度。

2. 结晶硬化

随着游离水的减少，氢氧化钙逐渐从饱和溶液中结晶出来，形成结晶结构网，使强度继续增加。但因析出的晶体数量很少，所以强度不高。

3. 碳化硬化

氢氧化钙与空气中的二氧化碳化合生成碳酸钙晶体，并释出水分，称为碳化，其反应式如下：

$$Ca(OH)_2 + CO_2 + nH_2O \longrightarrow CaCO_3 + (n+1)H_2O$$

新生成的碳酸钙晶体相互交叉连生或与氢氧化钙共生，构成较精密的结晶网，使硬化浆体的强度进一步提高。显然，碳化对于强度的提高和稳定是十分有利的。但是由于空气中 CO_2 含量很低，且表面形成碳化层后，CO_2 不易深入内部，还阻碍了内部水分的蒸发，故自然状态下碳化速度较慢。

四、石灰的品种及技术指标

1. 根据石灰中氧化镁的含量分类

(1)钙质石灰：MgO 含量≤5%。

(2)镁质石灰：MgO 含量>5%。

(3)钙质消石灰粉：MgO 含量≤4%。

(4)镁质消石灰粉：4%<MgO 含量<24%。

(5)白云石质消石灰粉：24%<MgO 含量<30%。

镁质石灰的消化速度较慢，但硬化后强度稍高。通常生石灰的质量好坏与其氧化钙和氧化镁的含量有很大关系。根据建材行业标准，将建筑生石灰划分为三个等级，见表 3－2 所示。

表 3－2　建筑生石灰技术指标(JC/T479)

项　　目	钙质生石灰			镁质生石灰		
	优等品	一等品	合格品	优等品	一等品	合格品
CaO＋MgO 含量不小于(%)	90	85	80	85	80	75
未消化残渣含量(5mm 圆孔筛筛余)(%)，不大于	5	10	15	5	10	15
CO_2 含量(%)，不大于	5	7	9	6	8	10
产浆量(L/kg)，不小于	2.8	2.3	2.0	2.8	2.3	2.0

2. 根据成品加工方法不同分类

(1)块状生石灰。由石灰石煅烧成的白色疏松结构的块状物，主要成分为 CaO。

(2)磨细生石灰粉。是将块状生石灰磨细而成的生石灰粉，它克服了传统石灰消化时间长等缺点，使用时不用提前消化，直接加水使用即可。不仅提高了工效，而且节约场地，改善了施工环境，其硬化速度加快，强度提高，还提高了石灰的利用率。缺点是成本高，不易储存。其技术指标见表 3－3 所示。

(3)消石灰粉。将生石灰用适量的水充分消化和干燥而成的粉末，主要成分为 $Ca(OH)_2$，亦称为熟石灰。其见表 3－4 所示。

表 3－3　建筑生石灰粉技术指标(JC/T480)

项　　目		钙质生石灰粉			镁质生石灰粉		
		优等品	一等品	合格品	优等品	一等品	合格品
CaO＋MgO 含量(%)，不小于		85	80	75	80	75	70
CO_2 含量(%)，不大于		7	9	11	8	10	12
细度	0.90mm 筛筛余(%)，不大于	0.2	0.5	1.5	0.2	0.5	1.5
	0.125mm 筛筛余(%)，不大于	7.0	12.0	18.0	7.0	12.0	18.0

表 3－4　建筑消石灰粉的技术指标(JC/T481)

项　　目		钙质消石灰粉			镁质消石灰粉		
		优等品	一等品	合格品	优等品	一等品	合格品
CaO＋MgO 含量(%)，不小于		70	65	60	65	60	55
游离水(%)		0.4～2	0.4～2	0.4～2	0.4～2	0.4～2	0.4～2
体积安定性		合格	合格	—	合格	合格	—
细度	0.90mm 筛筛余(%)，不大于	0	0	0.5	0	0	0.5
	0.125mm 筛筛余(%)，不大于	3	10	15	3	10	15

(4)石灰膏。将消石灰和水组成的具一定稠度的膏状物，主要成分为 $Ca(OH)_2$ 和水。

(5)石灰乳。将生石灰用大量水消化而成的一种乳状液体，主要成分为 $Ca(OH)_2$ 和水。

五、石灰的技术性质

1. 可塑性好和保水性好

生石灰熟化后形成的石灰浆，是一种表面吸附水膜的高度分散的 $Ca(OH)_2$ 胶体，它可以降低颗粒之间的摩擦，因此具有良好的可塑性，易铺摊成均匀的薄层，在水泥砂浆中加入石灰，可显著提高砂浆的可塑性和保水性。

2. 吸湿性强

生石灰吸湿性强，保水性好，是传统的干燥剂。

3. 凝结硬化慢，硬化后强度低

因石灰浆在空气中的碳化过程很缓慢，导致氢氧化钙和碳酸钙结晶的量少，其最终的强度也不高。通常，1∶3 石灰砂浆 28d 的抗压强度只有 0.2～0.5MPa。

4. 体积收缩大

石灰浆在硬化过程中，由于水分的大量蒸发，引起体积收缩，使其产生开裂。因此，除调成石灰乳作薄层涂刷外，不宜单独使用。工程中应用时，常掺入砂、麻刀、纸筋等，以抵抗收缩引起的开裂，增加抗拉强度。

5. 耐水性差

石灰水化后的成分——氢氧化钙能溶于水，若长期受潮或被水浸泡，会使已硬化的石灰溃散，所以石灰不宜在潮湿的环境中使用。

六、石灰的应用

1. 配制石灰砂浆和石灰乳涂料

用石灰膏和砂或麻刀、纸筋配制成的石灰砂浆、麻刀灰、纸筋灰广泛用作内墙、顶棚的抹面。用石灰膏和水泥砂浆配制成的混合砂浆通常作墙体砌筑或抹灰之用。由石灰膏稀释成的石灰乳常用作内墙、顶棚的粉刷涂料。

2. 配制灰土和三合土

灰土(石灰＋黏土)和三合土(石灰＋黏土＋砂、石或炉渣等填料)的应用，在我国有很长的历史。经夯实后的灰土或三合土广泛用作建筑物的基础、路面或地面的垫层，其强度和耐水性比石灰或黏土都高。其原因是黏土颗粒表面的少量活性氧化硅、氧化铝与石灰起反应，生成水化硅酸钙和水化铝酸钙等不溶于水的水化矿物的缘故。另外，石灰改善了黏土的可塑性，在强力夯打下密实度提高，也是其强度和耐水性改善的原因之一。

3. 制作碳化石灰板

碳化石灰板是将磨细生石灰、纤维状填料(如玻璃纤维)或轻质骨料(如矿渣)搅拌、成型，然后经人工碳化而成的一种轻质板材。为了减小表观密度，提高碳化效果，多制成空心板。这种板材能锯、刨、钉，适宜作非承重内墙板、天花板等。

4. 制作硅酸盐制品

磨细生石灰或消石灰粉与砂或粒化高炉矿渣、炉渣、粉煤灰等硅质材料经配料、混合、成型，再经常压或高压蒸汽养护，就可制得密实或多孔的硅酸盐制品。如灰砂砖、粉煤灰砖及砌块、加气混凝土砌块等。

5. 配制无熟料水泥

将具有一定活性的材料(如粒化高炉矿渣、粉煤灰、煤矸石灰渣等工业废渣)，按适当比例与石灰配合，经共同磨细，可得到具有水硬性的胶凝材料，即为无熟料水泥。

七、石灰的储存

块状生石灰放置太久，会吸收空气中的水分消化成消石灰粉，然后再与空气中 CO_2 作用形成 $CaCO_3$ 而失去胶凝能力。所以，储存生石灰，不但要防止受潮，而且不宜久存，最好运到后即消化成石灰浆。另外，生石灰受潮消化要放出大量的热，且体积膨胀，故储存和运输生石灰时，要注意安全，并将生石灰与易燃物分开保管，以免引起火灾。

第三节　水玻璃

水玻璃，又称泡花碱，是一种气硬性胶凝材料。

一、水玻璃的组成及生产

水玻璃是由碱金属氧化物和二氧化硅结合而成的能溶于水的一种金属硅酸盐物质。其化学通式为 $R_2O \cdot nSiO_2$，式中 R_2O 为碱金属氧化物；n 为二氧化硅与碱金属氧化物摩尔数的比值，称为水玻璃的模数。n 值愈大则水玻璃的黏度愈大、粘结力与强度及耐酸、耐热性愈高，但也愈难溶于水中，且由于黏度太大，不利于施工；同一模数的水玻璃，其浓度(或密度)增加，则黏度增大，粘结力与强度及耐酸、耐热性均提高，但太大时同样不利于施工。

建筑上常用的水玻璃是硅酸钠的水溶液($Na_2O \cdot nSiO_2$)，要求高时也使用硅酸钾的水溶液($K_2O \cdot nSiO_2$)，呈青灰或淡黄色黏稠液体。常用水玻璃模数为 2.6～3.0、密度为 1.3～1.5g/cm^3。

生产水玻璃的方法，有湿法(一步法)和干法(二步法)两种。湿法是将石英砂和火碱溶液置于压蒸锅内，在 2～3 个大气压下用蒸汽加热、搅拌，直接反应成液体水玻璃。干法是将石英砂和碳酸钠磨细拌匀，在窑炉内于 1 300～1 400℃温度下熔化生成固体水玻璃，然后在 3～8 个大气压的蒸汽火锅内将其溶解成黏稠状液体。若用碳酸钾代替碳酸钠，则可制成碳酸钾水玻璃。

水玻璃浓度，常用波美密度计测定，以波美度(Be)表示。波美度与密度 ρ 的关系如下：

$$Be = 145 - \frac{145}{\rho}$$

工厂生产的水玻璃浓度为 50～56 波美度。

二、水玻璃的硬化

水玻璃是气硬性胶凝材料，在空气中它能与二氧化碳反应，生成无定形的二氧化硅凝胶（又称硅酸凝胶），凝胶脱水转变成二氧化硅而硬化（又称自然硬化），其化学反应如下：

$$2(Na_2O \cdot nSiO_2) + Na_2SiF_6 + mH_2O \longrightarrow 6NaF + (2n+1)SiO_2 \cdot mH_2O$$

$$(2n+1)\ SiO_2 \cdot mH_2O \xrightarrow{\text{干燥}} (2n+1)SiO_2 + mH_2O$$

上式的反应过程进行得很慢，为加速硬化，可加热或掺入促硬剂氟硅酸钠（Na_2SiF_6）。加入氟硅酸钠后，初凝时间可缩短至 30～60min。其适宜掺量一般为水玻璃的 12%～15%，若掺量小于 12%，则其凝结硬化慢，强度低，并且存在有较多的没参加反应的水玻璃，当遇水时，残余水玻璃易溶于水，影响硬化后水玻璃的耐水性；若其掺量超过 15%，则凝结硬化过快，造成施工困难，且抗渗性和强度降低。

三、水玻璃的性质

(1)粘结力强。水玻璃硬化后具有较高的强度。如水玻璃胶泥的抗拉强度大于 2.5MPa，水玻璃混凝土的抗压强度约在 15～40MPa 之间。此外，水玻璃硬化析出的硅酸凝胶还可堵塞毛细孔隙而防止水渗透的作用。对于同一模数的液体水玻璃，其浓度愈稠、密度愈大，则粘结力愈强。而不同模数的液体水玻璃，模数越大，其胶体组分越多，粘结力随之增加。

(2)耐酸性好。硬化后的水玻璃，因其主要成分是 SiO_2，所以能抵抗大多数无机酸和有机酸的作用，但水玻璃类材料不耐碱性介质侵蚀。

(3)耐热性高。水玻璃硬化后形成 SiO_2 空间网状骨架，具有良好的耐热性能。

(4)耐碱性和耐水性差。水玻璃在加入氟硅酸钠后仍不能完全反应，硬化后的水玻璃中仍含有一定量的 $Na_2O \cdot nSiO_2$。由于 SiO_2 和 $Na_2O \cdot nSiO_2$ 均可溶于碱，且 $Na_2O \cdot nSiO_2$ 可溶于水，所以水玻璃硬化后不耐碱，不耐水。为了提高耐水性，常采用中等浓度的酸对已硬化的水玻璃进行酸洗处理。

四、水玻璃的应用

水玻璃除用于耐热和耐酸材料外，还有以下主要用途：

(1)涂刷材料表面，提高其抗风化能力。以密度为 1.35g/cm^3 的水玻璃浸渍或涂刷黏土砖、水泥混凝土、石材等多孔材料，可提高材料的密实度、强度、抗渗性、抗冻性及耐水性等。这是因为水玻璃与空气中的二氧化碳反应生成硅酸凝胶，同时水玻璃也与材料中所含的氢氧化钙反应生成硅酸钙凝胶，二者填充材料的孔隙，使材料致密。

(2)加固地基。将模数为 2.5～3 的液体水玻璃和氯化钙溶液交替压入地下，可提高地基的承载能力，增强其不透水性。

作为地基灌浆材料使用时，常将水玻璃溶液与氯化钙溶液交替地灌入地基中，其反应式如下：

$$Na_2O \cdot nSiO_2 + CaCl_2 + mH_2O \longrightarrow nSiO_2 \cdot (m-1)H_2O + Ca(OH)_2 + 2NaCl$$

反应生成的硅胶起胶结作用，能包裹土粒并充填于孔隙中，而 $Ca(OH)_2$ 又与加入的 $CaCl_2$ 反应生成氧氯化钙，也起胶结与充填孔隙的作用，既使地基提高强度，又能增强其不透水性。

当水玻璃与水泥水化时析出的活性很强的氢氧化钙作用时，可生成具有一定强度的硅酸钙胶体，使水泥石的强度相应增加：

$$Na_2O \cdot nSiO_2 + Ca(OH)_2 \longrightarrow CaO \cdot nSiO_2 + NaOH$$

(3)配制速凝防水剂。水玻璃加二种、三种或四种矾，即可配制成所谓的二矾、三矾、四矾速凝防水剂。

(4)修补砖墙裂缝。将水玻璃、粒化高炉矿渣粉、砂或氟硅酸钠按适当比例拌和后，直接压入砖墙裂缝，可起到粘结和补强作用。

(5)配制耐酸砂浆和耐酸混凝土。水玻璃硬化后，具有很高的耐酸性，常用作耐酸材料。与耐酸骨料一起可配制成耐酸砂浆和耐酸混凝土，用于耐酸工程中。

(6)配制耐热砂浆和耐热混凝土。水玻璃耐热性能好，能长期承受一定高温作用而强度不降低，用它与耐热骨料等可配制耐热砂浆和耐热混凝土，用于耐热工程中。

(7)用于钻孔堵漏。将水玻璃加入水泥浆中，可使水泥浆急速凝结硬化，因此，用其注入钻孔内，能使其迅速凝结而堵塞孔隙。水玻璃浆液与水泥浆液的体积比对胶凝时间的影响见图 3-2。

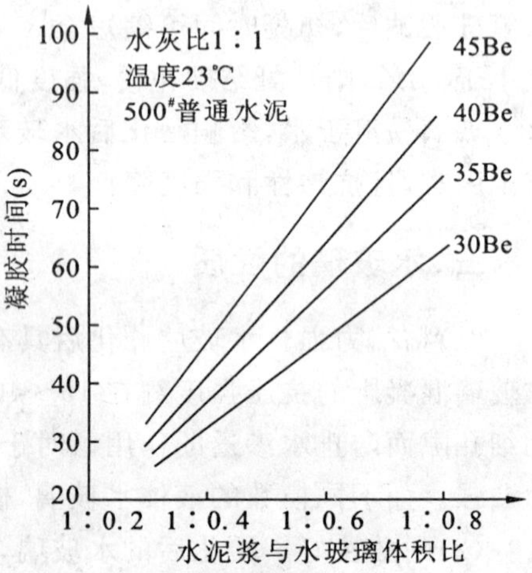

图 3-2　水泥浆与水玻璃的体积比对胶凝时间的影响

水玻璃不耐氢氟酸、热磷酸及碱的腐蚀，不宜用于长期受水浸润的工程。水玻璃在储存中应注意防潮防水，不得在露天长期存放。

复习思考题

1. 气硬性胶凝材料与水硬性胶凝材料有何区别？
2. 建筑石膏是如何生产的？其主要化学成分是什么？
3. 石膏制品有哪些特点？建筑石膏可用于哪些方面？
4. 简述石灰的消化和硬化过程及特点。
5. 什么是欠烧石灰和过烧石灰？各有何特点？
6. 何谓陈伏，石灰在使用前为什么要进行陈伏？
7. 水玻璃的性质是怎样的？有何用途？

第四章　水　泥

第一节　概　述

水泥是一种加水拌和成塑性浆体，能胶结砂、石等适当材料，并能在空气和水中硬化的粉状水硬性胶凝材料。

水泥是最重要的土木工程材料之一，在国民经济建设的各个方面(如建筑、交通、水利水电、国防等工程中)应用极广，常用来制作各种形式的混凝土、钢筋混凝土、预应力混凝土构件和建筑物，也常用于配制砂浆，以及用作灌浆材料等。根据预测，在本世纪乃至更长的时期，水泥及水泥制品仍将是主要的土木工程材料，其产量将会持续增长，品种也将越来越多，并会加速发展快硬、高强、低热、膨胀、油井等特种用途的水泥和水泥外加剂，高标号水泥的比例也将增加。

水泥的品种很多，按其化学成分，可以分为硅酸盐水泥、铝酸盐水泥、硫铝酸盐水泥、铁铝酸盐水泥等系列，其中以硅酸盐水泥系列应用最广。

硅酸盐水泥是以硅酸钙为主要成分的水泥熟料、一定量的混合材料和适量石膏，经共同磨细而成。按其性能和用途不同，又可分为通用水泥、专用水泥和特性水泥。

通用硅酸盐水泥是指用于一般土木建筑工程的水泥，按其所掺混合材料的品种及掺量不同，又可分为硅酸盐水泥、普通硅酸盐水泥(简称普通水泥)、矿渣硅酸盐水泥(简称矿渣水泥)、火山灰质硅酸盐水泥(简称火山灰水泥)、粉煤灰硅酸盐水泥(简称粉煤灰水泥)、复合硅酸盐水泥(简称复合水泥)等，统称为六大水泥。

专用水泥是指专门用途的水泥，如砌筑水泥、道路水泥等。

特性水泥是指某种性能比较突出的水泥，如快硬硅酸盐水泥、白色硅酸盐水泥、抗硫酸盐硅酸盐水泥、低热硅酸盐水泥、硅酸盐膨胀水泥等。以上分类见表 4－1 所示。

表 4－1　硅酸盐系列水泥的分类

<table>
<tr><th colspan="2">类　别</th><th>简　称</th><th>混合材掺量(%)</th></tr>
<tr><td rowspan="6">通用硅酸盐水泥</td><td>硅酸盐水泥</td><td></td><td>≤5</td></tr>
<tr><td>普通硅酸盐水泥</td><td>普通水泥</td><td>＞5 且≤20</td></tr>
<tr><td>矿渣硅酸盐水泥</td><td>矿渣水泥</td><td>＞20 且≤70</td></tr>
<tr><td>火山灰质硅酸盐泥</td><td>火山灰水泥</td><td>＞20 且≤40</td></tr>
<tr><td>粉煤灰硅酸盐水泥</td><td>粉煤灰水泥</td><td>＞20 且≤40</td></tr>
<tr><td>复合硅酸盐水泥</td><td>复合水泥</td><td>＞20 且≤50</td></tr>
<tr><td>专用水泥</td><td colspan="3">专门用于某些工程的水泥</td></tr>
<tr><td>特性水泥</td><td colspan="3">某种性能较突出的水泥</td></tr>
</table>

虽然水泥品种繁多,分类方法各异,但我国水泥产量的90%左右属于硅酸盐水泥系列,因而本章重点对硅酸盐水泥的性质及其应用作较详细的阐述,对其他水泥仅作一般介绍。

第二节　硅酸盐水泥与普通硅酸盐水泥

由于硅酸盐水泥与普通硅酸盐水泥性能相近,故本节对硅酸盐水泥讨论的问题也适用于普通水泥。

一、硅酸盐水泥的定义、类型及代号

凡由硅酸盐水泥熟料、0～5%石灰石或粒化高炉矿渣、适量石膏磨细制成的水硬性胶凝材料,称为硅酸盐水泥(即国外通称的波特兰水泥)。它又可分为两种类型:不掺加混合材料的称Ⅰ型硅酸盐水泥,代号为P·Ⅰ,掺加不超过水泥质量5%的石灰石或粒化高炉矿渣混合材料的称Ⅱ型硅酸盐水泥,代号为P·Ⅱ。凡由硅酸盐水泥熟料,再加入6%～15%混合材料及适量石膏,经磨细制成的水硬性胶凝材料称为普通硅酸盐水泥。活性混合材料的最大掺入量不得超过15%,其中以不超过水泥重量5%的窑灰或不超过水泥重量10%的非活性混合材料来代替。掺非活性混合材料时最大掺入量不得超过水泥重量的10%。硅酸盐水泥类型与代号见表4-2。

表4-2　硅酸盐水泥与普通硅酸盐水泥的类型及代号

类　型		代　号	熟料+石膏	混合材掺入量(%)
硅酸盐水　泥	Ⅰ型硅酸盐水泥	P·Ⅰ	100	0
	Ⅱ型硅酸盐水泥	P·Ⅱ	≥95	≤5
普通硅酸盐水泥		P·O	≥80且<95	>5且≤20

根据国家标准《硅酸盐水泥、普通硅酸盐水泥》(GB175-2007)规定,硅酸盐水泥分为42.5、42.5R、52.5、52.5R、62.5、62.5R六个强度等级。

二、硅酸盐水泥的生产

以石灰质原料(如石灰石等)与黏土质原料(如黏土、黄土、页岩)为主,有时加入少量铁矿粉等,按一定比例配合,磨细成生料粉(干法生产)或生料浆(湿法生产),经均化后送入回转窑或立窑中煅烧至部分熔融,得到黑色颗粒状的水泥熟料,再与适量石膏共同磨细,即可得到P·Ⅰ型硅酸盐水泥。目前,常把硅酸盐水泥的生产技术简称两磨一烧,其生产工艺流程如图4-1所示。

三、硅酸盐水泥熟料的矿物组成

硅酸盐水泥熟料是由主要含CaO、SiO_2、Al_2O_3、Fe_2O_3的原料,按适当比例磨成细粉,烧至部分熔融得以硅酸钙为主要矿物成分的水硬性胶凝物质,其矿物组成主要是硅酸三钙(C_3S)、

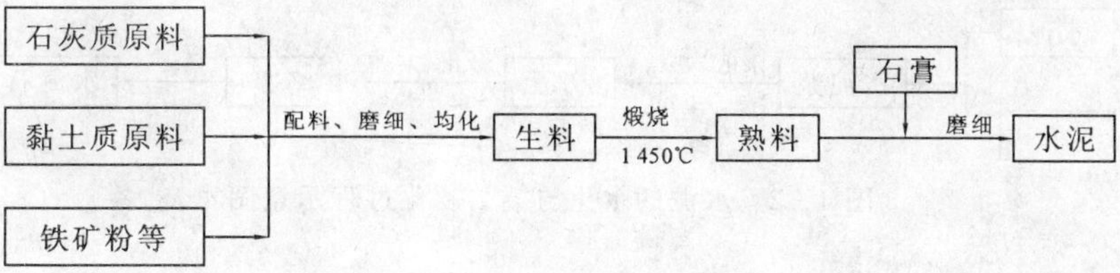

图 4－1 硅酸盐水泥主要生产流程示意图

硅酸二钙(C_2S)、铝酸三钙(C_3A)、铁铝酸四钙(C_4AF),其名称、分子式、含量等见表 4－3。这四种矿物中硅酸钙矿物(包括硅酸三钙和硅酸二钙)是主要的,其含量约占 70%～85%。这些矿物是依靠原料中所提供的 CaO、SiO_2、Al_2O_3、Fe_2O_3 等氧化物在高温下互相作用而形成的。

为了合理矿物组成的水泥熟料,要严格控制生料的化学成分及烧成条件。硅酸盐水泥中不掺混合材料或很少的混合材料,所以其性质基本上由硅酸盐水泥熟料决定。

除四种主要矿物组成外,尚有少量次要矿物组成,如游离氧化钙、氧化镁、含碱矿物及玻璃体等。在煅烧过程中矿物没有全部化合而残留下来呈游离状态存在的氧化钙、氧化镁,其含量过高将造成水泥安定性不良;含碱矿物及玻璃体等,其中的 Na_2O 和 K_2O 含量较高时,遇到活性骨料时,易产生碱-骨料膨胀反应。它们对水泥、混凝土是有害的,在生产中必须严格控制。

表 4－3 硅酸盐水泥熟料的矿物组成及在水泥中的相对含量

组成矿物名称		分子式	简称	水泥中的含量(%)				
				普通水泥	低热水泥	早强水泥	超早强水泥	耐硫酸盐水泥
硅酸盐矿物	硅酸三钙	$3CaO \cdot SiO_2$	C_3S	52	41	65	68	57
	硅酸二钙	$2CaO \cdot SiO_2$	C_2S	24	34	10		23
熔剂矿物	铝酸三钙	$3CaO \cdot Al_2O_3$	C_3A	9	6	8	9	2
	铁铝酸四钙	$4CaO \cdot Al_2O_3 \cdot Fe_2O_3$	C_4AF	9	6	9	8	13
次要成分	游离氧化钙	CaO						
	游离氧化镁	MgO						
	含碱矿物及玻璃体							

四、硅酸盐水泥的水化与凝结硬化

水泥加水拌和后成为既有可塑性又有流动性的水泥浆,同时产生水化,随着水化反应的进行,逐渐失去流动能力到达"初凝"。待完全失去可塑性,而开始产生结构强度时,即为"终凝"。随着水化、凝结过程的延续,浆体逐渐转变为具有一定强度的坚硬固体状的水泥石,即为硬化。可见,水化是水泥产生凝结硬化的前提,而凝结硬化则是水泥水化的结果,其过程可见图 4－2 所示。

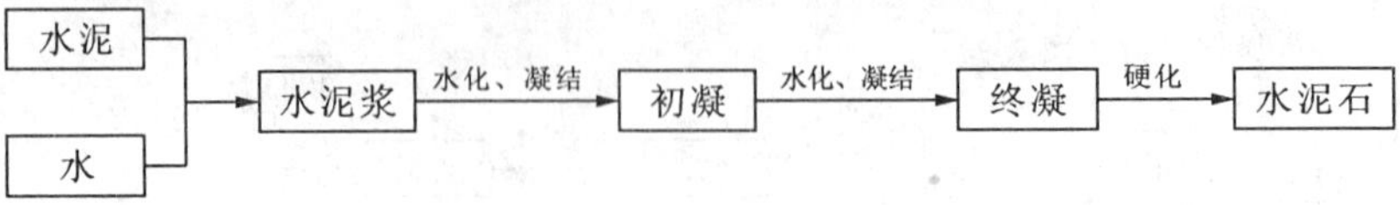

图 4－2　水泥的水化与凝结硬化过程示意图

1. 硅酸盐水泥的水化

水泥和水拌和后，其颗粒表面的熟料矿物立刻与水发生化学反应，各组分开始逐渐溶解，并放出一定热量，固相体积也逐渐增加。其反应式如下：

$$2(3CaO \cdot SiO_2) + 6H_2O = 3CaO \cdot 2SiO_2 \cdot 3H_2O + 3Ca(OH)_2$$

硅酸三钙　　水化硅酸钙　　氢氧化钙

$$2(2CaO \cdot SiO_2) + 4H_2O = 3CaO \cdot 2SiO_2 \cdot 3H_2O + Ca(OH)_2$$

硅酸二钙　　水化硅酸钙　　氢氧化钙

$$3CaO \cdot Al_2O_3 + 6H_2O = 3CaO \cdot Al_2O_3 \cdot 6H_2O$$

铝酸三钙　　水化铝酸三钙

$$4CaO \cdot Al_2O_3 \cdot Fe_2O_3 + 7H_2O = 3CaO \cdot Al_2O_3 \cdot 6H_2O + CaO \cdot Fe_2O_3 \cdot H_2O$$

铁铝酸四钙　　水化铝酸三钙　　水化铁酸一钙

在主要的四种熟料矿物中，C_3A 水化速率最快，C_3S 和 C_4AF 水化也较快，而 C_2S 水化最慢。C_3A 水化生成水化硅酸钙(C—S—H)，它不溶于水，并立即以胶体微粒析出，逐渐凝聚为 C—S—H 凝胶。生成的氢氧化钙(CH)在溶液中的浓度很快达到过饱和结晶析出。水化铝酸钙还能与过饱和的氢氧化钙进一步反应，生成水化铝酸四钙。

由于纯水泥熟料磨细后与水反应快，凝结时间短，不便使用。因而，为了调节水泥的凝结时间，熟料磨细时必须加入适量石膏($CaSO_4$，约 3%)，这些石膏与反应最快的铝酸三钙水化物作用生成难溶的水化硫铝酸钙($3CaO \cdot Al_2O_3 \cdot 3CaSO_4 \cdot 31H_2O$)或单硫型水化硫铝酸钙($3CaO \cdot Al_2O_3 \cdot CaSO_4 \cdot 12H_2O$)，覆盖于未水化的铝酸三钙周围，阻止其继续快速水化，从而延缓了水泥的凝结时间。

硅酸盐水泥与水作用后，生成的主要水化产物是：水化硅酸钙和水化铁酸钙凝胶、氢氧化钙、水化铝酸钙和水化硫铝酸钙晶体。在完全水化的水泥石中，水化硅酸钙约占 70%，氢氧化钙约占 20%，水化硫铝酸钙(也称钙矾石)和单硫型水化硫铝酸钙约占 7%。

硅酸盐水泥水化反应为放热反应，其放出的热量称为水化热。其水化热大，放热的周期也较长，但大部分(50%以上)热量是在 3 天以内。特别是在水泥浆发生凝结、硬化的初期放出。水化热的大小及放热速率主要取决于水泥的矿物组成，C_3A 的水化热与放热速率最大，C_3S 与 C_4AF 次之，C_2S 的水化热最小，放热速度也最慢。水化放热情况还与水泥细度、水灰比、养护温度、储存时间、所掺混合材料及外加剂的品种、数量等因素有关。水泥颗粒越细，早期放热速率将显著增加。

2. 硅酸盐水泥的凝结硬化过程

一般认为水泥浆体硬化的发展过程可分为早、中、后三个时期，分别相当于一般水泥在 20℃环境中水化 3h、20～30h 以及更长时间。

在水化早期，水泥颗粒表面迅速发生化学反应，在几分钟内就在其表面形成凝胶状膜层，大约在 1h 左右即在凝胶膜外侧及液相中形成粗短的棒状钙矾石[图 4-3(b)]。

水化中期，约有 30%的水泥已经水化，它以 C—S—H 和 CH 的快速形成为特征，此时水泥颗粒被 C—S—H 形成的一层包裹膜全部包住，并不断向外增厚，随后逐渐在膜内侧沉淀，同时，膜的外侧生长出细长的钙矾石晶体，内侧生成低硫型硫铝酸钙，CH 晶体在原来充水的空间形成，膜层长大并相互联接[图 4-3(c)]。

水化后期，水化反应逐渐减慢，各种水化产物填满原来由水所充填的空间，由于各类矿物晶体的相互搭接、交叉攀附，从而使原来分散的水泥颗料及其水化产物联接起来，形成牢固结合的固体——水泥石[图 4-3(d)]。

随着凝胶体膜层的逐渐增厚，水泥颗料内部的水化反应越来越困难，经过较长时间(几个月甚至若干年)的水化反应之后，除原来极细的水泥颗粒外，多数颗粒仍剩余尚未水化的内核。因此，硬化后的水泥石是由凝胶体(凝胶和晶体)、未水化的水泥颗粒内核、毛细孔组成，它们在不同时期相对数量的变化，使水泥石的性质随之而改变。

水泥石中，水化硅酸钙凝胶对水泥石的强度及其他主要性质起支配作用。对于水泥石中凝胶之间或晶体、未水化水泥颗粒与凝胶体之间产生粘结力的实质，即凝胶体具有较高强度的实质，一般认为是由于范德华力、氢键、离子引力及表面能等作用的结果。

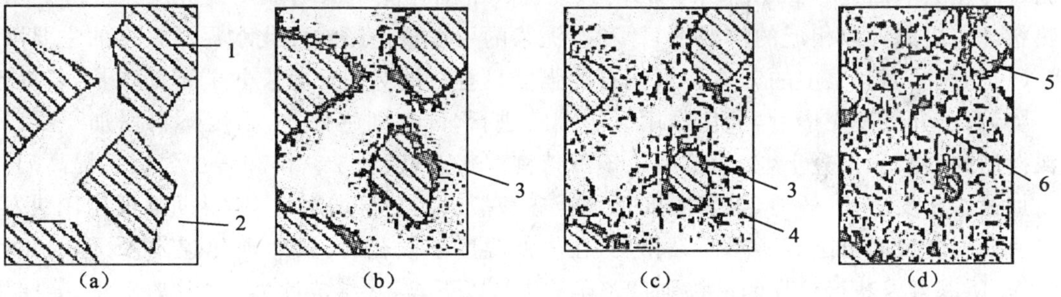

图 4-3 水泥凝结硬化过程图

(a)水泥颗粒分散在水中；(b)水泥颗粒表面形成水化物膜层；

(c)膜层长大并相互连结(凝结)；(d)水化物继续发展，填充毛细孔隙(硬化)

1. 水泥颗粒；2. 水分；3. 水泥凝胶体；4. $Ca(OH)_2$ 等结晶；5. 水泥颗粒的未水化内核；6. 毛细管孔隙

3. 影响硅酸盐水泥凝结硬化的主要因素

(1)熟料矿物组成的影响。硅酸盐水泥熟料矿物组成，是影响水泥的水化速度、凝结硬化过程及产生强度等的主要因素。四种主要熟料矿物中，C_3A 的水化和凝结硬化速度最快，因而它是影响水泥凝结时间的决定性因素。各熟料矿物的水化、凝结硬化特性见表 4-4 所示。

(2)水泥细度的影响。水泥颗粒的粗细也直接影响水泥的水化、凝结硬化、强度、干缩及水化热等。因为水泥加水拌和后，水化反应开始仅在颗粒表面进行，而后才逐步向颗粒内部发展，并且是一个较长时间的缓慢过程。显然，水泥颗粒越细，单位体积水泥的颗粒的比表面积就越大，水化作用的发展就越迅速充分，凝结速度也就越快，早期强度越高。但水泥颗粒过细，易与空气中的水分及二氧化碳反应，使水泥不宜久存，并且硬化时收缩也较大。一般水泥颗粒小于 40μm 时就具有较高的活性，大于 100μm 时活性较小，因而，通常水泥颗粒的粒径在 7～200μm 范围内。

表 4-4 硅酸盐水泥熟料矿物水化、凝结硬化特性

性能指标		熟料矿物			
		C_3S	C_2S	C_3A	C_4AF
水化速率		快	慢	最快	快,仅次于 C_3A
凝结硬化速率		快	慢	快	快
放热量		多	少	最多	中
强度	早期	高	低	高	低
	后期	高	高	低	低

(3)拌和加水量的影响。拌和水量也对水泥石强度有较大影响。拌和水泥浆体时,为使浆体具有一定塑性和流动性,所以加入的水量通常要大大超过水泥充分水化时所需要的水量,多余的水便在硬化的水泥石中形成毛细孔(水)。因此,拌和加入水量越大,硬化水泥石中毛细孔就越多,当水灰比为 0.40 时,完全水化后水泥石的总孔隙率为 29.6%,而水灰比为 0.70 时,水泥石的孔隙率高达 50.3%。水泥石的强度随其毛细孔隙率的增加呈线性关系下降。所以,在熟料矿物组成大致相近的情况下,拌和水泥浆的用水量是影响硬化水泥石强度的主要因素。

(4)养护湿度和温度的影响。水泥石的强度只有在潮湿的环境中才能不断增长,若处于干燥环境,当水分蒸发完毕后,水化作用无法继续进行,硬化即将停止,强度不再增加。所以,用水泥拌制的砂浆和混凝土,在浇筑后应该保持潮湿状态,以利于获得和增加强度。提高温度也可以加速水化反应,一般地,提高温度可加速硅酸盐水泥的早期水化,使早期强度能较快发展,但对后期强度反而可能有所降低。相反,在较低温度下硬化时,虽然硬化速率慢,但水化产物较致密,所以可以获得较高的最终强度。但在 0℃以下,当水结成冰时,水泥的水化、凝结硬化作用将停止,因而,在冬季施工时,需要采取保温等措施。

(5)养护龄期的影响。水泥的水化硬化是一个较长时期不断进行的过程,随着水泥颗粒内各熟料矿物水化程度的提高,凝胶体不断增加,毛细孔隙相对减少,从而随着龄期的增长,使水泥石的强度逐渐提高。由于熟料矿物中对强度起决定性作用的 C_3S 在早期强度发展快,所以水泥在 3~14 天内强度增长较快,28 天后增长缓慢。

(6)外加剂的影响。由于实际上硅酸盐水泥的水化、凝结硬化在很大程度上受到 C_3S、C_3A的制约,因而凡对 C_3S 和 C_3A 的水化能力产生影响的添加剂,都能改变硅酸盐水泥的水化、凝结硬化性能。如加入促凝剂能促进水泥水化、硬化,提高早期强度。相反,掺加缓凝剂就会延缓水泥的水化硬化,影响水泥早期强度的发展。

(7)石膏掺量。石膏是作为延缓水泥凝结时间的组分而掺入水泥中的。实践表明:不掺石膏的水泥,由于 C_3A 的迅速水化将导致水泥的不正常急速凝结,使水泥不能正常使用。石膏起缓凝作用的机理是:水泥水化时,石膏很快与 C_3A 作用产生很难溶于水的水化硫铝酸钙(钙矾石),它沉淀在水泥颗粒表面上形成保护膜,从而阻碍了 C_3A 的水化反应而延缓了水泥的凝结时间。石膏的适宜掺量一般为水泥质量的 3%~5%,掺入量过多将引起水泥石的膨胀性破坏。

(8)水泥受潮与久存的影响。水泥受潮后,因表面已水化而结块,从而丧失胶凝能力,严重

降低其强度。而且，即使在良好的储存条件下，水泥也不可储存过久，因为水泥会吸收空气中的水分和二氧化碳，产生缓慢水化与碳化反应，3 个月后其强度降低约 10%～20%，半年后降低约 15%～30%，1 年后降低约 25%～40%。

由于水泥水化反应是从水泥颗粒表面开始的，随着颗粒表面的 C—S—H 凝胶包裹层的增厚，反应速率减缓。据研究测试，当包裹层厚度达 25μm 时，水化将终止。因此，受潮水泥颗粒只在表面水化，若将其重磨可使其暴露出新鲜表面而恢复部分活性。对于微结块的水泥，强度约降低 10%～20%，可以适当方式压碎后用于次要工程。

五、水泥石的结构

如图 4－4 所示，水泥浆硬化后的水泥石是由未水化的水泥颗粒、凝胶体的水化产物、结晶体的水化产物、尚未被水泥颗粒和水化产物所填满的原充水空间（毛细孔或毛细孔水）、凝胶体中的孔隙所组成。因此，水泥石是一种气、液、固三相的多孔隙结构物质，水泥石的工程性质（强度和耐久性）决定于水泥石的结构组成，即决定于水化物的类型、水化物的相对含量以及孔的大小、形状和分布。当水泥的品种一定时，其水化产物的类型也是确定的，它所形成的水泥石的强度则主要取决于水化产物的相对含量（可用水化程度表示）和孔隙的数量、大小、形状及分布状态。而后者与拌和时用水量的大小（可用水灰比——即拌和时用水量与水泥用量之比表示）密切相关。图 4－5 为两种不同水灰比的水泥净浆，处于不同水化程度时水泥石的组成示意图。

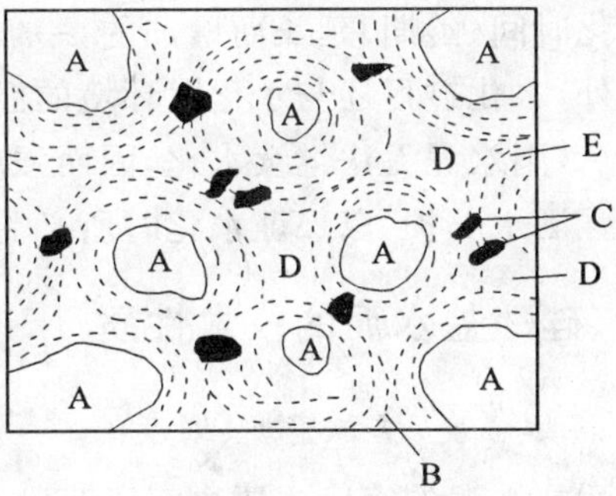

图 4－4　水泥石的结构

A. 未水化水泥颗粒；B. 胶体粒子（C—S—H 等）；
C. 晶体粒子[$Ca(OH)_2$ 等]；D. 毛细孔（毛细孔水）；
E. 凝胶孔

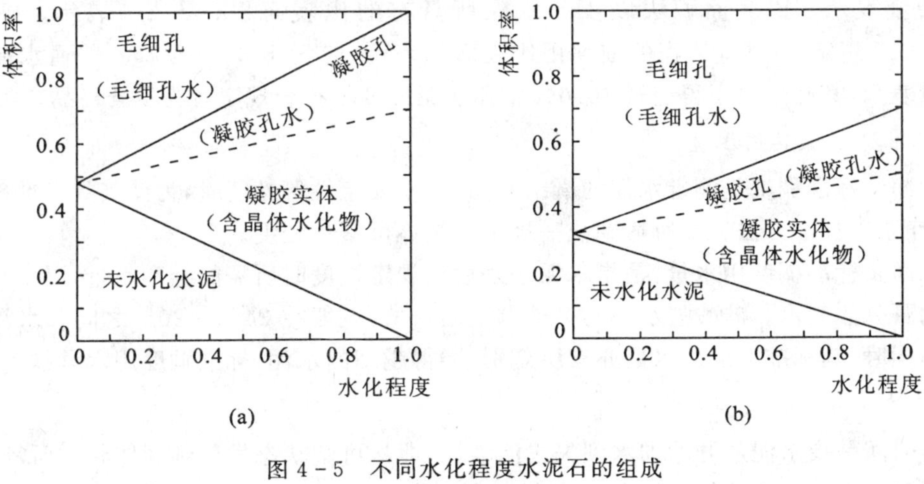

图 4－5　不同水化程度水泥石的组成

(a)水灰比：0.4；(b)水灰比：0.7

由图 4-5 可知：

(1)水灰比相同时，水化程度愈高，则水泥石结构中水化物愈多，而毛细孔和未水化水泥的量相对减少，水泥石结构密实、强度高、耐久性好。

(2)水化程度相同而水灰比不同的水泥石结构，水灰比越大，毛细孔所占比例相对增加，因此该水泥石的强度和耐久性下降。

为了提高水泥石的强度和耐久性，应尽可能减少水泥石中的孔隙含量。因而，降低水灰比，提高水泥浆或混凝土成型时的密实度以及加强养护等，对增强水泥石的强度和耐久性是极为重要的。

由于水泥石的强度与水化产物的数量有关，而在相同水泥品种及水灰比下，水化物质数量是随水化时间(龄期)延长而增加的，一般在 28 天内增长较快，以后渐慢，3 个月后则更缓慢。

此外，水化过程还与水化时环境的温度和湿度有关，若水泥处于干燥环境，浆体中水分蒸发完毕后，则水泥无法继续水化，因而强度也不再增长。因此，混凝土工程在浇灌后 2～3 周内必须加强洒水养护，以保证水化时所必需的水分，使水泥得到充分水化。

六、硅酸盐水泥的技术性质

1. 实际密度、堆积密度、细度

硅酸盐水泥的密度主要决定于其熟料矿物组成，密度一般为 3.05～3.20g/cm^3；也与储存时间和条件等有关，受潮水泥的密度有所降低。在进行混凝土配合比计算时，通常采用 3.10g/cm^3。

硅酸盐水泥的堆积密度，除与矿物组成及细度有关外，主要取决于水泥堆积时的紧密程度，疏松堆积时约为 1 000～1 100kg/m^3，紧密堆积时可达 1 600kg/m^3。在混凝土配合比计算中，通常采用 1 300kg/m^3。

细度是指水泥颗粒的粗细程度，它是影响水泥性能的重要指标，因而是鉴定水泥品质的主要项目之一。水泥细度通常采用筛分法或比表面积法(勃氏法)测定。筛分法是以 80μm 方孔筛的筛余量表示。比表面积法以 1kg 水泥所具有的比表面积(m^2/kg)表示。国家标准 GB175-2007 规定，硅酸盐水泥的细度用比表面积表示，应大于 300m^2/kg。普通水泥的细度用筛余量表示，其筛余量不得超过 10.0%。凡水泥细度不符合规定者为不合格品。

2. 标准稠度及其用水量

水泥净浆标准稠度是测定水泥的凝结时间、体积安定性等性能时，为使其具有准确的可比性，水泥净浆以标准方法测试所达到统一规定的浆体可塑性程度。

水泥净浆标准稠度用水量，是指水泥净浆达到规定稠度时所需的拌和水量，以水与水泥质量之比的百分数表示。硅酸盐水泥的标准稠度用水量，一般在 24%～30%之间。水泥熟料矿物成分不同时，其标准稠度用水量亦有所差别，磨得越细的水泥，标准稠度用水量越大。

3. 凝结时间

凝结时间是指水泥从开始加水到失去流动性，即从可塑状态发展到固体状态所需的时间，分为初凝和终凝。自开始加水拌合起，至水泥浆开始失去可塑性与流动性所需的时间，称为初凝时间。自加水时起至水泥浆完全失去可塑性并开始产生强度所需的时间称为终凝时间。标准规定：硅酸盐水泥的初凝不得小于 45min，终凝不大于 390min。凡初凝时间不符合规定者为废品，终凝时间不符合规定者为不合格品。

水泥凝结时间的测定要按规定的仪器《水泥物理检验仪器——净浆标准稠度和凝结时间测定仪》和规定的方法《水泥稠度用水量、凝结时间、安定性检验方法》(GB1346)进行。它是以标准稠度，在规定温度和湿度下，用凝结时间测定仪来测定。

水泥的凝结时间在施工中具有重要意义。水泥的初凝不宜过快，目的是保证有足够的时间在初凝之前完成混凝土或砂浆的搅拌、运输、浇捣和砌筑等各工序的操作；终凝不宜过迟，目的是使混凝土在浇捣完毕后尽早完成凝结硬化，产生强度，以利于下一道工序的及时进行。

4. 体积安定性

水泥的体积安定性是指水泥在凝结硬化过程中体积变化的均匀性。安定性不良的水泥，在浆体硬化过程中或硬化后产生剧烈的、不均匀的体积膨胀并引起开裂，从而降低建筑物质量，甚至引起严重工程事故。因此，体积安全性不合格的水泥应作废品处理。

水泥安定性不良的原因是由于其熟料矿物中含有过多的游离氧化钙或游离氧化镁，以及水泥粉磨时所掺石膏超量所致。因上述物质均在水泥硬化后开始或继续进行水化反应，其反应物体积膨胀而使水泥石开裂。国家标准规定，水泥中游离氧化镁含量不得超过 5.0%，三氧化硫含量不得超过 3.5%。

国家标准还规定，由游离氧化钙引起的水泥安定性不良可以采用试饼法或雷氏法检验。试饼法是将标准稠度的水泥净浆做成试饼经恒沸 3h 后，用肉眼观察未发现裂纹，用直尺检查没有弯曲现象，则称为安定性合格，反之为不合格。雷氏法是测定水泥浆在雷氏夹中硬化沸煮后的膨胀值，当两个试件沸煮后的膨胀值的平均值不大于 5mm 时，即判为该水泥安定性合格，反之为不合格。体积安定性不合格的水泥不能用于工程中。

5. 水泥的强度与等级

水泥的强度是表征水泥力学性能的重要指标，也是划分水泥标号的依据，它与水泥的矿物组成、细度、水灰比大小、水化龄期和环境温度等密切相关。为了统一试验结果的可比性，水泥强度应按国家标准《水泥胶砂强度试验方法(ISO 法)》(GB/T17671－2007)的规定制作试块，养护并测定其抗压和抗折强度值。该值是评定水泥等级的依据。

水泥强度等级按规定龄期的抗压强度和抗折强度来划分，各强度等级水泥的各龄期强度不得低于表 4－5 所示数值。

表 4－5 硅酸盐水泥的强度要求(GB175－2007)

品　种	强度等级	抗压强度(MPa)		抗折强度(MPa)	
		3d	28d	3d	28d
硅酸盐水泥	42.5	≥17.0	≥42.5	≥3.5	≥6.5
	42.5R	≥22.0		≥4.0	
	52.5	≥23.0	≥52.5	≥4.0	≥7.0
	52.5R	≥27.0		≥5.0	
	62.5	≥28.0	≥62.5	≥5.0	≥8.0
	62.5R	≥32.0		≥5.5	

注：R. 早强型。

6. 氧化镁、三氧化硫、碱及不溶物含量

水泥中氧化镁含量不得超过5%，如果压蒸试验合格，则水泥中氧化镁含量(质量分数)允许放宽至6%。水泥中三氧化硫的含量不得超过3.5%。若使用活性骨料，水泥中碱含量应不大于0.60%。

水泥中碱含量按$Na_2O+0.658K_2O$计算值来表示。水泥中碱含量过高，如在混凝土中遇到活性骨料时，易产生碱骨料反应，对工程造成危害。若使用活性骨料，或者用户要求提供低碱水泥时，则水泥中碱含量不得大于0.60%或由买卖双方商定。

不溶物的含量，在Ⅰ型水泥中不得超过0.75%；在Ⅱ型水泥中不得超过1.5%。

7. 水化热

水化热是指水泥和水之间发生化学反应放出的热量。大部分水化热是在水化初期(7d)放出的，以后则逐步减少。

水泥水化热大小主要取决于水泥的矿物组成和细度。熟料矿物中铝酸三钙和硅酸三钙的含量愈高，颗粒愈细，则水化热愈大。冬季施工时，水化热有利于水泥的正常凝结硬化。但对大体积混凝土工程，如大型基础、大坝、桥墩等，水化热大是有害的。由于水化热积聚在内部不易发散，内部温度常上升到50～60℃以上，内外温差所引起的应力，可使混凝土产生裂缝。因此对大体积混凝土工程，应采用水化热较低的水泥，如中热水泥、低热矿渣水泥等，而不宜采用硅酸盐水泥。

七、水泥石的腐蚀

硅酸盐水泥硬化后，在正常环境条件下，水泥石将继续硬化，强度不断增长，但在某些环境条件(如受到某些侵蚀性液体或气体的作用)下，亦能引起水泥石的结构逐渐破坏，强度降低，以致全部溃裂，这种现象称为水泥石的腐蚀。

水泥石的抗腐蚀性能可用耐蚀系数表示。它是以同一龄期的分别浸在侵蚀性溶液中的水泥石试件强度与在淡水中养护的试件强度的比值来表示。耐腐蚀系数越大，水泥石的抗腐蚀性能也就越好。

水泥石腐蚀的原因很多，作用也很复杂，主要有软水腐蚀、盐类腐蚀、酸类腐蚀、强碱腐蚀等。

1. 软水腐蚀(溶出性侵蚀)

雨水、雪水、蒸馏水、工业冷凝水及含碳酸盐甚少的河水与湖水等都属于软水。当水泥石长期与这些水接触时，由于水的浸析作用，已硬化的水泥石中的固相组分，特别是水化产物氢氧化钙，会被溶出，不断溶解流失，并促使硬化水泥石的其他产物分解，因而使水泥石结构遭受破坏。

当环境水中含有重碳酸盐时，则重碳酸盐与水泥石中的氢氧化钙起作用，生成几乎不溶于水的碳酸钙。碳酸钙沉积在已硬化水泥石中的孔隙中，起着密实作用，从而可阻止外界水的继续侵入及内部氢氧化钙的扩散析出，阻止腐蚀作用的继续深入。所以对需与软水接触的混凝土，若预先在空气中硬化，存放一段时间后使之形成碳酸钙外壳，则可对溶出性侵蚀起到一定的防护作用。

2. 盐类腐蚀

(1)硫酸盐腐蚀。水泥石还会受到海水、沼泽水、工业污水的侵蚀，这些水中含有碱性硫酸盐(如 Na_2SO_4、K_2SO_4 等),当溶液中 SO_4^{2-} 离子大于 1 400mg/L 时,碱性硫酸盐就能与水泥石中的氢氧化钙作用产生硫酸钙($CaSO_4 \cdot 2H_2O$)结晶析出。

当 SO_4^{2-} 离子浓度低时,硫酸钙亦能与水泥石中的固态水化铝酸钙作用,生成水化硫铝酸钙晶体。其反应式为:

$$4CaO \cdot Al_2O_3 \cdot 12H_2O + 3CaSO_4 + 2OH_2 \longrightarrow$$
$$3CaO \cdot Al_2O_3 \cdot 3CaSO_4 \cdot 31H_2O + Ca(OH)_2$$

因为水化铝酸钙与硫酸钙作用生成高硫型水化硫铝酸钙的反应是在固相中进行的,水化硫铝酸钙结合着大量结晶水,其体积膨胀为原来的水化铝酸钙体积的 2.5 倍,因此水泥石产生很大的内应力,使水泥石开裂、强度降低和造成破坏。高硫型水化硫铝酸钙呈针状晶体,通常称为"水泥杆菌"。

(2)镁盐腐蚀。在海水及地下水中常含有大量镁盐,主要是硫酸镁和氯化镁。它们与水泥石中的氢氧化钙反应,生成易溶于水的新化合物,其反应如下:

$$MgSO_4 + Ca(OH)_2 + 2H_2O \longrightarrow CaSO_4 \cdot 2H_2O + Mg(OH)_2$$
$$3CaO \cdot Al_2O_3 \cdot 6H_2O + 3(CaSO_4 \cdot 2H_2O) + 19H_2O \longrightarrow$$
$$3CaO \cdot Al_2O_3 \cdot 3CaSO_4 \cdot 31H_2O$$
$$MgCl_2 + Ca(OH)_2 \longrightarrow CaCl_2 + Mg(OH)_2$$

反应生成的氢氧化镁[$Mg(OH)_2$]松软而无胶凝能力,氯化钙($CaCl_2$)和硫酸钙($CaSO_4 \cdot 2H_2O$)易溶解于水,均能使水泥石强度降低或破坏。同时,尚未溶出的硫酸钙可与水泥石中的铝酸盐反应,引起膨胀破坏。因此,硫酸镁对水泥石起着镁盐和硫酸盐的双重腐蚀作用。

3. 酸类腐蚀

(1)碳酸腐蚀。在工业污水、地下水中常溶解有较多的二氧化碳,二氧化碳与水泥石中的氢氧化钙反应,生成碳酸钙,继续与含碳酸的水作用,则变成易溶于水的碳酸氢钙[$Ca(HCO_3)_2$],由于碳酸氢钙的溶解以及水泥石中其他产物的分解,而使水泥石结构破坏。其化学反应如下:

$$Ca(OH)_2 + CO_2 + H_2O \longrightarrow CaCO_3 + 2H_2O$$
$$CaCO_3 + CO_2 + H_2O \longrightarrow Ca(HCO_3)_2$$

由碳酸钙转变为碳酸氢钙的反应是可逆的,只有当水中所含的碳酸超过平衡浓度(溶液中的 $pH<7$)时,则上式反应向右进行,形成碳酸腐蚀。

(2)一般酸的腐蚀。在工业废水、地下水、沼泽水中常含无机酸和有机酸;工业窑炉中的烟气常含有二氧化硫,遇水后生成亚硫酸。各种酸类对水泥石都有不同程度的腐蚀作用。它们与水泥石中的氢氧化钙作用后生成的化合物,或者易溶于水,或者体积膨胀而导致水泥石破坏。对水泥石腐蚀作用最快的是无机酸中的盐酸、氢氟酸、硝酸、硫酸和有机酸中的醋酸、蚁酸和乳酸等。

例如,盐酸和硫酸分别与水泥石中氢氧化钙作用,其反应式如下:

$$2HCl + Ca(OH)_2 \longrightarrow CaCl_2 + 2H_2O$$
$$H_2SO_4 + Ca(OH)_2 \longrightarrow CaSO_4 \cdot 2H_2O$$

生成的氯化钙易溶于水而导致化学腐蚀型破坏,生成的石膏对水泥石产生硫酸盐膨胀型破坏。

4. 强碱腐蚀

碱类溶液如浓度不大时一般是无害的，但铝酸盐含量较高的硅酸盐水泥遇到强碱作用后也会破坏。如氢氧化钠可与水泥熟料中未水化的铝酸盐作用，生成易溶的铝酸钠，其反应式为：

$$3CaO \cdot Al_2O_3 + 6NaOH \longrightarrow 3Na_2O \cdot Al_2O_3 + 3Ca(OH)_2$$

当水泥石被氢氧化钠溶液浸透后又在空气中干燥，与空气中的二氧化碳作用生成碳酸钠：

$$2NaOH + CO_2 \longrightarrow Na_2CO_3 + H_2O$$

碳酸钠在水泥石毛细孔中结晶沉淀，可使水泥石胀裂。

5. 腐蚀的防止

水泥石的腐蚀实际上是一个极为复杂的物理化学作用过程，在遭受腐蚀时，很少为单一的腐蚀作用，常是几种作用同时存在，互相影响。但发生水泥石腐蚀的基本原因是：水泥石中存在有易被腐蚀的氢氧化钙和水化铝酸钙；水泥石本身不密实而使侵蚀性介质易于进入其内部；外界因素的影响，如腐蚀介质的存在，环境温度、湿度、介质浓度的影响等。根据以上腐蚀原因的分析，可采用下列防腐蚀的措施。

(1)合理选用水泥品种。可以根据工程需要和侵蚀环境特征，合理选用水泥品种。例如，为提高对各种侵蚀作用的抵抗能力，可选用水化产物中氢氧化钙含量较少的水泥；为抵抗硫酸盐的腐蚀，应选用铝酸三钙含量低于5%的抗硫酸盐水泥。

(2)提高水泥石的密实度。从理论上讲，硅酸盐水泥水化只需水(化学结合水)23%左右，但实际用水约占水泥重量的40%～70%，多余的水分蒸发后形成连通孔隙，为腐蚀介质侵入水泥石内部提供了途径，从而加速了水泥石的腐蚀。在实际工程中，提高混凝土或砂浆密实度的措施有，合理进行混凝土配合比设计、降低水灰比、选择性能良好的骨料、掺加外加剂、改善施工方法(如振动成型、真空吸水作业)等。

(3)表面加保护层。当侵蚀作用较强时，可在混凝土或砂浆表面加做耐腐蚀性高且不透水的保护层，保护层的材料可为耐酸石料、耐酸陶瓷、玻璃、塑料、沥青等。对具有特殊要求的抗侵蚀混凝土，还可采用聚合物混凝土。

八、硅酸盐水泥和普通水泥的特性与应用

1. 特性

由于这两种水泥中混合料掺量少，相应地熟料矿物多，所以具有下述特性：

(1)凝结硬化快，强度高，尤其早期强度高。因为决定水泥石28d以内强度的C_3S含量高，以及凝结硬化速率快，同时对水泥早期强度有利的C_3A含量较高。

(2)抗冻性好。硅酸盐水泥硬化水泥石的密度比掺大量混合料水泥的高，故抗冻性好。显然，硅酸盐水泥的抗冻性更优于普通水泥。

(3)水化热大。因为水化热大的C_3S、C_3A含量高而导致水泥的水化热大。

(4)不耐腐蚀。水泥石中存在很多氢氧化钙和较多水化铝酸钙，所以这两种水泥的耐软水侵蚀和耐化学腐蚀性差。

(5)不耐高温。水泥石受热到约300℃时，水泥的水化产物开始脱水，体积收缩，强度开始下降，温度达700～1 000℃时，强度降低很多，甚至完全破坏，故不耐高温。

2. 应用

(1)适用于重要结构的高强混凝土及预应力混凝土工程。

(2)适用于早期强度要求高的工程及冬季施工的工程。

(3)适用于严寒地区,遭受反复冻融的工程及干湿交替的部位。

(4)不宜用于受流动的软水和水压作用工程,也不宜用于受海水和矿物水作用的工程。

(5)不宜用于大体积混凝土。

(6)不宜用于耐热要求高的工程。

九、硅酸盐水泥和普通水泥的贮运

水泥在运输和贮存时不得受潮和混入杂物,不同品种和强度等级的水泥应分别贮存,不得混杂堆放,并应采取防潮措施。散装水泥应有专用运输车,直接卸入现场特制的贮仓,分别存放。袋装水泥堆放高度一般不得超过10袋。存放期一般不应超过3个月,超过6个月的水泥必须经过试验才能使用。

第三节　掺大量混合材料的硅酸盐水泥

凡在硅酸盐水泥熟料中掺入一定量的混合材料和适量石膏共同磨细制成的水硬性胶凝材料,均属掺混合材料的硅酸盐水泥。在硅酸盐水泥中掺入一定量的混合材料可以改善原水泥的性能,增加品种,提高产量,节约熟料,降低成本,扩大水泥的使用范围。按掺入混合材料的品种和数量的不同,掺混合材料的硅酸盐水泥可分为:普通硅酸盐水泥、矿渣硅酸盐水泥、火山灰质硅酸盐水泥、粉煤灰硅酸盐水泥等。

一、混合材料

磨制水泥时掺入的人工的或天然的矿物材料称为混合材料。混合材料按其性能不同,可分为活性混合材料和非活性混合材料两大类,其中活性混合材料用量最大。

1. 活性混合材料

活性混合材料是具有火山灰性或潜在水硬性,或兼有火山灰性和潜在水硬性的矿物质材料。

火山灰性,是指磨细的矿物质材料和水拌和成浆后,单独不具有水硬性,但在常温下与外加的石灰一起和水拌和后的浆体能形成具有水硬性化合物的性能,如火山灰、粉煤灰、硅藻土等。

潜在水硬性,是指该类矿物质材料只需在少量外加剂的激发条件下,即可利用自身溶出的化学成分,生成具有水硬性的化合物,如粒化高炉矿渣等。

常用的活性混合材料有粒化高炉矿渣、粒化高炉矿渣粉、火山灰质混合材料及粉煤灰等。

(1)粒化高炉矿渣。在高炉冶炼生铁时,所得以硅铝盐为主要成分的熔融物,经淬冷成粒后,且具有潜在水硬性材料,即为粒化高炉矿渣(简称矿渣)。由于采用水淬方法进行急冷,故又称水淬高炉矿渣。

粒化高炉矿渣为玻璃体,其中玻璃体含量达70%以上,因此储有大量化学潜能。高炉矿渣主要化学成分为CaO、SiO_2和Al_2O_3,另外还含有少量的MgO、Fe_2O_3及其他杂质。粒化高炉矿渣的活性主要来自玻璃体结构中的活性SiO_2和活性Al_2O_3,它们在与水作用时,尤其是在碱性激发剂$Ca(OH)_2$的作用下,会使玻璃体中Ca^{2+}、AlO_4^{5-}、Al^{3+}、SiO_4^{4-}离子进入溶液,生成新的水化产物，即水化硅酸钙、水化铝酸钙等，从而产生胶凝作用。矿渣的活性不仅取决于其化学成分，而且在很大程度上取决于内部结构。

(2)粒化高炉矿渣粉。以粒化高炉矿渣为主要原料，掺入少量石膏磨制成的有一定细度的粉体，称为粒化高炉矿渣粉。

(3)火山灰质混合材料。具有火山灰性的天然或人工的矿物材料，称为火山灰质混合材料。天然的火山灰质混合材料有：火山灰、凝灰岩、浮石、沸石岩、硅藻土、硅藻石等。人工的火山灰质混合材料有：煤矸石、烧页岩、烧黏土、煤渣和硅质渣等。火山灰质混合材料的活性成分也是活性 SiO_2 和 Al_2O_3，它们必须有激发剂存在时才具有水硬性。

(4)粉煤灰。粉煤灰是从煤粉炉烟道气体中收集的粉末，以 SiO_2 和 Al_2O_3 为主要化学成分，含少量 CaO，具有火山灰性。而某些褐煤燃烧而得的粉煤灰，除 SiO_2、Al_2O_3 外，一般含有 10%以上 CaO，本身具有一定的潜在水硬性，称为高钙粉煤灰。

2. 非活性混合材料

凡不具有活性或活性甚低的人工或天然的矿质材料经磨成细粉，掺入水泥中仅起调节水泥性质、降低水化热、降低标号、增加产量的混合材料，称为非活性混合材料，又称填充性混合材料。此类混合材料中质地坚实的有石英岩、石灰岩、砂岩等磨成的细粉；质地较松软的有黏土等。另外，凡不符合技术要求的粒化高炉矿渣、火山灰质混合材料及粉煤灰等均可作为非活性混合材料使用。

硅酸盐水泥熟料中掺入大量混合材料制成的水泥，不仅可调节水泥标号，增加产量，降低成本，还可调整水泥的性能，扩大水泥品种，满足不同工程的需要。

在硅酸盐水泥熟料中掺入适量混合材料除可制成六大品种水泥外，还可配制微集料火山灰质硅酸盐水泥、微集料粉煤灰硅酸盐水泥以及钢渣矿渣水泥等。在活性混合材料中掺入适量石灰和石膏共同磨细，可制成各种无熟料或少熟料水泥。例如：沸腾炉渣水泥、石膏矿渣水泥、石膏化铁炉渣水泥和碱-矿渣水泥等。

二、掺混合材料的硅酸盐水泥

1. 普通硅酸盐水泥

普通硅酸盐水泥简称普通水泥，其代号为 P·O。是由硅酸盐水泥熟料、6%～15%混合材料、适量石膏，经磨细制成的水硬性胶凝材料。

掺混合材料时，最大掺量不得超过 20%，其中允许用不超过水泥质量 5%的窑灰或不超过水泥质量 8%的非活性混合材料来代替；掺非活性混合材料时，最大掺量不得超过水泥质量的 10%。

普通水泥分 42.5、42.5R、52.5、52.5R 四个强度等级。(普通水泥强度等级中取消了 32.5 和 32.5R)

各龄期的强度要求列于表 4-6 中。初凝时间不得早于 45min，终凝时间不得迟于 600min。细度用比表面积表示，不得小于 300m^2/kg。普通水泥的烧失量不得大于 5.0%。其他如氧化镁、三氧化硫、碱含量等均与硅酸盐水泥的规定相同。安定性用沸煮法检验必须合格。由于混合材料掺量少，因此，其性能与同强度等级的硅酸盐水泥相近。这种水泥被广泛用于各种混凝土或钢筋混凝土工程，是我国主要的水泥品种之一。

表 4-6　普通硅酸盐水泥的强度要求(GB175-2007)

	强度等级	抗压强度(MPa)		抗折强度(MPa)	
		3d	28d	3d	28d
普通硅酸盐水泥	42.5	≥17.0	≥42.5	≥3.5	≥6.5
	42.5R	≥22.0		≥4.0	
	52.5	≥23.0	≥52.5	≥4.0	≥7.0
	52.5R	≥27.0		≥5.0	

2. *矿渣硅酸盐水泥*

矿渣硅酸盐水泥简称矿渣水泥,代号为 P·S。由硅酸盐水泥熟料、粒化高炉矿渣和适量石膏磨细制成的水硬性胶凝材料。水泥中粒化高炉矿渣掺加量大于水泥总量的 20%,但不超过水泥总量的 70%。将矿渣硅酸盐水泥分为 A 型和 B 型,其中 A 型矿渣水泥代号 P·S·A,矿渣掺量大于 20%但不超过 50%,且氧化镁含量不超过 6.0%,如果水泥中氧化镁含量大于 6.0%,应先进行水泥压蒸试验,合格方能使用。B 型矿渣水泥代号 P·S·B,矿渣掺量大于 50%,但不超过 70%。

允许用火山灰质混合材料、石灰石、窑灰中的一种来代替部分粒化高炉矿渣,代替数量不得超过水泥重量的 8%,替代后水泥中粒化高炉矿渣不得少于 20%。

矿渣水泥的水化作用分两步进行:首先是水泥熟料颗粒开始水化,继而矿渣受熟料水化时所析出的 $Ca(OH)_2$ 以及外掺石膏的激发作用,其玻璃体结构被解体,使玻璃体中的 Ca^{2+}、AlO_4^{5-}、Al^{3+}、SiO_4^{4-} 等离子进入溶液,生成新的水化物,即水化硅酸钙和水化铝酸钙。因有石膏存在,故还生成水化硫铝酸钙。由于矿渣水泥中熟料含量相对减少,并且有相当多的氢氧化钙又和矿渣组合相互作用,所以与硅酸盐水泥相比,其水化产物中的氢氧化钙含量相对减少,碱度要低些。

矿渣水泥中加入的石膏,一方面为调节水泥的凝结时间,另一方面又作为矿渣的激发剂,因此石膏的掺量比硅酸盐水泥稍多。标准规定矿渣水泥中 SO_3 含量不得超过 4%。

矿渣水泥按 3d 和 28d 的抗压和抗折强度分为 32.5、32.5R、42.5、42.5R、52.5、52.5R 等六个强度等级,其各龄期的强度要求见表 4-7 所示。

表 4-7　掺大量混合材料的硅酸盐水泥的强度要求(GB175-2007)

品　种	强度等级	抗压强度(MPa)		抗折强度(MPa)	
		3d	28d	3d	28d
矿渣硅酸盐水泥 火山灰硅酸盐水泥 粉煤灰硅酸盐水泥 复合硅酸盐水泥	32.5	≥10.0	≥32.5	≥2.5	≥5.5
	32.5R	≥15.0		≥3.5	
	42.5	≥15.0	≥42.5	≥3.5	≥6.5
	42.5R	≥19.0		≥4.0	
	52.5	≥21.0	≥52.5	≥4.0	≥7.0
	52.5R	≥23.0		≥4.5	

矿渣水泥的密度一般在2.8～3.0g/cm^{3}之间，松堆密度为900～1 200kg/m^3。其80μm方孔筛筛余不得超过10.0%或45μm方孔筛筛余不大于30%，凝结时间一般比硅酸盐水泥要长，标准规定初凝不小于45min，终凝不大于600min。实际初凝一般为2～5h，终凝5～9h。安定性必须合格。

与硅酸盐水泥和普通水泥相比较，矿渣水泥主要有以下特点：

(1)早期强度低，后期强度增进率大。由于矿渣水泥中，熟料矿物的含量相对减少了，故其早期硬化较慢，呈现出水泥的3d、7d强度较低。但由于矿渣水泥二次水化反应后生成的水化硅酸钙凝胶逐渐增多，所以其28d后的强度发展较快，将赶上甚至超过硅酸盐水泥。

(2)硬化时对湿热敏感性强。矿渣水泥在较低温度下，凝结硬化缓慢，故冬季施工时需加强保温措施。但在湿热条件下，矿渣水泥的强度发展很快，故适于采用蒸汽养护。

(3)水化热低。在矿渣水泥中，由于熟料用量减少，使水化时发热量高的C_3S和C_3A含量相对减少，故其水化热较低，宜用于大体积混凝土工程中。

(4)具有较强的抗溶出性侵蚀及抗硫酸盐侵蚀的能力。由于矿渣水泥的水化产物中氢氧化钙含量少，从而提高了抗溶出性及抗硫酸盐侵蚀的能力，故矿渣水泥适用于有溶出性或硫酸盐侵蚀的水工建筑工程、海港工程及地下工程。

(5)抗碳化能力较差。用矿渣水泥拌制的砂浆及混凝土，由于水泥石中氢氧化钙碱度较低，因而表层的碳化作用进行得较快，碳化深度也较大。这对钢筋混凝土极为不利，因为当碳化深入到钢筋的表面时，就会导致钢筋的锈蚀，最后使混凝土产生顺筋裂缝。

(6)耐热性较强。由于矿渣出自高炉，以及矿渣水泥的水化产物中$Ca(OH)_2$含量少，所以耐热性能较强。故较其他品种水泥更适用于轧钢、锻造、热处理、铸造等高温车间，以及高炉基础及温度达300～400℃的热气体通道等耐热工程。

(7)保水性较差，泌水性较大。将一定量的水分保存在浆体中的性能称为保水性。由于矿渣颗粒难于磨得很细，且矿渣玻璃体亲水性较小，因而矿渣水泥的保水性较差，泌水性较大。它容易使混凝土形成毛细通路及水囊，当水分蒸发后，便留下孔隙，降低混凝土的密实性及均匀性，故要严格控制用水量，加强早期养护。

(8)干缩性较大。水泥在空气中硬化时，随着水分的蒸发，体积会有微小的收缩，称为干缩。由于矿渣水泥的泌水性大，形成毛细通道，增加水分的蒸发，所以其干缩性较大。干缩易使混凝土表面发生很多微细裂缝，从而降低混凝土的力学性能和耐久性。

(9)抗冻性和耐磨性较差。矿渣水泥抗冻性及耐磨性均较硅酸盐水泥及普通水泥差。因此，矿渣水泥不宜用于严寒地区水位经常变动的部位，也不宜用于受高速夹砂水流冲刷或其他具有耐磨要求的工程。

3. 火山灰硅酸盐水泥

火山灰硅酸盐水泥简称火山灰水泥，其代号为P·P。它是由硅酸盐水泥熟料和火山灰质混合材料、适量石膏磨细制成的水硬性胶凝材料。水泥中火山灰混合材料掺加量按质量百分比计应大于总量的20%，但不超过总量的40%，其强度等级及各龄期强度要求同矿渣水泥。

4. 粉煤灰硅酸盐水泥

由硅酸盐水泥熟料和粉煤灰、适量石膏磨细制成的水硬性胶凝材料，称为粉煤灰硅酸盐水泥，代号为P·F。

水泥中粉煤灰掺加量按质量百分比计为20%～40%，其强度等级及各龄期强度要求同矿渣水泥。

粉煤灰水泥的细度、凝结时间及体积安定性等技术要求与矿渣硅酸盐水泥相同。

粉煤灰水泥的水化硬化过程与火山灰水泥基本相同，其性能也与火山灰水泥有很多相似之处。粉煤灰水泥的主要特点是干缩性比较小，因而抗裂性较好。同时，配制的混凝土和易性较好。这主要是由于粉煤灰的颗粒多呈球型微粒，较为致密，吸水性较小，因而能减少拌合物内摩擦阻力。

5. 复合硅酸盐水泥

凡由硅酸盐水泥熟料、两种或两种以上规定的混合材料、适量石膏磨细制成的水硬性胶凝材料称为复合硅酸盐水泥，简称复合水泥，代号为P·C。水泥中混合材料总掺加量按质量百分比计应大于20%，但不超过50%。允许用不超过8%的窑灰代替部分混合材料，掺矿渣时混合材料掺量不得与矿渣硅酸盐水泥重复。其中，不得将粒化精炼铬铁渣、粒化增钙液态渣、粒化碳素铬铁渣、粒化高炉钛矿渣等作为混合材料。

复合水泥熟料中氧化镁的含量不得超过6.0%。如果水泥中氧化镁含量(质量分数)大于6.0%，则需进行水泥蒸压安定性试验并合格。水泥中三氧化硫含量不得超过3.5%。水泥细度以80μm方孔筛筛余量不大于10%或45μm方孔筛筛余不大于30%。初凝不得早于45min，终凝不得迟于600min，其余性能要求同火山灰水泥。复合水泥的强度等级及各龄期强度要求见表4-7所示。

复合水泥由于在水泥熟料中掺入了两种或两种以上规定的混合材料，因此较掺单一混合材料的水泥具有更好的使用效果，它适用于一般混凝土工程。复合水泥的性能一般受所用各混合材料的种类、掺量及比例的影响，大体上其性能与矿渣水泥、火山灰水泥及粉煤灰水泥相似。

三、通用水泥的特性与使用范围

硅酸盐水泥、普通硅酸盐水泥、矿渣硅酸盐水泥、火山灰质硅酸盐水泥、粉煤灰硅酸盐水泥和复合硅酸盐水泥是土木工程中广泛使用的六种水泥，称为通用水泥。它们的强度等级、成分和特性见表4-8。常用水泥的选用参见表4-9。

表4-8 五种通用水泥的成分、特性和适用范围

品 种	硅酸盐水泥(P·Ⅰ，P·Ⅱ)	普通硅酸盐水泥(P·O)	矿渣硅酸盐水泥(P·S)	火山灰硅酸盐水泥(P·P)	粉煤灰硅酸盐水泥(P·F)
成 分	水泥熟料及少量石膏	在硅酸盐水泥中掺活性混合材料5%以上、20%以下或非活性混合材料8%以下	在硅酸盐水泥中掺入20%～70%的粒化高炉矿渣	在硅酸盐水泥中掺入20%～40%火山灰质混合材料	在硅酸盐水泥中掺入20%～40%粉煤灰
特 性	早期强度高；水化热较大；抗冻性较好；耐蚀性较差；干缩较小	与硅酸盐水泥基本相同	早期强度低，后期强度增长较快；水化热较低；耐蚀性较强；抗冻性差；干缩较大	早期强度低，后期强度增长较快；水化热较低；耐蚀性较强；抗渗性好；抗冻性差；干缩性大	早期强度低，后期强度增长较快；水化热较低；耐蚀性较强；抗冻性差；干缩性小；抗裂性较高

续表 4-8

品　种	硅酸盐水泥（P·Ⅰ，P·Ⅱ）	普通硅酸盐水泥（P·O）	矿渣硅酸盐水泥（P·S）	火山灰硅酸盐水泥（P·P）	粉煤灰硅酸盐水泥（P·F）
适用范围	一般土建工程中钢筋混凝土结构；受反复冻融的结构；配制高强混凝土	与硅酸盐水泥基本相同	高温车间和有耐热耐火要求的混凝土结构；大体积混凝土结构；蒸汽养护的构件；有抗硫酸盐侵蚀要求的工程	地下、水中大体积混凝土结构和有抗渗要求的混凝土结构；有抗硫酸盐侵蚀要求的工程	地上、地下及水中大体积混凝土构件；抗裂性要求较高的构件；有抗硫酸盐侵蚀要求的工程
不适用范围	大体积混凝土结构；受化学及海水侵蚀的工程	与硅酸盐水泥基本相同	早期强度要求高的工程；有抗冻要求的混凝土工程	处在干燥环境中的混凝土工程；其他同矿渣水泥	有抗碳化要求的工程；其他同矿渣水泥

表 4-9　常用水泥的选用

混凝土工程特点及所处环境条件			优先选用	可以选用	不宜选用
普通混凝土	1	在一般气候环境中的混凝土	普通水泥	矿渣水泥、火山灰水泥、粉煤灰水泥、复合水泥	
	2	在干燥环境中的混凝土	普通水泥	矿渣水泥	火山灰水泥、粉煤灰水泥
	3	在高湿度环境中或长期处于水中的混凝土	矿渣水泥、火山灰水泥、粉煤灰水泥、复合水泥	普通水泥	
	4	厚大体积的混凝土	矿渣水泥、火山灰水泥、粉煤灰水泥、复合水泥		硅酸盐水泥
有特殊要求的混凝土	1	要求快硬、高强（>C40）的混凝土	硅酸盐水泥	普通水泥	矿渣水泥 火山灰水泥 粉煤灰水泥 复合水泥
	2	严寒地区的露天混凝土，寒冷地区处于水位升降范围内的混凝土	普通水泥	矿渣水泥（强度等级>32.5）	火山灰水泥 粉煤灰水泥
	3	严寒地区处于水位升降范围内的混凝土	普通水泥（强度等级>42.5）		矿渣水泥 火山灰水泥 粉煤灰水泥 复合水泥
	4	有抗渗要求的混凝土	普通水泥、火山灰水泥		矿渣水泥
	5	有耐磨要求的混凝土	硅酸盐水泥、普通水泥	矿渣水泥（强度等级>32.5）	火山灰水泥 粉煤灰水泥
	6	受侵蚀性介质作用的混凝土	矿渣水泥、火山灰水泥、粉煤灰水泥、复合水泥		硅酸盐水泥

第四节 特性水泥

为了满足工程建设中的多种需要，我国水泥工业除生产通用的以硅酸盐矿物为主的系列水泥外，还生产了具有特殊性能的水泥，如以铝酸盐水泥熟料(熟料中水硬性矿物主要为铝酸钙)配制的铝酸盐水泥；快硬硅酸盐水泥；高铝水泥；白色硅酸盐水泥与彩色硅酸盐水泥；膨胀水泥等。

一、快硬硅酸盐水泥

凡以硅酸钙为主要成分的水泥熟料，加入适量石膏，经磨细制成的具有早期强度增进率较快的水硬性胶凝材料，称快硬硅酸盐水泥，简称快硬水泥。

快硬水泥以 3d 抗压强度确定其强度等级，分为 32.5、37.5、42.5 三个等级。生产过程与硅酸盐水泥基本相同，只是适当增加了熟料中硬化快的矿物，即硅酸三钙含量达 50%～60%，铝酸三钙为 8%～14%，两者总量应不少于 60%～65%。同时适当增加石膏掺量(达 8%)，并提高水泥的粉磨细度，通常比表面积达 $450m^2/kg$。

快硬水泥的细度要求 0.08mm 方孔筛筛余不得超过 10%，初凝不得早于 45min，终凝不得迟于 600min，安定性要求沸煮法合格。快硬水泥各龄期强度见表 4-10。

表 4-10 快硬硅酸盐水泥强度(GB175-2007)

强度等级	抗压强度(MPa)			抗折强度(MPa)		
	1d	3d	28d*	1d	3d	28d*
32.5	≥15.0	≥32.5	≥52.5	≥3.5	≥5.0	≥7.2
37.5	≥17.0	≥37.5	≥57.5	≥4.0	≥6.0	≥7.6
42.5	≥19.0	≥42.5	≥62.5	≥4.5	≥6.4	≥8.0

* 注：表中 28d 强度为供需双方参考指标。

快硬水泥主要用于配制早强混凝土，适用于紧急抢修工程和低温施工工程以及制作预应力钢筋混凝土或高强混凝土预制构件。

快硬水泥容易受潮变质，故运输、保存时，须特别注意防潮。应及时使用，不能久存。从出厂起，超过 1 个月，应重新检验，合格后方可使用。

二、高铝水泥

高铝水泥又称矾土水泥，它是以铝矾土和石灰石为原料，经煅烧制得以铝酸钙为主要成分、氧化铝含量约 50%的熟料，再磨细制成的水硬性胶凝材料。

1. 高铝水泥的矿物组成、水化与硬化

高铝水泥的主要矿物成分为铝酸一钙($CaO \cdot Al_2O_3$，简写为 CA)，其含量约占 70%。另外，还有二铝酸钙($CaO \cdot 2Al_2O_3$，简写为 CA_2)、硅铝酸二钙($2CaO \cdot Al_2O_3 \cdot SiO_2$，简写为

C_2AS)、七铝酸十二钙($12CaO \cdot 7Al_2O_3$,简写为 $C_{12}A_7$),以及少量的硅酸二钙($2CaO \cdot SiO_2$)等。

高铝水泥的水化产物主要为十水铝酸一钙(CAH_{10})、八水铝酸二钙(C_2AH_8)和铝胶($Al_2O_3 \cdot 3H_2O$)。CAH_{10}和C_2AH_8具有细长的针状和板状结构,能互相结成坚固的结晶连生体,形成晶体骨架。析出的氢氧化铝凝胶难溶于水,填充于晶体骨架的空隙中,形成较密实的水泥石结构。高铝水泥初期强度增长很快,但后期强度增长不显著。

2. 高铝水泥的技术要求

高铝水泥常为黄或褐色,也有呈灰色的。其细度要求 0.08mm 方孔筛筛余不得超过10%,初凝不得早于 40min,终凝不得迟于 600min,体积安定性必须合格。高铝水泥以 3d 强度确定其强度等级,各龄期强度见表 4-11。

表 4-11　高铝水泥各龄期强度

强度等级	抗压强度(MPa)		抗折强度(MPa)	
	1d	3d	1d	3d
42.5	≥36.0	≥42.5	≥4.0	≥4.5
52.5	≥46.0	≥52.5	≥5.0	≥5.5
62.5	≥56.0	≥62.5	≥6.0	≥6.5
72.5	≥66.0	≥72.5	≥7.0	≥7.5

3. 高铝水泥的特性

(1)快凝早强,1d 强度可达最高强度的 80%以上。

(2)水化热大,且放热量集中,1d 内放出水化热总量的 70%～80%,使混凝土内部温度上升较高,故即使在－10℃下施工,高铝水泥也能很快凝结硬化。

(3)抗硫酸盐性能很强,因其水化后无 $Ca(OH)_2$生成。

(4)耐热性好,能耐 1 300～1 400℃高温。

(5)长期强度要降低,一般降低 40%～50%。

关于高铝水泥长期强度降低的原因,国内外存在许多说法,但比较多的看法认为:一是高铝水泥主要水化产物 CAH_{10}和 C_2AH_8为亚稳晶体结构,经一定时间后,特别是在较高温度及高湿度环境中,易转变成稳定的呈立方体结构的 C_3AH_6,立方体晶体相互搭接差,使骨架强度降低。二是在晶形转化的同时,固相体积将减缩约 50%,使孔隙率增加。三是在晶形转变过程中析出大量游离水,进一步降低了水泥石的密度,从而使强度下降。

4. 高铝水泥的应用及施工注意事项

高铝水泥不能用于长期承重的结构及高温高湿环境中的工程,适用于紧急军事工程(筑路、桥)、抢修工程(堵漏等)、临时性工程,以及配制耐热混凝土,如高温窑炉炉衬等。

配制高铝水泥混凝土时应采用低水灰比;还不能在高温季节施工,高铝水泥施工适宜温度为 15℃,应控制在不大于 25℃;也不能进行蒸汽养护。不经过试验,高铝水泥不得与硅酸盐水泥或石灰相混,以免引起闪凝和强度下降。

三、白色与彩色硅酸盐水泥

凡以适当成分的生料烧至部分熔融，所得以硅酸钙为主要成分、氧化铁含量很少的白色硅酸盐水泥熟料，再加入适量石膏，共同磨细制成的水硬性胶凝材料称为白色硅酸盐水泥，简称白水泥。

1. 白水泥制造原理及生产工艺

普通水泥的颜色主要因其化学成分中所含氧化铁所致。因此，白水泥与普通水泥制造上的主要区别，在于严格控制水泥原料的铁含量，并严防在生产过程中混入铁质。水泥中含铁量与水泥颜色的关系可见表 4－12。白水泥中铁含量只有普通水泥的 1/10 左右。此外锰、铬等氧化物也会导致水泥白度的降低，故生产中亦须控制其含量。

表 4－12　水泥中含铁量与水泥颜色的关系

氧化铁含量(%)	0.35～0.4	0.45～0.7	3～4
水泥颜色	白　色	淡绿色	暗灰色

白水泥与普通水泥生产方法基本相同，但对原材料要求不同。生产白水泥用的石灰石及黏土原料中的氧化铁含量应分别低于 0.1%和 0.7%，常用的黏土质原料有高岭土、瓷石、白泥、石英砂等，石灰岩质原料则采用白垩。生产中还要采取一些措施以确保其白度。

2. 白水泥的技术性质

白色水泥熟料中氧化镁含量不得超过 4.5%，水泥中三氧化硫不得超过 3.5%，细度要求 0.08mm 方孔筛筛余不得多于 10%，初凝不得早于 45min，终凝不得迟于 720min，安定性和各凝期强度必须合格。

白色硅酸盐水泥分为 32.5、42.5、52.5、62.5 四个强度等级，各等级白水泥各龄期的强度见表 4－13。

表 4－13　白水泥各龄期强度值(GB2015)

强度等级	抗压强度(MPa)			抗折强度(MPa)		
	3d	7d	28d	3d	7d	28d
32.5	≥14.0	≥20.5	≥32.5	≥2.5	≥3.5	≥5.5
42.5	≥18.0	≥26.5	≥42.5	≥3.5	≥4.5	≥6.5
52.5	≥23.0	≥33.5	≥52.5	≥4.0	≥5.5	≥7.0
62.5	≥28.0	≥42.0	≥62.5	≥5.0	≥6.0	≥8.0

3. 彩色硅酸盐水泥

彩色硅酸盐水泥简称彩色水泥，按生产方法可分为两类：一类是在白水泥的生料中加入少量金属氧化物，直接烧成彩色水泥熟料，然后再加适量石膏磨细而成；另一类是将硅酸盐水泥熟料(白水泥熟料或普通水泥熟料)、适量石膏和碱性颜料共同磨细而成，即染色法。

目前生产彩色硅酸盐水泥多采用染色法，也可将颜料直接与水泥粉混合而配制成彩色水泥，但这种方法颜料用量大，色泽也不易均匀。

生产彩色水泥所用的颜料应满足以下基本要求：不溶于水，分散性好；耐大气稳定性好，耐光性应在 7 级以上；抗碱性强，应具一级耐碱性；着色力强，颜色浓；不会使水泥强度显著降低，也不能影响水泥正常凝结硬化。无机矿物颜料能较好地满足以上要求，而有机颜料色泽鲜艳，在彩色水泥中只需掺入少量，就能显著提高装饰效果。

白色和彩色硅酸盐水泥在装饰工程中常用来配制彩色水泥浆，配制装饰混凝土，配制各种彩色砂浆用于装饰抹灰，以及制造各种色彩的水刷石、人造大理石及水磨石等制品。

四、膨胀水泥及自应力水泥

硅酸盐水泥在空气中硬化时，通常都会产生一定的收缩，收缩将使水泥混凝土制品内部产生微裂缝，对混凝土的整体性不利，若用硅酸盐水泥来填灌装配式构件的接头、填塞孔洞、修补缝隙等均不能达到预期的效果。但膨胀水泥在硬化过程中能产生一定体积的膨胀，从而能克服或改善一般水泥的上述缺点。在钢筋混凝土中应用膨胀水泥，由于混凝土的膨胀将使钢筋产生一定的拉应力，混凝土受到相应的压应力，这种压应力能使混凝土免于产生内部微裂缝，当其值较大时，还能抵消一部分因外界因素（例如水泥混凝土管道中输送的压力水或压力气体）所产生的拉应力，从而有效地改善混凝土抗拉强度低的缺陷，因为这种预先具有的压应力来自于水泥本身的水化，所以称为自应力，并以“自应力值”（MPa）表示混凝土所产生的压应力大小。

膨胀水泥按自应力的大小可分为两类：当其自应力值大于或等于 2.0MPa 时，称为自应力水泥；当自应力值小于 2MPa（通常为 0.5MPa 左右）时，则称为膨胀水泥。

按基本组成，我国常用的膨胀水泥品种如下：

(1)硅酸盐膨胀水泥。以硅酸盐水泥为主，外加高铝水泥和石膏配制而成。

(2)铝酸盐膨胀水泥。以高铝水泥为主，外加石膏组成。

(3)硫铝酸盐膨胀水泥。以无水硫铝酸钙和硅酸二钙为主要成分，外加石膏而组成。

(4)铁铝酸钙膨胀水泥。以铁相、无水硫铝酸钙和硅酸二钙为主要矿物，加石膏制成。

上述四种膨胀水泥的膨胀源均来自于在水泥石中形成钙矾石产生体积膨胀而致。调整各种组成的配合比，控制生成钙矾石的数量，可以制得不同膨胀值、不同类型的膨胀水泥。

膨胀水泥适用于补偿混凝土收缩的结构工程，作防渗层或防渗混凝土；填灌构件的接缝及管道接头；结构的加固与修补；固结机器底座及地脚螺丝等。自应力水泥适用于制造自应力钢筋混凝土压力管及其配件。

第五节　专用水泥

专用水泥指为了适应专门用途的水泥，如道路水泥，中、低热水泥，砌筑水泥，油井水泥等。

一、道路水泥

以适当成分的生料烧致部分熔融，所得以硅酸钙为主要成分和较多量的铁铝酸钙的硅酸盐熟料称为道路硅酸盐水泥熟料。由道路硅酸盐水泥熟料、0～10％活性混合材料和适量石膏磨细制成的水硬性胶凝材料，称为道路硅酸盐水泥（简称道路水泥）。

道路硅酸盐水泥熟料是含较多铁铝酸钙的硅酸盐水泥熟料。该熟料中铝酸三钙的含量不得大于5.0%，铁铝酸四钙的含量不得小于16.0%。水泥中氧化镁含量不得超过5.0%，三氧化硫含量不得超过3.5%。水泥的初凝不得早于60min，终凝不得迟于600min。在0.08mm方孔筛上的筛余不得超过10%。道路水泥分为42.5、52.5和62.5三个强度等级，各龄期的强度值见表4-14。

表4-14 道路水泥各凝期强度指标(GB13693)

强度等级	抗压强度(MPa)		抗折强度(MPa)	
	3d	28d	3d	28d
42.5	≥22.0	≥42.5	≥4.0	≥7.0
52.5	≥27.0	≥52.5	≥5.0	≥7.5
62.5	≥32.0	≥62.5	≥5.5	≥8.5

水泥的安定性用沸煮法检验必须合格，28d的干缩率不得大于0.10%。耐磨性以磨损率表示，不得大于3.6kg/m^2。道路水泥早期强度较高，干缩值小，耐磨性好、抗冲击性好、抗冻性和抗硫酸性比较好的专用水泥。适用于修筑道路路面和飞机场地面，城市广场，也可用于一般土建工程。

二、中热硅酸盐水泥和低热矿渣硅酸盐水泥

中热硅酸盐水泥，简称中热水泥，是以适当成分的硅酸盐水泥熟料，加入适量石膏磨细制成的具有中等水化热的水硬性胶凝材料。中热水泥分42.5、52.5两个强度等级。

低热矿渣硅酸盐水泥，简称低热矿渣水泥，是以适当成分的硅酸盐水泥熟料，加入矿渣、适量石膏，磨细制成的具有低水化热的水硬性胶凝材料。水泥中矿渣掺量按质量百分比计为20%～60%，允许用不超过混合材料总量50%的磷渣或粉煤灰代替部分矿渣，低热矿渣水泥分32.5、42.5两个强度等级。各龄期强度值见表4-15。

表4-15 中、低热水泥各龄期强度值(GB200)

品 种	标 号	抗压强度(MPa)			抗折强度(MPa)		
		3d	7d	28d	3d	7d	28d
中 热 水 泥	42.5	≥15.7	≥24.5	≥42.5	≥3.3	≥4.5	≥6.3
	52.5	≥20.6	≥31.4	≥52.5	≥4.1	≥5.3	≥7.1
低热矿 渣水泥	32.5	—	≥13.7	≥32.5	—	≥3.2	≥5.4
	42.5	—	≥18.6	≥42.5	—	≥4.1	≥6.3

熟料中铝酸三钙含量要求对于中热水泥不得超过6%，对于低热矿渣水泥不得超过8%；熟料中硅酸三钙含量对于中热水泥不得超过55%。水泥中三氧化硫含量不得超过3.5%，初凝不得早于60min，终凝不得迟于720min，在0.08mm方孔筛上的筛余不得超过12%，各龄期水化热不得超过规范要求。

中、低热水泥适用于要求水化热较低的大体积混凝土，如大坝、大体积建筑物和厚大的基础等工程中，可以克服因水化热引起的温度应力而导致混凝土的破坏。

三、砌筑水泥

以活性混合材料或具有潜在水硬性的工业废料为主要原料，加入少量硅酸盐水泥熟料和石膏，经磨细而成的水硬性胶凝材料，称为砌筑水泥。该水泥分为12.5、17.5、22.5三个强度等级。

砌筑水泥主要技术要求为：

(1)细度：用0.08mm方孔筛筛余不得超过10%。

(2)凝结时间：初凝不小于45min，终凝不大于720min。

(3)安全性：用沸煮法检验必须合格。

(4)三氧化硫含量不得超过4.0%。

(5)各龄期强度均不得低于表4-16中的要求。

表4-16　砌筑水泥各龄期强度

强度等级	抗压强度(MPa)		抗折强度(MPa)	
	7d	28d	7d	≥28d
12.5	≥5.5	≥12.2	≥1.2	≥2.4
17.5	≥7.6	≥17.2	≥1.6	≥3.4
22.5	≥9.8	≥22.0	≥2.0	≥4.4

砌筑水泥是一种低强度等级水泥，硬化较慢，强度较低，但和易性、保水性较好。可用来配制建筑用砌筑砂浆、内墙抹面砂浆，用于某些工程的基础垫层及生产砌块、瓦等，但不得用于钢筋混凝土结构和构件，作其他用途时，必须通过试验测试。

复习思考题

1. 硅酸盐水泥熟料是由哪几种矿物组成的？它们的水化产物是什么？

2. 硅酸盐水泥的凝结硬化过程是怎样进行的？

3. 水泥有哪些主要技术性质？如何测试与判别？

4. 硅酸盐水泥强度发展的规律怎样？影响其凝结硬化的主要因素有哪些？怎样影响？

5. 什么是水泥的体积安全性？产生安定性不良的原因是什么？水泥安定性不合格怎么办？

6. 为什么生产硅酸盐水泥时掺适量石膏对水泥不起破坏作用，而硬化水泥石遇到有硫酸盐溶液的环境，产出石膏时就有破坏作用？

7. 硅酸盐水泥腐蚀的类型有哪几种？各自的腐蚀机理如何？指出防止水泥石腐蚀的措施。

8. 试分析硅酸盐水泥、普通水泥、矿渣水泥、火山灰水泥及粉煤灰水泥性质的异同点，并说明产生差异的原因。

9. 有下列混凝土构件和工程，试分别选用合适的水泥品种，并说明选用的理由：

(1)现浇混凝土楼板、梁、柱；

(2)采用蒸汽养护的混凝土预制构件；

(3)紧急抢修的工程或紧急军事工程;

(4)大体积混凝土坝和大型设备基础;

(5)有硫酸腐蚀的地下工程;

(6)高炉基础;

(7)海港码头工程。

10.某工地建筑材料仓库存有白色胶凝材料三桶,原分别标明为磨细生石灰、建筑石膏和白水泥,后因保管不善,标签脱落,问可用什么简易方法来加以辩认?

11.水泥过期、受潮后如何处理?

12.试述快硬硅酸盐水泥、膨胀水泥、白色水泥的特性和用途。

第五章　混凝土

第一节　概　述

一、混凝土定义和分类

混凝土是由胶凝材料、粗细骨料、水及其他材料，按适当比例配制经硬化而成的具有所需的形体、强度和耐久性的复合材料，也叫人造石材。

普通水泥混凝土是由水泥、砂、石、水及外加剂等多种材料组成的水泥基复合材料。

混凝土的种类很多，可以从不同的角度分类。本章主要讲述普通水泥混凝土。

1. 按表观密度大小分类

可分为三大类：

(1)重混凝土。为了屏蔽各种射线的辐射，采用各种高密度骨料配制的混凝土，表观密度大于 2 800kg/m³。骨料为钢屑、重晶石、铁矿石等重骨料，水泥为钡水泥、锶水泥等重水泥。又称防辐射混凝土，用于核能工厂的屏障结构材料。

(2)普通混凝土。表观密度 2 000～2 800kg/m³，骨料为天然砂、石，密度一般多在 2 500kg/m³左右，简称混凝土，是目前建筑工程中常用的承重结构材料。

(3)轻混凝土。表观密度小于 1 950kg/m³，骨料为多孔轻质骨料，或无砂的大孔混凝土或不采用骨料而掺入加气剂或泡沫剂形成的多孔结构混凝土。主要用作轻质结构(大跨度)材料和隔热保温材料。

2. 按用途分类

可分为结构混凝土(普通混凝土)、防水混凝土、装饰混凝土、防辐射混凝土、耐热混凝土、耐酸混凝土、大体积混凝土、道路混凝土等。

3. 按所用胶凝材料分类

可分为水泥混凝土、石膏混凝土、沥青混凝土、聚合物混凝土、水玻璃混凝土、硫磺混凝土等。其中使用最多的是以水泥为胶结材料的水泥混凝土，它是当今世界上使用最广泛、使用量最大的结构材料。

4. 按强度等级分类

可分为低强度混凝土($f_{cu} \leqslant 30$MPa)、中强度混凝土($f_{cu} = 30 \sim 60$MPa)、高强度混凝土($f_{cu} = 60 \sim 100$MPa)和超高强度混凝土($f_{cu} > 100$MPa)等。

5. 按生产和施工方法分类

可分为普通浇筑混凝土、预拌混凝土(商品混凝土)、泵送混凝土、喷射混凝土、压力灌浆混凝土、造壳混凝土(裹砂混凝土)、碾压混凝土、太阳能养护混凝土等多种。

6. 按掺合料类型分类

可分为粉煤灰混凝土、硅灰混凝土、磨细高炉矿渣混凝土、纤维混凝土等多种。

二、混凝土的优点与发展

1. 混凝土的优点

混凝土是目前用量最大的人造建筑材料。我国混凝土年使用量已超过 5×10^{8}t,其技术与经济意义是其他建筑材料无法比拟的。这是因为混凝土材料具备许多优点:

(1)组成材料中砂石等地方材料占80%以上,符合就地取材和经济原则。

(2)易于加工成型。新拌混凝土具有良好的可塑性和浇注性,可浇注成设计要求的形状和尺寸。

(3)匹配性好。各组成材料之间有良好的匹配性,如混凝土与钢筋结合,可组成共同的具有互补性受力整体的钢筋混凝土。这是因为混凝土热膨胀系数与钢筋相近,且与钢筋有牢固的粘结力。

(4)可调整性强。因混凝土的性能决定于其组成材料的质量和组合情况,因此可通过调整其组成材料的品种、质量和组合比例,配制出具有不同物理力学性能的产品。

(5)钢筋混凝土结构可代替钢、木结构,节省大量的钢材和木材。

(6)耐久性好,维修费少。

但混凝土具有自重大、比强度小、抗拉强度低、变形能力差和易开裂等缺点,还有待研究改进。由于混凝土有上述重要优点,所以广泛应用于工业与民用建筑工程、水利工程、地下工程、公路、铁路、桥涵及国防军事等各类工程中。

2. 混凝土的发展

混凝土的技术性能在不断的发展,高性能混凝土(HPC)将是今后混凝土的发展方向之一。高性能混凝土除了要求具有高强度等级($f_{cu}\geqslant60$MPa)外,还必须具有良好的工作性、体积稳定性和耐久性。在所处的环境中对混凝土有经久耐用要求的特殊工程,其耐久性成为重要性能指标,即使其结构要求强度等级小于C60,但仍须采用高性能混凝土。目前,我国发展高性能混凝土的主要途径有两方面:

(1)采用高性能的原料以及与之相适应的工艺。

(2)采用多元复合途径提高混凝土的综合性能。可在基本组成材料之外加入其他材料,如高效减水剂、缓凝剂、引气剂、硅灰、优质粉煤灰、稻壳灰及沸石粉等一种或多种复合的外加组分,以调整和改善混凝土的浇注性能及内部结构,综合提高混凝土的性能和质量。

从节约能源、资源,减少工业废料排放和保护自然环境角度考虑,则要求混凝土及其原材料的开发、生产、建筑施工作业等既能满足当代人的建设需要,又不危及后代人的延续生存环境。因此绿色高性能混凝土(GHPC)也将成为今后的发展方向。此外,发达国家正在研究开发新技术混凝土,如灭菌、环境调节、变色、智能混凝土等。这些新的发展动态可以说明混凝土的潜力很大,混凝土技术与应用领域还有待开拓。

第二节　普通混凝土的组成材料

普通混凝土组成材料是水泥、天然砂、石子、水，另外还常掺入适量的掺合料和外加剂。砂石在混凝土中起骨架作用，故称为骨料(或称集料)。水泥和水形成水泥浆，包裹在砂粒表面并填充砂粒间的空隙而形成水泥砂浆，水泥砂浆又包裹石子并填充石子间的空隙而形成混凝土(如图5-1)。在混凝土硬化前，水泥浆起润滑作用，赋予混凝土拌合物一定的流动性，便于施工。水泥浆硬化后，起胶结作用，把砂石骨料胶结成整体，产生强度，成为坚硬的水泥石。

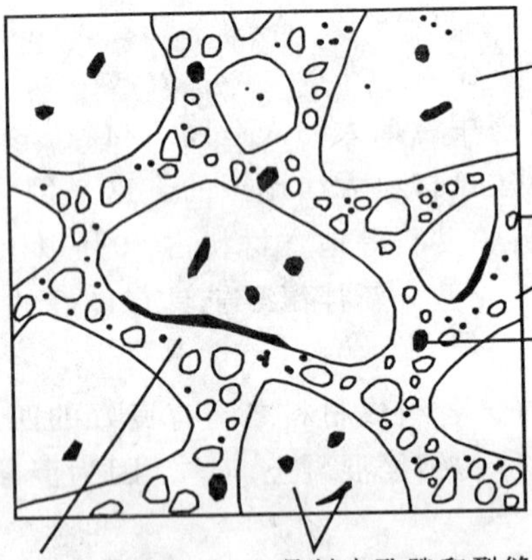

图5-1　硬化混凝土结构

混凝土是一个宏观匀质、微观非匀质的堆聚结构。混凝土的质量和技术性能，在很大程度上是由原材料的性质及其相对含量所决定，同时也与施工工艺(配料、搅拌、捣实成型、养护等)有关。因此，必须了解原材料的性质、作用及质量要求，合理选择原材料，以保证混凝土的质量。

一、水泥(Cement)

水泥在混凝土中起胶凝作用，是影响混凝土强度、耐久性及经济性的重要因素。正确、合理地选择水泥的品种和强度等级，是保证混凝土性能和质量的前提。

1. 水泥品种的选择

配制混凝土用的水泥品种，应根据工程性质及特点、工程所处环境及施工条件，依据各种水泥的特性，合理选择。常用水泥品种的选用见通用水泥的选用。

2. 水泥强度等级的选择

水泥强度等级的选择，应当与混凝土的设计强度等级相适应。原则上是配制高强度等级的混凝土选用高强度等级水泥，低强度等级的混凝土选用低强度等级的水泥。若用低强度等级水泥配制高强度等级混凝土，为满足强度要求必然使水泥用量过多，这不仅不经济，而且会使混凝土收缩和水化热增大；若用高强度等级水泥配制低强度等级的混凝土，从强度上考虑，少量水泥就能满足要求，但为满足混凝土拌合物的和易性和混凝土的耐久性，就需要额外增加水泥用量，造成水泥浪费。通常以水泥强度等级为混凝土强度等级的1.5～2.0倍为宜，对于高强度混凝土可取0.9～1.5倍。

二、细骨料(Fine Aggregate)

混凝土用骨料，按其粒径大小不同可分为细骨料和粗骨料。粒径在0.15～4.75mm之间的岩石颗粒，称为细骨料。粒径大于4.75mm的称为粗骨料。粗、细骨料的总体积占混凝土体积的70%～80%，因此骨料的性能对所配制的混凝土性能有很大影响。为保证混凝土的质量，对骨料技术性能的要求主要有：有害杂质含量少；具有良好的颗粒形状，适宜的颗粒级配和细度，表面粗糙，与水泥粘结牢固；性能稳定，坚固耐久等。

普通混凝土的细骨料主要采用天然砂、人工砂和混合砂。

天然砂是由自然风化、水流搬运和分选、堆积形成的公称粒径小于4.75mm的岩石颗粒，但不包括软质岩、风化岩石的颗粒。按其产源的不同可分为河砂、湖砂、山砂和淡化海砂。河砂和海砂由于长期受水流的冲刷作用，颗粒表面比较圆滑、洁净，且产源较广，但海砂中含有贝壳碎片及可溶盐等有害杂质。山砂颗粒多具棱角，表面粗糙，但含泥量及有机质等有害杂质较多。土木工程中一般采用河砂作细骨料。

人工砂为岩石经除土开采、机械破碎、筛分而成的，公称粒径小于4.75mm的岩石颗粒。人工砂单纯由矿石、卵石或尾矿加工而成，其颗粒尖锐，有棱角，较洁净，但细粉及片状颗粒含量较多，成本较高。一般在当地缺乏天然砂源时，采用人工砂。

混合砂是由天然砂与人工砂按一定比例组合而成的砂。把人工砂和天然砂相混合，可充分利用地方资源，降低人工砂的生产成本。

根据我国《建筑用砂》(GB/T14684－2001)的规定，砂按细度模数大小分为粗、中、细三种规格；按技术要求分为Ⅰ类、Ⅱ类、Ⅲ类三种类别。Ⅰ类宜用于强度等级大于C60的混凝土；Ⅱ类宜用于强度等级C30～C60及抗冻、抗渗或其他要求的混凝土；Ⅲ类宜用于强度等级小于C30的混凝土和建筑砂浆。对砂的质量要求和技术要求主要有以下几个方面：

1. 含泥量、石粉含量和泥块含量

含泥量，是指天然砂中粒径小于75μm的颗粒含量；石粉含量，是指人工砂中粒径小于75μm的颗粒含量；泥块含量，则指砂中粒径大于1.18 mm，经水浸洗、手捏后小于600 μm的颗粒含量。

人工砂在生产过程中，会产生一定量的石粉，这是人工砂与天然砂最明显的区别之一。它的粒径虽小于75μm，但与天然砂中的泥成分不同，粒径分布不同，在使用中所起的作用也不同。天然砂中的泥附着在表面妨碍水泥与砂的粘结，增大混凝土用水量，降低混凝土的强度和耐久性，增大干缩。所以它对混凝土是有害的，必须严格控制其含量。通过研究和多年实践的结论认为，人工砂中适量的石粉对混凝土的质量是有益的。因人工砂颗粒尖锐、多棱角，对混凝土的和易性不利，特别是低强度等级的混凝土和易性很差，而适量的石粉存在，可弥补这一缺陷。此外，由于石粉主要是由于40～75μm的微粒组成，它能完善细骨料的级配，从而提高混凝土密实性。根据国家标准，天然砂的含泥量和泥块含量及人工砂石粉含量和泥块含量应分别符合表5－1和表5－2的规定。

表5－1　天然砂含泥量和泥块含量

项　目	指　标		
	Ⅰ类	Ⅱ类	Ⅲ类
含泥量(按质量计)(%)	＜1.0	＜3.0	＜5.0
泥块含量(按质量计)(%)	0	＜1.0	＜2.0

表 5-2　人工砂石粉含量和泥块含量

项目			指标		
			Ⅰ类	Ⅱ类	Ⅲ类
亚甲蓝试验	MB值<1.40或合格	石粉含量(按质量计)(%)	<3.0	<5.0	<7.0*
		泥块含量(按质量计)(%)	0	<1.0	<2.0
	MB值≥1.40或不合格	石粉含量(按质量计)(%)	<1.0	<3.0	<5.0
		泥块含量(按质量计)(%)	0	<1.0	<2.0

注：* 根据使用地区和用途，在试验验证的基础上，可由供需双方协商确定。

2. 有害物质含量

砂中不应混有草根、树叶、树枝、塑料、煤块、炉渣等杂物。砂中如含有云母、轻物质、有机物、硫化物及硫酸盐、氯盐等，其含量应符合表 5-3 的规定。

云母表面光滑，为层状、片状物质，与水泥浆粘结力差，易风化，影响混凝土强度及耐久性；硫化物及硫酸盐对水泥起腐蚀作用，降低混凝土的耐久性；有机物可腐蚀水泥，影响水泥的水化和硬化；氯化钠等氯化物会腐蚀钢筋。当地砂中有害物质含量多，但又无合适砂源时，可以过筛并用清水或石灰水(有机物含量多时)冲洗后使用，以符合就地取材原则。

表 5-3　砂中有害物质含量

项目	指标		
	Ⅰ类	Ⅱ类	Ⅲ类
云母(按质量计)(%)	<1.0	<2.0	<2.0
轻物质(按质量计)(%)	<1.0	<1.0	<1.0
有机物(比色法)	合格	合格	合格
硫化物及硫酸盐(按 SO_3 质量计)(%)	<0.5	<0.5	<0.5
氯化物(以氯离子质量计)(%)	<0.01	<0.02	<0.06

3. 砂的粗细程度(Coarseness)及颗粒级配(Gradation)

砂的粗细程度是指不同粒径的砂粒，混合在一起后的总体砂的粗细程度。通常分为粗砂、中砂、细砂等几种。在相同砂用量条件下，细砂的总表面积较大，粗砂的总表面积较小。在混凝土中砂子表面需用水泥浆包裹，以赋予流动性和粘结强度，砂子的总表面积越大，则需要包裹砂粒表面的水泥浆就越多。因此，用粗砂配制混凝土比用细砂所用水泥量要省。

砂的颗粒级配，是指不同粒径砂颗粒的分布情况。在混凝土中砂粒之间的空隙是由水泥浆所填充，为节省水泥和提高混凝土的强度，就应尽量减少砂粒之间的空隙。从图 5-2 可以看出：如果用同样粒径的砂，空隙率最大[图 5-2(a)]；两种粒径的砂搭配起来，空隙率有所减小[图 5-2(b)]；三种粒径的砂搭配，空隙率就更小[图 5-2(c)]。因此，要减小砂粒之间的空隙，就必须有大小不同的颗粒合理搭配。

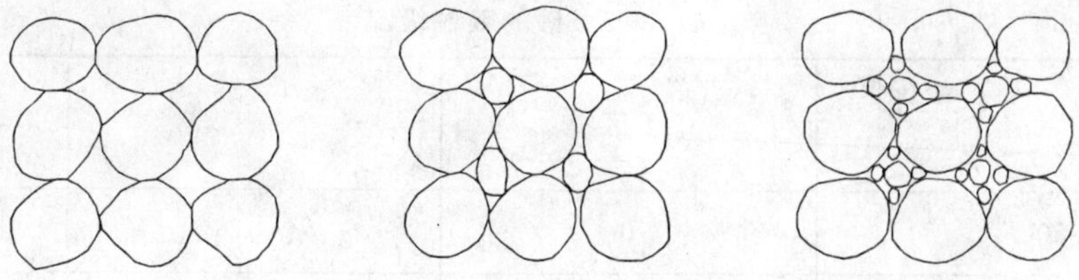

图 5-2　骨料的颗粒级配

在拌制混凝土时，砂的粗细和颗粒级配应同时考虑。当砂中含有较多的粗颗粒，并以适量的中颗粒及少量的细颗粒填充其空隙，则该种颗粒级配的砂，其空隙率及总表面积均较小，是比较理想的，不仅水泥用量少，而且还可以提高混凝土的密实度与强度。

砂的颗粒级配及粗细程度，常用筛分析的方法进行测定。筛分析的方法，是用一套方孔孔径为 9.50mm、4.75mm、2.36mm、1.18mm、600μm、300μm、150μm 的七个标准筛，将 500g 干砂试样由粗到细依次过筛，然后称量余留在各筛上的砂量，并计算出各筛上的分计筛余百分率（各筛上的筛余量占砂子总量的百分率）a_1、a_2、a_3、a_4、a_5、a_6 及累计筛余百分率（各筛和比该筛粗的所有分计筛余百分率之和）A_1、A_2、A_3、A_4、A_5、A_6。累计筛余百分率与分计筛余百分率的关系见表 5-4。

表 5-4　分计筛余百分率与累计筛余百分率关系

筛孔尺寸(mm)	分计筛余(%)	累计筛余(%)
4.75	a_1	$A_1=a_1$
2.36	a_2	$A_2=a_1+a_2$
1.18	a_3	$A_3=a_1+a_2+a_3$
0.6	a_4	$A_4=a_1+a_2+a_3+a_4$
0.3	a_5	$A_5=a_1+a_2+a_3+a_4+a_5$
0.15	a_6	$A_6=a_1+a_2+a_3+a_4+a_5+a_6$

砂的粗细程度用细度模数(Fineness Modulus)(M_x)表示，通过累计筛余百分率(Cumulative Percentage Retained)计算而得。其计算公式为：

$$M_x=\frac{(A_2+A_3+A_4+A_5+A_6)-5A_1}{100-A_1} \tag{5-1}$$

细度模数(M_x)越大，表示砂越粗，普通混凝土用砂的细度模数范围一般为 3.7～1.6，其中 M_x 在 3.7～3.1 为粗砂，M_x 在 3.0～2.3 为中砂，M_x 在 2.2～1.6 为细砂。

砂的颗粒级配用级配区表示，以级配区或筛分曲线判定砂级配的合格性。对细度模数为 3.7～1.6 的普通混凝土用砂，根据 600μm 孔径筛（控制粒级）的累计筛余百分率，划分为 1 区、2 区、3 区三个级配区（见表 5-5）。普通混凝土用砂的颗粒级配，应处于表 5-5 中的任何一个级配区中，才符合级配要求。

表 5-5　砂的颗粒级配

累计筛余(mm) 级配区 / 筛孔尺寸(mm)	1 区	2 区	3 区
9.50	0	0	0
4.75	10～0	10～0	10～0
2.36	35～5	25～0	15～0
1.18	65～35	50～10	25～0
0.6	85～71	70～41	40～16
0.3	95～80	92～70	85～55
0.15	100～90	100～90	100～90

注：砂的实际颗粒级配与表中所列数字相比，除 4.75mm 和 0.6mm 筛格外，可以略有超出，但超出总量应小于 5%。

以累计筛余百分率为纵坐标，以筛孔尺寸为横坐标，根据表 5-5 的数值可以画出砂的三个级配区的筛分曲线(图 5-3)。通过观察所计算的砂的筛分曲线是否完全落在三个级配区的任一区内，即可判断该砂级配的合格性。同时，也可根据筛分曲线偏向情况，大致判断砂的粗细程度。当筛分曲线偏向右下方时，表示砂较粗；筛分曲线偏向左上方时，表示砂较细。

配制混凝土时，宜优先选用 2 区砂。当采用 1 区砂时，应适当提高砂率，并保证足够的水泥用量，以满足混凝土的和易性；当采用 3 区砂时，应适当降低砂率，并保证混凝土的强度。

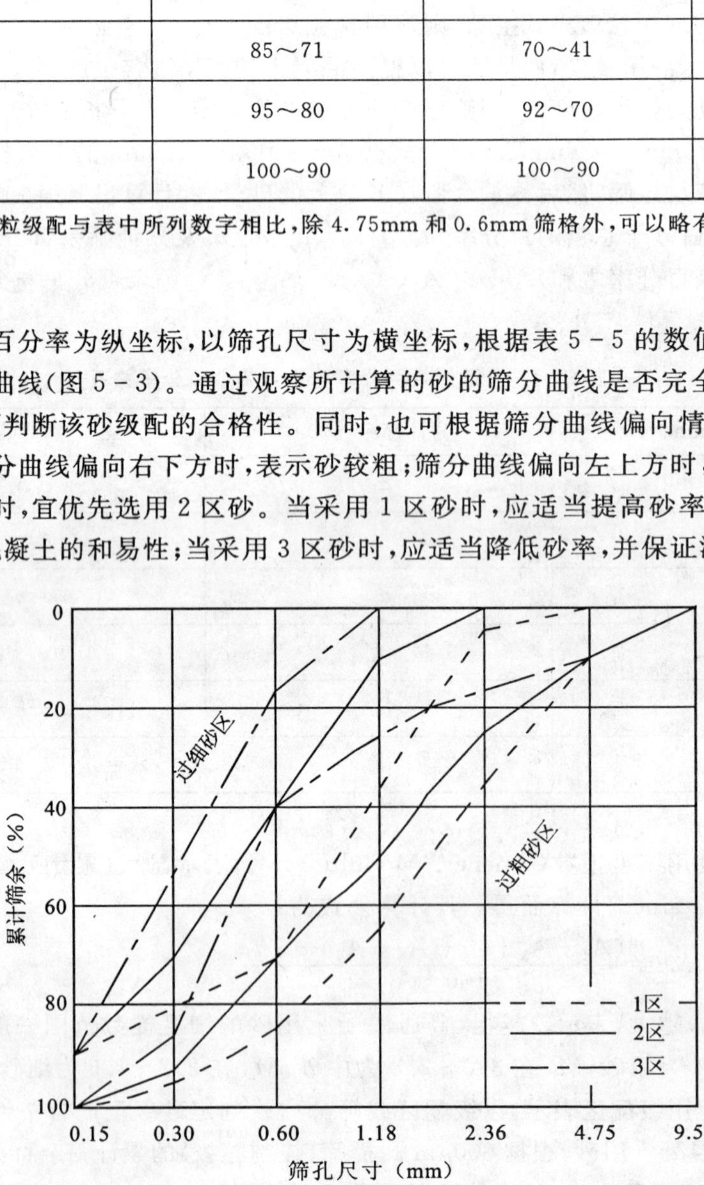

图 5-3　砂的筛分曲线

在实际工程中，当天然砂的实际颗粒级配不符合要求时，可采用人工掺配的方法来改善。即将粗、细砂按适当的比例进行掺合使用；或将砂过筛，筛除过粗或过细颗粒。

4. 砂的坚固性(Soundness)

砂的坚固性是指砂在自然风化和其他外界物理、化学因素作用下，抵抗破裂的能力。按标准规定，天然砂用硫酸钠溶液检验，砂样经5次循环后，其质量损失应符合表5-6的规定。人工砂采用压碎指标法进行试验，压碎指标值应小于30%。

表5-6　砂的坚固性指标

混凝土所处的环境条件及其性能要求	5次循环后的质量损失(%)
在严寒及寒冷地区室外使用并经常处于潮湿或干湿交替下的混凝土 对于有抗疲劳、耐磨、抗冲击要求的混凝土 有腐蚀介质作用或经常处于水位变化区的地下结构混凝土	≤8
其他条件下使用的混凝土	≤10

5. 表观密度、堆积密度、空隙率

砂的表观密度、堆积密度、空隙率应符合规定：表观密度大于2 500kg/m³；松散堆积密度大于1 350kg/m³；空隙率小于47%。

6. 碱-骨料反应(Alkali-aggregate Reaction)

水泥、外加剂等混凝土组成物及环境中的碱与骨料中碱活性矿物在潮湿环境下会缓慢发生导致混凝土开裂破坏的膨胀反应即碱-骨料反应。因此，对于长期处于潮湿环境的重要混凝土结构用砂，应采用砂浆棒(快速法)或砂浆长度法进行骨料的碱活性检验。经上述检验判断为有潜在危害时，应控制混凝土中的碱含量不超过3kg/m³，或采用能抑制碱-骨料反应的有效措施。

三、粗骨料(卵石、碎石)(Coarse Aggregate)

普通混凝土常用的粗骨料分为卵石和碎石两类。卵石是由天然岩石经自然风化、水流搬运和分选、堆积形成的粒径大于4.75mm的颗粒。按其产源可分为河卵石、海卵石和山卵石等几种，其中河卵石应用较多。碎石大多由于天然岩石经破碎、筛分制成，也可将在卵石轧碎筛分制得。卵石、碎石的规格按其粒径尺寸分为单粒粒级和连续粒级。亦可根据需要，采用不同单级粒级卵石、碎石混合成特殊粒级的卵石、碎石。卵石、碎石按技术要求分为Ⅰ类、Ⅱ类、Ⅲ类三种类别。Ⅰ类宜用于强度等级大于C60的混凝土；Ⅱ类宜用于强度等级为C30～C60及抗冻、抗渗或其他要求的混凝土；Ⅲ类宜用于强度等级小于C30的混凝土。

根据《建筑用卵石、碎石》(GB/T14685-2001)，对卵石和碎石的质量及技术要求主要有以下几个方面。

1. 含泥量和泥块含量

卵石、碎石的含泥量指粒径小于75μm的颗粒含量；泥块含量指粒径大于4.75mm经水洗、手捏后小于2.36mm的颗粒含量。卵石、碎石含泥量及泥块含量应符合表5-7的规定。

表 5-7　卵石、碎石含泥量和泥块含量

项　目	指　标		
	Ⅰ类	Ⅱ类	Ⅲ类
含泥量(按质量计)(%)	<0.5	<1.0	<1.5
泥块含量(按质量计)(%)	0	<0.5	<0.7

2. 有害物质含量

卵石和碎石中不应混有草根、树叶、树枝、塑料、煤块和矿渣等杂物。其有害物质含量应符合表 5-8 的规定。

表 5-8　卵石、碎石中有害物质含量

项　目	指　标		
	Ⅰ类	Ⅱ类	Ⅲ类
有机物	合格	合格	合格
硫化物及硫酸盐(按 SO_3 质量计)(%)	<0.5	<1.0	<1.0

3. 颗粒形状及表面特征

为提高混凝土的强度和减小骨料间的空隙，粗骨料比较理想的颗粒形状为三维长度相等或相近的立方体或球形颗粒，而三维长度相差较大的针、片状颗粒粒形较差。在粗骨料中，针、片状颗粒不仅受力时容易折断，影响混凝土的强度，而且会增大骨料的空隙率，使混凝土拌合物的和易性变差。卵石、碎石颗粒的长度大于该颗粒所属相应粒级平均粒径 2.4 倍的为针状颗粒，颗粒厚度小于平均粒径 0.4 倍的为片状颗粒。平均粒径指一个粒级的骨料其上、下限粒径的算术平均值。卵石、碎石中的针、片状颗粒含量应符合表 5-9 的规定。

骨料表面的粗糙程度及孔隙特征等影响骨料与水泥石之间的粘结性能，进而影响混凝土的强度。卵石表面光滑少棱角，孔隙率及总表面积小，混凝土拌合物的和易性好，水泥用量少，但与水泥石的粘结力差，配制出的混凝土强度较低。碎石表面粗糙多棱角，孔隙率及总表面积大，混凝土拌合物的和易性差，水泥用量多，但与水泥石的粘结力强，配制出的混凝土强度较高。在相同条件下，碎石混凝土比卵石混凝土的强度约高 10%左右。

表 5-9　卵石、碎石中的针、片状颗粒含量

项　目	指　标		
	Ⅰ类	Ⅱ类	Ⅲ类
针、片状颗粒(按质量计)(%)	<5	<15	<25

4. 最大粒径和颗粒级配

(1) 最大粒径。粗骨料公称粒级的上限称该粒级的最大粒径。质量相同的石子，粒径越大，其总表面积越小，因而包裹其表面所需的水泥浆量减少，可节约水泥；而且，在一定和易性

和水泥用量条件下，能减少用水量而提高强度。但对于采用普通混凝土设计方法配制的结构混凝土，尤其是高强混凝土，当粗骨料的最大粒径超过 40mm 后，由于减少用水量获得的强度提高，被较少的粘结面积及大粒径骨料造成不均匀性的不利影响所抵消，因而对提高强度并没有明显的作用。

根据《混凝土结构工程施工质量验收规范》(GB50204 - 2002)规定，混凝土用的粗骨料，其最大颗粒粒径不得超过构件截面最小尺寸的 1/4，且不得超过钢筋最小净间距的 3/4；对混凝土实心板，骨料的最大粒径不宜超过板厚的 1/3，且不得超过 40mm；对泵送混凝土，碎石最大粒径与输送管内径之比，宜小于或等于 1∶3，卵石宜小于或等于 1∶2.5。

(2)颗粒级配。与细骨料一样，粗骨料也要求有良好的颗粒级配，以减小空隙率，提高密实度，从而可以节约水泥，保证混凝土的和易性及强度。特别是配制高强度混凝土，粗骨料级配特别重要。

粗骨料的级配也是通过筛分试验来确定，其方孔标准筛为孔径 2.36、4.75、9.50、16.0、19.0、26.5、31.5、37.5、53.0、63.0、75.0 及 90mm 共 12 个筛子。分计筛余百分率及累计筛余百分率的计算与砂相同。依据国家标准，普通混凝土用卵石及碎石的颗粒级配应符合表 5 - 10 的规定。

表 5 - 10　普通混凝土用卵石及碎石的颗粒级配

方孔筛径(mm)		2.36	4.75	9.50	16.0	19.0	26.5	31.5	37.5	53.0	63.0	75.0	90
连续粒级	5～10	95～100	80～100	0～15	0								
	5～16	95～100	85～100	30～60	0～10	0							
	5～20	95～100	90～100	40～80	—	0～10	0						
	5～25	95～100	90～100	—		—	0～5	0					
	5～31.5	95～100	90～100	70～90	—	15～45	—	0～5	0				
	5～40	—	95～100	70～90	—	30～65	—	—	0～5	0			
单粒粒级	10～20		95～100	85～100		0～15	0						
	16～31.5		95～100		85～100			0～10	0				
	20～40			95～100		80～100			0～10	0			
	31.5～63				95～100			75～100	45～75		0～10	0	
	40～80					95～100			70～100		30～60	0～10	0

5. 强度

为保证混凝土的强度要求，粗骨料必须具有足够的强度。卵石和碎石的强度采用岩石立方体抗压强度和碎石的压碎指标两种方法检验。

(1)岩石立方体抗压强度检验。将碎石的母岩制成直径与高均为 50mm 的圆柱体或边长为 50mm 的立方体，在水饱和状态下，测定其极限抗压强度值。一般要求碎石母岩岩石的抗压强度不小于混凝土抗压强度的 1.5 倍，还要考虑母岩的风化程度。

(2)压碎指标(Aggregate Crusing Value)。是指将一定质量气干状态的 9.5～19.0mm 的石子，按一定的方法装入压碎指标值测定仪(内径 152mm 的圆筒)内，上面加压头后放在试验机上，按 1kN/s 的速度均匀加荷到 200kN 并稳荷 5s，卸荷后称取试样质量(G_1)，再用孔径为

2.36mm 的筛进行筛分，称取试样的筛余量(G_2)，按下式计算压碎指标 Q_c：

$$Q_c=\frac{G_1-G_2}{G_1}\times 100 \tag{5-2}$$

压碎指标值越小，表示石子抵抗受压破坏的能力越强。根据标准，压碎指标值应小于表 5-11的规定。

表 5-11　石子的压碎指标(%)

项　　目	指　　标		
	Ⅰ类	Ⅱ类	Ⅲ类
碎石压碎指标	<10	<20	<30
卵石压碎指标	<12	<16	<16

6. 坚固性

坚固性是卵石、碎石在自然风化和其他外界物理、化学因素作用下抵抗破裂的能力。骨料由于干湿循环或冻融交替等作用引起体积变化会导致混凝土破坏。具有某种特征孔结构的岩石会表现出不良的体积稳定性。骨料越密实、强度越高、吸水率越小时，其坚固性越好；而结构疏松，矿物成分越复杂，构造不均匀，其坚固性越差。

采用硫酸钠溶液法进行试验，卵石和碎石经 5 次循环后，其质量损失应符合表 5-12 的规定。

表 5-12　卵石、碎石的坚固性指标

项　　目	指　　标		
	Ⅰ类	Ⅱ类	Ⅲ类
质量损失(%)	<5	<8	<12

7. 表观密度、堆积密度、空隙率

石子的表观密度、堆积密度、空隙率应符合下列规定：表观密度大于 2 500kg/m^3；松散密度大于 1 350kg/m^3；空隙率小于 47%。

8. 碱-骨料反应

经碱-骨料反应试验后，由卵石、碎石制备的试件无裂缝、酥裂、胶体外溢等现象，在规定的试验龄期膨胀率应小于 0.10%。

9. 骨料的含水状态

骨料的含水状态可分为干燥状态、气干状态、饱和面干状态和湿润状态四种，如图 5-4 所示。干燥状态的骨料含水率等于或接近于零；气干状态的骨料的含水率与大气湿度相平衡，但未达到饱和状态；饱和面干状态的骨料，其内部孔隙含水达到饱和，而其表面干燥；湿润状态的骨料，不仅内部孔隙含水达到饱和，而且表面还附着一部分自由水。计算普通混凝土配合比时，一般以干燥状态的骨料为基准，而一些大型水利工程，常以饱和面干状态的骨料为基准。

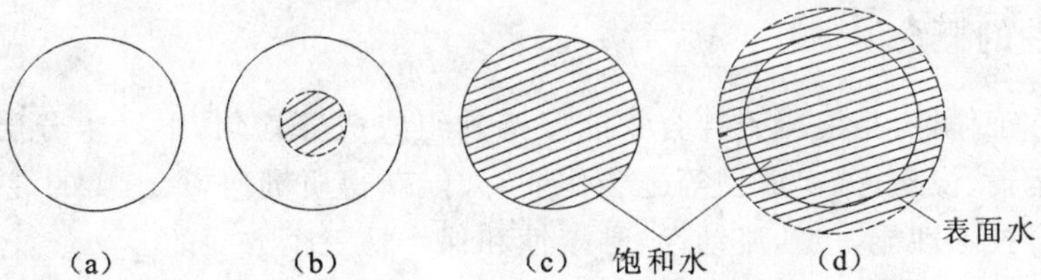

图 5-4　骨料的含水状态

(a)干燥状态；(b)气干状态；(c)饱和面干状态；(d)湿润状态

四、混凝土拌和用水

1. 水的分类及适用范围

混凝土拌和用水按水源可分为饮用水、地表水、海水以及经适当处理或处置后的工业废水五大类。其中地表水包括江河、淡水湖的水；地下水中包括井水；工业废水包括工厂排放的废水、混凝土生产厂的冲刷水等。

拌制各种混凝土所用的水应采用符合国家标准的生活饮用水。地表水和地下水的情况很复杂，若总含盐量及有害离子的含量大大超过规定值时，必须进行适用性检查合格后，方能使用。

考虑到海岸地区的特点，允许用海水拌制混凝土。但不得用于拌制钢筋混凝土和预应力混凝土。有装饰面要求的混凝土不能用海水拌制，因海水有引起表面潮湿和盐霜的趋向。

2. 拌和用水质量标准

混凝土拌和用水中各物质应满足《混凝土拌和用水标准》(JGJ63－2006)，规定见表 5－13。

表 5－13　拌和水物质含量限值

项　　目	预应力混凝土	钢筋混凝土	素混凝土
pH 值	≥5.0	≥4.5	≥4.5
不溶物(mg/L)	≤2 000	≤2 000	≤5 000
可溶物(mg/L)	≤2 000	≤5 000	≤10 000
Cl^- (mg/L)	≤500	≤1 000	≤3 500
SO_4^{2-} (mg/L)	≤600	≤2 000	≤2 700
碱含量(rag/L)	≤1 500	≤1 500	≤1 500

注：使用钢丝或经热处理钢筋的预应力混凝土氯离子含量不得超过 350mg/L。

第三节　混凝土拌合物的和易性

混凝土拌合物是指由水泥、砂、石及水拌制的混合料(水泥混凝土在尚未凝结硬化以前)称为混凝土拌合物，又称新拌混凝土(Fresh concrete)。

一、和易性的概念

和易性又称工作性，指混凝土拌合物能保持其组成成分均匀，不发生分层离析、泌水等现象，适于搅拌、运输、浇筑、捣实成型等施工作业，并能获得质量均匀、密实的混凝土的性能。和易性是一项综合技术性能，包括流动性、黏聚性和保水性三个方面的含义。

流动性是指混凝土拌合物在自重或机械振捣力的作用下，能产生流动并均匀密实地充满模型的性能。流动性的大小反映拌合物的稀稠程度，它直接影响着浇捣施工的难易和混凝土的质量。

黏聚性是指混凝土拌合物内部组分间具有一定的黏聚力，在运输和浇筑过程中不致发生离析分层现象，而使混凝土能保持整体均匀的性能。

保水性是指混凝土拌合物具有一定的保持内部水分的能力，在施工过程中不致产生严重的泌水现象。保水性差的拌合物，在施工过程中，一部分水易从内部析出到表面，在混凝土内部形成贯通的孔隙，不但影响混凝土的密实性，降低强度，还会影响混凝土的抗渗性和抗冻性等耐久性能。

混凝土拌合物的流动性、黏聚性、保水性，三者之间互相关联又互相矛盾。如黏聚性好，则保水性往往也好，但流动性可能较差。当流动性很大时，往往黏聚性和保水性差。因此，所谓的拌合物和易性良好，就是使这三方面的性能，在某种具体条件下得到统一，达到均为良好的状况。

二、和易性的测定方法

混凝土拌合物的和易性内涵比较复杂，难以用一种简单的测定方法和指标来全面恰当的表达。根据我国现行标准《普通混凝土拌合物性能试验方法》规定，用坍落度和维勃稠度来测定混凝土拌合物的流动性，并辅以直观经验来评定黏聚性和保水性，以评定和易性。

1. *坍落度试验*(Slump Test)

(1)坍落度的测定。坍落度试验是用标准坍落圆锥筒(如图 5－5)测定，该筒为钢皮制成，高度 $H=300$mm，上口直径 $d=100$mm，下底直径 $D=200$mm，试验时，将圆锥置于平台上，然后将混凝土拌合物分三层装入标准圆锥筒内，每层用弹头棒均匀地捣插 25 次。多余试样用镘刀刮平，然后垂直提取圆锥筒，将圆锥筒与混合料排放于平板上，测量筒高与坍落后混凝土试体最高点之间的高差，即为新拌混凝土的坍落度，以 mm 为单位(精确至 5mm)。坍落度越大，流动性越好。根据混凝土拌合物坍落度 S 的大小，可将混凝土进行如下分级：

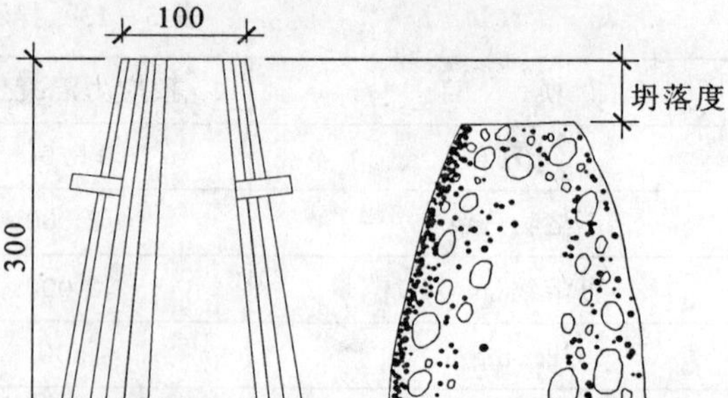

图 5－5　坍落度试验

①T1：低塑性混凝土，拌合物坍落度 S 为 10～40mm；

②T2：塑性混凝土，坍落度 S 为 50～90mm；

③T3：流动性混凝土，坍落度 S 为 100～150mm；

④T4：大流动性混凝土，坍落度 S 大于或等于 160mm。

(2)黏聚性和保水性的观察及评定。黏聚性的检查方法是将捣棒在已坍落的拌合物锥体侧面轻轻敲打，如果锥体逐步下沉，则表示黏聚性良好；如果突然倒塌、部分崩裂或石子离析，则表示黏聚性不好。

保水性以混凝土拌合物中稀浆析出的程度来评定。坍落度筒提起后如有较多的稀浆从底部析出，锥体部分的拌合物也因失浆而骨料外露，则表明混凝土拌合物的保水性不好。如无稀浆或仅有少量稀浆自底部析出，则表示保水性良好。

坍落度试验仅适用于骨料最大粒径不大于 40mm，坍落度不小于 10mm 的混凝土拌合物。对于坍落度小于 10mm 的干硬性混凝土，须采用维勃稠度仪测定其流动性。

2. 维勃稠度试验(Vebe Consistometer Test)

维勃稠度试验方法是将坍落度筒放在直径为 40mm、高度为 200mm 的圆筒中，圆筒安装在专用的振动台上，如图 5-6。按坍落度试验的方法将新拌混凝土装入坍落度筒内后再拔去坍落筒，将透明圆盘与拌合物试体接触，开动振动台并记录时间，从开始振动至透明圆盘底面被水泥浆布满瞬间止，所经历的时间，以 s 计(精确至 1s)，即为新拌混凝土的维勃稠度值。此法适用于坍落度小于 10mm 的干硬性混凝土拌合物流动性的测定。

根据混凝土拌合物维勃稠度值大小，可将混凝土进行如下分级：

(1)V_0：超干硬性混凝土，拌合物维勃稠度值大于等于 31s。

(2)V_1：特干硬性混凝土，拌合物维勃稠度值为 30～21s。

(3)V_2：干硬性混凝土，拌合物维勃稠度值为 20～11s。

(4)V_3：半干硬性混凝土，拌合物维勃稠度值为 10～5s。

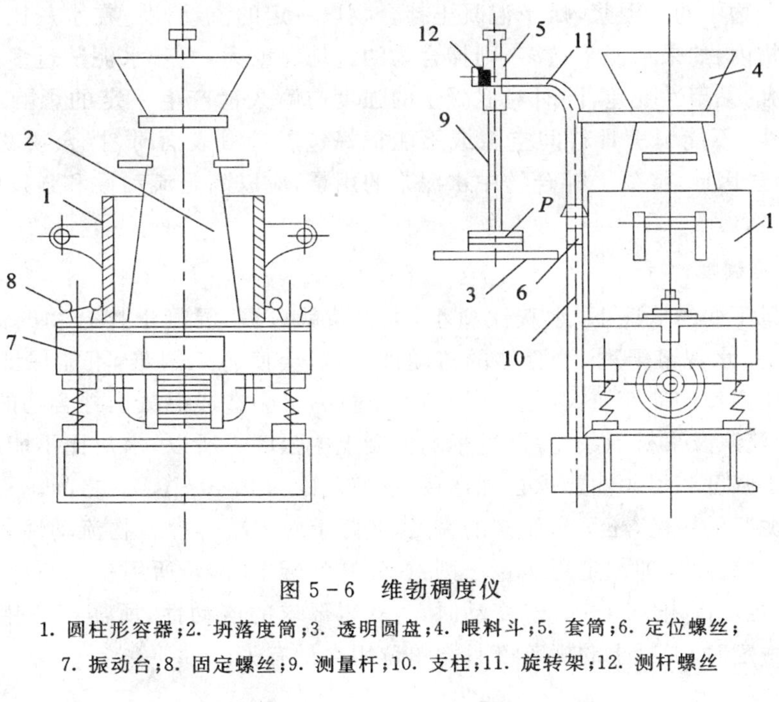

图 5-6　维勃稠度仪

1. 圆柱形容器；2. 坍落度筒；3. 透明圆盘；4. 喂料斗；5. 套筒；6. 定位螺丝；7. 振动台；8. 固定螺丝；9. 测量杆；10. 支柱；11. 旋转架；12. 测杆螺丝

3. 流动性(坍落度)的选择

选择混凝土拌合物的坍落度,要根据结构类型、构件截面大小、配筋疏密、输送方式和施工捣实方法等因素来确定。当构件截面较小或钢筋较密,或采用人工插捣时,坍落度可选大些。反之,如构件截面尺寸较大,或钢筋较疏,或采用机械振捣时,坍落度可选择小些。混凝土浇注的坍落度宜按表 5-14 选用。

表 5-14 混凝土浇注时的坍落度

项目	结构种类	坍落度(mm)
1	基础或地面等的垫层、无配筋的大体积结构(挡土墙、基础等)或配筋稀疏的结构	10～30
2	板、梁或大型及中型截面的柱子等	30～50
3	配筋密列的结构(薄壁、斗仓、筒仓、细柱等)	50～70
4	配筋特密的结构	70～90

表 5-14 系指采用机械振捣的坍落度,当采用人工振捣时可适当增大。当施工工艺采用混凝土泵输送混凝土拌合物时,则要求混凝土具有较高的流动性,可通过掺入高效减水剂等措施使其坍落度达到 80～180mm。

三、影响新拌混凝土的和易性的因素

1. 水泥浆的用量

混凝土拌合物中的水泥浆,赋予混凝土拌合物以一定的流动性。在水灰比不变的情况下,单位体积拌合物内,如果水泥浆愈多,则拌合物的流动性愈大,但若水泥浆过多,将会出现流浆现象,使拌合物的黏聚性变差,同时对混凝土的强度与耐久性产生一定的影响,且水泥用量也大。水泥浆过少,不能填满骨料间空隙或不能很好包裹骨料表面时,拌合物就会产生崩塌现象,黏聚性变差。因此,混凝土拌合物中水泥浆的用量,应以满足流动性和强度的要求为度,不宜过量。

2. 水泥浆的稠度

在水泥用量不变的情况下,水灰比愈小,水泥浆就愈稠,混凝土拌合物的流动性就愈小。当水灰比过小时,水泥浆干稠,拌合物的流动性过低,会使施工困难,不能保证混凝土的密实性。增大水灰比会使流动性加大,但如果水灰比过大,又会造成混凝土拌合物的黏聚性和保水性不良,而产生流浆及离析现象,并严重影响混凝土的强度。所以,水灰比不能过大或过小,一般应根据混凝土强度和耐久性要求合理选用,取值范围为 0.40～0.75 之间。

无论是水泥浆的用量,还是水泥浆的稠度,实际上对混凝土拌合物流动性起决定作用的是单位体积用水量的多少,即恒定用水量法则:在配制混凝土时,若所用粗、细骨料种类及比例一定,水灰比在一定范围内(0.4～0.8)变动时,为获得要求的流动性,所需拌合用水量基本是一定的。即骨料一定时,混凝土的坍落度只与单位用水量有关。

3. 砂率

砂率,是指混凝土中砂的质量占砂石总质量的百分率。砂经的改变,会使骨料的空隙率和骨料的总表面积有显著改变，因而对混凝土拌合物的和易性产生显著的影响。砂率过大时，骨料的总表面积及空隙率都会增大，在水泥浆含量不变的情况下，相对水泥浆显得少了，减弱了水泥浆的润滑作用，导致混凝土拌合物的流动性降低。如果砂率过小，又不能保证粗骨料之间有足够的砂浆层，也会降低混凝土拌合物的流动性，并严重影响其黏聚性和保水性，容易造成离析、流浆。当砂率适宜时，砂不但填满石子间的空隙，而且还能保证粗骨料间有一定厚度的砂浆层，以减小粗骨料间的摩擦阻力，使混凝土拌合物有较好的流动性。这个适宜的砂率，称为合理砂率。当采用合理砂率时，在用水量及水泥用量一定的情况下，能使混凝土拌合物获得最大的流动性，且能保持良好的黏聚性及保水性，如图 5－7 所示。或者，当采用合理砂率时，能使混凝土拌合物获得所要求的流动性及良好的黏聚性及保水性，而水泥用量为最少，如图 5－8 所示。

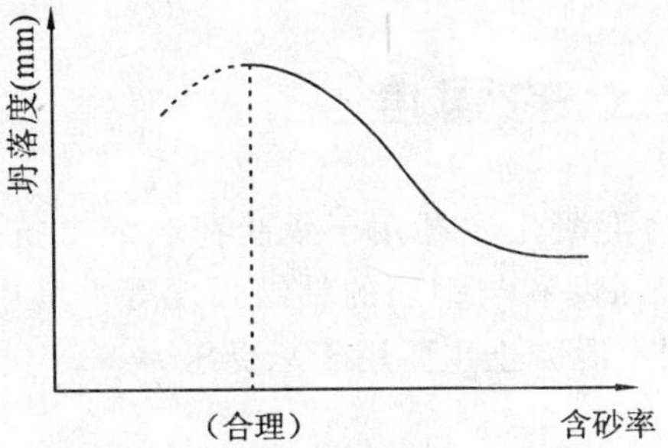

图 5－7　砂率与坍落度的关系
（水泥用量达到一定）

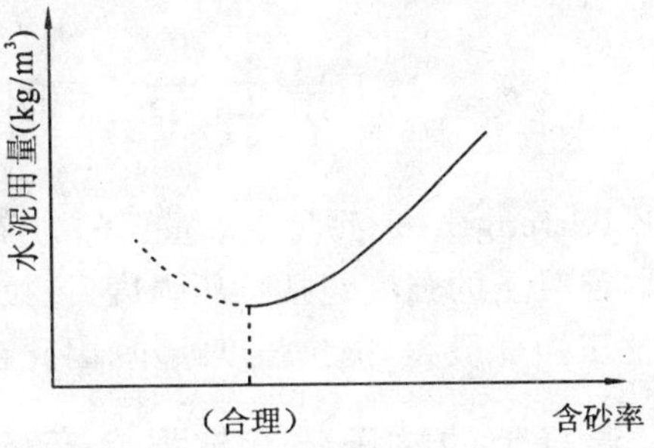

图 5－8　砂率与水泥用量的关系
（达到相同的坍落度）

4. 组成材料性质的影响

(1)水泥品种的影响。水泥对和易性的影响主要表现在水泥的需水性上，需水量大的水泥品种，达到相同的坍落度，需要较多的用水量。常用水泥中以粉煤灰水泥所配制的混凝土拌合物的流动性和保水性较好。矿渣、火山灰质混合材料对水泥的需水性都有影响，矿渣水泥所配制的混凝土拌合物的流动性较大，但黏聚性差，易泌水。火山灰水泥需水量大，在相同加水量条件下，流动性显著降低，但黏聚性和保水性好。

(2)骨料性质的影响。骨料的性质对混凝土拌合物的和易性影响较大。级配良好的骨料，空隙率小，在水泥浆量相同的情况下，包裹骨料表面的水泥浆较厚，和易性好。碎石比卵石表面粗糙，所配制的混凝土拌合物流动性较卵石配制的差。细砂的比表面积大，用细砂配制的混凝土比用中、粗砂配制的混凝土拌合物流动性小。

5. 外加剂

外加剂(如减水剂、引气剂等)对混凝土的和易性有很大的影响。在拌制混凝土时，加入少量的外加剂能使混凝土拌合物在不增加水泥用量的条件下，获得良好的和易性，不仅流动性显著增加，而且还有效地改善拌合物的黏聚性和保水性。

6. 拌合物存放时间及环境温度的影响

搅拌后的混凝土拌合物随着时间的延长而逐渐变得干稠，和易性变差。其原因是一部分水已与水泥水化，一部分水被骨料吸收，一部分水蒸发，以及混凝土凝聚结构的逐渐形成，致使混凝土拌合物的流动性变差。

混凝土拌合物的和易性也受温度的影响。因为环境温度升高，水分蒸发及水化反应加快，相应使流动性降低。因此，施工中为保证一定的和易性，必须注意环境温度的变化，采取相应的措施。

在实际施工中，可采用如下措施调整混凝土拌合物的和易性：

(1)通过试验，采用合理砂率，并尽可能使用较低的砂率。

(2)改善砂、石(特别是石子)的级配。

(3)在可能的条件下，尽量采用较粗的砂、石。

(4)当拌合物坍落度太小时，保持水灰比不变，增加适量的水泥浆；当拌合物坍落度太大时，保持砂率不变，增加适量的砂石。

(5)有条件时尽量掺加各种外加剂(如减水剂、引气剂等)。

第四节　硬化混凝土的强度

强度(Strength)是混凝土最重要的力学性质，因为混凝土主要用于承受荷载或抵抗各种作用力。混凝土的强度包括抗压强度、抗拉强度、抗剪强度和与钢筋的粘结强度等。其中，混凝土的抗压强度最大，抗拉强度最小，因此在结构工程中混凝土主要用于承受压力。

一、混凝土的抗压强度与强度等级

混凝土的抗压强度，是指其标准试件在压力作用下直到破坏的单位面积所能承受的最大荷载。混凝土结构物常以抗压强度为主要参数进行设计，而且抗压强度与其他强度及变形有良好的相关性。因此抗压强度常作为评定混凝土质量的指标，并作为确定强度等级的依据。

根据国家标准《普通混凝土力学性能试验方法标准》(GB/T 50081－2002)制作边长为150mm 的正立方体试件，在标准养护条件(温度 20±2℃，相对湿度 95%以上)下养护至 28d 龄期，所测得的抗压强度值，称为混凝土立方体抗压强度，以 f_{cu} 表示，以 MPa 计。

为了正确进行设计和控制工程质量，根据混凝土立方体抗压强度标准值(以 $f_{cu,k}$ 表示)，将混凝土划分为不同的强度等级。混凝土立方体抗压强度标准值系指按照标准方法制作和养护的边长为 150mm 的立方体试件，在 28d 龄期，用标准试验测定的抗压强度总体分布中的一个值，强度低于该值的百分率不超过 5%(即具有 95%保证率的抗压强度)，以 N/mm^2 即 MPa 计。

混凝土强度等级是根据立方体抗压强度标准值来确定的。它的表示方法是用“C”和“立方体抗压强度标准值”两项内容表示。我国现行 GB 50010－2002《混凝土结构设计规范》规定，普通混凝土按立方体抗压强度标准值划分为 C15、C20、C25、C30、C35、C40、C45、C50、C55、C60、C65、C70、C75、C80 共 14 个强度等级。如 C30 即表示混凝土立方体抗压强度标准值为 30MPa。

二、混凝土的轴心抗压强度(f_{cp})

确定混凝土强度等级采用立方体试件，但实际工程中钢筋混凝土构件形式极少是立方体的，大部分是棱柱体型或圆柱体型。为了使测得的混凝土接近于混凝土构件的实际情况，在钢筋混凝土的结构计算中，计算轴心受压构件(例如柱子、桁架的腹杆等)时，都采用混凝土的轴

心抗压强度 f_{cp} 作为设计依据。

根据国家标准(GB/T 50081－2002)的规定,轴心抗压强度采用 150mm×150mm×300mm 的棱柱体作为标准试件,如有必要,也可采用非标准尺寸的棱柱体试件。轴心抗压强度 f_{cp} 比同截面的立方体抗压强度 f_{cp} 小,棱柱体试件高宽比(h/a)越大,轴心抗压强度越小。但当 h/a 达到一定值后,强度不再降低。在立方体抗压强度为 10～55MPa 范围内时,$f_{cp}\approx(0.70\sim0.80)f_{cu}$。

三、混凝土的抗拉强度

混凝土的抗拉强度只有抗压强度的 1/10～1/20,并且这个比值随着混凝土强度等级的提高而降低。由于混凝土受拉时呈脆性断裂,破坏时无明显残余变化,故在钢筋混凝土结构设计中,不考虑混凝土承受拉力,而是在混凝土中配以钢筋,由钢筋来承受拉力。但混凝土抗拉强度对于混凝土抗裂性具有重要作用,它是结构设计中确定混凝土抗裂度的主要指标。

用轴向拉伸试验测定混凝土的抗拉强度,荷载不易对准轴线,夹具处发生局部破坏,致使测得值很不准确,故我国目前采用劈裂抗拉强度试验法间接得出混凝土抗拉强度,称为劈裂抗拉强度(Splitting Tension Strength)。标准规定,劈裂抗拉强度采用边长为 150mm 的立方体试件,在试件的两个相对的表面上加上垫条。当施加均匀分布的压力,就能在外力作用的竖向平面内,产生均匀分布的拉应力(如图 5－9),该应力可以根据弹性理论计算得出。这个方法不但大大简化了抗拉试件的制作,并且能较正确反映试件的抗拉强度。

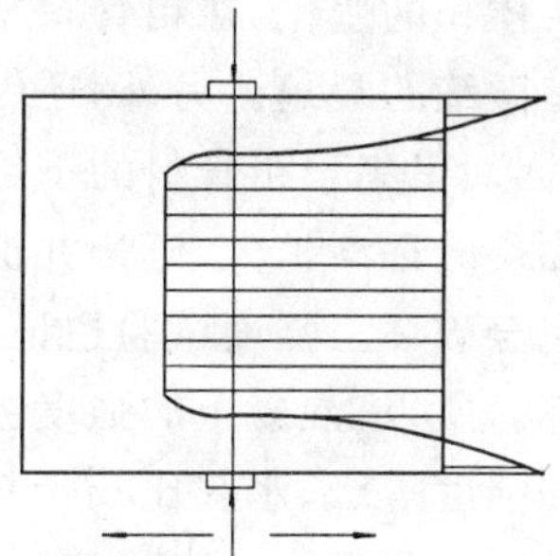

图 5－9 劈裂试验时垂直于受力面的应力分布

劈裂抗拉强度 f_{ts} 计算公式为:

$$f_{ts}=\frac{2P}{\pi A}=0.637\frac{P}{A} \tag{5-3}$$

式中:f_{ts}——混凝土劈裂抗拉强度(MPa);

P——破坏荷载(N);

A——试件劈裂面积(mm^2)。

混凝土的劈裂抗拉强度与混凝土标准立方体抗压强度之间的关系,可用经验公式表达如下:

$$f_{ts}=0.35f_{cu}^{3/4} \tag{5-4}$$

四、混凝土与钢筋的粘结强度

在钢筋混凝土结构中,为使钢筋混凝土能有效协同工作,混凝土与钢筋之间必须要有适当的粘结强度。这种粘结强度,主要来源于混凝土与钢筋间的摩擦力、钢筋与水泥石间的粘结力及变形钢筋的表面机械咬合力。粘结强度与混凝土质量有关,与混凝土抗压强度成正比。此外,粘结强度还受其他许多因素影响,如钢筋尺寸及变形钢筋种类、钢筋在混凝土中的位置(水平钢筋或垂直钢筋)、加载类型(受拉钢筋或受压钢筋)以及干湿变化、温度变化等。

目前,还没有一种较适当的标准试验能准确测定混凝土与钢筋的粘结强度。为了对比不同混凝土的粘结强度,美国材料试验学会(ASTMC234)提出了一种拔出试验方法:混凝土试件为边长 150mm 的立方体，其中埋入 ϕ19mm 的标准变形钢筋，试验时以不超过 34MPa/min 的加荷速度对钢筋施加拉力，直到钢筋发生屈服，或混凝土裂开，或加荷端钢筋滑移超过 2.5mm。记录出现上述三种中任一情况时的荷载值 P，用下式计算混凝土与钢筋的粘结强度：

$$f_N=\frac{P}{\pi dl} \tag{5-5}$$

式中：f_N——粘结强度(MPa)；

d——钢筋直径(mm)；

l——钢筋埋入混凝土中的长度(mm)；

P——测定的荷载值(N)。

五、影响硬化后水泥混凝土强度的因素

硬化后的混凝土在未受到外力作用之前，由于水泥水化造成的化学收缩和物理收缩引起砂浆体积的变化，在粗骨料与砂浆界面产生了分布极不均匀的拉应力，从而导致界面上形成了许多微细的裂缝。另外，还因为混凝土成型后的泌水作用，某些上升的水分被粗骨料颗粒所阻止，因而聚集于粗骨料的下缘，混凝土硬化后就成为界面裂缝。当混凝土受力时，这些预存的界面裂缝逐渐扩大、延长并汇合连通起来，形成可见的裂缝，致使混凝土结构丧失连续性而遭到完全破坏。强度试验也证实，正常配比的混凝土破坏主要是骨料与水泥石的粘结界面发生破坏。所以，混凝土的强度主要取决于水泥石强度及其与骨料的粘结强度。而粘结强度又与水泥强度等级、水灰比及骨料的性质有密切关系，此外混凝土的强度还受施工质量、养护条件及龄期的影响。

1. 水泥的强度和水灰比

水泥强度等级和水灰比是决定混凝土强度最主要的因素，也是决定性因素。

水泥是混凝土中的活性组分，在水灰比不变时，水泥强度等级愈高，则硬化水泥石的强度愈大，对骨料的胶结力就愈强，配制成的混凝土强度也就愈高。在水泥强度等级相同的条件下，混凝土的强度主要取决于水灰比。从理论上讲，水泥水化时所需的结合水，一般只占水泥质量的 23%左右，但在拌制混凝土拌合物时，为了获得施工所要求的流动性，常需多加一些水，如常用的塑性混凝土，其水灰比均在 0.4～0.8 之间。当混凝土硬化后，多余的水分就残留在混凝土中或蒸发后形成气孔或通道，大大减小了混凝土抵抗荷载的有效断面，而且可能在孔隙周围引起应力集中。因此，在水泥强度等级相同的情况下，水灰比愈小，水泥石的强度愈高，与骨料粘结力愈大，混凝土强度也愈高。但如果水灰比过小，则拌合物过于干稠，在一定的施工振捣条件下，混凝土不能被振捣密实，出现较多的蜂窝、孔洞，反将导致混凝土强度严重下降，如图 5-10。

根据工程实践的经验，可建立如下的混凝土强度与灰水比、水泥强度等因素之间的线性经验公式：

$$f_{cu}=\alpha_a f_{ce}\left(\frac{C}{W}-\alpha_b\right) \tag{5-6}$$

式中：f_{cu}——混凝土 28d 龄期的抗压强度(MPa)；

C——1m^3混凝土中水泥用量(kg)；

W——1m^3混凝土中水的用量(kg)；

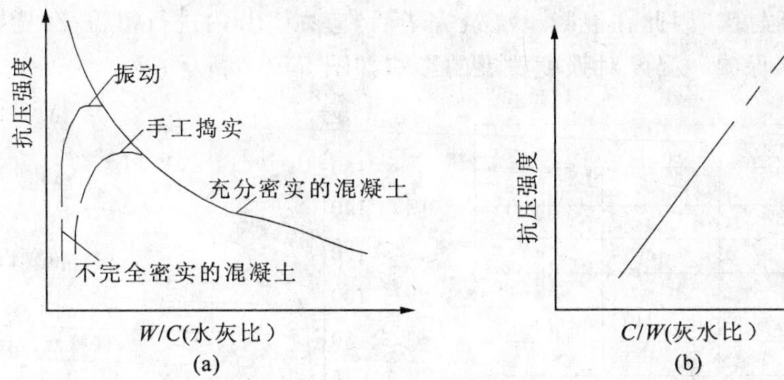

图 5-10　混凝土强度与水灰比的关系

(a)强度与水灰比的关系;(b)强度与灰水比的关系

C/W——灰水比;

α_a、α_b——回归系数,与骨料品种及水泥品种等因素有关,其数值通过试验求得,若无试验统计资料,则可按《普通混凝土配合比设计规程》(JGJ/T55-2000)提供的 α_a、α_b 系数取用:

碎石:$\alpha_a=0.46$;$\alpha_b=0.07$

卵石:$\alpha_a=0.48$;$\alpha_b=0.33$

f_{ce}——水泥 28d 抗压强度实测值(MPa)。水泥厂为保证水泥出厂强度,所生产水泥实际强度要高于其强度的标准值,在无法取得水泥实际强度数据时,可按式 $f_{ce}=1.13\times f_{ce,g}$ 确定,$f_{ce,g}$ 为水泥强度等级值(MPa)。

以上经验公式,一般只适用于流动性混凝土及低流动性混凝土,对于干硬性混凝土则不适用。利用混凝土强度公式,可根据所用的水泥强度和水灰比来估计所配制混凝土的强度,也可根据水泥强度和要求的混凝土等级来计算应采用的水灰比。

2. 骨料的影响

当骨料级配良好、砂率适当时,由于组成了坚强密实的骨架,有利于混凝土强度的提高。如果混凝土骨料中有害杂质较多,品质低,级配不好时,会降低混凝土的强度。

由于碎石表面粗糙有棱角,提高了骨料与水泥砂浆之间的机械啮合力和粘结力,所以在原材料坍落度相同的情况下,用碎石拌制的混凝土比用卵石的强度要高。

骨料的强度影响混凝土的强度,一般骨料的强度越高,所配制的混凝土强度越高,这在低水灰比和配制高强度混凝土时,特别明显。骨料粒形以三维长度相等或相近的球形或立方体形为好,若含有较多扁平或细长的颗粒,会增加混凝土的孔隙率,扩大混凝土中骨料的表面积,增加混凝土的薄弱环节,导致混凝土强度下降。

3. 养护条件对混凝土强度的影响

(1)温度及湿度。养护温度高,水泥水化速度快,混凝土强度的发展也快;反之,在低温下混凝土强度发展迟缓。当温度降到冰点以下时,水泥将停止水化,强度停止发展,而且易使硬化的混凝土结构遭到破坏。因此,冬季施工时,混凝土应特别注意保温养护,防止早期受冻破坏。温度对强度发展的影响如图 5-11 所示。

水是水泥水化的必要条件。如果湿度不够,水泥水化反应不能正常进行,甚至停止水化,会严重降低混凝土强度。因此在混凝土浇筑完毕后，应在12h内进行覆盖；在夏季施工的混凝土，要特别注意浇水保湿。湿度对强度发展的影响如图5－12所示。

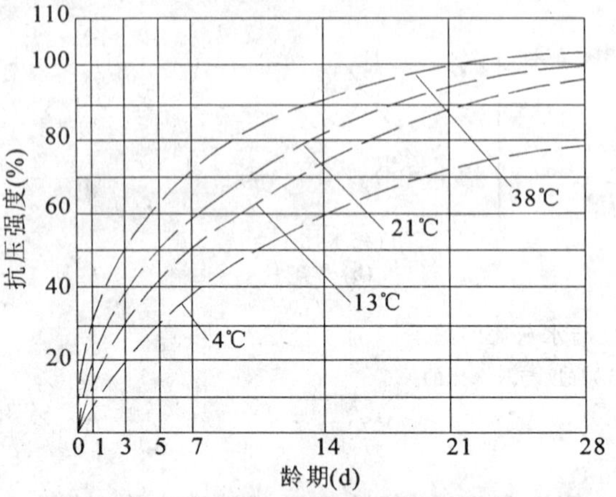

图5－11　养护温度对混凝土强度发展的影响

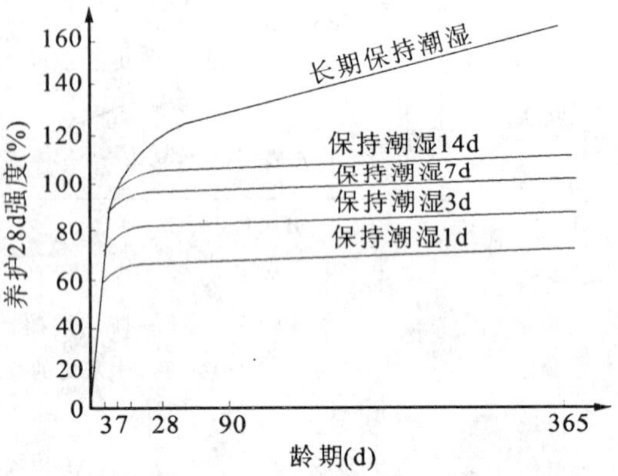

图5－12　混凝土强度与保湿养护时间的关系

(2)龄期(Age)。龄期是指混凝土在正常养护条件下所经历的时间。混凝土的强度随龄期的增长而提高，早期显著，后期缓慢。普通水泥配制的混凝土，在标准养护条件下，其强度发展大致与龄期的常用对数成正比关系，其经验公式如下：

$$\frac{f_n}{f_{28}}=\frac{\lg n}{\lg 28} \tag{5-7}$$

式中：f_n——混凝土nd龄期的抗压强度(MPa)；

f_{28}—混凝土28d龄期的抗压强度(MPa)；

n——养护龄期(d)，$n\geqslant 3$。

根据上式，可估算混凝土28d的强度，或推算28d前混凝土达到某一强度需要养护的天数，可用于确定生产施工进度，如混凝土的拆模、构件的起吊、放松预应力钢筋、制品堆放、出厂等的日期。

4. 试验条件对混凝土强度的影响

试验条件包括试件形状与尺寸、试件湿度、温度、表面状态、加载方式等。试验条件会影响混凝土强度的测定值。

(1)试件尺寸。相同配比的混凝土试件，尺寸越小，测得的混凝土的强度就越高。我国标准规定，采用边长为150mm的立方体试件作为标准试件，当采用非标准试件时，所测得的抗压强度应乘以表5－15所列的换算系数。

表5－15　混凝土试件不同尺寸的强度换算系数

骨料最大粒径(mm)	试件尺寸(mm)	换算系数
31.5	100×100×100	0.95
40	150×150×150	1
63	200×200×200	1.05

(2)试件的形状。当试件受压面积($a\times a$)相同,而高度(h)不同时,高宽比(h/a)越大,抗压强度越小。这是由于环箍效应所致。当试件受压时,试件受压面与试件承压板之间的摩擦力,对试件相对于承压板的横向膨胀起着约束作用,该约束有利于强度的提高(如图 5-13)。愈接近试件的端面,这种约束作用就越大,在距端面大约$\frac{\sqrt{3}}{2}a$的范围以外,约束作用才消失。试件破坏后,其上下部分各呈现一个较完整的棱锥体,就是这种约束作用的结果(如图 5-14),称为环箍效应。

(3)表面状态。混凝土试件承压面的状态,也是影响混凝土强度的重要因素。当试件受压面有润滑剂时,试件受压时的环箍效应大大减小,试件将出现直裂破坏(如图 5-15),测出的强度值较低。

(4)加荷速度。加荷速度越大,测得的混凝土强度值也越大。当加荷速度超过 1.0MPa/s 时,这种趋势更加显著。因此,我国标准规定,混凝土抗压强度的加荷速度为 0.3～0.8MPa/s,且应连续均匀地进行加荷。

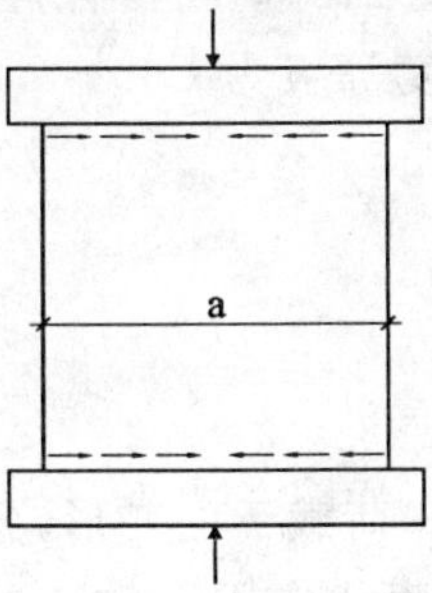

图 5-13 压力机压板对试件的约束作用

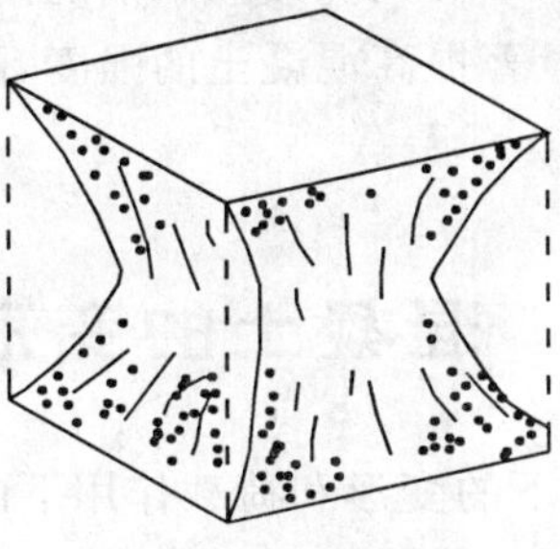

图 5-14 试件破坏后残存的棱锥体

图 5-15 不受压板约束时试件的破坏情况

六、提高混凝土强度的措施

1. 选用高强度等级水泥或早强型水泥

在混凝土配合比相同的情况下,水泥的强度等级越高,混凝土的强度也越高。采用早强型水泥可提高混凝土的早期强度,有利于加快施工进度。

2. 采用低水灰比的干硬性混凝土

低水灰比的干硬性混凝土拌合物游离水分少,硬化后留下的孔隙少,混凝土密实度高,强度可显著提高。因此,降低水灰比是提高混凝土强度的最有效途径。但水灰比过小,将影响拌合物的流动性,造成施工困难,一般采用同时掺加减水剂的方法,使混凝土在低水灰比下有良好的和易性。

3. 采用湿热处理养护混凝土

湿热处理,可以分为蒸汽养护和蒸压养护两类,水泥混凝土一般不必采用蒸压养护。

蒸汽养护,是将混凝土放在温度低于 100℃的常压蒸汽中进行养护。一般混凝土经过 16～20h 蒸汽养护,其强度可达正常条件下养护 28d 强度的 70%～80%,蒸汽养护最适于掺活性混合材料的矿渣水泥、火山灰水泥及粉煤灰水泥制备的混凝土。因为蒸汽养护可加速活性混合材料内的活性 SiO_2 及活性 Al_2O_3 与水泥水化析出的 $Ca(OH)_2$ 反应,使混凝土不仅提高早期强度，而且后期强度也有所提高，其 28d 强度可提高 10%～20%。而对普通硅酸盐水泥和硅酸盐水泥制备的混凝土进行蒸汽养护，其早期强度也能得到提高，但因在水泥颗粒表面过早形成水化产物凝胶膜层，阻碍水分继续深入水泥颗粒内部，使后期强度增长速度反而减缓，其 28d 强度比标准养护 28d 的强度约低 10%～15%。

4. 采用机械搅拌合振捣

机械搅拌比人工拌和能使混凝土拌合物更均匀，特别是在拌和低流动性混凝土拌合物时效果更显著。采用机械振捣，可使混凝土拌合物的颗粒产生振动，暂时破坏水泥浆体的凝聚结构，从而降低水泥浆的黏度和骨料间的摩擦阻力，提高混凝土拌合物的流动性，使混凝土拌合物能很好地充满模型，使混凝土内部孔隙大大减少，从而使密实度和强度大大提高。采用先进的高频振动、变频振动及多向振动设备，可获得更佳效果。

5. 掺入混凝土外加剂、掺合料

在混凝土中掺入早强剂可提高混凝土的早期强度；掺入减水剂可减少用水量，降低水灰比，提高混凝土强度。此外，在混凝土中掺入高效减水剂的同时，掺入磨细的矿物掺合料（如硅灰、优质粉煤灰、超细磨矿渣等），可显著提高混凝土的强度，配制出强度等级为 C60～C100 的高强度混凝土。

第五节　混凝土的变形性能

混凝土的变形，包括非荷载作用下的变形和荷载作用下的变形。非荷载下的变形，分为混凝土的化学收缩、干湿变形及温度变形；荷载作用下的变形，分为短期荷载作用下的变形及长期荷载作用下的变形——徐变。

一、非荷载作用下的变形

1. 化学收缩

在混凝土硬化过程中，由于水泥水化物的固体体积比反应前物质的总体积小，从而引起混凝土的收缩，称为化学收缩。化学收缩是不可恢复的。其收缩量随混凝土硬化龄期的延长而增加，一般在混凝土成型后 40d 内增长较快，以后逐渐趋于稳定。化学收缩值很小，对混凝土结构没有破坏作用，但在混凝土内部可能产生微细裂缝，从而影响承载状态（产生应力集中）和耐久性。

2. 干湿变形

由于混凝土周围环境湿度的变化，会引起混凝土的干湿变形，表现为干缩湿胀。

混凝土在干燥过程中，由于毛细孔水的蒸发，在毛细孔中形成负压，随着空气湿度的降低，负压逐渐增大，产生收缩力，导致混凝土收缩。同时，水泥凝胶体颗粒的吸附水也发生部分蒸发，凝胶体因失水而产生紧缩。混凝土这种收缩，在重新吸水以后大部分可以恢复。当混凝土在水中硬化时，体积产生轻微膨胀，这是由于凝胶体中胶体粒子的吸附水膜增厚，胶体粒子间的距离增大所致。

混凝土的湿胀变形量很小，一般无破坏作用。但干缩变形对混凝土危害较大，干缩能使混凝土表面产生较大的拉应力而导致开裂，降低混凝土的抗渗、抗冻、抗侵蚀等耐久性能。

一般条件下，混凝土的极限收缩值达(50～90)×10^{-5} mm/mm。在工程设计时，混凝土的线收缩采用(15～20)×10^{-5} mm/mm，即1m收缩0.15～0.20mm。

3. 温度变形

温度变形是指混凝土随着温度的变化而产生热胀冷缩变形。混凝土的温度变形系数α为(1～1.5)×10^{-5}/℃，即温度每升高1℃，每1m胀缩0.01～0.015mm。温度变形对大体积混凝土、纵长的混凝土结构、大面积混凝土工程极为不利，易使这些混凝土造成温度裂缝。

在混凝土土硬化初期，水泥水化放出较多热量，而混凝土又是热的不良导体，散热很慢，因此造成混凝土内外温差很大，有时可达50～70℃，这将使混凝土产生内胀外缩，结果在混凝土外表产生很大的拉应力，严重时使混凝土产生裂缝。因此，大体积混凝土施工时，常采用低热水泥，减少水泥用量，掺加缓凝剂及采用人工降温，设置温度伸缩缝，以及在结构内配置温度钢筋等措施，以减少因温度变形而引起的混凝土质量问题。

二、荷载作用下的变形

1. 混凝土在短期荷载作用下的变形

(1)混凝土的弹塑性变形。混凝土是一种由水泥石、砂、石、游离水、气泡等组成的不均质的多组分三相复合材料。它既不是一个完全弹性体，也不是一个完全塑性体，而是一个弹塑性体。受力时既产生弹性变形，又产生塑性变形，其应力应变关系曲线如图5-16所示。

在静力试验的加荷过程中，若加荷至应力σ、应变为ε的A点，然后将荷载逐渐卸去，则卸荷时的应力-应变曲线如AC所示(微向上弯曲)。卸载后能恢复的应变$\varepsilon_{弹}$是由混凝土的弹性应变引起的，称为弹性应变；剩余的不能恢复的应变$\varepsilon_{塑}$，则是由混凝土的塑性应变引起的，称为塑性应变。

(2)混凝土受压变形与破坏。混凝土在未受力前，其水泥浆与骨料之间及水泥浆内部，就已存在着随机分布的不规则的微细原生界面裂缝。而混凝土在短期荷载下产生变形，则是与裂缝之变化发展密切相关的。当混凝土试件单向静力受压，而荷载不超过极限应力的30%时，这些裂缝无明显变化，此时荷载(应力)与变形(应变)接近直线关系。当荷载达到30%～50%极限应力时，裂缝数量上有所增加，且稳定地缓慢伸展，因此，在这一阶段，应力-应变曲线随裂缝的变化也逐渐偏离直线，产生弯曲。当荷载超过50%极限应力时，界面的裂缝就不稳定，而且逐渐延伸至砂浆基体中。当超过75%极限应力时，在界面裂缝继续发展的同时，砂浆基体中的裂缝也逐渐增生，并与邻近的界面裂缝连接起来，成为连续裂缝，变形加速增大，荷载曲线明显地弯向水平应变轴，超过极限荷载后，连续裂缝急剧扩展，混凝土的承载能力迅速下降，变形急剧增大而导致试件完全破坏。

2. 长期荷载作用下的变形——徐变(Creep)

混凝土在长期荷载作用下，除产生瞬间的弹性变形和塑性变形外，还会产生随时间而增长的非弹性变形，这种变形称为徐变，如图5-17所示。

在加荷的瞬间，混凝土产生瞬时变形，随着时间的延长，又产生徐变变形。在荷载初期，徐变变形增长较快，以后逐渐变慢并稳定下来，最终徐变应变可达(3～15)×10^{-4}mm/mm，即0.3～1.5mm/m。卸掉荷载后，一部分变形瞬时恢复，其值小于在加荷瞬间产生的瞬时变形。在卸荷后的一段时间内变形还会继续恢复，称为徐变恢复。最后残存的不能恢复的变形，称为

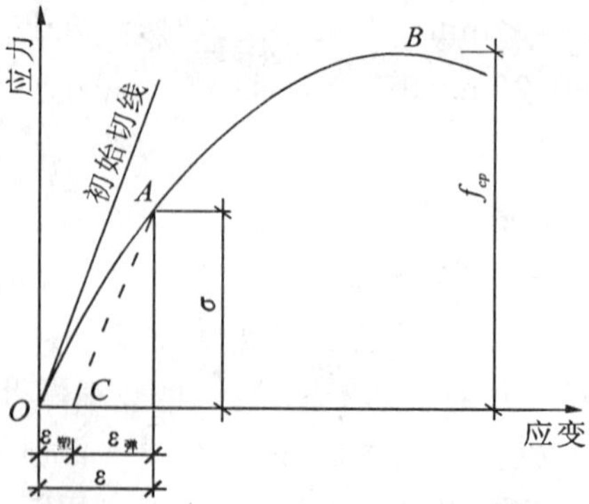

图 5-16　混凝土在压力作用下的应力-应变曲线

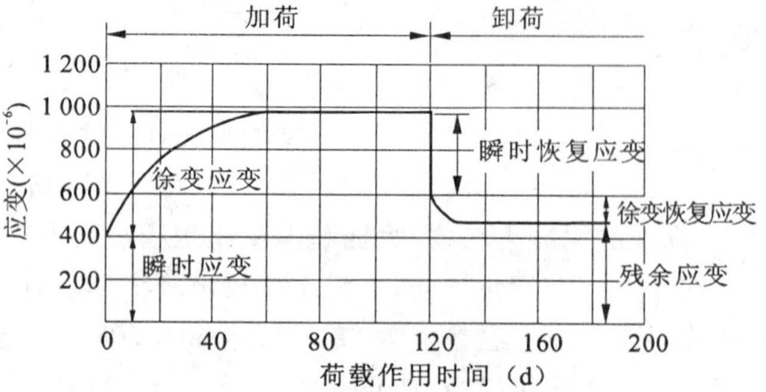

图 5-17　徐变变形与徐变恢复

残余变形。

混凝土的徐变,一般认为是由于水泥石中凝胶体在长期荷载作用下的黏性流动,以及凝胶孔水向毛细孔内迁移的结果。在混凝土的较早龄期加荷,水泥尚未充分水化,所含凝胶体较多,且水泥石中毛细孔较多,凝胶体易流动,所以徐变发展较快;在晚龄期,水泥继续硬化,凝胶体含量相对减少,毛细孔亦少,徐变发展渐慢。

混凝土的徐变受许多因素的影响。混凝土的水灰比较小或在水中养护时,徐变较小;水灰比相同的混凝土,其水泥用量越多,徐变越大;混凝土所用骨料的弹性模量较大时,徐变较小;所受应力越大,徐变越大。

混凝土的徐变对结构物的影响既有有利方面,也有不利方面。有利的是,徐变可减弱钢筋混凝土内的应力集中,使应力重新分布,从而使局部应力集中得到缓解;对大体积混凝土则能消除一部分由于温度变形所产生的破坏应力。不利的是,在预应力钢筋混凝土中,混凝土的徐变将使钢筋的预加应力受到损失。

第六节　混凝土的耐久性

混凝土除应具备设计要求的强度,以保证其能安全地承受设计的荷载外,还应根据其周围的自然环境以及使用条件,具有经久耐用的性能。例如,受水压作用的混凝土,要求具有抗渗性;与水接触并遭受冰冻作用的混凝土,要求具有抗冻性;处于侵蚀性环境中的混凝土,要求具有相应的抗侵蚀性等。因此,把混凝土抵抗环境介质作用并长期保持其良好的使用性能和外观完整性,从而维持混凝土结构的安全、正常使用的能力,称为耐久性(Durability)。

耐久性是一个综合性的指标,包括抗渗性、抗冻性、抗腐蚀、抗碳化性、抗磨性、抗碱-骨料反应及混凝土中的钢筋耐锈蚀等性能。

一、混凝土的抗渗性(Penetrative Resistance)

混凝土的抗渗性,指混凝土抵抗有压介质(水、油、溶液等)渗透作用的能力。它是决定混凝土耐久性最基本的因素,若混凝土的抗渗性差,不仅周围水等液体物质容易渗入内部,而且当遇有负温或环境水中含有侵蚀性介质时,混凝土就易遭受冰冻或侵蚀作用而破坏,对钢筋混凝土还将引起其内部钢筋锈蚀，并导致表面混凝土保护层开裂与剥落。因此，对地下建筑、水坝、水池、港工、海工等工程，必须要求混凝土具有一定的抗渗性。

混凝土的抗渗性用抗渗等级表示。抗渗等级是以28d龄期的标准试件，以标准试验方法进行试验，用每组6个试件中4个试件未出现渗水时的最大水压力来表示，分为P4、P6、P8、P10、P12五个等级，表示混凝土最大能抵抗0.4MPa、0.6MPa、0.8MPa、1.0MPa、1.2MPa的静水压力而不产生渗透。抗渗等级≥P6级的混凝土为抗渗混凝土。

混凝土渗水的主要原因，是由于其内部的孔隙形成连通的渗水通道。这些孔道除产生于施工振捣不密实外，主要来源于水泥浆中多余水分的蒸发而留下的气孔，水泥浆泌水所形成的毛细孔，以及粗骨料下部界面水富集所形成的孔穴。这些渗水通道的多少，主要与水灰比大小有关，因此水灰比是影响抗渗性的主要因素。试验表明，随着水灰比增大，抗渗性逐渐变差，当水灰比大于0.6时，抗渗性急剧下降。

提高混凝土抗渗性的主要措施，是提高混凝土的密实度和改善混凝土中的孔隙结构，减少连通孔隙。这些可通过降低水灰比、选择良好的骨料级配、充分振捣和养护、掺入引气剂等方法来实现。

二、混凝土的抗冻性(Frost Resistance)

混凝土的抗冻性，是指混凝土在饱水状态下，能经受多次冻融循环而不被破坏，同时也不严重降低所具有性能的能力。在寒冷地区，特别是接触水又受冻的环境下的混凝土，要求具有较高的抗冻性。

混凝土的抗冻性用抗冻等级表示。抗冻等级是以28d龄期的混凝土标准试件，在饱水后反复承受冻融循环，以抗压强度损失不超过25%，且质量损失不超过5%时所能承受的最大冻融循环次数来表示。混凝土的抗冻等级有F10、F15、F25、F50、F100、F150、F200、F250、F300九个抗冻等级，分别表示混凝土能承受冻融循环的最大次数不少于10、15、25、50、100、150、200、250和300次。抗冻等级≥F50的混凝土为抗冻混凝土。

混凝土受冻融破坏的原因，是由于混凝土内部孔隙中的水在负温下结冰后体积膨胀形成的静水压力，当这种压力产生的内应力超过混凝土的抗拉强度，混凝土就会产生裂缝，多次冻融循环使裂缝不断扩展直至破坏。混凝土的密实度、孔隙率和孔隙构造、孔隙的充水程度是影响抗冻性的主要因素。密实的混凝土和具有封闭孔隙的混凝土(如引气混凝土)，抗冻性较高。掺入引气剂、减水剂和防冻剂，可有效提高混凝土的抗冻性。

三、抗侵蚀性(Corrasive Resistance)

当混凝土所处环境中含有侵蚀性介质时，混凝土便会遭受侵蚀，通常有软水侵蚀、硫酸盐侵蚀、镁盐侵蚀、碳酸侵蚀、一般酸侵蚀等。随着混凝土在地下工程、海岸与海洋工程等恶劣环境中的大量应用，对混凝土的抗侵蚀性提出了更高的要求。

混凝土的抗侵蚀性主要取决于其所用水泥的品种、混凝土的密实度和孔隙特征等。密实和孔隙封闭的混凝土，环境水不易侵入，抗侵蚀性较强。故提高混凝土抗侵蚀性的主要措施是合理选用水泥品种、降低水灰比、提高混凝土的密实度及尽量减少混凝土中的开口孔隙。

四、混凝土的碳化

混凝土的碳化是指混凝土内水泥石中 $Ca(OH)_2$ 与空气中的 CO_2 时发生化学反应，生成 $CaCO_3$ 和 H_2O，也称中性化。混凝土的碳化，是二氧化碳由表及里逐渐向混凝土内部扩散的过程。碳化引起水泥石化学组成及组织结构的变化，对混凝土的碱度、强度和收缩产生影响。

碳化对混凝土性能既有有利的影响，也有不利的影响。其不利影响是使混凝土碱度降低，减弱了对钢筋的保护作用。这是因为混凝土中水泥水化生成大量的氢氧化钙，使钢筋处在碱性环境中而在表面生成一层钝化膜，保护钢筋不易腐蚀。但当碳化深度穿透混凝土保护层而达到钢筋表面时，钢筋钝化膜被破坏而发生锈蚀，此时产生体积膨胀，致使混凝土保护层产生开裂，开裂后的混凝土更有利于二氧化碳、水、氧等有害介质的进入，加剧了碳化的进行和钢筋的锈蚀，最后导致混凝土顺着钢筋开裂而破坏。另外，碳化作用会增加混凝土的收缩，引起混凝土表面产生拉力而出现微细裂缝，从而降低混凝土的抗拉、抗折强度及抗渗能力。

影响碳化速度的主要因素有环境中二氧化碳的浓度、环境湿度、水泥品种、水灰比等。二氧化碳的浓度高（如铸造车间），碳化速度快；当环境中湿度在50%～75%时，碳化速度最快，当相对湿度小于25%或在水中时碳化将停止；水灰比小的混凝土较密实，CO_2 不易侵入，碳化速度就减慢。

在实际工程中，为减少碳化作用对钢筋混凝土结构的不利影响，可采取以下措施：

(1)在钢筋混凝土结构中采用适当的保护层，使碳化深度在建筑物设计年限内达不到钢筋表面。

(2)根据工程所处环境及使用条件，合理选择水泥品种。

(3)使用减水剂，改善混凝土的和易性，提高混凝土的密实度。

(4)采用水灰比小，单位水泥用量较大的混凝土配合比。

(5)加强施工质量控制，保证振捣质量，减少或避免混凝土出现蜂窝等质量事故。

(6)在混凝土表面涂刷保护层，防止二氧化碳侵入等。

五、混凝土的碱-骨料反应

碱-骨料反应是指水泥中的碱（Na_2O、K_2O）与骨料中的活性二氧化硅发生反应，在骨料表面生成复杂的碱-硅酸凝胶，吸水，体积膨胀（体积可增加3倍以上），从而导致混凝土产生膨胀开裂而破坏的现象。

混凝土发生碱-骨料反应必须具备的三个条件：

(1)水泥中碱含量高。水泥中碱含量按（$Na_2O+0.658K_2O$）%计算大于0.6%。

(2)砂、石骨料中含有活性二氧化硅成分。含活性二氧化硅成分的矿物有蛋白石、玉髓、鳞石英等。

(3)有水的存在。在无水情况下，混凝土不可能发生碱-骨料反应。

在实际工程中，为抑制碱-骨料反应的危害，可采取以下方法：控制水泥总含量不超过0.6%；选用非活性骨料；降低混凝土的单位水泥用量，以降低单位混凝土的含碱量；在混凝土中掺入火山灰质混合材料，以减少膨胀值；防止水分侵入，设法使混凝土处于干燥状态。

六、提高混凝土耐久性的措施

混凝土所处的环境和使用条件不同，对其耐久性的要求也不相同，但影响耐久性的因素却有许多相同之处。混凝土的密实程度是影响耐久性的主要因素，其次是原材料的性质、施工质量等。提高混凝土耐久性的主要措施有：

(1)合理选择水泥品种，根据混凝土工程的特点和所处的环境条件，参照表 4-8 选用水泥。

(2)选用质量良好，技术条件合格的砂石骨料。

(3)控制水灰比及保证足够的水泥用量，是保证混凝土密实度并提高混凝土耐久性的关键。《普通混凝土配合比设计规程》(JGJ55-2000)规定了工业与民用建筑所用混凝土的最大水灰比和最小水泥用量的限值，见表 5-16。

(4)掺入减水剂或引气剂，改善孔结构，对提高混凝土的抗渗性和抗冻性有良好作用。

(5)改善施工条件，保证混凝土的施工质量。

表 5-16 混凝土的最大水灰比和最小水泥用量

<table>
<tr><th colspan="2" rowspan="2">环境条件</th><th rowspan="2">结构物类型</th><th colspan="3">最大水灰比</th><th colspan="3">最小水泥用量</th></tr>
<tr><th>素混凝土</th><th>钢筋混凝土</th><th>预应力混凝土</th><th>素混凝土</th><th>钢筋混凝土</th><th>预应力混凝土</th></tr>
<tr><td colspan="2">干燥环境</td><td>·正常的居住或办公用房屋内部件</td><td>不作规定</td><td>0.65</td><td>0.60</td><td>200</td><td>260</td><td>300</td></tr>
<tr><td rowspan="2">潮湿环境</td><td>无冻害</td><td>·高湿度的室内部件
·室外部件
·在非侵蚀性土和(或)水中的部件</td><td>0.70</td><td>0.60</td><td>0.60</td><td>225</td><td>280</td><td>300</td></tr>
<tr><td>有冻害</td><td>·经受冻害的室外部件
·在非侵蚀性土和(或)水中且经受冻害的部件
·高湿度且经受冻害的室内部件</td><td>0.55</td><td>0.55</td><td>0.55</td><td>250</td><td>280</td><td>300</td></tr>
<tr><td colspan="2">有冻害和除冰剂的潮湿环境</td><td>·经受冻害和有除冰剂作用的室内和室外部件</td><td>0.50</td><td>0.50</td><td>0.50</td><td>300</td><td>300</td><td>300</td></tr>
</table>

注：①当用活性掺合料取代部分水泥时，表中的最大水灰比及最小水泥用量，即为取代前的水灰比和水泥用量。

②配制 C15 级及其以下等级的混凝土，可不受本表限制。

第七节 混凝土外加剂

混凝土的外加剂是指在混凝土搅拌前或拌制过程中掺入的用以改善混凝土性能的材料，其掺入量一般不大于水泥质量的 5%(特殊情况除外)。混凝土外加剂不包括水泥生产过程中加入的大量混合材料、调凝剂(石膏)及助磨剂等。

混凝土外加剂的使用是混凝土技术的重大突破。随着混凝土材料的广泛应用，对混凝土性能提出了许多新的要求，如泵送混凝土要求有较高的流动性；冬季施工要求有较高的早期强度；高层建筑、海洋结构要求混凝土具有高强、高耐久性。这些性能的实现，只有高性能外加剂的使用才使其成为可能。由于外加剂具有投资少、见效快、技术经济效益显著以及在现有施工条件下就可推广应用的特点，不少国家使用掺外加剂的混凝土已占混凝土总量的 60%～90%，外加剂已成为混凝土的第五组分。

一、外加剂的分类

根据《混凝土外加剂的分类、命名与定义》(GB/T8075－2005)的规定，混凝土外加剂按其主要功能分为四类。

(1)改善混凝土拌合物流变性能的外加剂。如各种减水剂、引气剂、泵送剂、灌浆剂、保水剂等。

(2)调节混凝土凝结时间和硬化性能的外加剂。如缓凝剂、早强剂、速凝剂等。

(3)改善混凝土耐久性的外加剂。如引气剂、防水剂、阻锈剂等。

(4)改善混凝土其他性能的外加剂。如膨胀剂、防冻剂、着色剂、碱-骨料反应抑制剂等。

水泥混凝土常用的外加剂有减水剂、早强剂、缓凝剂、引气剂、速凝剂、防冻剂等。

二、减水剂(Water Reducing Admixture)

减水剂是指在混凝土拌合物坍落度基本相同的条件下，能减少拌和用水量的外加剂。根据减水剂的作用效果及功能情况，可分为普通减水剂、高效减水剂、早强减水剂、缓凝减水剂、引气减水剂等。

1. 减水剂的作用机理

常用的减水剂均属表面活性剂，其分子由亲水基团和憎水基团两部分组成。当表面活性剂溶于水后，将受到水分子的作用使亲水基团指向水分子，而憎水基团则会远离水分子而指向空气、固相物或油类等，作定向排列形成单分子吸附膜，从而降低了水的表面张力。这种表面活性作用是减水剂起减水增强作用的主要原因。同时当表面活性剂溶于水后，其中的亲水基团会电离出某种离子(阳离子、阴离子或同时电离出阴、阳离子)。

水泥加水拌和后，由于水泥颗粒间分子引力的作用，产生许多絮状物而形成絮凝结构，使10%～30%的拌和水(游离水)被包裹在其中，从而降低了混凝土拌合物的流动性，如图5－18(a)所示。当加入适量减水剂后，减水剂分子定向吸附于水泥表面，亲水基团指向水溶液。由于亲水基团的电离作用，使水泥颗粒表面带上电性相同的电荷，产生静电斥力，水泥颗粒相互分散，导致絮状结构解体，释放出游离水，从而有效地增大了混凝土拌合物的流动性。同时，由于表面活性剂的作用还会使水泥颗粒表面形成一层稳定的溶剂化水膜，阻止了水泥颗粒间的直接接触，并在颗粒间起润滑作用，改善了拌合物的和易性，如图5－18(b)(c)所示。此外，水泥颗粒充分的分散，增大了水泥颗粒的水化面积，使水化充分，从而也可以提高混凝土的强度。

2. 减水剂的技术经济效果

根据使用目的的不同，在混凝土中加入减水剂后，一般可取得如下效果：

(1)增大流动性。在用水量及水灰比不变时，混凝土坍落度可增大100～200mm，且不影响混凝土的强度。

(2)提高混凝土的强度。在保持流动性及水泥用量不变的条件下，可减少拌合用水量10%～15%，从而降低水灰比，使混凝土强度提高15%～20%，特别是早期强度更为显著。

(3)节约水泥。在保持流动性及水灰比不变的条件下，可以在减少拌和水量的同时，相应减少水泥用量，即在保持混凝土强度不变时，可节约水泥用量10%～15%。

(4)改善混凝土的耐久性。由于减水剂的掺入，显著地改善了混凝土的孔结构，使混凝土

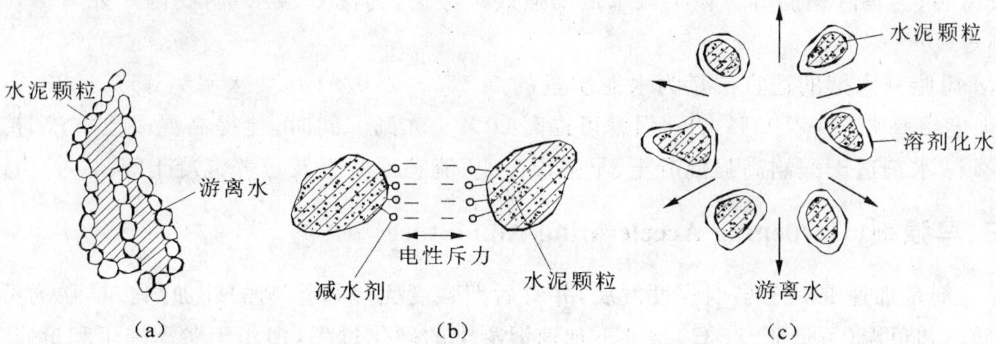

图 5-18　水泥浆的絮凝结构和减水剂作用示意图

的密实度提高，透水性降低，从而可提高抗渗、抗冻、抗化学腐蚀及防锈蚀等能力。

此外，掺入减水剂后，还可以改善混凝土拌合物的泌水、离析现象，延缓混凝土拌合物的凝结时间，减缓水泥水化放热速度。

3. 减水剂的种类

减水剂的种类很多。按减水效果可分为普通减水剂和高效减水剂；按凝结时间可分为标准型、早强型、缓凝型三种；按是否引气分为引气型和非引气型两种；按化学成分主要有木质素系、萘系、水溶性树脂类、糖蜜类和复合型减水剂等。

(1)木质素系减水剂。这类减水剂包括木质素磺酸钙(木钙)、木质素磺酸钠(木钠)、木质素磺酸镁(木镁)等。其中木钙减水剂应用较多。

木钙减水剂是以生产纸浆或纤维浆剩余下来的亚硫酸浆废液为原料，采用石灰乳中和，经生物发酵除糖、蒸发浓缩、喷雾干燥而制得的棕黄色粉末。

木钙减水剂的适宜掺量，一般为水泥质量的0.2%～0.3%。其减水率为10%～15%，混凝土28d抗压强度提高10%～20%；若不减水，混凝土坍落度可增大80～100mm；若保持混凝土的抗压强度和坍落度不变，可节约水泥用量10%左右。木钙减水剂对混凝土有缓凝作用，掺量过多或在低温下，其缓凝作用更为显著，而且还可能使混凝土强度降低，使用时应注意。

木钙减水剂可用于一般混凝土工程，尤其适用于大体积浇筑、滑模施工、泵送混凝土及夏季施工等。木钙减水剂不宜单独用于冬季施工，在日最低气温低于5℃，应与早强剂或防冻剂复合使用。木钙减水剂也不宜单独用于蒸养混凝土及预应力混凝土，以免蒸养后混凝土表面出现疏松现象。

(2)萘磺酸盐系减水剂。萘系减水剂是用萘或萘的同系物经磺化与甲醇缩合而成。目前，我国生产的主要有NNO、NF、FDN、UNF、MF、建Ⅰ型等减水剂，其中大部分品牌为非引气型减水剂。

萘系减水剂的适宜掺量为水泥质量的0.5%～1.0%，减水率为10%～25%，混凝土28d强度提高20%以上。在保持混凝土强度和坍落度相近时，可节约水泥10%～20%。掺入萘系减水剂后，混凝土的其他力学性能以及抗渗、耐久性等均有所改善，且对钢筋无腐蚀作用。

萘系减水剂的减水增强效果好，对不同品种水泥的适应性较强。适用于配制早强、高强、流态、蒸养混凝土。

(3)水溶性树脂减水剂。这类减水剂是以一些水溶性树脂为主要原料制成的减水剂，如三聚氰胺树脂、古玛隆树脂等。该类减水剂增强效果显著，为高效减水剂，我国产品有 SM 树脂减水剂等。

SM 树脂减水剂的适宜掺量为水泥质量的 0.5%～2.0%，其减水率为 15%～27%，混凝土 3d 强度提高 30%～100%，28d 强度可提高 20%～30%。同时，能提高混凝土抗渗、抗冻性能。SM 减水剂适于配制高强混凝土、早强混凝土、流态混凝土及蒸养混凝土等。

三、早强剂(Hardening Accelerating Admixture)

早强剂是加速混凝土早期强度发展，并对后期强度无显著影响的外加剂。早强剂可以在常温、低温和负温(不低于－5℃)条件下加速混凝土的硬化过程，多用于冬季施工和抢修工程。早强剂主要有无机盐类(氯盐类、磷酸盐类)和有机胺及有机-无机的复合物三大类。

1. 氯盐类早强剂

氯盐类早强剂主要有氯化钙、氯化钾、氯化铝及三氯化铁等，其中以氯化钙应用最广。氯化钙为白色粉末状物，其适宜掺量为水泥质量的 0.5%～1.0%，能使混凝土 3d 强度提高 50%～100%，7d 强度提高 20%～40%，同时能降低混凝土中水的冰点，防止混凝土早期受冻。

氯化钙对混凝土产生早强作用的主要原因，一般认为是它能与水泥中的 C_3A 作用，生成不溶性水化氯铝酸钙($C_3A \cdot CaCl_2 \cdot 10H_2O$)，并与 C_3S 水化析出的氢氧化钙作用，生成不溶性氧氯化钙[$CaCl_2 \cdot 3Ca(OH)_2 \cdot 12H_2O$]。这些复盐的形成，增加了水泥浆中固相的比例，有助于水泥石结构的形成。同时，由于氯化钙与氢氧化钙的迅速反应，降低了液相中的碱度，使 C_3S 水化反应加快，也有利于提高水泥石早期强度。

采用氯化钙作早强剂，最大的缺点是含有 Cl^- 离子，会使钢筋锈蚀，并导致混凝土开裂。因此，《混凝土结构工程施工质量验收规范》(GB50204－2002)规定，在钢筋混凝土中，氯化钙的掺量不得超过水泥质量的 1%，在无筋混凝土中掺量不得超过 3%，在使用冷拉和冷拔低碳钢丝的混凝土结构及预应力混凝土结构中，不允许掺用 $CaCl_2$。

为了抑制氯化钙对钢筋的锈蚀作用，常将氯化钙与阻锈剂亚硝酸钠($NaNO_2$)复合使用。

2. 硫酸盐类早强剂

硫酸盐类早强剂，主要有硫酸钠、硫代硫酸钙、硫酸铝、硫酸铝钾等，其中硫酸钠应用较多。硫酸钠为白色粉状物，一般掺量为 0.5%～2.0%，当掺量为 1%～1.5%时，达到混凝土设计强度 70%的时间可缩短一半左右。

硫酸钠掺入混凝土后产生早强的原因，一般认为是它能与水泥水化产物氢氧化钙作用，生成高分散性的硫酸钙，均匀分布在混凝土中，而它与 C_3A 的反应比外掺石膏的作用快得多，能使水化硫铝酸钙迅速生成，大大加快了水泥的硬化。同时，由于上述反应的进行，使得溶液中 $Ca(OH)_2$ 浓度降低，从而促使 C_3S 水化加速，使混凝土早期强度提高。

硫酸钠对钢筋无锈蚀作用，适用于不允许掺用氯盐的混凝土。但由于它与氢氧化钙作用生成强碱 NaOH，为防止碱-骨料反应，硫酸钠严禁用于含有活性骨料的混凝土，同时应注意不能超量掺加，以免导致混凝土产生后期膨胀开裂破坏，并防止混凝土表面产生“白霜”。

3. 有机胺类早强剂

有机胺类早强剂主要有三乙醇胺、三异丙醇胺等，其中早强效果以三乙醇胺为佳。

三乙醇胺为无色或淡黄色油状液体，呈碱性，能溶于水。掺量为水泥质量的 0.02%～

0.05%，能使混凝土早期强度提高。三乙醇胺对混凝土稍有缓凝作用，掺量过多会造成混凝土严重缓凝和混凝土强度下降，故应严格控制掺量。

四、缓凝剂

缓凝剂是指能延缓混凝土凝结时间，并对混凝土后期强度发展无不利影响的外加剂。常用的缓凝剂是木钙和糖蜜，其中糖蜜的缓凝效果最好。

糖蜜缓凝剂是制糖下脚料经石灰处理而成，也是表面活性剂，掺入混凝土拌合物中，能吸附在水泥颗粒表面，形成同种电荷的亲水膜，使水泥颗粒相互排斥，并阻碍水泥水化，从而起缓凝作用。糖蜜的适宜掺量为0.1%～0.3%，混凝土凝结时间可延长2～4h。掺量过大，会使混凝土长期疏松不硬，强度严重下降。

缓凝剂具有缓凝、减水、降低水化热和增加强度作用，对钢筋也无锈蚀作用。主要适用于大体积混凝土和炎热气候下施工的混凝土，以及需长时间停放或长距离运输的混凝土。缓凝剂不宜用于日最低气温在5℃以下施工的混凝土，也不宜单独用于有早强要求的混凝土及蒸养混凝土。

五、引气剂

引气剂是指在混凝土搅拌过程中，能引入大量分布均匀的微小气泡，以减少混凝土拌合物的泌水、离析，改善和易性，并能显著提高硬化混凝土抗冻性、耐久性的外加剂。目前，应用较多的引气剂为松香热聚物、松香皂、烷基苯磺酸盐等。

松香热聚物是松香与石炭酸、硫酸、氢氧化钠以一定配比经加热缩聚而成。松香皂是由松香经氢氧化钠皂化而成。松香热聚物的适宜掺量为水泥质量的0.005%～0.02%，混凝土的含气量为3%～5%，减水率为8%左右。

引气剂属表面活性剂，由于能显著降低水的表面张力和界面能，使水溶液在搅拌过程中极易产生许多微小的封闭气泡，气泡直径多在50～250μm。同时，因引气剂定向吸附在气泡表面，形成较为牢固的液膜，使气泡稳定而不破裂。按混凝土含气量3%～5%计(不加引气剂的混凝土含气量1%)，1m^3混凝土拌合物中含数百亿个气泡。由于大量微小、封闭并均匀分布的气泡的存在，使混凝土的某些性能得到明显改善或改变。

1. 改善混凝土拌合物的和易性

由于大量微小封闭球状气泡在混凝土拌合物内形成，如同滚珠一样，减少了颗粒间的摩擦阻力，使混凝土拌合物流动性增加。同时，由于水分均匀分布在大量气泡的表面，能使自由移动的水分减少，混凝土拌合物的保水性、黏聚性也随之提高。

2. 显著提高混凝土的抗渗性、抗冻性

大量均匀分布的封闭气泡切断了混凝土中的毛细管渗水通道，改变了混凝土的孔结构，使混凝土抗渗性显著提高。同时，封闭气泡有较大的弹性变形能力，对由于水结冰所产生的膨胀应力有一定的缓冲作用，因而混凝土的抗冻性得到提高。

3. 降低混凝土强度

由于大量气泡的存在，减少了混凝土的有效受力面积，使混凝土强度有所降低。一般混凝土的含气量每增加1%时，其抗压强度将降低4%～6%，抗折强度降低2%～3%。

引气剂可用于抗渗混凝土、抗冻混凝土、抗硫酸盐侵蚀混凝土、泌水严重的混凝土、贫混凝土、轻混凝土，以及对饰面有要求的混凝土等，但引气剂不宜用于蒸养混凝土及预应力混凝土。

六、防冻剂

防冻剂是指能使混凝土在负温下硬化，并在规定养护条件下达到预期性能的外加剂。常用的防冻剂有氯盐类（氯化钙、氯化钠）、氯盐阻锈类（以氯盐与亚硝酸钠阻锈剂复合而成）、无氯盐类（以硝酸盐、亚硝酸盐、碳酸盐、乙酸钠或尿素复合而成）。

氯盐类防冻剂适用于无筋混凝土；氯盐阻锈类防冻剂可用于钢筋混凝土工程和预应力钢筋混凝土工程。硝酸盐、亚硝酸盐、碳酸盐易引起钢筋的腐蚀，故此类防冻剂适用于预应力钢筋混凝土以及与镀锌钢材相接触部位的钢筋混凝土结构。另外，含有六价铬盐、亚硝酸盐等有毒成分的防冻剂，严禁用于饮水工程及与食品接触的部位。

防冻剂用于负温条件下施工的混凝土。目前，国产防冻剂品种适用于 0～－15℃的气温，当在更低气温下施工时，应增加其他混凝土冬季施工措施，如暖棚法、原料（砂、石、水）预热法等。

七、速凝剂

速凝剂是指能使混凝土迅速凝结硬化的外加剂。速凝剂主要有无机盐类和有机物类两类。我国常用的速凝剂是无机盐类，主要有红星Ⅰ型、711 型、728 型、8604 型等。

红星Ⅰ型速凝剂，是由铝氧熟料（主要成分为铝酸钠）、碳酸钠、生石灰按质量 1：1：0.5 的比例配制而成的一种粉状物，适宜掺量为水泥质量的 2.5%～4.0%。711 型速凝剂是由铝氧熟料与无水石膏按质量比 3：1 配合粉磨而成，适宜掺量为水泥质量的 3%～5%。

速凝剂掺入混凝土后，能使混凝土在 5min 内初凝，1h 就可产生强度，1d 强度提高 2～3 倍，但后期强度会下降，28d 强度约为不掺时的 80%～90%。速凝剂的速凝早强作用机理，是使水泥中的石膏变成 Na_2SO_4，失去缓凝作用，从而促使 C_3A 迅速水化，并在溶液中析出其水化产物晶体，导致水泥浆迅速凝固。

速凝剂主要用于矿山井巷、铁路隧道、饮水涵洞、地下工程以及喷锚支护时的喷射混凝土或喷射砂浆工程中。

八、外加剂的选择和使用

在混凝土中掺用外加剂，若选择和使用不当，会造成质量事故。因此应注意以下几点：

1. 外加剂品种的选择

外加剂品种、品牌很多，效果各异，特别是对不同品种水泥效果不同。在选择外加剂时，应根据工程需要，现场的材料条件，参考有关资料，通过试验确定。

2. 外加剂掺量的确定

混凝土外加剂均有适宜掺量，掺量过小，往往达不到预期效果；掺量过大，则会影响混凝土质量，甚至造成质量事故。因此，应通过试验试配，确定最佳掺量。

3. 外加剂的掺加方法

外加剂的掺量很少，必须保证其均匀分散，一般不能直接加入混凝土搅拌机内。对于可溶于水的外加剂，应先配成一定浓度的溶液，随水加入搅拌机。对于不溶于水的外加剂，应与适量水泥或砂混合均匀后，再加入搅拌机内。另外，根据外加剂的掺入时间，减水剂有同掺法、后掺法、分掺法三种方法。同掺法，为减水剂在混凝土搅拌时一起掺入；后掺法，是搅拌好混凝土后间隔一定时间，然后再掺入；分掺法，是一部分减水剂在混凝土搅拌时掺入，另一部分在间隔一段时间后再掺入。实践证明，后掺法效果最好，能充分发挥减水剂的功能。

第八节　普通混凝土的配合比设计

普通混凝土配合比设计是确定混凝土中各组成材料数量之间的比例关系。混凝土配合比设计包括两方面内容：一是选料，选择适合制备所需混凝土的材料；二是配料，选择混凝土各组分的最佳配合和用料量。配合比常用的表示方法有两种：一种是单位用量表示法，即以 $1m^3$ 混凝土中各项材料的质量表示，如水泥（m_c）300kg、水（m_w）180kg、砂（m_s）720kg、石子（m_g）1 200kg；另一种是相对用量表示法，即以各项材料相互间的质量比来表示（以水泥质量为 1），将上例换算成质量比为：

水泥：砂：石子：水＝1：2.4：4：0.6

一、混凝土配合比设计的基本要求

配合比设计的任务就是根据原材料的技术性能及施工条件，确定出能满足工程所要求的技术经济指标的各项组成材料的用量。具体说，混凝土配合比设计的基本要求是：

（1）满足结构物设计强度的要求。

（2）满足混凝土施工所要求的和易性。

（3）满足工程所处环境对混凝土耐久性的要求。

（4）符合经济原则，节约水泥，降低成本。

二、混凝土配合比设计的资料准备

混凝土所用各种原材料的品种，直接关系着混凝土的各种技术性质，当原材料改变时，混凝土的配合比也随之改变，否则不能保证混凝土达到与原来同样的技术性质。因此，在设计混凝土配合比之前，必须通过调查研究，预先掌握下列基本资料：

（1）了解工程设计要求的混凝土强度等级，以备确定混凝土配制强度。

（2）了解工程所处环境对混凝土耐久性的要求，以便确定所配制混凝土的最大水灰比和最小水泥用量。

（3）了解结构构件断面尺寸及钢筋配置情况，以便确定混凝土骨料的最大粒径。

（4）了解混凝土施工方法及管理水平，以便选择混凝土拌合物坍落度及骨料最大粒径。

（5）掌握原材料的性能指标，包括：水泥的品种、强度等级、密度；砂、石骨料的种类、表观密度、级配、石子的最大粒径；拌和用水的水质情况；外加剂的品种、性能、适宜掺量等。

三、混凝土配合比设计中的三个参数

由水泥、水、细骨料和粗骨料组成的普通混凝土配合比设计，就是确定这四组分之间的分配比例，四组分的比例可以由下列三个参数来控制。

(1)水与水泥之间的比例关系，常用水灰比表示。

(2)砂与石子之间的比例关系，常用砂率表示。

(3)水泥浆与骨料之间的比例关系，常用单位用水量来反映。

水灰比、砂率、单位用水量是混凝土配合比的三个重要参数，在配合比设计中正确地确定这三个参数，就能使混凝土满足配合比设计的四项基本要求。

确定这三个参数的基本原则是：在满足混凝土强度和耐久性的基础上，确定混凝土的水灰比；在满足混凝土施工要求的和易性基础上，根据粗骨料的种类和规格，确定混凝土的单位用水量；砂在细骨料中的数量(即砂率)应以填充石子空隙后略有富余的原则来确定。

四、混凝土配合比设计的步骤

混凝土配合比设计可按下列步骤进行：

(1)计算“初步计算配合比”。根据原始资料，按我国现行的配合比设计方法，算出初步计算配合比，即水泥：水：砂子：石子$=m_{c0}:m_{w0}:m_{s0}:m_{g0}$。

(2)提出“基准配合比”。根据初步配合比，采用施工实际资料，进行试料，测定混凝土拌合物的工作性(坍落度或维勃稠度)，调整材料用量，提出一个满足工作性能要求的“基准配合比”，即 $m_{c0}':m_{w0}':m_{s0}':m_{g0}'$。

(3)确定“试验室配合比”(设计配合比)。以基准配合比为基础，增加和减少水灰比，拟定几组(通常为三组)适合工作性要求的配合比，通过制备试块、测定强度，得到既符合强度和工作性要求，又较经济的试验室配合比，即 $m_c:m_w:m_s:m_g$。

(4)换算“施工配合比”。根据工地现场材料的实际含水率，将试验室配合比换算为施工配合比，即 $m_c':m_w':m_s':m_g'$。

五、普通混凝土配合比设计方法

(一)初步计算配合比的确定

1. 配制强度($f_{cu,o}$)的确定

为了使混凝土的强度保证率达到95%的要求，在配合比设计时，必须使混凝土的配制强度($f_{cu,o}$)高于设计要求的强度标准值($f_{cu,k}$)。配制强度按式(5-8)计算：

$$f_{cu,o}=f_{cu,k}+1.645\sigma \tag{5-8}$$

式中：$f_{cu,o}$——混凝土配制强度(MPa)；

$f_{cu,k}$——混凝土立方体抗压强度标准值(MPa)；

σ——混凝土强度标准差(MPa)。

σ值确定方法如下：

(1)当施工单位具有近期的同一品种混凝土强度资料时，其混凝土强度标准差按下式计算：

$$\sigma=\sqrt{\frac{\sum_{i=1}^{n}f_{cu,i}^{2}-n\overline{f_{cu}^{2}}}{n-1}} \tag{5-9}$$

式中：$f_{cu,i}$——第 i 组试件的强度值(MPa)；

n——混凝土试件的组数，$n\geqslant 25$。

当混凝土强度等级为 C20 或 C25 时，如计算值 σ<2.5MPa，取 σ=2.5MPa；当强度等级等于或大于 C30 时，如计算值 σ<3.0MPa，取 σ=3.0MPa。

(2)当施工单位无历史统计资料时，σ 可按表 5-17 取用。

表 5-17　混凝土 σ 值

混凝土强度等级	<C20	C20～C35	>C35
σ/MPa	4.0	5.0	6.0

2. 初步确定水灰比(W/C)

根据已知的混凝土配制强度($f_{cu,o}$)及所用水泥的实际强度(f_{ce})或水泥强度等级，按以下混凝土强度公式计算出所要求的水灰比值：

$$W/C=\frac{\alpha_a \cdot f_{ce}}{f_{cu,o}+\alpha_a \cdot \alpha_b \cdot f_{ce}} \tag{5-10}$$

为了保证混凝土的耐久性，水灰比还不得大于表 5-16 中规定的最大水灰比值，如计算所得的水灰比大于规定的最大水灰比值时，应取规定的最大水灰比值。

3. 选取 $1m^3$ 混凝土的用水量(m_{w0})

每立方米混凝土用水量应根据选定的坍落度，按如下方法确定。

(1)干硬性和塑性混凝土用水量的确定。

①水灰比在 0.40～0.80 范围时，根据粗骨料的种类、最大粒径及施工所要求的坍落度值，查表 5-18、表 5-19 选取 $1m^3$ 混凝土的用水量。

表 5-18　干硬性混凝土的用水量(kg/m^3)

拌合物稠度		卵石最大粒径(mm)			碎石最大粒径(mm)		
项　目	指　标	10	20	40	16	20	40
维勃稠度(s)	16～20	175	160	145	180	170	155
	11～15	180	165	150	185	175	160
	5～10	185	170	155	190	180	165

表 5-19　塑性混凝土的用水量(kg/m^3)

拌合物稠度		卵石最大粒径(mm)				碎石最大粒径(mm)			
项　目	指　标	10	20	31.5	40	16	20	31.5	40
坍落度(mm)	10～30	190	170	160	150	200	185	175	165
	35～50	200	180	170	160	210	195	185	175
	55～70	210	190	180	170	220	205	195	185
	75～90	215	195	185	175	230	215	205	195

注：①本表用水量系采用中砂时的平均值。采用细砂时，每立方米混凝土用水量可增加 5～10kg；采用粗砂时，则可减少 5～10kg；

②掺用各种外加剂或掺合料时，用水量应相应调整。

②水灰比小于 0.40 的混凝土以及采用特殊成型工艺的混凝土的用水量，应通过试验确定。

(2)流动性和大流动性混凝土的用水量计算。

①以表 5－19 中坍落度 90mm 的用水量为基础，按坍落度每增大 20mm，用水量增加 5kg，计算出未掺外加剂时混凝土的用水量。

②掺外加剂时的混凝土用水量按下式计算：

$$m_{wa}=m_{w0}(1-\beta) \tag{5-11}$$

式中：m_{wa}——掺外加剂时，每 $1m^3$ 混凝土的用水量(kg/m^3)；

m_{w0}——未掺外加剂时，每 $1m^3$ 混凝土的用水量(kg/m^3)；

β——外加剂的减水率(%)，应经试验确定。

4. 计算 $1m^3$ 混凝土的水泥用量(m_{c0})

根据已初步确定的水灰比(W/C)和选用的单位用水量(m_{w0})，可计算出水泥用量(m_{c0})。

$$m_{c0}=\frac{m_{w0}}{W/C} \tag{5-12}$$

为保证混凝土的耐久性，由上式计算求得的 m_{c0} 还应满足表 5－16 规定的最小水泥用量，如计算所得的水泥用量小于规定的最小水泥用量时，应取规定的最小水泥用量值。

5. 选取合理的砂率值(β_s)

应当根据混凝土拌合物的和易性，通过试验求出合理砂率。如无历史资料，坍落度为 10～60mm 的混凝土砂率可根据骨料品种、规格和水灰比，按表 5－20 选用。

表 5－20 混凝土的砂率(%)(JGJ/T55－2000)

水灰比(W/C)	卵石最大粒径(mm)			碎石最大粒径(mm)		
	10	20	40	16	20	40
0.40	26～32	25～31	24～30	30～35	29～34	27～32
0.50	30～35	29～34	28～33	33～38	32～37	30～35
0.60	33～38	32～37	31～36	36～41	35～40	33～38
0.70	36～41	35～40	34～39	39～44	38～43	36～41

注：①本表数值系中砂的选用砂率，对细砂或粗砂，可相应地减小或增大砂率；

②本表适用于坍落度 10～60mm 的混凝土；对坍落度大于 60mm 的混凝土，应在上表的基础上，按坍落度每增大 20mm，砂率增大 1%的幅度予以调整；

③只用一个单粒级粗骨料配制混凝土时砂率应适当增大；

④对薄壁构件砂率取偏大值。

6. 粗、细骨料用量(m_{g0})及(m_{s0})的计算

粗、细骨料的用量可用质量法或体积法求得。

(1)质量法。如果原材料情况比较稳定，所配制的混凝土拌合物的表观密度将接近一个固定值，这样可以先假设一个 $1m^3$ 混凝土拌合物的质量值，因此可列出以下两式：

$$\left.\begin{aligned} &m_{c0}+m_{w0}+m_{g0}+m_{s0}=m_{cp} \\ &\beta_s=\frac{m_{s0}}{m_{s0}+m_{g0}}\times 100\% \end{aligned}\right\} \tag{5-13}$$

式中：m_{c0}——1m^3混凝土的水泥用量(kg)；

m_{w0}——1m^3混凝土的水用量(kg)；

m_{g0}——1m^3混凝土的粗骨料用量(kg)；

m_{s0}——1m^3混凝土的细骨料用量(kg)；

β_s——砂率(%)；

m_{cp}——1m^3混凝土拌合物的假定质量(kg)，其值可取 2 400～2 500kg。

解联立两式，即可求出 m_{g0}、m_{s0}。

(2)体积法。假定混凝土拌合物的体积等于各组成材料绝对体积和混凝土拌合物中所含空气体积之总和。因此，在计算 1m^3混凝土拌合物的各材料用量时，可列出以下二式：

$$\left.\begin{aligned} &\frac{m_{c0}}{\rho_c}+\frac{m_{s0}}{\rho_s}+\frac{m_{g0}}{\rho_g}+\frac{m_{w0}}{\rho_w}+0.01\alpha=1 \\ &\beta_s=\frac{m_{s0}}{m_{s0}+m_{g0}}\times 100\% \end{aligned}\right\} \tag{5-14}$$

式中：ρ_c——水泥密度，可取 2 900～3 100kg/m^3；

ρ_g——粗骨料的表观密度(kg/m^3)；

ρ_s——细骨料的表观密度(kg/m^3)；

ρ_w——水的密度，可取 1 000kg/m^3；

α——混凝土的含气量百分数，在不使用引气型外加剂时，可取 1。

解联立两式，即可求出 m_{g0}、m_{s0}。

通过以上六个步骤，便可将水、水泥、砂和石子的用量全部求出，得出初步计算配合比，供试配用。

以上混凝土配合比计算公式和表格，均以干燥状态骨料(系指含水率小于 0.5%的细骨料或含水率小于 0.2%的粗骨料)为基准。当以饱和面干骨料为基准进行计算时，则应做相应的修正。

(二)混凝土配合比的试配、调整与确定

1. 配合比的试配、调整

以上求出的各材料用量，是借助于一些经验公式和数据计算出来的，或是利用经验资料查得的，因而不一定能够完全符合具体的工程实际情况，必须通过试拌调整，直到混凝土拌合物的和易性符合要求为止，然后提出供检验强度用的基准配合比。

按初步计算配合比称取实际工程中使用的材料进行试拌。混凝土的搅拌方法，应与生产时使用的方法相同。混凝土搅拌均匀后，检查拌合物的性能。当试拌出的拌合物坍落度或维勃稠度不能满足要求，或黏聚性和保水性不良时，应在保持水灰比不变的条件下相应调整用水量和砂率，直到符合要求为止，然后提出供检验强度用的基准配合比。

经过和易性调整后得到的基准配合比，其水灰比选择不一定恰当，即混凝土的强度有可能不符合要求，所以应检验混凝土的强度。检验混凝土强度时至少应采用三个不同的配合比，其一为基准配合比，另外两个配合比的水灰比，应较基准配合比分别增加或减少 0.05，其用水量

与基准配合比相同，砂率可增加或减少1%。每种配合比制作一组（三块）试件，并经标准养护到28d时试压（在制作混凝土试件时，尚需检验混凝土拌合物的和易性及测定表观密度，并以此结果作为代表这一配合比的混凝土拌合物的性能值）。若有条件可同时制作一组或几组试件，供快速检验或较早龄期时试压，以便提前定出混凝土配合比供施工使用。但调整配合比时必须以标准养护28d强度的检验结果为依据。

2. 设计配合比的确定

由试验得出各灰水比及其对应的混凝土的强度关系，用作图法或计算法求出与混凝土配制强度相对应的灰水比。并按下列原则确定$1m^3$混凝土的材料用量。

(1)用水量：取基准配合比中的用水量，并根据制作强度试件时测得的坍落度或维勃稠度，进行适当的调整。

(2)水泥用量：以用水量乘以选定的灰水比计算确定。

(3)粗、细骨料用量：取基准配合比中的粗、细骨料用量，并按选定的灰水比进行适当的调整。

3. 混凝土表观密度的校正

配合比经试配、调整和确定后，还需根据实测的混凝土表观密度($\rho_{c,t}$)做必要的校正，其步骤是：

(1)计算混凝土的表观密度计算值($\rho_{c,c}$)

$$\rho_{c,c}=m_w+m_c+m_g+m_s \tag{5-15}$$

(2)计算混凝土配合比校正系数δ

$$\delta=\frac{\rho_{c,t}}{\rho_{c,c}} \tag{5-16}$$

当混凝土表观密度实测值($\rho_{c,t}$)与计算值($\rho_{c,c}$)之差的绝对值不超过计算值的2%时，由以上定出的配合比即为确定的设计配合比；当二者之差超过计算值的2%时，应将配合比中的各项材料用量均乘以校正系数δ，即为确定的混凝土设计配合比。

(三)施工配合比

设计配合比是以干燥材料为基准的，但实际工地使用的骨料常会含有一定的水分，而且随着气候的变化，含水情况经常变化。所以现场材料的实际称量应按工地砂、石的含水情况进行修正，修正后的配合比称施工配合比。

假定工地存放砂的含水率为a(%)，石子的含水率为b(%)，则将上述设计配合比换算为施工配合比，其材料称量为：

$$m_c'=m_c \quad (\text{kg}) \tag{5-17}$$

$$m_s'=m_s(1+0.01a) \quad (\text{kg}) \tag{5-18}$$

$$m_g'=m_g(1+0.01b) \quad (\text{kg}) \tag{5-19}$$

$$m_w'=m_w-0.01am_s-0.01bm_g \quad (\text{kg}) \tag{5-20}$$

六、普通混凝土配合比设计实例

某框架结构工程现浇钢筋混凝土柱，混凝土的设计强度等级为C25，施工要求坍落度为30～50mm，混凝土采用机械搅拌、机械振捣。根据施工单位历史统计资料，混凝土强度标准差为 5MPa。采用的原材料为：

水泥：强度等级为 42.5 的普通水泥（实测 28d 强度 43.5MPa），密度 $\rho_c=3\ 000\text{kg/m}^3$；

砂：中砂，$M_x=2.5$，表观密度 $\rho_s=2\ 650\text{kg/m}^3$；

石子：碎石，表观密度 $\rho_g=2\ 700\text{kg/m}^3$，最大粒径 $D_{\max}=20\text{mm}$；

水：自来水。

试设计混凝土配合比（按干燥材料计算）。施工现场砂含水率 3%，碎石含水率 1%，求施工配合比。

【解】

1. 初步计算配合比的计算

(1)确定配制强度($f_{cu,o}$)。

$$f_{cu,o}=f_{cu,k}+1.645\sigma=25+1.645\times5=33.2(\text{MPa})$$

(2)确定水灰比(W/C)。

碎石回归系数 $\alpha_a=0.46$，$\alpha_b=0.07$，按式(5-9)计算

$$W/C=\frac{\alpha_a\cdot f_{ce}}{f_{cu,o}+\alpha_a\cdot\alpha_b\cdot f_{ce}}=\frac{0.46\times43.5}{33.2+0.46\times0.07\times43.5}=0.578$$

由于结构物处于干燥环境，查表 5-16，$(W/C)_{\max}=0.65$，故可取 $W/C=0.57$。

(3)确定单位用水量(m_{w0})。

查表 5-19，取 $m_{w0}=195$(kg)

(4)计算水泥用量(m_{c0})。

$$m_{c0}=\frac{m_{w0}}{W/C}=\frac{195}{0.57}=342(\text{kg})$$

查表 5-16，最小水泥用量为 260kg/m^3，故可取 $m_{c0}=342$(kg)。

(5)确定合理砂率值(β_s)。

查表 5-20，$W/C=0.57$，碎石 $D_{\max}=20\text{mm}$，可取 $\beta_s=36\%$。

(6)计算粗、细骨料用量(m_{g0})及(m_{s0})。

采用体积法计算。根据式(5-13)，取 $\alpha=1$，则

$$\frac{342}{3\ 000}+\frac{m_{g0}}{2\ 700}+\frac{m_{s0}}{2\ 650}+\frac{195}{1\ 000}+0.01\times1=1$$

$$\beta_s=\frac{m_{s0}}{m_{s0}+m_{g0}}\times100\%=0.36$$

解得：$m_{g0}=1\ 177\text{kg}$，$m_{s0}=661\text{kg}$

初步计算配合比为：

水泥 $m_{c0}=342\text{kg}$，砂 $m_{s0}=661\text{kg}$，石子 $m_{g0}=1\ 177\text{kg}$，水 $m_{w0}=195\text{kg}$

或 $m_{c0}:m_{s0}:m_{g0}:m_{w0}=342:661:1\ 177:195=1:1.93:3.44:0.57$

2. 配合比的试配、调整与确定

(1)配合比的试配、调整。按初步计算配合比，试拌混凝土 15L，其材料用量为：

水泥：$0.015\times342=5.13\text{kg}$

水：$0.015\times195=2.93\text{kg}$

砂：$0.015\times661=9.92\text{kg}$

石子：0.015×1177＝17.66kg

搅拌均匀后做坍落度试验，测得的坍落度为20mm，不符合要求。增加5%的水泥浆，即水泥用量增加到5.38kg，水用量增加到3.08kg，测得坍落度为30mm，黏聚性、保水性均良好。试拌调整后的材料用量为：水泥5.38kg，水3.08kg，砂9.92kg，石子17.66kg，总质量为36.04kg。混凝土拌合物的实测表观密度为2 390kg/m³，则拌制1m³混凝土的材料用量为：

水泥：$m'_{c0}=\dfrac{m_{c0}}{m_{c0}+m_{w0}+m_{s0}+m_{g0}}\rho_{ct}=\dfrac{5.38}{36.04}\times 2\ 390=357(\text{kg})$

水：$m'_{w0}=\dfrac{3.08}{36.04}\times 2\ 390=204(\text{kg})$

砂：$m'_{s0}=\dfrac{9.92}{36.04}\times 2\ 390=658(\text{kg})$

石子：$m'_{g0}=\dfrac{17.66}{36.04}\times 2\ 390=1\ 171(\text{kg})$

即基准配合比为：$m'_{c0}:m'_{w0}:m'_{s0}:m'_{g0}=357:658:1\ 171:204=1:1.84:3.28:0.57$

(2)检验强度。在基准配合比的基础上，拌制三种不同水灰比的混凝土，并制作三组强度试件。其一是水灰比为0.57的基准配合比，另两种水灰比分别为0.52及0.62，经试拌检查和易性均满足要求。三组配合比经拌制成型，在标准养护28d后，按规定方法测定其立方体抗压强度值如表5-21所示。

表5-21　不同水灰比的混凝土强度值

水灰比(W/C)	灰水比(C/W)	28d立方体抗压强度值 f_{cu}(Mpa)
0.52	1.92	38.0
0.57	1.75	33.5
0.62	1.61	27.21

根据上述三组抗压强度试验结果，可知水灰比为0.57的基准配合比的混凝土强度能满足配制强度(33.2MPa)的要求，可定为混凝土的设计配合比。

3. 现场施工配合比

将设计配合比换算成现场施工配合比。用水量应扣除砂、石所含水量，而砂、石量则应增加砂、石含水的质量。所以，施工配合比为：

$m'_{c0}=358(\text{kg})$

$m'_{s0}=658\times(1+3\%)=678(\text{kg})$

$m'_{g0}=1\ 171\times(1+1\%)=1\ 183(\text{kg})$

$m'_{w0}=204-658\times 3\%-1\ 171\times 1\%=173(\text{kg})$

第九节　混凝土的质量控制与强度评定

混凝土的质量管理具有十分重要的意义，否则，即使有良好的原材料和正确的配合比，仍不一定能生产出优质的混凝土。因此，为保证结构的可靠，必须在施工过程的各个工序对原材料、混凝土拌合物及硬化后的混凝土进行必要的质量检验和控制。

一、混凝土质量波动的规律

1. *混凝土强度的波动规律——正态分布*

在正常生产施工条件下，影响混凝土强度的因素都是随机变化的，因此混凝土的强度也应是随机变量。对于随机变量的问题可以采用数理统计的方法来进行处理和评定。现将其基本概念及处理方法简述如下。

在一定施工条件下，对同一种混凝土进行随机取样，制作 n 组试件（$n \geqslant 25$），测得其 28d 龄期的抗压强度，然后以混凝土强度为横坐标，以混凝土强度出现的概率为纵坐标，绘制出混凝土强度概率分布曲线。实践证明，混凝土的强度分布曲线一般是符合正态分布的，如图 5 - 19 所示。

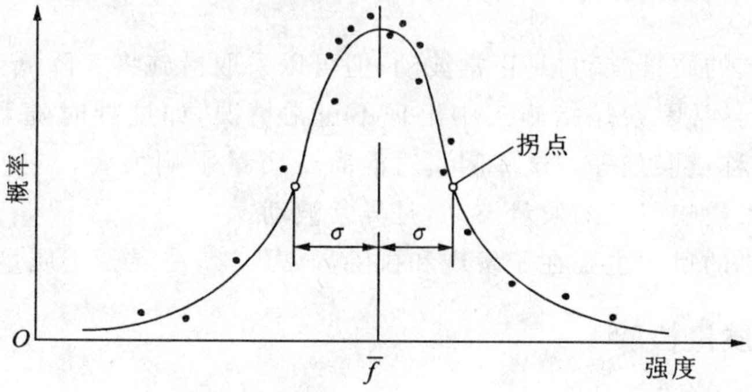

图 5 - 19　混凝土强度的正态分布曲线

混凝土强度正态分布曲线具有以下特点：

(1)曲线呈钟形，两边对称，对称轴就在平均强度值处，而曲线的最高峰就出现在这里。这表明混凝土强度接近其平均强度值的概率出现的次数最多，而随着离对称轴愈远，亦即强度测定值比强度平均值愈低或愈高者，其出现的概率就愈少，最后逐渐趋近于零。

(2)曲线和横坐标之间所包围的面积为概率的总和，等于 100%。对称轴两边出现的概率相等，即各为 50%。

(3)在对称轴两边的曲线上各有一个拐点，两拐点间的曲线向上凸弯，拐点以外的曲线向下凹弯，并以横坐标为渐近线。

混凝土强度正态分布曲线高而窄时，表明所测混凝土强度值波动小，说明混凝土施工质量控制得较好，生产质量管理水平高。反之，若曲线矮而宽时，表明混凝土强度值很分散，离散性很大，说明混凝土施工质量控制差，生产管理水平低，如图 5 - 20 所示。

2. *混凝土质量波动的因素*

在混凝土施工过程中，力求做到既保证混凝土所要求的性能，又要保持其质量的稳定。但实际上，由于原材料、施工条件及试验条件等许多复杂因素的影响，必然造成混凝土质量的波动。引起质量波动的因素很多，归纳起来分为两类因素：

(1)正常因素。正常因素是指施工中不可避免的正常变化因素，如砂、石质量的波动，称量时的微小误差，操作人员技术上的微小差异等。这些因素是不可避免、不易克服的因素。受正

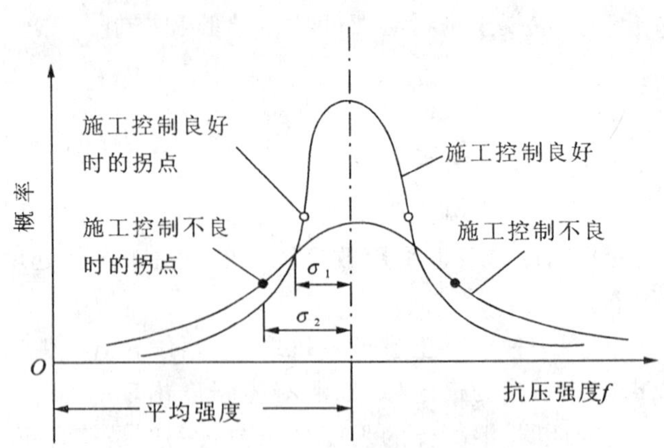

图 5-20　混凝土强度离散性不同的正态分布曲线

常因素的影响而引起的质量波动，是正常波动，但可以采取措施将其降低到最小程度。

(2)异常因素。异常因素是指施工中出现不正常情况，如搅拌时随意加水导致改变水灰比，混凝土组成材料称量误差等。这些因素对混凝土质量影响很大。它们是可以避免和克服的因素。受异常因素影响引起的质量波动，是异常波动。

混凝土质量控制的目的主要在于发现和排除异常因素，使混凝土质量呈正常波动状态。

二、混凝土的质量检验

混凝土的质量检验包括对组成材料的质量和用量进行检验、混凝土拌合物质量检验和硬化后混凝土的质量检验。

对混凝土拌合物的质量检验主要项目是和易性和水灰比。按规定在搅拌机出口检查和易性是混凝土质量控制的一个重要环节。检查混凝土拌合物的水灰比，可以掌握水灰比的波动情况，以便找出原因及时解决。

对硬化后混凝土的质量检验，主要是检验混凝土的抗压强度。因为混凝土质量波动直接反映在强度上，通过混凝土强度的管理就能控制住整个混凝土工程质量。对混凝土的强度检验是按规定的时间与数量在搅拌地点或浇筑地点抽取有代表性试样，按标准方法制作试件，养护规定龄期后，进行强度试验(必要时也需进行其他力学性质及抗渗、抗冻试验)，以评定混凝土质量。对已建成的混凝土结构，也可采用非破损试验方法进行检验。非破损试验一般分为表面硬度法(撞痕法、回弹法)、超声波法和综合法(超声-回弹综合法)。

三、混凝土质量评定的数理统计方法

根据《混凝土及预制混凝土构件质量控制规程》(CECS40:92)的要求，在正常生产控制的条件下，用数理统计的方法，求出混凝土强度的算术平均值、标准差和大于或等于要求强度等级值的百分率等指标，综合评定混凝土质量，绘出混凝土质量控制图进行混凝土强度等质量控制。

1. 混凝土的强度平均值($\overline{f_{cu}}$)

混凝土强度平均值可按下式计算：

$$\overline{f_{cu}} = \frac{1}{n}\sum_{i=1}^{n} f_{cu,i} \tag{5-21}$$

式中：n——混凝土强度试件组数；

$f_{cu,i}$——混凝土第 i 组的抗压强度值。

混凝土强度平均值只能代表其总体强度的水平，而不能反映混凝土的波动情况。

2. 混凝土强度标准差(σ)

混凝土强度标准差又称均方差，其计算式为：

$$\sigma = \sqrt{\frac{\sum_{i=1}^{n} f_{cu,i}^{2} - n\overline{f_{cu}^{2}}}{n-1}} \tag{5-22}$$

标准差 σ 正好是正态分布曲线上拐点至对称轴的垂直距离，见图 5-21 所示，由图可看出，σ 值小者曲线高而窄，说明混凝土施工质量控制较稳定，生产质量管理水平高。而强度值离散性大的，即施工质量控制差者，曲线矮而宽，则 σ 值就大。因此，σ 值可以作为评定混凝土质量均匀性的一种指标。

3. 变异系数(C_v)

变异系数又称离差系数，其计算式如下：

$$C_v = \frac{\sigma}{f_{cu}} \tag{5-23}$$

由于混凝土强度的标准差(σ)随强度等级的提高而增大，故也可采用变异系数(C_v)作为评定混凝土质量均匀性的指标。C_v 值愈小，表示混凝土质量愈稳定，C_v 值大，则表示混凝土质量稳定性差。

4. 混凝土的强度保证率(P)

混凝土的强度保证率 P(%)是指混凝土强度总体分布中，大于等于设计强度等级($f_{cu,k}$)的概率。在混凝土强度正态分布曲线图中以阴影面积表示，见图 5-21 所示，低于设计强度等级($f_{cu,k}$)的强度所出现的概率为不合格率。

混凝土的强度保证率 P(%)的计算方法为：首先根据混凝土设计等级($f_{cu,k}$)、混凝土强度平均值($\overline{f_{cu}}$)、标准差(σ)或变异系数(C_v)，计算出概率度(t)，即：

$$t = \frac{\overline{f_{cu}} - f_{cu,k}}{\sigma} \tag{5-24}$$

或

$$t = \frac{\overline{f_{cu}} - f_{cu,k}}{C_v \cdot \overline{f_{cu}}} \tag{5-25}$$

根据标准正态分布曲线方程，可得到概率度 t 与强度保证率 P(%)的关系，如表 5-22 所示。

工程中 P(%)值可根据周期内混凝土试件强度不低于要求强度等级标准值的组数 N_0 与试件总数 N($N \geqslant 25$)之比求得，即：

$$P = \frac{N_0}{N} \times 100\% \tag{5-26}$$

式中：N_0——统计周期内，同批混凝土试件强度大于或等于规定强度等级标准值的组数；

N——统计周期内，同批混凝土试件总组数，$N \geqslant 25$。

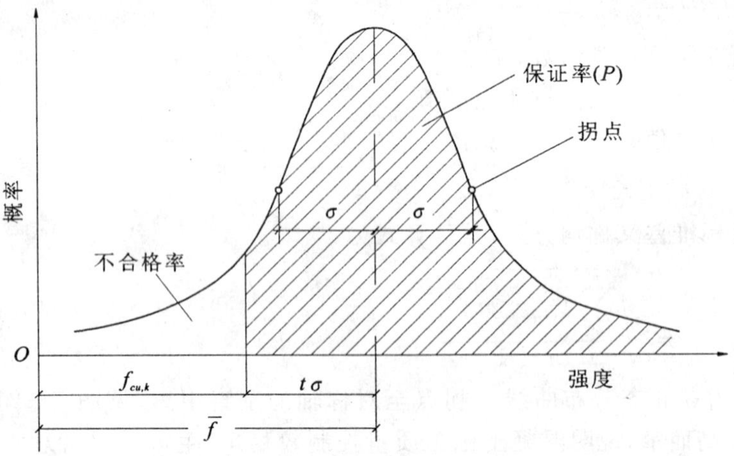

图 5-21　混凝土强度保证率

根据以上数值，按表 5-23 可确定混凝土生产质量水平。

表 5-22　不同 t 值的保证率 P

t	0.00	0.50	0.80	0.84	1.00	1.04	1.20	1.28	1.40	1.50	1.60
P(%)	50.0	69.2	78.8	80.0	84.1	85.1	88.5	90.0	91.9	93.3	94.5
t	1.645	1.70	1.75	1.81	1.88	1.96	2.00	2.05	2.33	2.50	3.00
P(%)	95.0	95.5	96.0	96.5	97.0	97.5	97.7	98.0	99.0	99.4	99.87

表 5-23　混凝土生产质量水平

生产质量水平			优良		一般		差	
混凝土强度等级			<C20	≥C20	<C20	≥C20	<C20	≥C20
评价指标	混凝土强度标准差 σ(MPa)	商品混凝土厂 预制混凝土构件厂	≤3.0	≤3.5	≤4.0	≤5.0	>4.0	>5.0
		集中搅拌混凝土的施工现场	≤3.5	≤4.0	≤4.5	≤5.5	>4.5	>5.5
	混凝土强度不低于规定强度等级值的百分率 P(%)	商品混凝土厂 预制混凝土构件厂 集中搅拌混凝土的施工现场	≥95		>85		≤85	

四、混凝土强度的评定

根据《混凝土强度检验评定标准》(GBJ107-87)规定，混凝土强度评定可分为统计方法及非统计方法两种。前者适用于预拌混凝土厂、预制混凝土构件厂和采用现场集中搅拌混凝土的施工单位，后者适用于零星生产的预制构件厂或现场搅拌批量不大的混凝土。

1. 统计方法评定

由于混凝土生产条件不同，混凝土强度的稳定性也不同，统计方法评定又分为以下两种情况。

(1)标准差已知方案。当混凝土的生产条件较长时间内能保持一致，且同一品种混凝土的强度变异性能能保持稳定，故每批的强度标准差可按常数考虑。

强度评定应由连续的三组试件组成一个验收批，其强度应同时满足下列要求：

$$f_{cu} \geqslant f_{cu,k} + 0.7\sigma_0 \quad (5-27)$$

$$f_{cu,\min} \geqslant f_{cu,k} - 0.7\sigma_0 \quad (5-28)$$

当混凝土强度等级不高于 C20 时，其强度的最小值尚应满足下式要求：

$$f_{cu,\min} \geqslant 0.85 f_{cu,k} \quad (5-29)$$

当混凝土强度等级高于 C20 时，其强度的最小值尚应满足下式的要求：

$$f_{cu,\min} \geqslant 0.90 f_{cu,k} \quad (5-30)$$

式中：f_{cu}——同一验收批混凝土立方体抗压强度的平均值(MPa)；

$f_{cu,k}$——混凝土立方体抗压强度标准值(MPa)；

$f_{cu,\min}$——同一验收批混凝土立方体抗压强度的最小值(MPa)；

σ_0——验收批混凝土立方体抗压强度的标准差(MPa)。

验收批混凝土立方体抗压强度的标准差 σ_0，应根据前一个检验期内同一品种混凝土试件的强度数据，按下列公式计算：

$$\sigma = \frac{0.59}{m}\sum_{i=1}^{m}\Delta f_{cu,i} \quad (5-31)$$

式中：$\Delta f_{cu,i}$——第 i 批试件立方体抗压强度最大值与最小值之差；

m——用以确定验收批混凝土立方体抗压强度标准差的数据总组数。

上述检验期不应超过 3 个月，该期内强度数据的总批数不得少于 15。

(2)标准差未知方案。当混凝土的生产条件在较长时间内不能保持一致，且混凝土强度变异性不能保持稳定时，检验评定只能直接根据每一验收批抽样的强度数据确定。

强度评定时，应由不少于 10 组的试件组成一个验收批，其强度应同时满足下列要求：

$$\overline{f_{cu}} - \lambda_1 s f_{cu} \geqslant 0.9 f_{cu,k} \quad (5-32)$$

$$f_{cu,\min} \geqslant \lambda_2 f_{cu,k} \quad (5-33)$$

式中：sf_{cu}——同一验收批混凝土立方体抗压强度标准差(MPa)；当计算值小于 $0.06f_{cu,k}$ 时，取 $sf_{cu}=0.06f_{cu,k}$；

λ_1、λ_2——合格判定系数，按表 5-24 取用。

表 5-24　混凝土强度的合格判定系数

试件组数	10～14	15～24	≥25
λ_1	1.70	1.65	1.60
λ_2	0.90	0.85	

验收批混凝土强度的标准差 sf_{cu} 按下式计算：

$$sf_{cu}=\sqrt{\sum_{i=1}^{n}\frac{f_{cu,i}^2-n\overline{f_{cu}^2}}{n-1}} \tag{5-34}$$

式中：$f_{cu,i}$——第 i 组混凝土试件的立方体抗压强度值(MPa)；

n—— 一个试验批混凝土试件的组数。

2. 非统计方法评定

对某些小批量零星混凝土的生产，因其试件数量有限，不具备按统计方法评定混凝土强度的条件，可采用非统计方法。

按非统计方法评定混凝土强度时，其强度应同时满足下列要求：

$$\overline{f_{cu}}\geqslant 1.15f_{cu,k} \tag{5-35}$$

$$f_{cu,\min}\geqslant 0.95f_{cu,k} \tag{5-36}$$

3. 混凝土强度的合格性判定

混凝土强度应分批进行检验评定，当检验结果能满足以上评定公式的规定时，则该混凝土判为合格，否则为不合格。不合格批混凝土制成的结构或构件，应进行鉴定。对不合格的结构或构件必须及时处理。

第十节　轻混凝土

普通混凝土的主要弱点之一是自重大，而轻混凝土是近年来建筑材料研究的新动向。减轻结构自重，应用轻质高强混凝土材料，在工程中可获得良好的技术和经济效益。轻混凝土指干表观密度小于 1 950kg/m^3 的混凝土，包括轻骨料混凝土、多孔混凝土和无砂大孔混凝土。

一、轻骨料混凝土(Lightweight Aggregate Concrete)

《轻骨料混凝土技术规程》(JGJ51-2002)规定，用轻粗骨料、轻砂(或普通砂)、水泥和水配制而成的混凝土，其干表观密度不大于 1 950kg/m^3 者，称为轻骨料混凝土。

(一)轻骨料的分类和性质

1. 轻骨料的分类

(1)按轻骨料的粒径分类。

轻粗骨料：粒径大于 5mm，堆积密度小于 1 000kg/m^3 者。

轻细骨料：粒径不大于 5mm，堆积密度小于 1 000kg/m^3 者。

(2)按轻骨料来源分类。

天然轻骨料：天然形成的多孔岩石，经加工而成的轻骨料，如浮石、火山渣及其轻砂。

人造轻骨料：以地方材料为原料，经加工而成的轻骨料，如页岩陶粒、黏土陶粒、膨胀珍珠岩及其轻砂。

工业废料轻骨料：以工业废料为原料，经加工而成的集料，如粉煤灰陶粒、自燃煤矸石、膨胀矿渣珠、煤渣及其轻砂。

(3)按轻粗骨料的粒形分类。

圆球型:原材料经造粒工艺加工而成的、圆球状的轻骨料(如粉煤灰陶粒和磨细成球的页岩陶粒等)。

普通型:原材料经破碎加工而成的,呈非圆球状的轻骨料(如页岩陶粒、膨胀珍珠岩等)。

碎石型:由天然骨料或多孔烧结块经破碎加工而成的、呈破碎状的轻骨料(如浮石、自然煤矸石和煤渣等)。

2. 轻骨料的性质

轻骨料混凝土的性质在很大程度上取决于轻骨料的性质。轻骨料的技术要求主要包括堆积密度、强度、颗粒级配和吸水率四项,此外对耐久性、安定性、有害杂质含量也提出了要求。

(1)堆积密度等级。轻骨料堆积密度的大小将影响轻骨料混凝土的表观密度和性能。轻粗骨料按其堆积密度(kg/m^3)分为 300、400、500、600、700、800、900、1 000 八个密度等级;轻细骨料分为 500、600、700、800、900、1 000、1 100、1 200 八个密度等级。

(2)粗细程度与颗粒级配。保温及结构保温轻骨料混凝土用的轻粗骨料,其最大粒径不宜大于 40mm。结构轻骨料混凝土用的轻粗骨料,其最大粒径不宜大于 20mm。

轻粗骨料的级配应符合表 5－25 的要求,其自然级配的空隙率不应大于 50%。

轻砂的细度模数不宜大于 4.0,大于 5mm 的累计筛余量不宜大于 10%。

表 5－25　轻骨料的级配

筛孔尺寸		d_{min}	$0.5d_{max}$	d_{max}	$2d_{max}$
圆球型的及单一粒级	累计筛余(按质量计%)	≥90	不规定	≤10	0
普通型的混合级配		≥90	30～70	≤10	0
碎石型的混合级配		≥90	40～60	≤10	0

(3)筒压强度和强度等级。轻骨料混凝土破坏与普通混凝土不同,它不是沿着砂、石与水泥石结合面破坏,而是由于轻骨料本身强度较低首先破坏,因此轻粗骨料的强度对轻骨料混凝土强度有很大影响。《轻骨料混凝土技术规程》(JGJ51－2002)规定,采用筒压法测定轻粗骨料的强度,称筒压强度。它是将轻骨料装入一 ϕ115mm×100mm 的带底圆筒内,上面加一 ϕ113mm×70mm 冲压模,取冲压模压入深度为 20mm 时的压力值,除以承压面积,即为轻粗骨料的筒压强度值。其测定方法见图 5－22 所示。对不同密度等级的轻粗骨料,其筒压强度应符合表 5－26 规定。

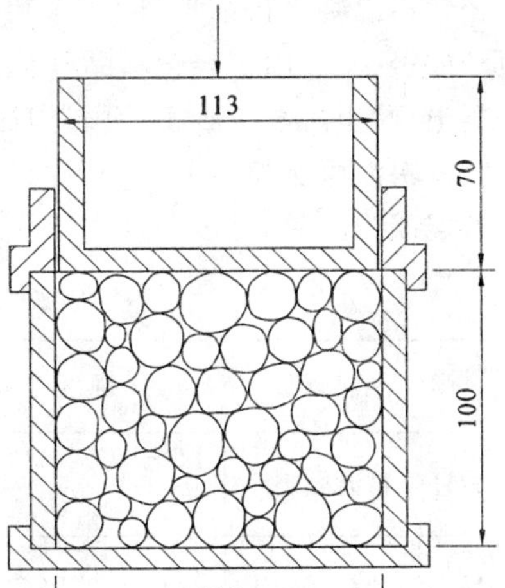

(尺寸单位：mm)

图 5－22　筒压强度测定方法示意图

筒压强度不能直接反映轻骨料在混凝土中的真实强度,它是一项间接反映粗骨料颗粒强度的指标。因此,规程还规定了采用强度等级来评定粗骨料的强度,见表 5-26 所示。轻粗骨料的强度越高,其强度等级也越高,适用于配制较高强度的轻骨料混凝土。所谓强度等级即某种轻粗骨料配制混凝土的合理强度值,所配制的混凝土的强度不宜超过此值。

表 5-26　轻粗骨料的筒压强度及强度等级

密度等级	筒压强度 f_a/MPa		强度等级 f_{ak}/MPa	
	碎石型	普通和圆球型	普通型	圆球型
300	0.2/0.3	0.3	3.5	3.5
400	0.4/0.5	0.5	5.0	5.0
500	0.6/1.0	1.0	7.5	7.5
600	0.8/1.5	2.0	10	15
700	1.0/2.0	3.0	15	20
800	1.2/2.5	4.0	20	25
900	1.5/3.0	5.0	25	30
1 000	1.8/4.0	6.5	30	40

注:碎石型天然骨料取斜线以左值;其他碎石型轻骨料取斜线以右值。

(4)吸水率。轻骨料是多孔结构,其吸水率一般比普通砂石大,这将会使施工中拌合物的坍落度损失较大,并影响到混凝土的水灰比和强度发展。在设计轻骨料混凝土配合比时,如果采用干燥骨料,则必须根据骨料吸水率大小,再多加一部分被骨料吸收的附加水量。规程规定,轻砂和天然轻粗骨料的吸水率不作规定,其他轻粗骨料的吸水率不应大于22%。

(二)轻骨料混凝土的种类

轻骨料混凝土按细骨料不同,又分为全轻混凝土(细骨料为轻砂)和砂轻混凝土(细骨料为普通砂或轻砂)。由于轻骨料品种较多,故轻骨料混凝土常以其所用轻骨料命名,如粉煤灰陶粒混凝土、黏土陶粒混凝土、页岩陶粒混凝土、浮石混凝土等。

轻骨料混凝土按其用途的不同,又分为结构轻骨料混凝土、结构保温轻骨料混凝土和保温轻骨料混凝土三种,见表 5-27 所示。

表 5-27　轻骨料混凝土按用途分类

类　别	强度等级合理范围	密度等级合理范围	用　途
结构轻骨料混凝土	LC15,LC20,LC25,LC30,LC35,LC40,LC45,LC50,LC55,LC60	1 400～1 900	主要用于承重构件或构筑物
结构保温轻骨料混凝土	LC5.0,LC7.5,LC10,LC15	800～1 400	主要用于既承重又保温的围护结构
保温轻骨料混凝土	LC5.0	≤800	主要用于保温的围护结构或热工构筑物

(三)轻骨料混凝土的技术性质

1. 和易性

轻骨料具有表观密度小、表面多孔粗糙、吸水性强等特点，因此，其拌合物的和易性与普通混凝土有明显的不同。轻骨料混凝土拌合物的黏聚性和保水性好，但流动性差。若加大流动性则骨料上浮、易离析。同时因骨料吸水率大，使得加在混凝土中的水一部分将被轻骨料吸收，余下部分供水泥水化和赋予拌合物流动性。因而拌合物的用水量应由两部分组成，一部分为使拌合物获得要求流动性的用水量，称为净用水量；另一部分为轻骨料 1h 的吸水量，称为附加水量。

2. 表观密度

轻骨料混凝土按其硬化后的干表观密度分为 14 个等级，即由 600～1 900，每增加 100kg/m^{3}为一个等级，而每一密度等级有一定的变化范围，如 800 密度等级的变化范围为 760～850kg/m^3，900 密度等级的范围为 860～950kg/m^3，其余依次类推。某一密度等级的轻骨料混凝土的密度标准值，可取该密度等级变化范围的上限值。

3. 抗压强度

轻骨料强度虽低于普通骨料，但轻骨料混凝土仍可达到较高强度。原因在于轻骨料表面粗糙而多孔，轻骨料的吸水作用使其表面呈低水灰比，提高了轻骨料与水泥石的界面粘结强度，使弱结合面变成了强结合面，混凝土受力时不是沿界面破坏，而是轻骨料本身先遭到破坏，对低强度的轻骨料混凝土，也可能是水泥石先开裂，然后裂缝向骨料延伸。因此，轻骨料混凝土的强度主要取决于轻骨料的强度和水泥石的强度。轻骨料混凝土的强度等级与普通混凝土相应，按其立方体抗压强度标准值划分为 13 个强度等级：LC5.0、LC7.5、LC10、LC15、LC20、LC25、LC30、LC35、LC40、LC50、LC55、LC60。

4. 弹性模量与变形

轻骨料混凝土的弹性模量小，一般为同强度等级普通混凝土的 50％～70％。这有利于改善建筑物的抗震性能和抵抗动荷载的作用。轻骨料混凝土的弹性模量值与其干表观密度有很好的相关性，相同等级轻骨料混凝土，其弹性模量值随密度等级的提高而增大。

轻骨料混凝土的收缩和徐变变形约比普通混凝土相应大 20％～50％和 30％～60％，热膨胀系数比普通混凝土小 20％左右。

5. 热工性

轻骨料混凝土具有良好的保温性能。当其表观密度为 1 000kg/m^{3}时，热导率为 0.28W/(m·K)，当表观密度为 1 400kg/m^3 和 1 800kg/m^3 时，热导率相应为 0.49W/(m·K)和 0.87W/(m·K)。当含水率增大时，热导率也将随之增大。

(四)轻骨料混凝土的配合比设计方法

轻骨料混凝土的配合比设计除应满足强度、和易性、耐久性、经济性等方面的要求外，还应满足表观密度(即轻质)的要求。轻骨料混凝土的配合比设计方法有下列两种：

1. 绝对体积法

对轻砂混凝土可采用绝对体积法。绝对体积法的计算方法与普通水泥混凝土相似。但是对各项参数的选取，如水泥品种、最小水泥用量、用水量和砂率等有专门的规定，可参阅现行规范(GBJ51－2002)有关表格。根据这些参数,按绝对体积法可计算出各种材料用量。最后计算出混凝土的表观密度,并与设计要求的干表观密度相比,若误差大于3%,则应重新调整。

2. 松散体积法

对全轻混凝土宜采用松散体积法。其设计方法是:以给定每立方米混凝土的粗细骨料松散总体积为基础进行计算,然后按设计要求的混凝土干表观密度为依据进行校核,最后通过试验调整给出配合比。

(五)轻骨料混凝土的应用

虽然人工轻骨料的成本高于就地取材的天然骨料,但轻骨料混凝土的表观密度比普通混凝土减少1/4～1/3,隔热性能改善,可使结构尺寸减小,增加使用面积,降低基础工程费用和材料运输费用,其综合效益良好。因此,轻骨料混凝土主要适用于高层和多层建筑、软土地基、大跨度结构、抗震结构、要求节能的建筑和旧建筑的加层等。如南京长江大桥采用轻骨料混凝土桥面板,天津、北京、武汉等城市采用轻骨料混凝土房屋墙体及屋面板,都取得了良好的技术经济效益。

二、大孔混凝土(Hollow Agregate)

大孔混凝土是以粗骨料、水泥和水配制而成的一种轻质混凝土,又称无砂混凝土。在这种混凝土中,水泥浆包裹粗骨料颗粒的表面,将粗骨料粘结在一起,但水泥浆并不填满粗骨料颗粒之间的空隙,因而形成大孔结构的混凝土。

1. 大孔混凝土的种类

大孔混凝土中无细骨料,按其所用骨料品种可分为普通大孔混凝土和轻骨料大孔混凝土。前者用天然碎石、卵石或重矿渣配制而成,后者则用陶粒、浮石、碎砖、煤渣等轻骨料配制而成,普通大孔混凝土的表观密度为1 500～1 950kg/m^3,抗压强度为3.5～10MPa,主要用于承重及保温外墙体。轻骨料大孔混凝土的表观密度为800～1 500kg/m^3,抗压强度为1.5～7.5MPa,主要用于自承重的保温外墙体。为了提高大孔混凝土的强度,有时也加入少量细骨料(砂),这种混凝土又称少砂混凝土。

2. 大孔混凝土的特性与应用

大孔混凝土的热导率小,保温性能好,吸湿性较小。收缩一般比普通混凝土小30%～50%,抗冻性可达15～25次冻融循环。由于大孔混凝土不用砂或少用砂,故水泥用量较低,1m^{3}混凝土的水泥用量仅150～200kg,成本较低。

大孔混凝土适用于制作墙体用的小型空心砌块和各种板材,也可用于现浇墙体。普通大孔混凝土还可制成送水管、滤水板等,广泛用于市政工程。

三、多孔混凝土

多孔混凝土是一种无粗细骨料,且内部均匀分布着大量微小气泡的轻质混凝土。根据气孔产生的方法不同,多孔混凝土可分为加气混凝土和泡沫混凝土。

多孔混凝土质轻,孔隙率可达85%,表观密度为300～1 200kg/m^3,保温性能优良,热导率为0.081～0.29W/(m·K),容易切割,可加工性好,易于施工。可制成砌块、墙板、屋面板及保温制品,广泛用于工业与民用建筑及保温工程中。

1. 加气混凝土

加气混凝土用钙质材料(水泥、石灰)、硅质材料(石英砂、粉煤灰、粒化高炉矿渣、页岩等)和适量发气剂作为原料,经过磨细、配料、搅拌、浇注、成型、切割和蒸压养护(在压力为 0.8～1.5MPa 下养护 6～8h)等工序生产而成。

一般是采用铝粉作为发气剂,把它加在加气混凝土料浆中,与钙质材料中的氢氧化钙发生化学反应放出氢气,形成气泡,使料浆体积膨胀形成多孔结构,其化学反应过程如下:

$$2Al + 3Ca(OH)_2 + 6H_2O \rightarrow 3CaO \cdot Al_2O_3 \cdot 6H_2O + 3H_2 \uparrow$$

料浆在高压蒸汽养护下,钙质材料和硅质材料发生反应,产生水化硅酸钙,使坯体具有强度。

加气混凝土的性能随其表观密度及含水率不同而变化,在干燥状态下,其物理力学性能见表 5-28 所示。

表 5-28　加气混凝土物理力学性质

表观密度(kg/m^3)	抗压强度(MPa)	抗拉强度(MPa)	弹性模量(MPa)	热导系数[W/(m·K)]
500	3.0～4.0	0.3～0.4	1.4×10^3	0.12
600	4.0～5.0	0.4～0.5	2.0×10^3	0.13
700	5.0～6.0	0.5～0.6	2.2×10^3	0.16

加气混凝土制品主要有砌块和条板两种。砌块可作为三层或三层以下房屋的承重墙,也可作为工业厂房、多层、高层框架结构的非承重填充墙。加气混凝土条板可用于工业和民用建筑中,可作为承重和保温合一的屋面板。条块均配有钢筋。另外,加气混凝土还可以与普通混凝土预制成复合板,用于外墙兼有承重和保温作用。

由于加气混凝土能利用工业废料,产品成本较低,能大幅度降低建筑物自重,保温效果好,因此具有较好的技术经济效果。

2. 泡沫混凝土

泡沫混凝土是将水泥等拌制的料浆与泡沫剂混合搅拌,再经浇注、养护、硬化而成的一种多孔混凝土。

泡沫混凝土在机械搅拌作用下,能产生大量均匀而稳定的气泡。泡沫剂是泡沫混凝土的重要组成部分,常用的泡沫剂有松香泡沫剂及水解牲血泡沫剂。使用时先用温水稀释,然后用机械搅拌成泡沫,再与水泥浆搅拌均匀,然后进行蒸汽养护或自然养护,硬化后即为成品。

泡沫混凝土的技术性能和应用,与相同表观密度的加气混凝土大体相同。泡沫混凝土还可在现场直接浇筑,用作屋面保温层。

第十一节　其他品种混凝土

一、防水混凝土

防水混凝土是指具有较高抗渗能力的混凝土,通常其抗渗等级大于或等于 P6 级,又称抗渗混凝土。一般分为普通防水混凝土和掺外加剂混凝土，主要用于水工工程、地下基础工程、屋面防水工程等。

防水混凝土一般是通过混凝土组成材料的质量改善，合理选择混凝土配合比和骨料级配，以及掺加适量外加剂，达到混凝土内部密实或是堵塞混凝土内部毛细管通路，使混凝土具有较高的抗渗性。

1. 普通防水混凝土

普通防水混凝土是通过调整配合比尽量来提高自身密实性，以满足抗渗要求的混凝土。其原理是在保证和易性前提下尽量减小水灰比，以减小毛细孔的数量和孔径，同时适当提高水泥用量、砂率和灰砂比，在粗骨料周围形成质量良好和一定厚度的砂浆包裹层，使粗骨料彼此隔离，以阻隔沿粗骨料相互连通的渗水孔网。

根据《普通混凝土配合比设计规程》(JGJ55－2000)，普通防水混凝土的配合比设计时，对其所用原材料的要求除应与普通混凝土相同外，还应符合以下技术要求：

(1)水泥强度不宜低于42.5MPa，其品种应按设计要求选用。

(2)$1m^3$混凝土的水泥用量(含掺合料)不宜小于320kg。

(3)粗骨料的最大粒径不宜超过40mm，其含泥量不得超过1.0%，泥块含量不得超过0.5%。

(4)砂率宜为35%～40%，坍落度30～50mm。

(5)水灰比对混凝土的抗渗性有很大影响，水灰比除应满足强度要求外，还应符合表5－29的规定。

表5－29 抗渗混凝土的最大水灰比

抗渗等级	混凝土最大水灰比	
	C20～C30 混凝土	＞C30 混凝土
P6	0.6	0.55
P8～P12	0.55	0.50
＞P12	0.50	0.45

2. 外加剂防水混凝土

外加剂防水混凝土是在混凝土中掺入适宜品种和数量的外加剂，改善混凝土内部结构，隔断或堵塞混凝土中的各种孔隙、裂缝及渗水通道，以达到改善抗渗性的一种混凝土。常用的外加剂有引气剂和密实剂。

(1)引气剂防水混凝土。在混凝土内掺入引气剂，可减少混凝土用水量，并产生大量均匀封闭和稳定的小气泡，由于气泡的阻隔作用，隔断了渗水通道，提高了混凝土的抗渗性。引气剂防水混凝土还具有良好的和易性、抗冻性和耐久性，技术经济效果较好，应用普遍。

(2)密实剂防水混凝土。密实剂一般是指氯化铁或铝盐等的溶液。这些溶液与氢氧化钙反应产生不溶于水的胶体，能堵塞混凝土内部的毛细管及孔隙，从而提高混凝土的密实度和抗渗性。密实剂防水混凝土具有很高的抗渗性能，不仅可抵抗水的渗透，还可抵抗油、气的渗透，常用于对抗渗性要求较高的设施，如高水压容器和储油罐等。

3. 膨胀水泥防水混凝土

膨胀水泥防水混凝土是采用膨胀水泥配制而成。由于这种水泥在水化过程中能形成大量的钙矾石，会产生一定的体积膨胀，在有约束的条件下，能改善混凝土的孔结构，使毛细孔径减小，总孔隙率降低，从而使混凝土密实度、抗渗性提高。但这种防水混凝土使用温度不应超过80°C，以免钙矾石发生晶型转变，导致抗渗性能下降。

二、流态混凝土

流态混凝土是指在预拌的坍落度为80～120mm的基体混凝土中加入流化剂，经过二次搅拌使混凝土的坍落度增大至180～220mm，能自流填满模型或钢筋间隙，且黏聚力良好的混凝土。

1. 流态混凝土的特点

(1)流动性大，浇注性好。流动性混凝土流动性好，坍落度在200mm以上，便于泵送。浇注后可以不振捣，因为它具有自密性。

(2)减少用水量，提高混凝土性能。由于流化剂可以大幅度减少用水量，如水泥用量不变，则可在保证流动性的前提下减少水灰比，因而可提高混凝土的强度和耐久性。

(3)降低浆集比，减少收缩。流态混凝土是依赖流化剂的流化效应来提高其流动性，如保持原来水灰比不变，则不仅可减少用水量，同时可节约水泥用量。这样拌合物中水泥浆的体积减少后，则可减少混凝土硬化后的收缩率，避免收缩裂缝。

(4)不产生离析和泌水。由于流化剂的作用，在用水量较少的情况下，而具有大的流动性，所以它不会像普通混凝土那样产生离析和泌水。

2. 流态混凝土的应用

流态混凝土主要适用于高层建筑、大型工业建筑与公共建筑的基础、楼板、墙板及地下工程，尤其适用于配筋密集、混凝土浇注振捣困难部位。随着流化剂的不断改善，流态混凝土越来越多地被应用于现代工程中。

三、高强混凝土

高强混凝土是指强度等级为C60及其以上强度等级的混凝土，C100强度等级以上的混凝土称为超高强混凝土。

提高混凝土强度的途径很多，通常是同时采取几种技术措施，增强效果显著。目前常用的配制原理及其措施有以下几种：

(1)减少混凝土内孔隙，改善孔结构，提高混凝土密实度。最好的办法是掺加高效减水剂，以大幅度降低水灰比，再配合加强振捣，这是目前提高混凝土强度最有效而简便的措施。

(2)提高水泥石与骨料界面的粘结强度。除采用高强度等级水泥之外，在混凝土中掺加优质的掺合料(如硅灰、超细粉煤灰等)及聚合物，或者采用活性骨料(如水泥熟料)，均可大大减少粗骨料周围薄弱区的影响，明显改善混凝土内部结构，提高密实程度。

(3)改善水泥石中水化产物的性质。采用蒸压养护及掺入适量掺合料，减少水泥石中低强度游离石灰的数量，使其转化为高强度的低碱性水化硅酸钙。

(4)采用增强材料。配置高强混凝土时，应采用强度等级不低于42.5级，质量稳定的优质硅酸盐水泥和普通水泥，并应采用优质骨料。粗骨料最大粒径要求不大于31.5mm，针、片状颗粒含量不宜大于5.0%。细骨料宜采用中砂，其细度模数不宜大于2.6。砂、石骨料级配要良好。此外，还可以用各种短纤维代替偏粗的部分骨料，以改善胶结材料的韧性，提高高强混凝土的抗拉和抗弯强度。

高强混凝土的特点是强度高、耐久性好、变形小，能适应现代工程结构向大跨度、重载、高耸发展和承受恶劣环境条件的需要。使用高强混凝土可获得明显的工程效益和经济效益。高效减水剂的使用，使在普通施工条件下制得高强混凝土成为可能。目前，我国实际应用的高强混凝土为C60～C80，主要用于混凝土桩基、预应力轨枕、电杆、大跨度薄壳结构、桥梁等。

四、耐热混凝土

耐热混凝土是指能长期在高温（200～900℃）作用下保持所要求的物理和力学性能的一种特种混凝土。

普通混凝土不耐高温，故不能在高温环境中使用。其不耐高温的原因是：水泥石中的氢氧化钙及石灰岩质的粗骨料在高温下均要产生分解，石英砂在高温下要发生晶型转化而体积膨胀，加之水泥石与骨料的热膨胀系数不同，所有这些，均将导致普通混凝土在高温下产生裂缝，强度严重下降，甚至破坏。

耐热混凝土是由适当的胶凝材料、耐热粗、细骨料及水，按一定比例配制而成。根据所用胶凝材料不同，通常可分为以下几种。

1. 硅酸盐水泥耐热混凝土

硅酸盐水泥耐热混凝土是以普通水泥或矿渣水泥为胶结材料，耐热粗、细骨料采用安山岩、玄武岩、重矿渣、黏土碎砖等，并以烧黏土、砖粉、磨细石英砂等作磨细掺合料，再加入适量的水配制而成。耐热磨细掺合料中的二氧化硅和三氧化二铝在高温下均能与氧化钙作用，生成稳定的无水硅酸盐和铝酸盐，它们能提高水泥的耐热性。普通水泥和矿渣水泥配制的耐热混凝土，其极限使用温度分别为1 200℃和900℃。

2. 铝酸盐水泥耐热混凝土

铝酸盐水泥耐热混凝土是采用高铝水泥或低钙铝酸盐水泥、耐热粗细骨料、高耐火度磨细掺合料及水配制而成。这类水泥在300～400℃下其强度会发生急剧降低，但残留强度能保持不变，到1 100℃时，其结构水全部脱出而烧结成陶瓷材料，则强度又有所提高。常用粗、细骨料有碎镁砖、烧结镁砂、矾土、镁铁矿和烧结土等。铝酸盐水泥耐热混凝土的极限使用温度为1 300℃。

3. 水玻璃耐热混凝土

水玻璃耐热混凝土是以水玻璃作胶结料，掺入氟硅酸钠作促硬剂，耐热粗、细骨料可采用碎铬铁矿、镁砖、铬镁砖、滑石、焦宝石等。磨细掺合料为烧黏土、镁砂粉、滑石粉等。水玻璃耐热混凝土的极限使用温度为1 200℃。施工时混凝土搅拌不加水，养护混凝土时禁止浇水，应在干燥环境中养护硬化。

4. 磷酸盐耐热混凝土

磷酸盐耐热混凝土是由磷酸铝和以高铝质耐火材料或锆英石等制备的粗、细骨料及磨细掺合料配制而成，目前更多的是直接采用工业磷酸配制耐热混凝土。这种耐热混凝土具有高温韧性强、耐磨性好、耐火度高的特点，其极限使用温度为 1 500～1 700℃。磷酸盐耐热混凝土的硬化需在 150℃以上烘干，总干燥时间不少于 24h，并在硬化过程中不允许浇水。耐热混凝土多用于高炉基础、焦炉基础、热工设备基础及围护结构、炉衬、烟囱等。

五、纤维混凝土

纤维混凝土是以普通混凝土为基材，外掺各种纤维材料而组成的复合材料。

近年来在国内外发展很快，在工业、交通、国防、水利、矿山等工程建设中广泛推广应用。纤维材料品种很多，有钢纤维、碳纤维、玻璃纤维、石棉及合成纤维等。纤维混凝土中，纤维的含量、纤维的几何形状及其在混凝土中的分布状况，对纤维混凝土的性能有重要影响。通常纤维的长径比为 70～120，掺加的体积率为 0.3%～8%。纤维在混凝土中起增强作用，可提高混凝土的抗压、抗拉、抗弯、冲击韧性，也能有效地改善混凝土的脆性。冲击韧性约为普通混凝土的 5～10 倍，初裂抗弯强度提高 2.5 倍，劈裂抗拉强度提高 1.4 倍。混凝土掺入钢纤维后，抗压强度提高不大，但受压破坏时情况不同了，即破坏时不崩裂成碎块。基本保持原来的外形，有较大的吸收变形的能力，也改善了韧性，是一种良好的抗冲击材料。目前，纤维混凝土主要用于飞机跑道护面、高速公路路面、桥面、水坝覆面、薄壁结构、桩头、军事工程等要求高耐磨性、高抗冲击性和抗裂的部位及构件。且路面随着现代施工技术的发展，钢纤维混凝土现已利用喷射施工技术，喷射钢纤维混凝土可对表面不规则或坡度很陡的岩岸坡及隧洞等，提供等厚的加固保护层。

六、耐酸混凝土

能抵抗多种酸及大部分腐蚀性气体侵蚀作用的混凝土称为耐酸混凝土。耐酸混凝土由水玻璃作胶结料，氟硅酸钠作促硬剂，与耐酸粉料及耐酸粗、细骨料按一定比例配制而成。耐酸粉料由辉绿岩、耐酸陶瓷碎料、含石英高的材料磨细而成，耐酸粗、细骨料常用石英岩、辉绿岩、安山岩、玄武岩、铸石等。水玻璃耐酸混凝土的配合比一般为水玻璃∶耐酸粉料∶耐酸细骨料∶耐酸粗骨料＝(0.6～0.7)∶1∶1∶(1.5～2.0)。水玻璃耐酸混凝土养护温度应不低于 10℃，养护时间不少于 6d。

水玻璃耐酸混凝土能抵抗除氢氟酸以外的各种酸类的侵蚀，特别是对硫酸、硝酸有良好的抗腐性，且具有较高的强度，其 3d 强度为 11MPa，28d 强度达 15MPa。多用于化工车间的地坪、酸洗槽、贮酸池等。

七、高性能混凝土

随着现代工程结构的高度和跨度不断增加，使用的环境条件日益严酷，工程建设对混凝土性能的要求愈来愈高，为了适应土木工程的发展，人们研究和开发了高性能混凝土。

1. 高性能混凝土的涵义

1990 年 5 月，美国国家标准与技术研究院(NIST)和美国混凝土协会(ACI)召开会议，首次提出高性能混凝土(High Performance Concrete，缩写 HPC)这个名词。但是，到目前为止，各国对高性能混凝土提出的要求和涵义不完全相同。

综合各国学者的意见，可以认为，高性能混凝土技术特性在于高密实性。因此，它应具有高抗渗性(高耐久性的关键性能)、高体积稳定性(低干缩、低徐变、低温度应变率和高弹性模量)、适当的高抗压强度及良好的施工性(高流动性、高黏聚性,达到自密实)。

2. 高性能混凝土的配制技术

在高性能混凝土的配制技术中,有两点应特别强调:

(1)通过加入有机物,诸如磺化萘甲醛缩合物、磺化三聚氰胺甲醛缩合物、聚羧酸盐以及改性木质磺酸盐等高效减水剂,促进水泥颗粒的反絮凝化。

(2)掺入特别细的化学活性掺合料,如硅灰、磨细矿渣、磨细粉煤灰等,以增宽粒径范围。这些材料填充水泥颗粒间的微隙,增加了材料的密度,同时也改善了新拌混凝土的流变学性质,因而可减少混凝土的用水量。

在配制高性能混凝土时,掺加活性细掺合料是必要的。这除了可起到增宽粒径范围从而提高混凝土的密实性的作用外,由于这些活性细掺合料均具有相当的火山灰活性,对提高强度及后期强度的发展也十分有利,而且有些活性细掺合料还具有减水效果,可减少混凝土的用水量或有利于改善混凝土的工作性。

配制高性能混凝土时,必须掺高效减水剂,否则不可能使其具有合适的工作性。高效减水剂与水泥的相容性,在配制高性能混凝土时特别敏感。这是因为在水灰比低、水泥颗粒的间距小的条件下,能进入溶液的离子数量也少。影响水泥与高效减水剂相容性的重要因素,对水泥而言,是其中 C_3A 与 C_4AF 的含量、C_3A 的反应能力、硫酸钙的含量和水泥中硫酸钙最终的形态(二水石膏、半水石膏或硬石膏)。

骨料,尤其是粗骨料的品质,对高性能混凝土的性能有较大的影响。其中最主要的是骨料的强度和它与硬化水泥浆体界面的粘结力。粗骨料的颗粒强度、针片状颗粒含量及含泥量往往控制了高性能混凝土的强度,而粗骨料最大粒径也与骨料与硬化水泥浆体界面的粘结力的强弱有密切的关系。因此,用于高性能混凝土的粗骨料粒径不宜过大,在配制 60～100MPa 的高性能混凝土时,粗骨料最大粒径可取 20mm 左右;配制 100MPa 以上的高性能混凝土,粗骨料最大粒径不宜大于 10～12mm。

概括起来,配制高性能混凝土的要点为:

(1)必须掺入与所用水泥具有相容性的高效减水剂,以降低水灰比。

(2)必须掺入一定量活性的细掺合料,如硅灰、磨细矿渣、优质粉煤灰等。

3. 高性能混凝土的特性

(1)自密实性。高性能混凝土配制技术的特点之一为,新拌混凝土中的自由水含量低,但变形性能(流动性,以坍落度表示)好,抗离析性高,从而使其填充性优异。因此,配合比恰当的大流动性高性能混凝土有较好的自密实性。

(2)体积稳定性。高性能混凝土的高体积稳定性,表现为具有高弹性模量、低收缩与徐变、低温度变形。普通混凝土的弹性模量为 20～25GPa,采用适宜的材料与配合比的高性能混凝土,其弹性模量可达 40～45GPa。采用高弹性模量、高强度的粗骨料并降低混凝土中水泥浆体的含量,选用合理的配合比所配制的高性能混凝土,其 90d 龄期的干缩值可低于 0.04%。

(3)强度。高性能混凝土的抗压强度可能超过 200MPa。在目前工艺情况下,28d 平均强度介于 100～120MPa 的高性能混凝土,已在工程中应用。高性能混凝土抗拉强度与抗压强度之比较高强混凝土有明显增加。高性能混凝土的早期强度发展较快,而后强度的增长率却低于普通混凝土。

(4)水化热。由于高性能混凝土的水灰比较低,会较早地终止水化反应,因此水化热总量相应地降低。

(5)收缩。从试验研究工作中所观察到的高性能混凝土的收缩特性,可归结为:

①在较长的持续期后,高性能混凝土的总收缩应变量与其强度成反比。

②高性能混凝土的早期收缩率随着早期强度的提高而增大。

③相对湿度和环境温度仍然是影响高性能混凝土收缩性能的两个主要因素。

(6)徐变。高性能混凝土的徐变变形显著地低于普通混凝土,从总体上看,与普通强度混凝土相比,高性能混凝土徐变的主要区别为:

①高性能混凝土的徐变总量(基本徐变与干燥徐变之和)显著减少。

②在徐变总量中,干燥徐变值有更为显著的降低,而基本徐变仅略有一些降低。干燥徐变与基本徐变的比值,则随着混凝土强度的提高而降低。

(7)耐久性。高性能混凝土除通常的抗冻性、抗渗性明显高于普通混凝土外,高性能混凝土的 Cl^- 渗透率明显低于普通混凝土。高性能混凝土由于具有较高的密实性和抗渗性,因此,其抗化学腐蚀性能显著优于普通强度混凝土。

复习思考题

1.试述普通混凝土的组成材料,混凝土中各组成材料的作用如何?硬化后的混凝土结构怎样?

2.配置混凝土应考虑哪些基本要求?怎样才能得到优质的混凝土?

3.水泥混凝土用粗、细骨料在技术性质上有哪些主要要求?这些技术性质不符合要求,对混凝土的质量有什么影响?

4.粗骨料的最大粒径对混凝土配合组成和技术性质有什么影响?如何确定最大粒径?何谓"连续粒组"和"单粒组"?单粒级粗骨料有什么用途?

5.干砂500g,其筛分结果如下:

筛孔尺寸(mm)	4.75	2.36	1.18	0.6	0.3	0.15	<0.15
筛余量(g)	25	50	100	125	100	75	25

试判断该砂级配是否合格?属何种砂?并计算砂的组度模数。

6.有两种砂子,组度模数相同,它们的级配是否相同?若二者级配相同,其细度模数是否相同?

7.试述混凝土拌合物工作性的含义、影响工作性的主要因素和改善工作性的措施。并描述坍落度和维勃稠度测定方法和使用范围。

8.何谓混凝土减水剂?简述减水剂的作用机理和种类。

9.影响混凝土强度的主要因素有哪些?如何影响?提高混凝土强度的主要措施有哪些?哪种措施效果最显著?为什么?

10.试述温度变形对混凝土结构的危害。有哪些有效的防止措施?

11.水泥混凝土组成设计包括哪些内容?在设计时应如何满足四项基本要求和掌握三项参数?

12.用数理统计法控制混凝土质量可用哪些参数?轻骨料混凝土的物理力学性能与普通混凝土相比,有何特点?

13.混凝土在下列情况下,均能导致其产生裂缝,试解释产生的原因,并指出主要防止措施。

(1)水泥水化热大;

(2)水泥安定性不良;

(3)大气温度变化较大；

(4)碱-骨料反应；

(5)混凝土碳化；

(6)混凝土早期受冻；

(7)混凝土养护时缺水；

(8)混凝土遭到硫酸盐侵蚀。

14.现浇框架结构，混凝土设计强度等级C25，施工要求坍落度30～50mm，施工单位无历史统计资料。采用原材料为普通水泥32.5号，$\rho_c = 3\ 000 kg/m^3$，中砂$\rho_s = 2\ 600 kg/m^3$，碎石$D_{max} = 20mm$，$\rho_g = 2\ 650 kg/m^3$，自来水。试求初步计算配合比。

15.某工程用混凝土，经试配调整，得到和易性和强度均合格后的材料用量为：水泥320kg/m³，水185kg/m³，砂630kg/m³，石子1 265kg/m³。实测拌合物表观密度为2 450kg/m³。

(1)试计算该混凝土实验室配合比？

(2)若堆场砂子含水5%，石子含水2.5%，试计算施工配合比。

16.假设混凝土强度随龄期对数而直线增长，已知1d强度不等于0，7d强度为21.0MPa，14d强度为26.0MPa，求28d强度为多少？

第六章　建筑砂浆

建筑砂浆是由胶凝材料、细骨料和水按适当比例配制而成的材料。与普通混凝土相比，砂浆又称无粗骨料混凝土。建筑砂浆在建筑工程中是一项用量大、用途广泛的建筑材料。在结构工程中，砂浆可以把单块砖、石块、砌块胶结成砌体。砖墙勾缝、大型墙板和各种结构接缝也离不开砂浆。墙面、地面及钢筋混凝土梁、柱等结构表面需要用砂浆抹面，起到保护结构和装饰作用。当由天然石材、人造石材，陶瓷面等做贴面装饰时，也大多使用砂浆作粘结和嵌缝材料。另外建筑饰面的装饰砂浆也应用广泛。

根据用途，建筑砂浆分为砌筑砂浆、抹面砂浆、装饰砂浆及特种砂浆，根据胶结材料不同可分为水泥砂浆、石灰砂浆和混合砂浆。混合砂浆有水泥石灰砂浆、水泥黏土砂浆及石灰黏土砂浆等。

第一节　砌筑砂浆

砌筑砂浆是将砌筑块体材料（砖、石、砌体等）粘结为整体的砂浆。砌体强度不仅取决于砌块，而且取决于砂浆的强度，所以砂浆为砌体的重要组分。

一、砌筑砂浆的组成材料

砂浆的组成材料除了不含粗骨料外，基本上与混凝土的组成材料要求相同，但也有差异之处，现就其特点分述如下：

1. 水泥

常用的各种品种水泥均可作为砂浆的结合料。但由于砂浆的等级较低，所以水泥的强度不宜太高，否则水泥的用量太低，会导致砂浆的保水性不良。通常水泥的强度应为砂浆强度等级的 4～5 倍。对于一些特殊用途的砂浆，如修补裂缝、预制构件嵌缝、结构加固等应采用膨胀水泥。

2. 掺合料

为了改善砂浆的和易性，除了水泥外，可在砂浆中掺入各种掺合料（如石灰、黏土和粉煤灰等）作为结合料，配制成混合砂浆，以达到提高质量、降低成本的目的。

3. 细骨料

砌筑砂浆用砂应符合普通混凝土用砂的技术性质要求。由于砌筑砂浆层较薄，对砂子最大粒径应有所限制。对于毛石砌体所用的砂，最大粒径应小于砂浆层厚度的 1/4～1/5。对于砖砌体以使用中砂为宜，粒径不得大于 2.5mm。对于光滑的抹面及勾缝的砂浆则应使用细砂。

砂的含泥量对砂浆的强度、变形、稠度及耐久性影响较大。对强度等级≥M5 的砂浆，砂中含泥量不应大于 5%；对强度等级＜M5 的砂浆，砂中含泥量不得超过 10%。

4. 水

砂浆拌和用水的技术要求与混凝土拌和用水相同，应选用无有害杂质的洁净水来拌制砂浆。

5. 外加剂

为提高砂浆和易性，节约结合料的用量，必要时可掺加外加剂，最常用的有微沫剂，是一种松香热聚物，掺量为水泥质量的0.005%～0.010%，可取得良好效果。

二、砌筑砂浆的技术性质

1. 新拌砂浆和易性

新拌砂浆应具有良好的和易性。和易性良好的砂浆容易在粗糙的砖石基面上铺抹成均匀的薄层，而且能够和底面紧密粘结。既便于施工操作，提高生产效率，又能保证工程质量。砂浆的和易性包括流动性和保水性两个方面。

(1)流动性。砂浆的流动性也称稠度，是指在自重或外力作用下流动的性能。砂浆的流动性与用水量、胶结材料的品种和用量、细骨料的级配和表面特征、掺合料及外加剂的特性和用量、拌和时间等因素有关。

砂浆的流动性可用砂浆稠度仪测定其稠度值(即沉入度)来表示。砂浆流动性的选择与砌体材料种类及气候情况有关。对于砌筑多孔吸水的砌体材料，处于干热气候时，要求砂浆流动性大一些；如砌筑密实不吸水的砌体材料，处于湿冷的气候时可要求砂浆的流动性小一些。一般可参考表6-1选择砂浆的流动性。

表6-1　建筑砂浆流动性选择　　(单位:mm)

砌块种类	干燥气候或多孔砌体	寒冷气候或密实砌块	抹灰工程	机械施工	手工操作
砖砌体	80～100	60～80	准备层	80～90	110～120
普通毛石砌体	60～70	40～50	低　层	70～80	70～80
振捣通毛石砌体	20～30	10～20	面　层	70～80	90～100
炉渣混凝土砌块	70～90	50～70	石膏浆面层	—	90～120

(2)保水性。砂浆保水性是指砂浆能保持水分的性能，反映砂浆中各种组成材料不易离析的性质。在新拌砂浆的静置、运输和使用过程中，都必须保持其水分不致很快流失，并使砂浆保持必要的稠度，便于操作；同时使水泥正常水化，保证砌体的强度。如果砂浆的保水性不好，在施工中容易产生泌水、分层离析或流动性变差而不易铺成均匀的砂浆层。同时，砂浆中的水分容易被砖石迅速吸收，影响胶凝材料的正常水化，降低砂浆本身强度，而且与基面粘结不牢，最后降低砌体的质量。为提高水泥砂浆的保水性，可掺入适量的石灰膏或加入适量的微沫剂或塑化剂。砂浆的保水性用分层度(mm)表示，用分层度仪测定。分层度过大，表示砂浆易产生分层离析，不利于施工及水泥硬化。水泥砂浆分层度不应大于30mm，水泥混合砂浆分层度不应大于20mm，分层度值接近于零的砂浆，容易产生干缩裂缝。

2. 砂浆的强度

砂浆硬化后应具有足够的强度。而砂浆在砌体中，主要是传递压力，所以要求砌筑砂浆具有一定的抗压强度。砂浆抗压强度是确定其强度等级的重要指标。

砂浆的强度等级是以 70.7mm×70.7mm×70.7mm 的立方体，按标准条件下养护至 28d 的抗压强度的平均值而确定。砂浆的强度等级共分 M2.5、M5、M7.5、M10、M15、M20 六个等级。

影响砂浆强度的因素很多，随组成材料的种类和砌筑层吸水性的不同而变化较大，因此很难用统一公式准确地计算抗压强度。在施工中，多采用试配的方法通过试验来确定，对于普通水泥配制的砂浆可参考下列公式计算其抗压强度。

(1)用于不吸水基层(如密实的石材)时，影响砂浆强度的因素与混凝土相似，主要取决于水泥强度和水灰比。计算公式如下：

$$f_{m,o}=0.29f_{ce}(\frac{C}{W}-0.4) \qquad (6-1)$$

式中：$f_{m,o}$——砂浆 28d 抗压强度(MPa)；

f_{ce}——水泥的实测强度(MPa)；在无法取得水泥的实测值时，按式 $f_{ce}=\gamma_c \cdot f_{ce,k}$ 计算；

γ_c——水泥强度等级值的富余系数，按实际统计资料确定；无统计资料时取 $\gamma_c=1.0$；

C/W——灰水比。

(2)用于吸水基层(如黏土砖及其他多孔材料)时，由于基层吸水，砂浆的强度主要取决于水泥强度与水泥用量，而与水灰比无关。计算公式如下：

$$f_{m,o}=(\alpha f_{ce}Q_c/1\,000)+\beta \qquad (6-2)$$

式中：Q_c——$1m^3$ 砂浆的水泥用量(kg)；

α、β——砂浆特征系数，其中 $\alpha=3.03$，$\beta=-15.09$。

3. 粘结力

砖石砌体是靠砂浆把块状的砖石材料粘结成为坚固的整体。因此，为保证砌体的强度、耐久性及抗震性等，要求砂浆与基层材料之间应有足够的粘结力。一般情况下，砂浆的抗压强度越高，它与基层的粘结力也越强。此外，砖石表面状况、清洁程度、湿润状况以及施工养护条件等都直接影响砂浆的粘结力。如在粗糙、洁净、湿润的基面上，砂浆粘结力较强。

4. 砂浆的变形

砂浆在承受荷载、温度变化或湿度变化时，均会产生变形，如果变形过大或不均匀，都会引起沉陷或裂缝，降低砌体质量。掺太多轻骨料或混合材料配制的砂浆，其收缩变形比普通砂浆大。

三、砌筑砂浆的配合比设计

砌筑砂浆要根据工程类别及砌体部位的设计要求，选择其强度等级，再按砂浆等级来确定其配合比。确定砂浆配合比，一般情况可参考有关手册或资料来选用。重要工程用砂浆或无参考资料时，可根据《砌筑砂浆配合比设计规程》(JGJ98-2000)，按下列步骤计算。

1. 水泥混合砂浆配合比计算

(1)确定砂浆的配制强度($f_{m,o}$)。

$$f_{m,o}=f_2+0.645\sigma \qquad (6-3)$$

式中：$f_{m,o}$——砂浆的试配强度(MPa)；

f_2——砂浆抗压强度平均值(MPa)；

σ——砂浆现场强度标准差，可根据表 6-2 选用。

表 6-2　砂浆强度标准差 σ 选用值(JGJ98-2000)

施工水平＼砂浆强度等级	M2.5	M5.0	M7.5	M10	M15	M20
优　良	0.50	1.00	1.50	2.00	3.00	4.00
一　般	0.62	1.25	1.88	2.50	3.75	5.00
较　差	0.75	1.50	2.55	3.00	4.50	6.00

(2)确定 $1m^3$ 砂浆中的水泥用量(Q_c)。

水泥用量按式(6-2)计算，即：

$$Q_c=\frac{1\ 000(f_{m,o}-\beta)}{\alpha \cdot f_{ce}} \tag{6-4}$$

(3)确定水泥混合砂浆的掺合料用量(Q_D)。

$$Q_D=Q_A-Q_C \tag{6-5}$$

式中：Q_D——$1m^3$ 砂浆的掺合料用量(kg/m^3)；

Q_C——$1m^3$ 砂浆的水泥用量(kg/m^3)；

Q_A——$1m^3$ 砂浆中胶结材料和掺合料的总量(kg/m^3)，一般应在 300～350kg/m^3 之间。

(4)确定 $1m^3$ 砂浆中的砂子用量(Q_S)。

每立方米砂浆中的砂子用量，应按干燥状态的堆积密度值作为计算值(kg/m^3)。

(5)确定用水量(Q_W)。

$1m^3$ 砂浆中的用水量，根据砂浆稠度等要求可选用 240～310kg/m^3。混合砂浆中的用水量，不包括石灰膏或黏土膏中的水；当采用细砂或粗砂时，用水量分别取上限或下限；稠度小于 70mm 时，用水量可小于下限；施工现场气候炎热或干燥季节，可酌量增加用水量。

2. 水泥砂浆配合比选用

水泥砂浆材料用量可按表 6-3 选用。

表 6-3　每立方米水泥砂浆材料用量

强度等级	每立方米砂浆水泥用量(kg/m^3)	每立方米砂浆砂子用量(kg/m^3)	每立方米砂浆用水量(kg/m^3)
M2.5～M5	200～230	砂子的堆积密度值	270～330
M7.5～M10	220～280		
M15	280～340		
M20	340～400		

无论是查表或是计算所得的砂浆配合比，都必须经过试配，试配时进行必要的调整，最后选用符合强度、和易性要求的，且水泥用量较少的砂浆配合比。

四、砂浆配合比计算实例

【例】设计用于砌筑砖墙的 M7.5 等级、稠度为 60～80mm、分层度小于 30mm 的水泥石灰砂浆的配合比。采用强度等级为 42.5 级普通硅酸盐水泥，含水率为 2%的中砂，其堆积密度为 1 450kg/m³，用实测稠度为 120mm±5mm 的石灰膏，施工水平一般。

[解](1)确定砂浆试配强度。

$$f_{m,o}=f_2+0.645\sigma$$

$f_{m,k}=7.5$MPa，查表 6-2，$\sigma=1.88$MPa

则　$f_{m,o}=7.5+0.645\times1.88=8.7(\text{MPa})$

(2)计算水泥用量 Q_c。

$$Q_c=\frac{1\,000(f_{m,o}-\beta)}{\alpha f_{ce}}$$

其中 $\alpha=3.03$，$\beta=-15.09$

则　$Q_c=\dfrac{1\,000\times(8.7+15.09)}{3.03\times42.5}=185(\text{kg/m}^3)$

(3)计算石灰膏用量 Q_D。

$$Q_D=Q_A-Q_C$$

取　$Q_A=300\text{kg/m}^3$

则　$Q_D=300-185=115(\text{kg/m}^3)$

(4)根据砂子堆积密度和含水率，计算用砂量 Q_S。

$$Q_S=1\,450\times(1+2\%)=1\,479(\text{kg/m}^3)$$

(5)确定用水量 Q_W。

根据上述参考值，选择用水量 $Q_W=300\text{kg/m}^3$

则砂浆试配时的配合比：

水泥：石灰膏：砂：水=185：115：1 479：300=1：0.62：7.99：1.62

计算得到的配合比，再经试配调整，直到满足强度与和易性的要求为止。

第二节　抹面砂浆

凡涂抹在建筑物或建筑构件表面的砂浆，统称为抹面砂浆。根据其功能的不同，可分为普通抹面砂浆、装饰砂浆、防水砂浆及其他特种砂浆(如绝热、耐酸、防射线砂浆等)。对抹面砂浆要求具有良好的和易性，容易抹成均匀平整的薄层，便于施工。还要有较高的粘结力，能与基层粘结牢固，长期使用不致开裂或脱落。

抹面砂浆的组成材料与砌筑砂浆基本相同。但为了防止砂浆层的开裂，有时需要加入一些纤维材料，有时为了使其具有某些功能需加入特殊骨料或掺合料。

一、普通抹面砂浆

普通抹面砂浆是建筑工程中普遍使用的砂浆。它可以保护建筑物不受风、雨、雪、大气等有害介质的侵蚀，提高建筑物的耐久性，同时使表面平整美观。

抹面砂浆通常分为两层或三层进行施工，各层抹灰要求不同，所以各层选用的砂浆也有区别。底层抹灰的作用是使砂浆与底面能牢固地粘结，因此要求砂浆具有良好的和易性和粘结力，基层也要求粗糙，以提高与砂浆的粘结力。中层抹灰主要是为了抹平，有时可省去不用。

面层抹灰要求平整光洁，达到规定的饰面要求。

底层及中层多用水泥混合砂浆。面层多用水泥混合砂浆或掺麻刀、纸筋的石灰砂浆。在潮湿房间或地下建筑及容易碰撞的部位，应采用水泥砂浆。普通抹面砂浆配合比可参考表 6－4。

表 6－4　普通抹面砂浆参考配合比

材　料	体积配合比	材　料	体积配合比
水泥：砂	(1：2)～(1：3)	石灰：石膏：砂	(1：0.4：2)～(1：2：4)
石灰：砂	(1：2)～(1：4)	石灰：黏土：砂	(1：1：4)～(1：1：8)
水泥：石灰：砂	(1：1：6)～(1：2：9)	石灰膏：麻刀	(质量比)(100：1.3)～(100：2.5)

二、防水砂浆

防水砂浆是一种制作防水层的抗渗性高的砂浆。砂浆防水层又称刚性防水，适用于不受振动和具有一定刚度的混凝土或砖石砌体工程。用于水塔、水池、地下工程等的防水。

防水砂浆的施工方法有两种：一是喷浆法，即利用高压喷枪将砂浆以每秒约 100m 的速度喷至建筑物表面，砂浆被高压空气强烈压实，密实度大，抗渗性好。二是人工多层抹压法，即将砂浆分几层抹压，以减少内部连通毛细孔，增大密实性，达到防水效果。这种防水层做法，对施工操作的技术要求很高。随着防水剂产品日益增多、性能提高，在普通水泥砂浆中掺入一定量的防水剂而制得的防水砂浆，是目前应用最广泛的防水砂浆品种。

防水砂浆的配合比一般采用水泥：砂＝1：2.5～3，水灰比在 0.50～0.60 之间，稠度不应大于 80mm。水泥宜选用 32.5 级以上的普通硅酸盐水泥，砂子应选用洁净的中砂，防水剂掺量按生产厂推荐的最佳掺量掺入，最后需经试配确定。

人工涂抹时，一般分四至五层抹压，每层厚度约为 5mm 左右。一、三层可用防水水泥净浆，二、四、五层用防水水泥砂浆，每层初凝前用木抹子压实一遍，最后一层要压光。抹完后应加强养护。

由防水砂浆构成的刚性防水层仅适用于不受振动和具有一定刚度的混凝土或砖、石砌体工程。对于变形较大或可能发生不均匀沉陷的建筑物，都不宜采用刚性防水层。

复习思考题

1. 对新拌水泥砂浆的技术要求与对混凝土混合料的技术要求有何不同？
2. 砂浆混合物的流动性如何表示和测定？保水性不良对其质量有何影响？如何提高砂浆的保水性？
3. 某多层住宅工程，要求配制强度等级为 M7.5 的水泥石灰混合砂浆，其原材料情况如下：

水泥：P.O 32.5，堆积密度为 1 200kg/m^3；

砂：中砂，级配良好，含水率为 2%，堆积密度为 1 500kg/m^3；

石灰膏：沉入度为 120mm，堆积密度为 1 350kg/m^3。

试设计该混合砂浆的配合比。

第七章　土木工程用钢材

第一节　钢材的冶炼与分类

土木工程中应用的钢材主要包括各类钢结构用的型钢(圆钢、角钢、槽钢和工字钢等)、钢板和钢筋混凝土中用的各种钢筋和钢丝。钢材在建筑工程、市政工程和铁路建设中的应用相当广泛,除用于钢筋混凝土、建筑钢结构、桥梁工程和铁路工程外,还大量用作门窗和建筑五金等。

钢材强度高、品质均匀,具有一定的弹性和塑性变形能力,能够承受冲击、振动等荷载;钢材的可加工性能好,可以进行各种机械加工,也可以通过铸造的方法,将钢铸造成各种形状;还可以通过切割、铆接或焊接等多种方式的联接,进行装配法施工。目前,建筑、市政结构大部分采用钢筋混凝土结构,此种结构自重大,但用钢量少,故而成本较低。建筑中的超高层结构为减轻自重,往往采用钢结构,而一些小型的工业建筑和临时用房为缩短施工周期,采用钢结构的比重也很大,桥梁工程和铁路工程中的钢结构更是占有绝对的地位。因此,钢材是最重要的土木工程材料之一。

一、钢的冶炼对钢材质量的影响

钢是由生铁冶炼而成。生铁是由铁矿石、熔剂(石灰石)、燃料(焦炭)在高炉中经过还原反应和造渣反应而得到的一种铁碳合金,其中碳和磷、硫等杂质的含量较高。生铁又分为炼钢生铁(白口铁)和铸造生铁(灰口铁)。生铁硬而脆、无塑性和韧性,不能焊接、锻造、轧制。

炼钢的原理是将熔融的生铁进行氧化,使碳的含量降低到一定的限度,同时把其他杂质的含量也降低到允许范围内。所以,在理论上凡含碳量在2%以上的Fe－C合金称为生铁或铸铁;含碳量在2%以下,含有害杂质较少的Fe－C合金可称为钢。

目前,我国常用的炼钢方法有空气转炉法、氧气转炉法、平炉法、电炉法。建筑钢材一般以前三种方法冶炼而得。

1. 空气转炉炼钢法

它是以熔融状态的铁水为原料,在转炉底部或侧面吹入高压热空气,使杂质在空气中氧化而被除去。其缺点是在吹炼过程中易混入空气中的氮、氢等有害气体,且熔炼时间短,化学成分难以精确控制,这种钢质量较差,但成本较低,生产效率高。

2. 氧气转炉炼钢法

目前氧气转炉炼钢法发展迅速,已成为现代炼钢法的主流。它是以纯氧代替空气,由炉顶向转炉内吹入高压氧气,能有效地除去磷、硫等杂质,使钢的质量显著提高,而成本却较低。常用来炼制优质碳素钢和合金钢。

3. 平炉炼钢法

以固体或液体生铁、铁矿石或废钢作原料，用煤气或重油为燃料进行冶炼。平炉钢由于熔炼时间长，化学成分可以精确控制，杂质含量少，成品质量高。其缺点是能耗大、成本高、冶炼周期长。

4. 电炉炼钢法

以电为能源迅速加热生铁或废钢原料。其熔炼温度高，而且温度可以自由调节，清除杂质容易。因此，电炉钢的质量最好，但成本高。主要用于冶炼优质碳素钢及特殊合金钢。

在冶炼钢的过程中，碳被氧化成一氧化碳气体而逸出；硅锰等氧化成氧化硅和氧化锰随钢渣被排出；磷、硫则在石灰的作用下，也进入渣中被排出。由于炼钢中必须供给足够的氧以保证碳、硅、锰的氧化以及其他杂质的去除。因此，钢液中尚有一定数量的氧化铁。为了消除氧化铁对钢质量的影响，常在精炼的最后阶段向钢液中加入硅铁、锰铁等脱氧剂以去除钢液中的氧，这种操作工艺称为“脱氧”。

二、钢的分类

钢的品种繁多，分类方法也很多，通常有按化学成分、冶炼时脱氧程度、质量、用途等几种分类方法。钢的分类见表 7－1。

表 7－1　钢的分类

分类方法	类别		特性
按化学成分分类	碳素钢	低碳钢	含碳量<0.25％
		中碳钢	含碳量 0.25％～0.60％
		高碳钢	含碳量>0.60％
	合金钢	低合金钢	合金元素总含量<5％
		中合金钢	合金元素总含量 5％～10％
		高合金钢	合金元素总含量>10％
按脱氧程度分类	沸腾钢		脱氧不充分，在浇铸及钢液冷却时，有大量一氧化碳气体逸出，钢液呈激烈沸腾状
	镇静钢		脱氧充分，钢水较纯净，浇铸钢锭时，钢水平静。镇静钢材质致密均匀，质量高于沸腾钢
	半镇静钢		脱氧程度及钢水质量介于沸腾钢和镇静钢之间
按质量分类	普通碳素钢		含硫量≤0.055％，含磷量≤0.045％
	优质碳素钢		含硫量≤0.040％，含磷量≤0.040％
	高质碳素钢		含硫量≤0.030％，含磷量≤0.035％
按用途分类	结构钢		工程结构构件用钢、机械制造用钢
	工具钢		各种刀具、量具及模具用钢
	特殊钢		具有特殊物理、化学或机械性能的钢，如不锈钢、耐热钢、耐酸钢、耐磨钢、磁性钢等

三、土木工程中常用钢材

土木工程中常用钢材的主要钢种是普通碳素钢和合金钢中的普通低合金钢。

1. 碳素结构钢

碳素结构钢是碳素钢中的一大类。作为一般结构和工程用钢，适合生产各种型钢、钢筋和钢丝等，产品可供焊接、铆接、栓接的构件用。

2. 优质碳素结构钢

含碳量小于0.8%，含有较少量的有害杂质，并较碳素结构钢具有更优性能的钢种，一般可经过热处理来提高其机械性能。钢材按加工方法可分为压力加工用钢和切削加工用钢两类。建筑工程中常用优质碳素结构钢制作钢丝、钢绞线、圆钢、高强螺栓及预应力钢具等。

3. 低合金结构钢

低合金钢是在普通钢中加入微量合金元素，但硫、磷杂质的含量保持普通钢的水平，而具有较好的综合力学性能。与相同规格普通碳素钢相比，如果承载力相同，采用低合金钢可节省钢材20%～25%，主要用于桥梁、建筑钢筋、重轨和轻轨等方面。

4. 桥梁建筑用热轧碳素钢

桥梁建筑用热轧碳素钢是适用于桥梁建筑的专用钢种，适合于生产钢板和型钢，产品可供焊接和铆接的桥梁结构用。

5. 耐候钢

耐候钢也称耐大气腐蚀钢，是在钢中加入少量合金元素，如Cu、Cr、Ni、Mn、Nb、Ti、Zr、V等，使其在金属基体表面形成保护层，提高钢材耐候性能。耐候钢适合于生产热轧、冷轧的钢板和型钢，产品适用于车辆、建筑、塔架和其他结构的用材，可制作螺栓连接、铆接和焊接的结构件，常用的有高耐候性结构钢和焊接结构用耐候钢等。

第二节　钢材的主要技术性质

钢材的技术性质主要包括力学性能（抗拉性能、冲击韧性、耐疲劳和硬度等）和工艺性能（冷弯和焊接）两个方面。

一、力学性能

1. 抗拉性能

钢材有较高的抗拉性能，拉伸是建筑钢材的主要受力形式，所以抗拉性能是表示钢材性能和选用钢材的重要指标。

钢材（以低碳结构钢为例）制成一定规格的试件，放在材料试验机上进行拉伸试验，可以绘出如图7-1所示的应力-应变关系曲线。钢材的抗拉性能就可以通过该图来阐明。从图中可以看出，低碳钢（也称软钢）受拉至拉断，经历了四个阶段：弹性阶段（$O \to A$）、屈服阶段（$A \to B$）、强化阶段（$B \to C$）和颈缩阶段（$C \to D$）。

（1）弹性阶段。曲线中OA段是一条直线，应力与应变成正比。如卸去外力，试件能恢复

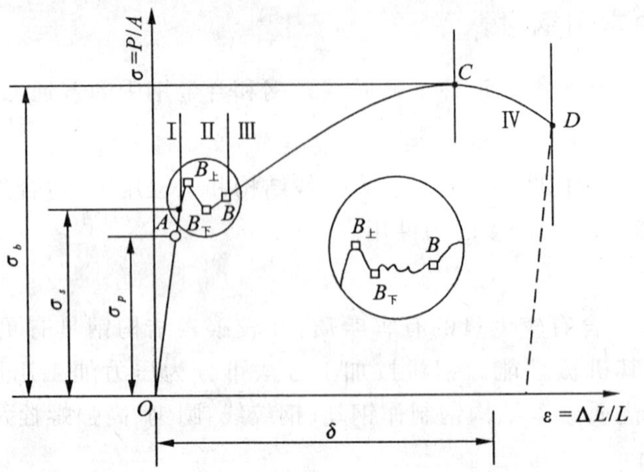

图 7-1　低碳钢受拉的应力-应变曲线图

原来的形状，这种性质即为弹性，此阶段的变形为弹性变形。与 A 点对应的应力称为弹性极限，以 σ_p 表示。应力与应变的比值为常数，即弹性模量(E)，$E=\sigma/\varepsilon$。弹性模量反映钢材抵抗弹性变形的能力，是钢材在受力条件下计算结构变形的重要指标。工程中常用的 Q235 钢的弹性极限 $\sigma_p=180\sim200$MPa，弹性模量 $E=2.0\times10^5\sim2.1\times10^5$MPa。

(2)屈服阶段。当应力超过 A 点后，应力、应变不再成正比关系，开始出现塑性变形，应力的增长滞后于应变的增长，当应力达 $B_上$点(屈服上限)后，瞬时下降至 $B_下$点(屈服下限)，变形迅速增加，而此时外力则大致在恒定的位置上波动，直到 B 点，这就是所谓的“屈服现象”，AB 段称为屈服阶段。由于 $B_下$点较稳定，且易测定，故一般以 $B_下$点的应力称为屈服点(又称屈服强度)，用 σ_s 表示。Q235 钢的 $\sigma_s=210\sim240$MPa。

钢材受力大于屈服点后，会出现较大的塑性变形，尽管钢材尚未破坏，但因变形过大已不能满足使用要求。因此屈服强度是确定钢结构容许应力的主要依据，是工程结构计算中非常重要的一个参数。

(3)强化阶段。当应力超过屈服强度后，由于钢材内部组织中的晶格发生了畸变，阻止了晶格进一步滑移，钢材得到强化，所以钢材抵抗塑性变形的能力又重新提高，B→C 呈上升曲线，称为强化阶段。对应于最高点 C 的应力值称为抗拉强度(又称极限强度)，用 σ_b 表示。Q235 钢的 $\sigma_b=380\sim470$MPa。

显然，σ_b 是钢材受拉时所能承受的最大应力值。屈服强度和抗拉强度之比(即屈强比$=\sigma_s/\sigma_b$)能反映钢材的利用率和结构安全可靠程度。屈强比越小，其结构的安全可靠程度越高，但屈强比过小，又说明钢材强度的利用率偏低，造成钢材浪费。建筑结构钢合理的屈强比一般为 0.60～0.75。Q235 钢的屈强比为 0.58～0.63。

(4)颈缩阶段。试件受力达到最高点 C 点后，其抵抗变形的能力明显降低，变形迅速发展，应力逐渐下降，试件被拉长，在有杂质或缺陷处，断面急剧缩小，直到断裂。故 CD 段称为颈缩阶段。

将拉断后的试件拼合起来，测定出标距范围内的长度 L_1(mm)，其与试件原标距 L_0(mm)之差为塑性变形值，塑性变形值与 L_0之比称为伸长率(δ)，如图 7-2 所示。伸长率(δ_n)计算式如下：

$$\delta_n=\frac{L_1-L_0}{L_0}\times 100\% \tag{7-1}$$

伸长率是衡量钢材塑性的一个重要指标，δ_n越大说明钢材的塑性越好。而一定的塑性变形能力，可保证应力重新分布，避免应力集中，从而钢材用于结构的安全性越大。

塑性变形在试件标距内的分布是不均匀的，颈缩处的变形最大，离颈缩部位越远其变形越小。所以原标距与直径之比越小，则颈缩处伸长值在整个伸长值中的比重越大，计算出来的δ_n值就大。通常以δ_5和δ_{10}分别表示$L_0=5d_0$和$L_0=10d_0$时的伸长率，d_0为试件的原直径。对于同一种钢材，$\delta_5>\delta_{10}$。某些钢材的伸缩率是采用定标距试件测定的，如$L_0=100$mm或200mm，则伸长率用δ_{100}或δ_{200}表示。

中碳钢与高碳钢（包括高强度钢筋和钢丝，也称硬钢）的受拉时的应力-应变曲线与低碳钢完全不同。其特点是屈服现象不明显，难以测定屈服点。因此规范规定产生残余变形为原标距长度的0.2%时所对应的应力值，作为硬钢屈服点，以$\sigma_{0.2}$表示，称其为条件屈服点，如图7-3所示。

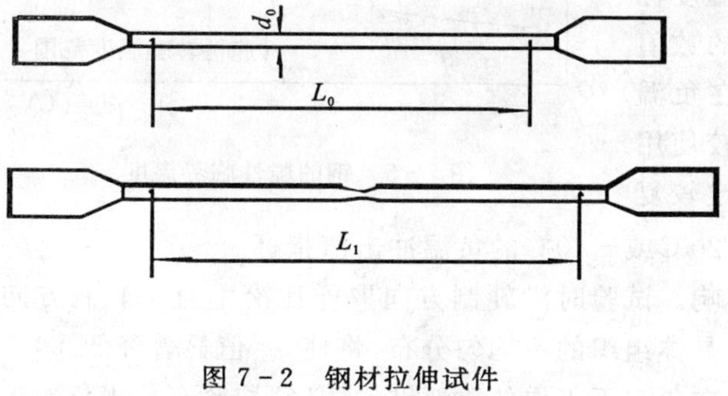

图7-2　钢材拉伸试件

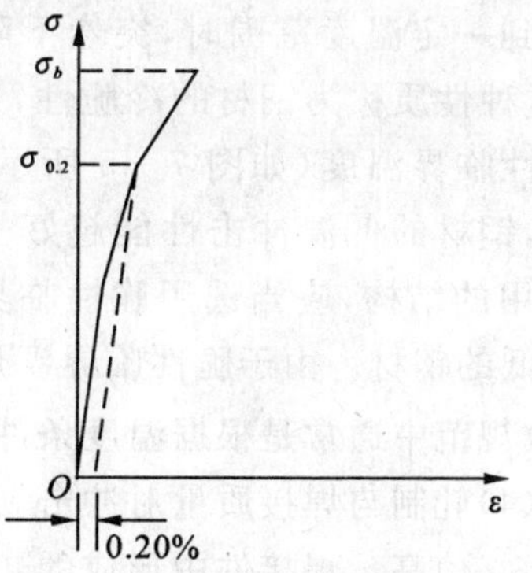

图7-3　中碳钢、高碳钢的$\sigma-\varepsilon$图

2. 冲击韧性

冲击韧性是指钢材在瞬间荷载作用下，抵抗破坏的能力。它是以试件冲断时缺口处单位面积上所消耗的功（J/cm^2）来表示，其符号为α_K。试验时将试件放置在固定支座上，然后以摆锤冲击试件刻槽的背面，使试件承受冲击弯曲而断裂，如图7-4所示。显然，α_K值越大，表示冲断试件时消耗的功越多，钢材的冲击韧性越好。

影响钢材冲击韧性的因素很多，如化学成分、组织状态、轧制与焊接质量、环境温度以及时间等。

(1)化学成分与组织状态对冲击韧性的影响。当钢材内硫、磷的含量高，且存在化学偏析及非金属夹杂物及焊接形成的微裂纹时，都会使冲击韧性显著降低。

(2)时间对冲击韧性的影响。冲击韧性还将随时间的延长而下降，这种现象称为时效。通常完成时效的过程可达数十年，但钢材如经冷加工或使用中经受振动和反复荷载的影响，时效可迅速发展。因时效导致钢材性能改变的程度称时效敏感性。时效敏感性越大的钢材，经过时效后冲击韧性的降低就越显著。为了保证安全，对于承受动荷载的重要结构，应当选用时效敏感性小的钢材。

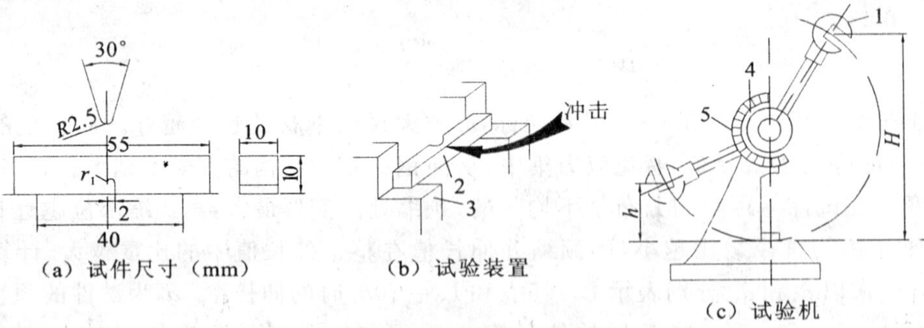

(a) 试件尺寸 (mm)　(b) 试验装置　(c) 试验机

图 7-4　冲击韧性试验图

1. 摆锤；2. 试件；3. 试验台；4. 指针；5. 刻度盘；H. 摆锤扬起高度；h. 摆锤向后摆动高度

(3)环境温度对冲击韧性的影响。环境温度对钢材的冲击功影响也很大。试验表明，冲击韧性随温度的降低而下降，开始时下降缓和，当达到一定温度范围时，突然下降很多而呈脆性，这种性质称为钢材的冷脆性，这时的温度称为脆性临界温度（如图 7-5 所示）。它的数值越低，钢材的低温冲击性能越好。所以在负温下使用的结构，应当选用脆性临界温度较使用温度低的钢材。由于脆性临界温度的测定较复杂，故规范中通常是根据温度条件规定－20℃或－40℃的负温冲击值指标。

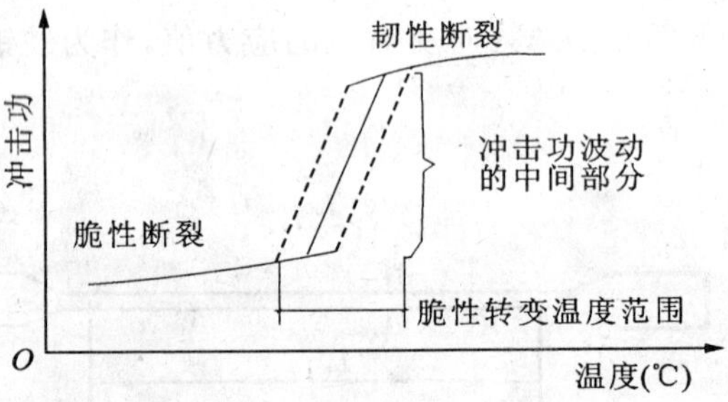

图 7-5　钢的脆性临界温度

(4)轧制与焊接质量对冲击韧性的影响。试验时沿轧制方向取样比沿垂直于轧制方向取样的 α_K 值高。焊接件中形成的热裂纹及晶体组织的不均匀分布，将使 α_K 值显著降低。

总之，对于直接承受动荷载而且可能在负温下工作的重要结构，必须按照有关规范要求进行钢材的冲击韧性检验。

3. 耐疲劳性

钢材在交变荷载的反复作用下，往往在最大应力远小于其抗拉强度时就发生破坏，这种破坏称为钢材疲劳破坏。若发生破坏时的危险应力是在规定周期（交变荷载反复作用次数）内的最大应力，则称其为疲劳极限或疲劳强度。此时规定的周期 N 为钢材的疲劳寿命。设计承受反复荷载且需进行疲劳验算的结构时，应了解所用钢材的疲劳极限。

研究证明，钢材的疲劳破坏是拉应力引起的，首先在局部开始形成微细裂纹，其后由于裂纹尖端处产生应力集中而使裂纹迅速扩展直至钢材断裂。因此，钢材的内部成分的偏析、夹杂物的多少以及最大应力处的表面光洁程度、加工损伤等，都是影响钢材疲劳强度的因素。疲劳破坏经常是突然发生的，因而具有很大的危险性，往往造成严重事故。

4. 硬度

硬度是指金属材料抵抗硬物压入表面的能力，即材料表面抵抗塑性变形的能力。

测定钢材硬度采用压入法。即以一定的静荷载，把一定的压头压在金属表面，然后测定压痕的面积或深度来确定硬度（如图 7-6）。按压头或压力不同，有布氏法、洛氏法等，相应的硬度试验指标称布氏硬度(HB)和洛氏硬度(HR)。较常用的方法是布氏法,其硬度指标是布氏硬度值。

各类钢材的 HB 值与抗拉强度之间有较好的相关关系。材料的强度越高,塑性变形抵抗力越强,硬度值也就越大。由试验得出,其抗拉强度与布氏硬度的经验关系式如下:

当 HB<175 时 $\sigma_b \approx 0.36\text{HB}$

当 HB>175 时 $\sigma_b \approx 0.35\text{HB}$

根据这一关系,可以直接在钢结构上测出钢材的 HB 值,并估算该钢材的 σ_b。

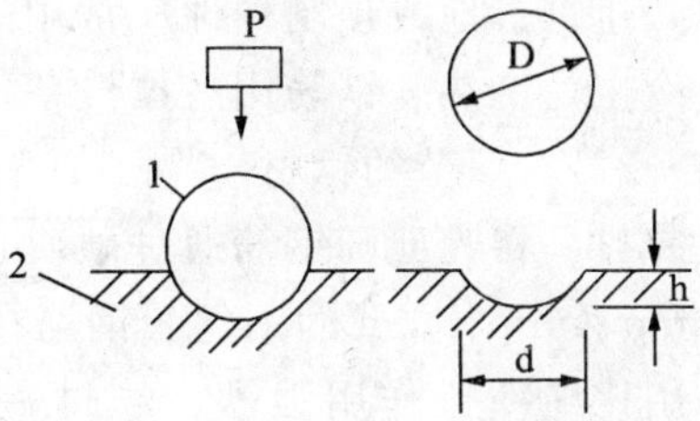

图 7-6 布氏硬度试验示意图

1. 钢球;2. 试件;*P*. 施加于钢球上的荷载;*D*. 钢球直径;*d*. 压痕直径;*h*. 压痕深度

以上论述了强度、塑性、硬度、韧性是钢材的最基本的力学性质,其中常用的指标是强度和塑性,前者表示钢材的塑性变形抗力和断裂拉力,后者表示材料塑性变形能力。

二、工艺性能

良好的工艺性能,可以保证钢材顺利通过各种加工,而使钢材制品的质量不受影响。冷弯、冷拉、冷拔和焊接性能均是建筑钢材的重要工艺性能。

1. 冷弯性能

冷弯性能是指钢材在常温下承受弯曲变形的能力。冷弯性能指标,用时间在常温下所承受的弯曲程度表示,是以试件弯曲的角度(α)和弯心直径对试件厚度(或直径)的比值(d/a)来表示,如图 7-7 所示。

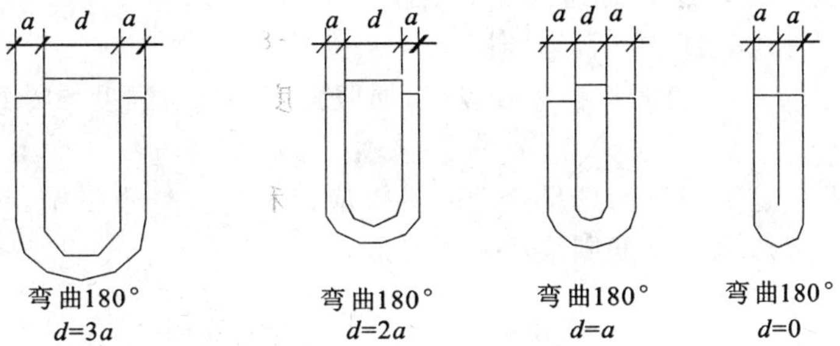

图 7-7 钢材冷弯规定弯心

试验时采用的弯曲角度愈大,弯心直径对试件厚度(或直径)的比值愈小,表示对冷弯性能的要求愈高。冷弯检验是:按规定的弯曲角和弯心直径进行试验,试件的弯曲处不发生裂缝、裂断或起层,即认为冷弯性能合格。通过冷弯试验更有助于暴露钢材的某些内在缺陷。相对于伸长率而言,冷弯是对钢材塑性更严格的检验,它能揭示钢材是否存在内部组织不均匀、内应力和夹杂物等缺陷。冷弯试验对焊接质量也是一种严格的检验,能揭示焊件在受弯表面存在未熔合、微裂纹及夹杂物等缺陷。

2. 冷加工性能及时效处理

(1)冷加工强化处理。将钢材在常温下进行冷加工(如冷拉、冷拔或冷轧),使之产生塑性变形,从而提高屈服强度,但钢材的塑性、韧性及弹性模量则会降低,这个过程称为冷加工强化处理。建筑工地或预制构件厂常用的方法是冷拉和冷拔。

冷拉是将热轧钢筋用冷拉设备加力进行张拉,使之伸长。钢材经冷拉后屈服强度可提高17%～27%,可节约钢材10%～20%,钢材经冷拉后屈服阶段缩短,伸长率降低,材质变脆。

冷拔是将光面圆钢筋通过硬质合金拔丝模孔强行拉拔,并通过多次强力拔制而成的直径为3mm、4mm、5mm的钢丝。钢筋在冷拔过程中,不仅受拉,同时还受到挤压作用,因而冷拔的作用比纯冷拉作用强烈。经过一次或多次冷拔后的钢筋,表面光洁度高,屈服强度提高40%～60%,但塑性大大降低,具有硬钢的性质。

(2)时效。钢材经冷加工后,在常温下存放15～20d,或加热至100～200℃保持20min～2h,其屈服强度、抗拉强度及硬度进一步提高,而塑性及韧性继续降低,这种现象称为时效。前者称为自然时效,后者称为人工时效。

钢材的时效是普遍而长期的过程,有些未经冷加工的钢材长期存放后也会出现时效,冷加工只是加速了时效的发展。一般冷加工和时效同时采用,通过试验来确定冷拉控制参数和时效方式。通常强度较低的钢筋宜采用自然时效,强度较高的钢筋则应采用人工时效。

钢材经冷加工及时效处理后,其应力-应变变化的规律,可明显地在应力-应变图上得到反映,如图7－8所示。图中$OABCD$为未经冷拉和时效试件的$\sigma-\varepsilon$曲线。当试件冷拉至超过屈服强度的任一点K,卸去荷载,此时由于试件已产生塑性变形,则曲线沿KO'下降,KO'大致与AO平行。如立即再拉伸,则$\sigma-\varepsilon$曲线将成为$O'KCD$(虚线)曲线,屈服强度由B点提高到K点。但如在K点卸荷后进行时效处理,然后再拉伸,则$\sigma-\varepsilon$曲线将成为$O'K_1C_1D_1$,这表明冷拉时效以后,屈服强度和抗拉强度均得到提高,但塑性和韧性则相应降低。

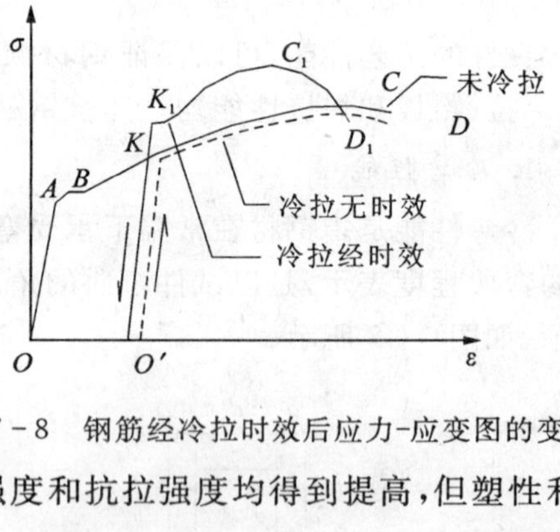

图7－8　钢筋经冷拉时效后应力-应变图的变化

一般土木工程中,应通过试验选择合理的冷拉应力和时效处理措施。强度较低的钢筋可采用自然时效,而强度较高的钢筋则采用人工时效。

3. 钢材的热处理

按照一定的制度,将钢材加热到一定的温度,在此温度下保持一定的时间,再以一定的速度和方式进行冷却,以使钢材内部晶体组织和显微结构按要求进行改变,或者消除钢中的内应力,从而获得人们所需求的机械力学性能,这一过程就称为钢材的热处理。钢材热处理一般都在钢材生产厂或加工厂进行。

钢材的热处理通常有以下几种基本方法。

(1)淬火。将钢材加热至723℃(相变温度)以上某一温度,并保持一定时间后,迅速置于水中或机油中冷却,这个过程称钢材的淬火处理。钢材经淬火后,强度和硬度提高,脆性增大,塑性和韧性明显降低。

(2)回火。将淬火后的钢材重新加热到723℃以下某一温度范围、保温一定时间后再缓慢地或较快地冷却至室温,这一过程称为回火处理。回火可消除钢材淬火时产生的内应力,使其硬度降低,恢复塑性和韧性。按回火温度不同,又可分为高温回火(500～650℃)、中温回火(300～500℃)和低温回火(150～300℃)三种。回火温度愈高,钢材硬度下降愈多,塑性和韧性恢复愈好，若钢材淬火后随即进行高温回火处理，则称调质处理，其目的是使钢材的强度、塑性、韧性等性能均得以改善。

(3)退火。退火是指将钢材加热至723℃以上某一温度，保持相当时间后，就在退火炉中缓慢冷却。退火能消除钢材中的内应力，细化晶粒、均匀组织，使钢材硬度降低，塑性和韧性提高，从而改善性能。在钢筋冷拔工艺过程中，常需进行退火处理，因为钢筋经数次冷拔后，变得很脆，再继续拉拔易被拉断，这时必须将钢筋进行退火处理，以提高其塑性和韧性后方可再进行冷拔。

(4)正火。正火是将钢材加热到723℃以上某一温度，并保持相当长时间，然后在空气中缓慢冷却，则可得到均匀细小的显微组织。钢材正火后强度和硬度提高，塑性较退火时为小。

(5)化学热处理。化学热处理是对钢材表面进行的热处理，它是利用某些化学元素向钢表层内进行扩散，以改变钢材表面上的化学成分和性能。常用的方法有渗碳法、氮化法、氰化法等。

热处理钢筋适用于预应力混凝土，但不适用于需焊接和点焊的钢筋。

4. 焊接性能

焊接是各种型钢、钢板、钢筋的重要联接方式。焊接过程的特点是：在很短的时间内达到很高的温度，金属熔化的体积很小。由于金属传热快，故冷却的速度很快。因此，在焊件中常产生复杂的、不均匀的反应和变化，存在剧烈的膨胀和收缩。所以易产生变形、内应力和组织的变化。建筑工程的钢结构有90%以上是焊接结构；在钢筋混凝土工程中，焊接则广泛应用于钢筋接头、钢筋网、钢筋骨架和预埋件的焊接，以及装配式构件的安装。因此要求钢材应有良好的可焊性。

钢材的可焊性是指钢材是否适应通常的焊接方法与工艺的性能。钢材可焊性能的好坏，主要取决于钢的化学成分。含碳量高将增加焊接接头的硬脆性，含碳量小于0.3%的碳素钢具有良好的可焊性。加入合金元素(如硅、锰、钒、钛等)，也将增大焊接处的硬脆性，降低可焊性，特别是硫能使焊接产生热裂纹及硬脆性。可焊性好的钢材指易于用一般焊接方法和工艺施焊，焊口处不易形成裂纹、气孔、夹渣等缺陷，焊接后钢材的力学性能，特别是强度不低于原有钢材，硬脆倾向小。

焊接方法主要有钢结构焊接用的电弧焊和钢筋联接用的接触对焊。选择焊接结构用钢，应注意选含碳量较低的氧气转炉或平炉镇静钢。对于高碳钢及合金钢，为了改善可焊性，焊接时一般需要采用焊前预热及焊后热处理等措施。钢筋焊接应注意的问题是：冷拉钢筋的焊接应在冷拉之前进行；钢筋焊接之前，焊接部位应清除铁锈、熔渣、油污等；应尽量避免不同国家的进口钢筋之间或进口钢筋与国产钢筋之间的焊接。

三、钢材的化学成分对钢材性能的影响

钢中除主要化学成分Fe以外，还含有少量的碳(C)、硅(Si)、锰(Mn)、磷(P)、硫(S)、氧(O)、氮(N)、钛(Ti)、钒(V)等元素。这些元素虽含量很少，但对钢材性能的影响很大。为了保证钢的质量，在国家标准中对各类钢的化学成分都作了严格的规定。

1. 碳(C)

碳是决定钢材性能的最重要元素，它对钢材的强度、塑性、韧性等机械力学性能的影响见

图 7-9 所示。由图表明：当钢中含碳量在 0.8%以下时，随着含碳量的增加，钢的强度和硬度提高，塑性和韧性下降；但当含碳量大于 1.0%时，随含碳量增加，钢的强度反而下降。钢中含碳量增加还会使钢的焊接性能变差（含碳量大于 0.3%的钢，可焊性显著下降），冷脆性和时效敏感性增大，并使钢耐大气锈蚀能力下降。一般工程用碳素钢均为低碳钢，含碳小于 0.25%，工程用低合金钢含碳小于 0.52%。

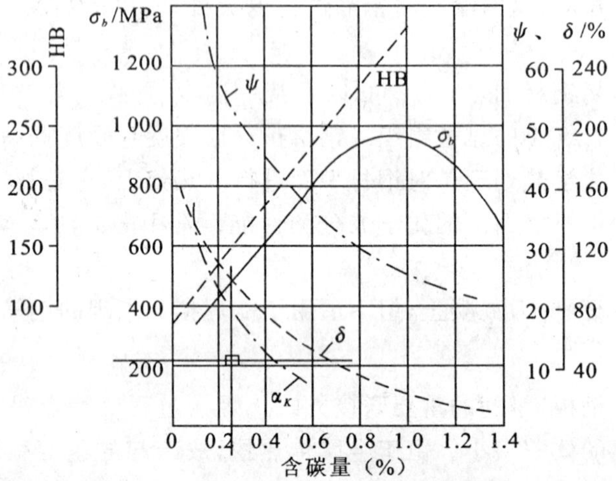

图 7-9　含碳量对碳素钢机械性能的影响

σ_b. 抗拉强度；α_K. 冲击韧性；HB. 硬度；δ. 伸长率；ψ. 断面缩减率

2. 硅(Si)

硅在钢中是有益元素，是为了脱氧去硫而加入的。硅是钢的主要合金元素，含量通常在 1%以内，可提高强度，对塑性和韧性没有明显影响。但含硅量超过 1%时，冷脆性增加，可焊性变差。

硅是我国钢筋用钢的主加合金元素，其主要作用是提高钢材的强度。

3. 锰(Mn)

锰是在炼钢时为了脱氧和去硫加入的，可消减硫所引起的热脆性，使钢材的热加工性质改善，同时能提高钢材的强度和硬度，但是当含量较高时，将显著降低钢的焊接性能。因此，碳素钢的含锰量控制在 0.9%以下。硅是我国低合金结构钢和钢筋用钢的主加合金元素，一般其含量控制在 1%～2%的范围内。其主要作用是提高钢的强度。

4. 磷(P)

磷是钢中很有害的元素之一，由炼钢原料带入。磷含量增加，钢材的强度、硬度提高，塑性和韧性显著下降。特别是温度愈低，对塑性和韧性的影响愈大，从而显著加大钢材的冷脆性。磷也使钢材可焊性显著降低，但磷可提高钢的耐磨性和耐蚀性，故在低合金钢中可配合其他元素如铜(Cu)作合金元素使用。建筑用钢一般要求含磷小于 0.045%。

5. 硫(S)

硫是很有害的元素，呈非金属硫化物夹杂物存在于钢中，降低钢材的各种机械性能。由于硫化物熔点低，使钢材在热加工过程中造成晶粒的分离，引起钢材断裂，形成热脆现象，称为热脆性。硫使钢的可焊性、冲击韧性、耐疲劳性和抗腐蚀性等均降低。因此为了避免热脆，钢中含硫量必须严格控制。

6. 氧(O)

氧是钢中有害元素，主要存在于非金属夹杂物中。氧的存在显著降低钢的塑性、韧性和冷弯性能。氧化物所造成的低熔点亦使钢的可焊性变差。故氧在钢中的含量应有所控制。

7. 氮(N)

氮对钢材性质的影响与碳、磷相似，使钢材强度提高，塑性特别是韧性显著下降，加剧钢材的时效敏感性和冷脆性，降低可焊性。在用铝或钛补充脱氧的镇静钢中，氮主要以氮化铝或氮化钛等形式存在，这时可减少氮的不利影响，并细化晶粒，改善性能。故在有铝、钛、钒等元素的配合下，氮可作为低合金钢的合金元素使用。

8. 钛(Ti)

钛是强脱氧剂，是常用的微量合金元素，能细化晶粒，能显著提高强度，但稍降低塑性，故可改善韧性。钛能减少时效倾向，改善可焊性。

9. 钒(V)

钒是弱脱氧剂，是合金钢常用的微量合金元素。钒加入钢中可减弱碳和氮的不利影响，能细化晶粒，有效地提高强度，减小时效敏感性，但有增加焊接时的脆硬倾向。

第三节　土木工程用钢材的技术标准及选用

土木工程用钢分为钢结构用钢和钢筋混凝土结构用钢两类，前者主要应用型钢和钢板，后者主要采用钢筋和钢丝，二类钢制品所用的原料钢均多为碳素钢和低合金钢。现将其技术标准及选用分述于下。

一、钢结构用钢

钢结构用钢主要有碳素结构钢和低合金结构钢两种。

1. 碳素结构钢

根据国家标准《碳素结构钢》(GB/T700－2006)规定，我国碳素结构钢由氧气转炉或电炉冶炼，一般以热轧、控轧或正火状态交货。

(1)碳素结构钢的牌号及其表示方法。根据国家标准《碳素结构钢》(GB/T700－2006)中的规定，我国碳素结构钢分四个牌号，即Q195、Q215、Q235和Q275。各牌号钢又按其硫、磷含量由多至少分为A、B、C、D四个质量等级。碳素结构钢的牌号由表示按顺序由屈服点的字母(Q)、屈服点数值(MPa)、质量等级符号(A、B、C、D)、脱氧程度符号(F、B、Z、TZ)四部分组成。例如Q235－A·F表示：屈服点为235MPa的A级沸腾碳素结构钢。当为镇静钢或特殊镇静钢时，则牌号表示"Z"与"TZ"符号可予以省略，例如Q215－B表示屈服点为215MPa的B级镇静钢。

(2)碳素结构钢的技术要求。按照标准GB/T700－2006规定，碳素结构钢的技术要求包括化学成分、力学性能、冶炼方法、交货状态、表面质量五个方面。各牌号碳素结构钢的化学成分应符合表 7－1 的规定。

表 7－1　碳素结构钢的化学成分(GB/T 700－2006)

牌　号	等　级	化学成分(质量分数)(%),不大于					脱氧方法
		C	Mn	Si	S	P	
Q195	—	0.12	0.50	0.30	0.040	0.035	F、Z
Q215	A	0.15	1.20	0.35	0.050	0.045	F、Z
	B				0.045		
Q235	A	0.22	1.40	0.35	0.050	0.045	F、Z
	B	0.20①			0.045		
	C	0.17			0.040	0.040	Z
	D				0.035	0.035	TZ
Q275	A	0.24	1.50	0.35	0.050	0.045	F、Z
	B	0.21～0.22			0.045	0.045	Z
	C	0.20			0.040	0.040	Z
	D				0.035	0.035	TZ

注:①经需方同意,Q235B 的碳含量可不大于 0.22%。

碳素结构钢的强度、冲击韧性等指标规定见表 7－2 所示,冷弯性能要求见表 7－3。碳素结构钢随着牌号的增大,其含碳量增加,强度提高,塑性和韧性降低,冷弯性能逐渐变差。

表 7－2　碳素结构钢的力学性能(GB/T 700－2006)

牌号	等级	拉伸试验													冲击试验(V 型缺口)	
		屈服强度① R_{eH}(N/mm²),不小于						抗拉强度② R_m (N/mm²)	断后伸长率 A(%),不小于						
		厚度(或直径)(mm)							厚度(或直径)(mm)					温度(℃)	冲击吸收功(纵向)(J),不小于
		≤16	>16～40	>40～60	>60～100	>100～150	>150～200		≤40	>40～60	>60～100	>100～150	>150～200		
Q195	—	195	185	—	—	—	—	315～430	33	—	—	—	—	—	—
Q215	A	215	205	195	185	175	165	335～450	31	30	29	27	26	—	—
	B													+20	27
Q235	A	235	225	215	215	195	185	370～500	26	25	24	22	21	—	—
	B													+20	27③
	C													0	
	D													−20	
Q275	A	275	265	255	245	225	215	410～540	22	21	20	18	17	—	—
	B													+20	27
	C													0	
	D													−20	

注:①Q195 的屈服强度值仅供参考,不作交货条件;

②厚度大于 100mm 的钢材,抗拉强度下限允许降低 20N/mm²。宽带(包括剪切钢板)抗拉强度上限不作交货条件;

③厚度小于 25mm 的 Q235B 级钢材,如供方能保证冲击吸收功值合格,经需方同意,可不作检验。

表 7-3　碳素结构钢的冷弯试验性能(GB/T 700-2006)

牌　号	试样方向	冷弯试验 180° $B=2a$①	
		钢材厚度(或直径)②(mm)	
		60	＞60～100
		弯心直径 d	
Q195	纵	0	—
	横	$0.5a$	
Q215	纵	$0.5a$	$1.5a$
	横	a	$2a$
Q235	纵	a	$2a$
	横	$1.5a$	$2.5a$
Q275	纵	$1.5a$	$2.5a$
	横	$2a$	$3a$

注:①B 为试样宽度,a 为试样厚度(或直径);

②钢材厚度(或直经)大于 100mm 时,弯曲试验由双方协商确定。

(3)碳素结构钢的特性与选用。建筑工程中常用的碳素结构钢牌号为 Q235,由于该牌号钢既具有较高的强度,又具有较好的塑性和韧性,可焊性也好,故能较好地满足一般钢结构和钢筋混凝土结构的用钢要求。相反用 Q195 和 Q215 号钢,虽塑性很好,但强度太低;而 Q275 号钢,其强度很高,但塑性较差,所以均不适用。Q235 号钢冶炼方便,成本较低,故在建筑中应用广泛。由于塑性好,在结构中能保证在超载、冲击、焊接、温度应力等不利条件下的安全。并适于各种加工,大量被用作轧制各种型钢、钢板及钢筋,其力学性能稳定,对轧制、加热、急剧冷却时的敏感性较小。其中 Q235-A 级钢,一般仅适用于承受静荷载作用的结构,Q235-C 和 D 级钢可用于重要焊接的结构。另外,由于 Q235-D 级钢含有足够的形成细晶粒结构的元素,同时对硫、磷有害元素控制严格,故其冲击韧性很好,具有较强的抗冲击、振动荷载的能力,尤其适宜在较低温度下使用。

Q195 和 Q215 号钢常用作生产一般使用的钢钉、铆钉、螺栓及铁丝等;Q275 号钢多用于生产机械零件和工具等。

2. 低合金高强度结构钢

低合金高强度结构钢是在碳素钢结构钢的基础上,添加少量的一种或多种合金元素(总含量小于 5%)的一种结构钢。其目的是提高钢的屈服强度、抗拉强度、耐磨性、耐蚀性与耐低温性等,因而它是综合性较为理想的建筑钢材,在大跨度、承重动荷载和冲击荷载的结构中更适用。此外,与使用碳素钢相比,可以节约钢材 20%～30%,而成本并不很高。

(1)低合金结构钢的牌号及其表示方法。根据国家标准 GB/T 1591-2008 规定,我国低合金结构钢共有八个牌号,所加元素主要有锰、硅、钒、钛、铌、铬、镍及稀土元素,其牌号的表示由屈服点字母 Q、屈服点数值、质量等级(分 A、B、C、D、E 五级)三个部分组成。

(2)低合金结构钢的性能及应用。低合金结构钢的化学成分与力学性能见表 7-4、表 7-5。

表 7-4　低合金高强度结构钢的化学成分(GB/T 1591-2008)

牌号	质量等级	化学成份①②(质量分数)(%)														
		C	Si	Mn	P	S	Nb	V	Ti	Cr	Ni	Cu	N	Mo	B	ALs
					不大于											不小于
Q345	A				0.035	0.035										—
	B	≤0.20			0.035	0.035										
	C		≤0.50	≤1.70	0.030	0.030	0.07	0.15	0.20	0.30	0.50	0.30	0.012	0.10	—	
	D	≤0.18			0.030	0.025										0.015
	E				0.025	0.020										
Q390	A				0.035	0.035										
	B				0.035	0.035										
	C	≤0.20	≤0.50	≤1.70	0.030	0.030	0.07	0.20	0.20	0.30	0.50	0.30	0.015	0.10	—	
	D				0.030	0.025										0.015
	E				0.025	0.020										
Q420	A				0.035	0.035										
	B				0.035	0.035										
	C	≤0.20	≤0.50	≤1.70	0.030	0.030	0.07	0.20	0.20	0.30	0.80	0.30	0.015	0.20	—	
	D				0.030	0.025										0.015
	E				0.025	0.020										
Q460	C				0.030	0.030										
	D	≤0.20	≤0.60	≤1.80	0.030	0.025	0.11	0.20	0.20	0.30	0.80	0.55	0.015	0.20	0.004	0.015
	E				0.025	0.020										
Q500	C				0.030	0.030										
	D	≤0.18	≤0.60	≤1.80	0.030	0.025	0.11	0.12	0.20	0.60	0.80	0.55	0.015	0.20	0.004	0.015
	E				0.025	0.020										
Q550	C				0.030	0.030										
	D	≤0.18	≤0.60	≤2.00	0.030	0.025	0.11	0.12	0.20	0.80	0.80	0.80	0.015	0.30	0.004	0.015
	E				0.025	0.020										
Q620	C				0.030	0.030										
	D	≤0.18	≤0.60	≤2.00	0.030	0.025	0.11	0.12	0.20	1.00	0.80	0.80	0.015	0.30	0.004	0.015
	E				0.025	0.020										
Q690	C				0.030	0.030										
	D	≤0.18	≤0.60	≤2.00	0.030	0.025	0.11	0.12	0.20	1.00	0.80	0.80	0.015	0.30	0.004	0.015
	E				0.025	0.020										

注:①型材及棒材 P、S 含量可提高 0.005%,其中 A 级钢上限可为 0.045%;

②当细化晶粒元素组合加入时,20(Nb+V+Ti)≤0.22%,20(Mo+Cr)≤0.30%。

表 7-5 低合金高强度结构钢的力学性能(GB/T1591-2008)

<table>
<tr><th rowspan="4">牌号</th><th rowspan="4">质量等级</th><th colspan="22">拉伸试验①②③</th></tr>
<tr><th colspan="9" rowspan="2">以下公称厚度(直径,边长)下屈服强度 R_{cL}/MPa</th><th colspan="7" rowspan="2">以下公称厚度(直径,边长)下抗拉强度 R_m/MPa</th><th colspan="6">断后伸长率 A/%</th></tr>
<tr><th colspan="6">公称厚度(直径,边长)</th></tr>
<tr><th>≤16mm</th><th>>16mm～40mm</th><th>>40mm～63mm</th><th>>63mm～80mm</th><th>>80mm～100mm</th><th>>100mm～150mm</th><th>>150mm～200mm</th><th>>200mm～250mm</th><th>>250mm～400mm</th><th>≤40mm</th><th>>40mm～63mm</th><th>>63mm～80mm</th><th>>80mm～100mm</th><th>>100mm～150mm</th><th>>150mm～200mm</th><th>>200mm～250mm</th><th>≤40mm</th><th>>40mm～63mm</th><th>>63mm～80mm</th><th>>80mm～100mm</th><th>>100mm～150mm</th><th>>150mm～200mm</th></tr>
<tr><td rowspan="5">Q345</td><td>A</td><td rowspan="5">≥345</td><td rowspan="5">≥335</td><td rowspan="5">≥325</td><td rowspan="5">≥315</td><td rowspan="5">≥305</td><td rowspan="5">≥285</td><td rowspan="5">≥275</td><td rowspan="5">≥265</td><td rowspan="3">—</td><td rowspan="5">470～630</td><td rowspan="5">470～630</td><td rowspan="5">470～630</td><td rowspan="5">470～630</td><td rowspan="5">450～600</td><td rowspan="5">450～600</td><td rowspan="3">—</td><td rowspan="2">≥20</td><td rowspan="2">≥19</td><td rowspan="2">≥19</td><td rowspan="2">≥18</td><td rowspan="2">≥17</td><td rowspan="3">—</td></tr>
<tr><td>B</td></tr>
<tr><td>C</td><td rowspan="3">≥21</td><td rowspan="3">≥20</td><td rowspan="3">≥20</td><td rowspan="3">≥20</td><td rowspan="3">≥18</td></tr>
<tr><td>D</td><td rowspan="2">≥265</td><td rowspan="2">450～600</td><td rowspan="2">≥17</td></tr>
<tr><td>E</td></tr>
<tr><td rowspan="5">Q390</td><td>A</td><td rowspan="5">≥390</td><td rowspan="5">≥370</td><td rowspan="5">≥350</td><td rowspan="5">≥330</td><td rowspan="5">≥330</td><td rowspan="5">≥310</td><td rowspan="5">—</td><td rowspan="5">—</td><td rowspan="5">—</td><td rowspan="5">490～650</td><td rowspan="5">490～650</td><td rowspan="5">490～650</td><td rowspan="5">490～650</td><td rowspan="5">470～620</td><td rowspan="5">—</td><td rowspan="5">—</td><td rowspan="5">≥20</td><td rowspan="5">≥19</td><td rowspan="5">≥19</td><td rowspan="5">≥18</td><td rowspan="5">—</td><td rowspan="5">—</td></tr>
<tr><td>B</td></tr>
<tr><td>C</td></tr>
<tr><td>D</td></tr>
<tr><td>E</td></tr>
<tr><td rowspan="5">Q420</td><td>A</td><td rowspan="5">≥420</td><td rowspan="5">≥400</td><td rowspan="5">≥380</td><td rowspan="5">≥360</td><td rowspan="5">≥360</td><td rowspan="5">≥340</td><td rowspan="5">—</td><td rowspan="5">—</td><td rowspan="5">—</td><td rowspan="5">520～680</td><td rowspan="5">520～680</td><td rowspan="5">520～680</td><td rowspan="5">520～680</td><td rowspan="5">500～650</td><td rowspan="5">—</td><td rowspan="5">—</td><td rowspan="5">≥19</td><td rowspan="5">≥18</td><td rowspan="5">≥18</td><td rowspan="5">≥18</td><td rowspan="5">—</td><td rowspan="5">—</td></tr>
<tr><td>B</td></tr>
<tr><td>C</td></tr>
<tr><td>D</td></tr>
<tr><td>E</td></tr>
<tr><td rowspan="3">Q460</td><td>C</td><td rowspan="3">≥460</td><td rowspan="3">≥440</td><td rowspan="3">≥420</td><td rowspan="3">≥400</td><td rowspan="3">≥400</td><td rowspan="3">≥380</td><td rowspan="3">—</td><td rowspan="3">—</td><td rowspan="3">—</td><td rowspan="3">550～720</td><td rowspan="3">550～720</td><td rowspan="3">550～720</td><td rowspan="3">550～720</td><td rowspan="3">530～700</td><td rowspan="3">—</td><td rowspan="3">—</td><td rowspan="3">≥17</td><td rowspan="3">≥16</td><td rowspan="3">≥16</td><td rowspan="3">≥16</td><td rowspan="3">—</td><td rowspan="3">—</td></tr>
<tr><td>D</td></tr>
<tr><td>E</td></tr>
</table>

续表 7－5

牌号	质量等级	拉伸试验①②③																					
		以下公称厚度(直径,边长)下屈服强度 R_{eL}/MPa									以下公称厚度(直径,边长)下抗拉强度 R_m/MPa							断后伸长率 A/% 公称厚度(直径,边长)					
		≤16mm	>16mm～40mm	>40mm～63mm	>63mm～80mm	>80mm～100mm	>100mm～150mm	>150mm～200mm	>200mm～250mm	>250mm～400mm	≤40mm	>40mm～63mm	>63mm～80mm	>80mm～100mm	>100mm～150mm	>150mm～200mm	>200mm～250mm	≤40mm	>40mm～63mm	>63mm～80mm	>80mm～100mm	>100mm～150mm	>150mm～200mm
	C																						
Q500	D	≥500	≥480	≥470	≥450	≥440	—	—	—	—	610～770	600～760	590～750	540～730	—	—	—	≥17	≥17	≥17	—	—	—
	E																						
	C																						
Q550	D	≥550	≥530	≥530	≥500	≥490	—	—	—	—	670～830	620～810	600～790	590～780	—	—	—	≥16	≥16	≥16	—	—	—
	E																						
	C																						
Q620	D	≥620	≥600	≥590	≥570	—	—	—	—	—	710～880	690～880	670～860	—	—	—	—	≥15	≥15	≥15	—	—	—
	E																						
	C																						
Q690	D	≥690	≥670	≥660	≥640	—	—	—	—	—	770～940	750～920	730～900	—	—	—	—	≥14	≥14	≥14	—	—	—
	E																						

注:①当屈服不明显时,可测量 $R_{P0.2}$代替下屈服强度。

②宽度不小于 600mm 扁平材,拉伸试验取横向试样;宽度小于 600mm 的扁平材、型材及棒材取纵向试样,断后伸长率最小值相应提高 1%(绝对值)。

③厚度>250mm～400mm 的数值适用于扁平材。

低合金结构钢主要用于轧制各种型钢(角钢、槽钢、工字钢)、钢板、钢管及钢筋,广泛用于钢结构和钢筋混凝土结构中,特别适用于各种重型结构、大跨度结构、高层结构及桥梁工程等,尤其对用于大跨度和大柱网的结构,其技术经济效果更为显著。

二、钢筋混凝土结构用钢材

钢筋混凝土结构用的钢筋和钢丝,主要由碳素结构钢和低合金钢轧制而成。主要品种有热轧钢筋、冷加工钢筋、热处理钢筋、预应力混凝土用钢丝和钢绞线。按直条或盘条(也称盘圆)供货。

1. 热轧钢筋

用热轧钢坯轧成的条形成品钢筋,称为热轧钢筋。它是建筑工程中用量最大的钢材品种之一,主要用于钢筋混凝土和预应力混凝土结构的配筋。

热轧钢筋按其轧制外形分为热轧光圆钢筋、热轧带肋钢筋。热轧光圆钢筋按照屈服强度分为 HPB235 和 HPB300 两个牌号。HPB 为热轧光圆的英文缩写。它的强度较低,但具有塑性好、伸长率高、便于弯曲成型、容易焊接等特点。热轧带肋钢筋可分为普通热轧钢筋和细晶粒热轧钢筋。普通热轧钢筋分为 HRB335、HRB400 和 HRB500 三个牌号;细晶粒热轧钢筋分为 HRBF33、HRBF400 和 HRBF500 三个牌号。其中 335、400 和 500 为屈服强度值,H、R、B、F 分别为热轧、带肋、钢筋、细四个词的英文首位字母。带肋钢筋通常为圆形截面,且表面通常带有两条纵肋和沿长度方向均匀分布的横肋。按肋纹的形状分为月牙肋和等高肋(如图 7-10 所示)。月牙肋的纵横肋不相交,而等高肋则纵横肋相交。月牙肋钢筋具有生产简便、强度高、应力集中、敏感性小、疲劳性能好等优点,但其与混凝土的粘结锚固性能稍逊于等高肋钢筋。根据《钢筋混凝土用热轧光圆钢筋》(GB1499.1—2008)和《钢筋混凝土用热轧带肋钢筋》(GB1499.2—2007),热轧钢筋的力学性能及工艺性能应符合表 7-6 的规定。

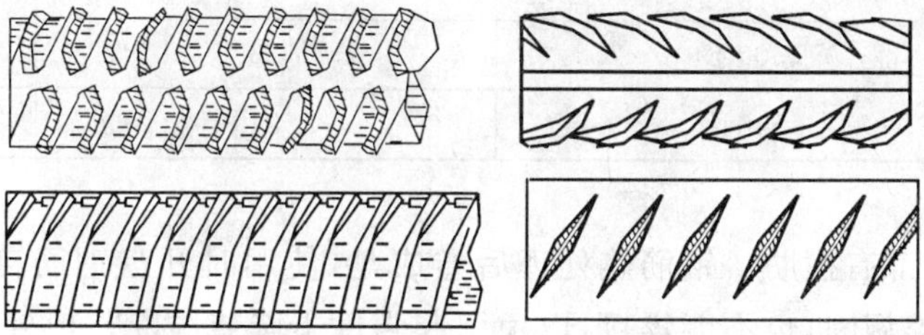

图 7-10　带肋钢筋外形

热轧钢筋中的低碳钢热轧圆盘条,直径 8～20mm,也广泛地应用在土木建筑及金属制品中。根据 GB/T701-2008 规定,盘条分为供拉丝等深加工及其他一般用途的低碳钢热轧圆盘条和拉丝用盘条两类,所用钢材的牌号有 Q195、Q215、Q235 和 Q275,其力学及工艺性能应符合表 7-7 的规定。

2. 热处理钢筋

预应力混凝土用热处理钢筋,是用热轧带肋钢筋经淬火和回火调质处理后的钢筋。通常有直径为 6mm、7.2mm、10mm 三种规格,其条件屈服强度为不小于 1 325MPa,抗拉强度 σ_b 不小 于1470MPa,伸长率(δ_{10})不小于6%,1000h应力松弛率不大于3.5%。按外形分为有纵

表 7-6　热轧钢筋性能

牌　号	公称直径 a (mm)	屈服强度 R_{eL} (MPa)	抗拉强度 R_m (MPa)	断后伸长率 A (%)	最大力总伸长率 A_{gt} (%)	冷弯试验 180° 弯心直径
HPB235	6～12	≥235	≥370	≥25.0	≥10.0	$d=a$
HPB300	14～22	≥300	≥420			
HRB335 HRBF335	6～25	≥335	≥455	≥17	≥7.5	$d=3a$
	28～40					$d=4a$
	>40～50					$d=5a$
HRB400 HRBF400	6～25	≥400	≥540	≥16		$d=4a$
	28～40					$d=5a$
	>40～50					$d=6a$
HRB500 HRBF500	6～25	≥500	≥630	≥15		$d=6a$
	28～40					$d=7a$
	>40～50					$d=8a$

表 7-7　低碳钢热轧圆盘条力学性能及工艺性能(GB/T 701-2008)

牌　号	力学性能		冷弯试验 180° d——弯心直径 a——试样直径
	抗拉强度 R_m/N·mm^{-2} 不大于	断后伸长率 $A_{11.3}$/%	
Q195	410	30	$d=0$
Q215	435	28	$d=0$
Q235	500	23	$d=0.5a$
Q275	540	21	$d=1.5a$

肋和无纵肋两种,但都有横肋。钢筋热处理后卷成盘,使用时开盘钢筋自行伸直,按要求的强度切断。不能用电焊切断,也不能焊接,以免引起强度下降或脆断。热处理钢筋在预应力结构中使用,具有与混凝土粘结性能好、应力松弛率低、施工方便等优点。主要用于预应力钢筋混凝土轨枕,也用于预应力梁、板结构及吊车梁等。

3. 冷轧带肋钢筋

热轧圆盘条经冷轧后,在其表面带有沿长度方向均匀分布的三面或两面横肋,即成为冷轧带肋钢筋。钢筋冷轧后允许进行低温回火处理。根据 GB13788-2008 规定,冷轧带肋钢筋按抗拉强度分为四个牌号,分别为 CRB550、CRB650、CRB800、CRB970。C、R、B 分别为冷轧、带肋、钢筋三个词的首位英文字母,数值为抗拉强度的最小值。冷轧带肋钢筋的力学性能及工艺性能见表 7-8。与冷拔低碳钢丝相比较,冷轧带肋钢筋具有强度高、塑性好、与混凝土粘结牢固、节约钢材、质量稳定等优点。CRB550 宜用作普通钢筋混凝土结构;其他牌号宜用在预应力混凝土结构中。

表 7-8　冷轧带肋钢筋力学性能和工艺性能(GB 13788-2008)

<table>
<tr><th rowspan="2">牌　号</th><th rowspan="2">$R_{P0.2}$/MPa
不小于</th><th rowspan="2">R_m/MPa
不小于</th><th colspan="2">伸长率(%)
不小于</th><th rowspan="2">弯曲试验
180°</th><th rowspan="2">反复弯
曲次数</th><th>应用松驰初始应力相当于公称抗拉强度的 70%</th></tr>
<tr><th>$A_{11.3}$</th><th>A_{100}</th><th>1 000h 松弛率(%)
不大于</th></tr>
<tr><td>CRB550</td><td>500</td><td>550</td><td>8.0</td><td>—</td><td>$d=3a$</td><td>—</td><td>—</td></tr>
<tr><td>CRB650</td><td>585</td><td>650</td><td>—</td><td>4.0</td><td>—</td><td>3</td><td>8</td></tr>
<tr><td>CRB800</td><td>720</td><td>800</td><td>—</td><td>4.0</td><td>—</td><td>3</td><td>8</td></tr>
<tr><td>CRB970</td><td>875</td><td>970</td><td>—</td><td>4.0</td><td>—</td><td>3</td><td>8</td></tr>
</table>

注:表中 D 为弯曲直径,d 为钢筋公称直径。

4. 冷拔低碳钢丝

冷拔低碳钢丝是将直径为 6.5～8mm 的碳素结构钢 Q235 或 Q215 的热轧盘条钢筋,经冷拔加工而成。低碳钢丝经冷拔后,屈服强度可提高 40%～60%,同时塑性大为降低。所以,冷拔低碳钢丝变得硬脆,属硬钢类钢丝。它的性能要求和应用可参阅有关标准或规范。目前,已逐渐限制该类钢丝的一些应用。

5. 预应力混凝土用钢丝及钢绞线

大型预应力混凝土构件,由于受力很大,常采用高强度钢丝或钢铰线作为主要受力钢筋。预应力高强度钢丝是用优质碳素结构钢盘条,经酸洗、冷拉或再经回火处理等工艺制成。

(1)预应力混凝土用钢丝。预应力混凝土用钢丝是用优质碳素结构钢制成。根据《预应力混凝土用钢丝》(GB/T 5223-2002),钢丝按加工状态分为冷拉钢丝(代号 RCD)和消除应力钢丝(代号 S)两类。消除应力钢丝按松弛性能又分为低松弛级钢丝和普通松弛级钢丝。钢丝的力学性能应符合表 7-9 的规定。

表 7-9　冷拉钢丝力学性能(GB/T 5223-2002)

<table>
<tr><th>公称直径
d_n/mm</th><th>抗拉强度
σ_b/MPa
不小于</th><th>规定非比例
伸长应力
$\sigma_{P0.2}$/MPa
不小于</th><th>最大力下总
伸长率
($L_0=200$ mm)
δ_{gt}/%,不小于</th><th>弯曲次数
(次/180°)
不小于</th><th>弯曲半径
R/mm</th><th>断面收缩率
ψ/%
不小于</th><th>每 210mm
扭距的扭转
次数 n
不小于</th><th>初始应力相当于70%公称抗拉强度时,1 000h后应力松弛率
r/%,不小于</th></tr>
<tr><td>3.00</td><td rowspan="3">1 470
1 570
1 670
1 770</td><td rowspan="3">1 100
1 180
1 250
1 330</td><td rowspan="6">1.5</td><td>4</td><td>7.5</td><td>—</td><td>—</td><td rowspan="6">8</td></tr>
<tr><td>4.00</td><td>4</td><td>10</td><td rowspan="2">35</td><td>8</td></tr>
<tr><td>5.00</td><td>4</td><td>15</td><td>8</td></tr>
<tr><td>6.00</td><td rowspan="3">1 470
1 570
1 670
1 770</td><td rowspan="3">1 100
1 180
1 250
1 330</td><td>5</td><td>15</td><td rowspan="3">30</td><td>7</td></tr>
<tr><td>7.00</td><td>5</td><td>20</td><td>6</td></tr>
<tr><td>8.00</td><td>5</td><td>20</td><td>5</td></tr>
</table>

(2)钢铰线。预应力混凝土用钢绞线，是由数根优质碳素结构钢钢丝经绞捻和消除内应力的热处理后制成。根据《预应力混凝土用钢绞线》(GB/T 5224－2003)的规定，钢铰线按所用钢丝的根数分为五种结构类型，其代号为：用两根钢丝捻制的钢绞线(1×2)、用三根钢丝捻制的钢绞线(1×3)、用三根刻痕钢丝捻制的钢绞线(1×3 Ⅰ)、用七根钢丝捻制的标准型钢绞线(1×7)、用七根钢丝捻制又经模拔的钢绞线［(1×7)C］。

1×2、1×3、1×7 结构钢绞线的力学性能应分别符合表 7－10 至表 7－12 的规定。

表 7－10　1×2 钢铰线的力学性质(GB/T 5224－2003)

钢绞线结构	钢绞线公称直径 D_n/mm	抗拉强度 R_m/MPa 不小于	整根钢绞线的最大力 F_m/kN 不小于	规定非比例延伸力 $F_{P0.2}$/kN 不小于	最大力总伸长率 ($L_0 \geqslant 400$mm) A_{gt}/% 不小于	应力松弛性能 初始负荷相当于公称最大力的百分数/%	应力松弛性能 1 000h 后应力松弛率 r/% 不大于
1×2	5.00	1 570	15.4	13.9	对所有规格	对所有规格	对所有规格
		1 720	16.9	15.2			
		1 860	17.3	16.5			
		1 960	19.2	17.3			
	5.80	1 570	20.7	18.6		60	1.0
		1 720	22.7	20.4			
		1 860	24.6	22.1			
		1 960	25.9	23.3	3.5	70	2.5
	8.00	1 470	36.9	33.2			
		1 570	39.4	35.5			
		1 720	43.2	38.9		80	4.5
		1 860	46.7	42.0			
		1 960	49.2	44.3		70	2.5
	10.00	1 470	57.8	52.0			
		1 570	61.7	55.5	3.5		
		1 720	67.6	60.8		80	4.5
		1 860	73.1	65.8			
		1 960	77.0	69.3			
	12.00	1 470	83.1	74.8			
		1 570	88.7	79.8			
		1 720	97.2	87.5			
		1 860	105	94.5			

注：规定非比例延伸力 $F_{P0.2}$值不小于整根钢绞线公称最大力 F_m 的 90%。

表 7-11　1×3 钢绞线的力学性质(GB/T 5224-2003)

钢绞线结构	钢绞线公称直径 D_n/mm	抗拉强度 R_m/MPa 不小于	整根钢绞线的最大力 F_m/kN 不小于	规定非比例延伸力 $F_{P0.2}$/kN 不小于	最大力总伸长率 ($L_0 \geq 400$mm) A_{gt}/% 不小于	应力松弛性能 初始负荷相当于公称最大力的百分数/%	应力松弛性能 1 000h 后应力松弛率 r/% 不大于
					对所有规格	对所有规格	对所有规格
1×3	5.20	1 570	31.1	28.0	3.5	60	1.0
		1 720	34.1	30.7			
		1 860	36.8	33.1			
		1 960	38.8	34.9			
	6.50	1 570	33.3	30.0			
		1 720	36.5	32.9			
		1 860	39.4	35.5			
		1 960	41.6	37.4			
	8.60	1 470	55.4	49.9		70	2.5
		1 570	59.2	53.3			
		1 720	64.8	58.3			
		1 860	70.1	63.1			
		1 960	73.9	66.5			
	8.74	1 570	60.6	54.5			
		1 670	64.5	57.1			
		1 860	71.8	64.6			
	10.80	1 470	86.6	77.9		80	4.5
		1 570	92.5	83.3			
		1 720	101	90.9			
		1 860	110	99.0			
		1 960	115	104			
	12.90	1 470	125	113			
		1 570	133	120			
		1 720	146	131			
		1 860	158	142			
		1 960	166	149			
1×3 I	8.74	1 570	60.6	54.5			
		1 670	64.5	58.1			
		1 860	71.8	64.6			

注:规定非比例延伸力 $F_{P0.2}$值不小于整根钢绞线公称最大力 F_m 的 90%。

表 7-12　1×7 钢绞线的力学性质(GB/T 5224-2003)

钢绞线结构	钢绞线公称直径 D_n/mm	抗拉强度 R_m/MPa 不小于	整根钢绞线的最大力 F_m/kN 不小于	规定非比例延伸力 $F_{p0.2}$/kN 不小于	最大力总伸长率 ($L_0 \geqslant 400$mm) A_{gt}/% 不小于	应力松弛性能	
						初始负荷相当于公称最大力的百分数 /%	1 000h 后应力松弛率 r/% 不大于
		1 720	94.3	84.9	对所有规格	对所有规格	对所有规格
	9.50	1 860	102	91.8			
		1 960	107	96.3			
		1 720	128	115		60	1.0
	11.10	1 860	138	124			
		1 960	145	131			
		1 720	170	153			
	12.70	1 860	184	166	3.5	70	2.5
		1 960	193	174			
1×7		1 470	206	185			
		1 570	220	198			
		1 670	234	211			
	15.20	1 720	241	217		80	4.5
		1 860	260	234			
		1 960	274	247			
	15.70	1 770	266	239			
		1 860	279	251			
	17.80	1 720	327	294			
		1 860	353	318			
	12.70	1 860	208	187			
(1×7)C	15.20	1 820	300	270			
	18.00	1 720	384	346			

注:规定非比例延伸力 $F_{P0.2}$ 值不小于整根钢绞线公称最大力 F_m 的 90%。

预应力混凝土用钢丝和钢绞线的强度高,并具有较好的柔性,而且质量稳定、安全可靠,施工简便,使用时可根据要求的长度切断。它适用于大荷载、大跨度、曲线配筋的预应力钢筋混凝土结构。

三、钢材的选用原则

钢材的选用一般遵循下面原则:

(1)荷载性质:对于经常承受动力或振动荷载的结构,容易产生应力集中,从而引起疲劳破坏,需要选用材质高的钢材。

(2)使用温度:对于经常处于低温状态的结构,钢材容易发生冷脆断裂,特别是焊接结构更甚，因而要求钢材具有良好的塑性和低温冲击韧性。

(3)连接方式：对于焊接结构，当温度变化和受力性质改变时，焊缝附近的母体金属容易出现冷、热裂纹，促使结构早期破坏。所以焊接结构对钢材化学成分和机械性能要求应较严。

(4)钢材厚度：钢材力学性能一般随厚度增大而降低，钢材经多次轧制后，钢的内部结晶组织更为紧密，强度更高，质量更好。故一般结构用的钢材厚度不宜超过 40mm。

(5)结构重要性：选择钢材要考虑结构使用的重要性，如大跨度结构、重要的建筑物结构，须相应选用质量更好的钢材。

第四节 钢材的锈蚀与防止

一、钢材的锈蚀

钢材的锈蚀是指其表面与周围介质发生化学反应而遭到破坏的过程。

钢材如果在存放中严重锈蚀，会使截面积减小、性能降低，甚至报废，因此使用前还需除锈。使用已锈蚀的钢材，不仅使受力面积减小，而且因局部锈蚀的产生，还可造成应力集中，促使结构早期破坏。尤其在有反复荷载作用的情况下，将产生锈蚀疲劳现象，使疲劳强度大为降低，出现脆性断裂。

根据锈蚀作用的机理，钢材的锈蚀可分为化学锈蚀和电化学锈蚀两种。

1. 化学锈蚀

化学锈蚀是指钢材直接与周围介质发生化学反应而产生的锈蚀。这种锈蚀多数是氧化作用，使钢材表面形成疏松的氧化物。在常温下，钢材表面能形成一薄层起保护作用的氧化膜 FeO，可以防止钢材进一步锈蚀。因而在干燥环境下，钢材锈蚀进展缓慢，但在温度和湿度较高的环境中，这种锈蚀进展加快。

2. 电化学锈蚀

电化学锈蚀是建筑钢材在存放和使用中发生锈蚀的主要形式。它是指钢材与电解质溶液接触而产生电流，形成微电池而引起的锈蚀。潮湿环境中的钢材表面会被一层电解质水膜所覆盖，而钢材含有铁、碳等多种成分组成，由于这些成分的电极电位不同，从而钢的表面层在电解质溶液中构成以铁素体为阳极，以渗碳体为阴极的微电池。在阳极，铁失去电子成为 Fe^{2+} 进入水膜；在阴极，溶于水膜中的氧被还原生成 OH^-，随后两者结合生成不溶于水的 $Fe(OH)_2$，并进一步氧化成为疏松易剥落的红棕色铁锈 $Fe(OH)_3$。由于铁素体基体的逐渐锈蚀，钢组织中的渗碳体等暴露出来的越来越多，于是形成的微电池数目也越来越多，钢材的锈蚀速度也就愈益加速。

影响钢材锈蚀的主要因素是水、氧及介质中所含的酸、碱、盐等。同时钢材本身的组织成分对锈蚀影响也很大。埋于混凝土中的钢筋，由于普通混凝土的 pH 值为 12 左右，处于碱性环境，使之表面形成一层碱性保护模，它有较强的阻止锈蚀继续发展的能力，故混凝土中的钢筋一般不易锈蚀。

二、防止钢材锈蚀的措施

1. 涂敷保护层法

通常的方法是采用在表面施加保护层，使钢材与周围介质隔离。保护层可分为金属保护层和非金属保护层两类。

非金属保护层常用的是在钢材表面刷漆，常用底漆有红丹、环氧富锌漆、铁红环氧底漆等，面漆有调和漆、醇酸磁漆、酚醛磁漆等，该方法简单易行，但不耐久。此外，还可以采用塑料保护层、沥青保护层、搪瓷保护层等。

金属保护层是用耐蚀性较好的金属，以电镀或喷镀的方法覆盖在钢材表面，如镀锌、镀锡、镀铬等。薄壁钢材可采用热浸镀锌或镀锌后加涂塑料涂层等措施。

混凝土配筋的防锈措施，根据结构的性质和所处环境条件等考虑混凝土的质量要求，主要是保证混凝土的密实度（控制最大水灰比和最小水泥用量、加强振捣）、保证足够的保护层厚度、限制氯盐外加剂的掺和量和保证混凝土一定的碱度等；还可掺用阻锈剂（如亚硝酸钠等）。国外有采用钢筋镀锌、镀镍等方法。

对于预应力钢筋，一般含碳量较高，又多系经过变形加工或冷加工，因而对锈蚀破坏较敏感，特别是高强度热处理钢筋，容易产生应力锈蚀现象。故重要的预应力承重结构，除禁止掺用氯盐外，应对原材料进行严格检验。

2. 制成合金

钢材的组织及化学成分是引起锈蚀的内因。通过调整钢的基本组织或加入某些合金元素，可有效地提高钢材的抗腐蚀能力。例如，在钢中加入一定量的合金元素铬、镍、钛等，制成不锈钢，可以提高耐锈蚀能力。

复习思考题

1.低碳钢受拉时的应力-应变图中，分为哪几个阶段？各阶段的特征及指标如何？

2.伸长率表示钢材的什么性质？如何计算？对同一种钢材来说，δ_5和δ_{10}哪个值大？为什么？

3.什么是钢材的冷弯性能和冲击韧性？有何实际意义？

4.工程中常对钢筋进行冷拉、冷拔或时效处理的主要目的是什么？

5.试述低合金高强度结构钢的优点。

6.钢筋混凝土用热轧钢筋如何划分等级？各级钢筋的应用范围如何？

7.钢材的锈蚀原因及防腐措施有哪些？

8.钢材的选用原则是什么？

9.直径为16mm的钢筋，截取两根试样作拉伸试验，达到屈服点的荷载分别为72.3kN和72.2kN，拉断时荷载分别为104.5kN和108.5kN。试件标距长度为80mm，拉断时的标距长度为96mm和94.4mm。问该钢筋属何牌号？

第八章　沥青和沥青混合料

沥青是高分子碳氢化合物及其非金属(氧、氮、硫等)衍生物组成的极其复杂的混合物。沥青在常温下呈固体或半固体,也有少数品种的沥青呈黏性液体状态,可溶于二硫化碳、四氯化碳、三氯甲烷和苯等有机溶剂,颜色为褐色或黑褐色。

沥青作为一种有机胶凝材料,具有良好的黏性、塑性、耐腐蚀性和憎水性。在建筑工程中主要用作防潮、防水、防腐蚀材料,用于屋面、地下防水工程以及其他防水工程和防腐工程。此外,沥青还大量用于道路工程。

沥青按来源不同可分为地沥青和焦油沥青两大类。

1. 地沥青

它是指地下原油演变或加工而得到的沥青。又可分为天然沥青和石油沥青。

(1)天然沥青是由于地壳运动使地下石油上升到地壳表层聚集或渗入岩石孔隙,再经过一定的地质年代,轻质成分挥发后的残留物。

(2)石油沥青则是将石油原油分馏出各种产品后的残渣加工而得。我国天然沥青很少,但石油资源丰富,故石油沥青是使用量最大的一种沥青材料。

2. 焦油沥青

它是干馏有机燃料(煤、页岩、木材等)所收集的焦油再经加工而得到的一种沥青材料。按干馏原料的不同,焦油沥青可分为煤沥青、页岩沥青、木沥青和泥炭沥青。工程上常用的焦油沥青为煤沥青。

建筑工程主要应用石油沥青,另外还使用少量的煤沥青。与石油沥青相比,煤沥青塑性较差,温度敏感性大,老化快,因此不宜用于屋面工程。但煤沥青与矿质材料的粘结力强,有毒性和臭味,可用于地下防水工程和防腐工程。

第一节　石油沥青

石油沥青是石油原油经蒸馏提炼出各种轻质油(如汽油、煤油、柴油等)及润滑油以后的残留物,或再经加工而得的产品。

一、石油沥青的组分与结构

1. 石油沥青的组分

沥青的化学组成极为复杂,对其进行化学成分分析十分困难。从工程使用的角度出发,通常将沥青中化学成分和物理性质相近,并且具有某些共同特征的部分,划分为一个组分。一般来说,石油沥青可划分油分、树脂和地沥青质三个主要组分。这三个组分可利用沥青在不同有机溶剂中的选择性溶解分离出来。三组分的主要特征见表 8-1。

表 8-1　石油沥青各组分主要特征

组　分	状　态	颜　色	密　度	分子量	含量(%)
油　分	油状液体	淡红—浅红色	小于 1	300～500	40～60
树　脂	黏稠状液体	黄—黑色	略大于 1	600～1 000	15～30
地沥青质	无定型固体粉末	深褐—黑色	大于 1	>1 000	10～30

不同组分对石油沥青性能的影响不同。油分赋予沥青流动性；树脂使沥青具有良好的塑性和粘结性；地沥青质则决定沥青的耐热性、黏性和硬性，其含量愈多，软化点愈高，黏性愈大，愈硬脆。

2. 石油沥青的结构

在沥青中，油分与树脂互溶，树脂能浸润地沥青质。因此，石油沥青的结构是以地沥青质为核心，周围吸附部分树脂和油分，构成胶团，无数胶团分散在油分中而形成胶体结构。

(1)溶胶结构。当地沥青质含量相对较少时，油分和树脂含量相对较高，胶团外膜较厚，胶团之间相对运动较自由，这时沥青形成溶胶结构。具有溶胶结构的石油沥青，黏性小而流动性大，塑性好，开裂后的自愈能力强，但温度稳定性较差。

(2)凝胶结构。当地沥青质含量较多而油分和树脂较少时，胶团外膜较薄，胶团靠近聚集，移动比较困难，这时沥青形成凝胶结构。具有凝胶结构的石油沥青弹性和黏性较高，温度稳定性较好，但流动性和塑性较低，开裂后的自愈能力差。

(3)溶-凝胶结构。当地沥青质含量适当时，并有较多的树脂作为保护膜层时，胶团之间保持一定的吸引力，这时沥青形成溶-凝胶结构。此时的石油沥青性质介于上述二者之间。大多数优质石油沥青属于这种结构。

二、石油沥青的技术性质

1. 防水性

石油沥青是憎水性材料，几乎完全不溶于水，且构造致密，与矿物材料表面有很好的粘结力，能紧密黏附于矿物材料表面。同时，它还具有一定的塑性，能适应材料或构件的变形，所以石油沥青具有良好的防水性，故广泛用作土木工程的防潮、防水材料。

2. 黏滞性(亦称黏性)

黏滞性是反映沥青材料在外力作用下，沥青粒子相互位移时抵抗变形的能力。液态石油沥青的黏滞性用黏度表示。半固体或固体沥青的黏性用针入度表示。黏度和针入度是沥青划分牌号的主要指标。

黏度是液体沥青在一定温度(25℃或 60℃)条件下，经规定直径(3.5mm 或 10mm)的孔，漏下 50mL 所需的秒数。其测定示意图如图 8-1 所示。黏度常以符号 C_t^d 表示，其中 d 为孔径(mm)，t 为试验时沥青的温度(℃)。C_t^d 代表在规定的 d 和 t 条件下所测得的黏度值。黏度大时，表示沥青的稠度大。

针入度是指在温度为 25℃的条件下，以质量 100g 的标准针，经 5s 沉入沥青中的深度

(0.1mm 称 1 度)来表示。针入度测定示意图见图 8-2。针入度值大，说明沥青流动性大，黏性差。针入度范围在 5～200 度之间。

按针入度可将石油沥青划分为以下几个牌号：道路石油沥青牌号有 200、80、140、100 甲、100 乙、60 甲、60 乙等号；建筑石油沥青牌号有 30、10 等号；普通石油沥青牌号有 75、65、55 等号。

一般地沥青质含量高，有适量的树脂和较少的油分时，石油沥青黏滞性大。温度升高，其黏性降低。

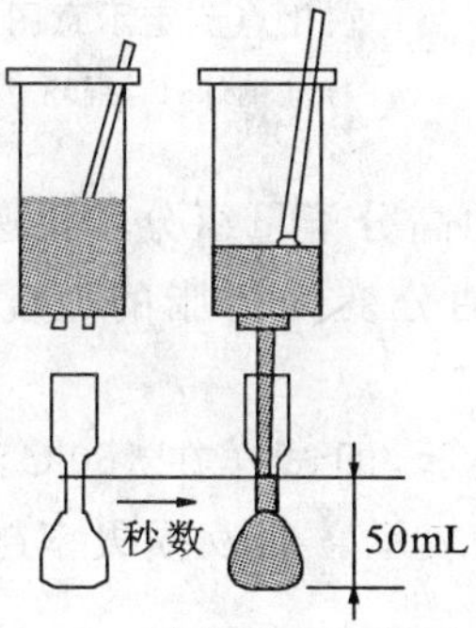

图 8-1　黏度测定示意图

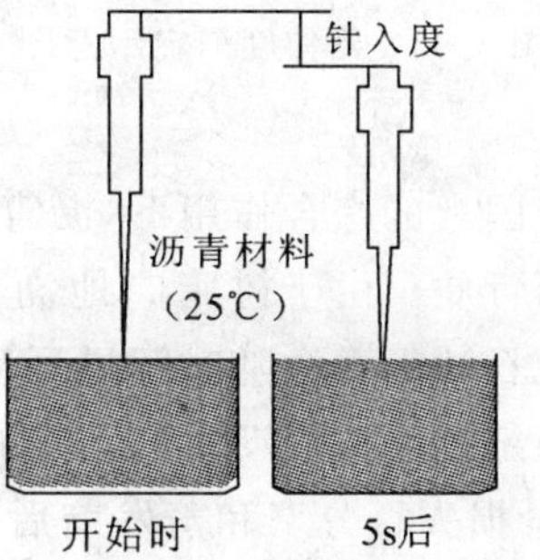

图 8-2　针入度测定示意图

3. 塑性

塑性是指石油沥青在外力作用时产生变形而不破坏，除去外力后仍保持变形后的形状不变的性质。它是石油沥青的主要性能之一。

石油沥青的塑性用延度指标表示。沥青延度是把沥青试样制成“8”字形标准试模(中间最小截面积为 $1cm^2$)，在规定的拉伸速度(5m/min)和规定温度(25℃)下拉断时的伸长长度，以厘米(cm)为单位。延度指标测定的示意图见图 8-3。延度值愈大，表示沥青塑性愈好。

一般来说，沥青中油分和地沥青质适量，树脂含量越多，延度越大，塑性越好。温度升高，沥青的塑性随之增大。

4. 温度敏感性

温度敏感性是指石油沥青的黏滞性和塑性随温度升降而变化的性能，是沥青的重要指标之一。

温度敏感性用软化点指标衡量。软化点是指沥青由固态转变为具有一定流动性膏体的温度，可采用环球法测定，测定示意图见图 8-4。它是把沥青试样装入规定尺寸(直径约 16mm，高约 6mm)的铜环内。试样上放置一标准钢球(直径 9.5mm，质量 3.5g)，浸入水中或甘油中，以规定的升温速度(每分钟 5℃)加热，使沥青软化下垂。当沥青下垂量达 25.4mm 时的温度(℃)，即为沥青软化点。软化点越高，表明沥青的耐热性越好，即温度稳定性越好。

沥青软化点不能太低，不然夏季易融化发软；但也不能太高，否则不易施工，并且品质太硬，冬季易发生脆裂现象。石油沥青温度敏感性与地沥青质含量和蜡含量密切相关。地沥青质增多，温度敏感性降低。工程上往往加入滑石粉、石灰石粉或其他矿物填料的方法来减小沥青的温度敏感性。沥青中蜡含量多时，其温度敏感性大。

5. 大气稳定性

大气稳定性是指石油沥青在热、阳光、氧气和潮湿等因素长期综合作用下抵抗老化的性能。

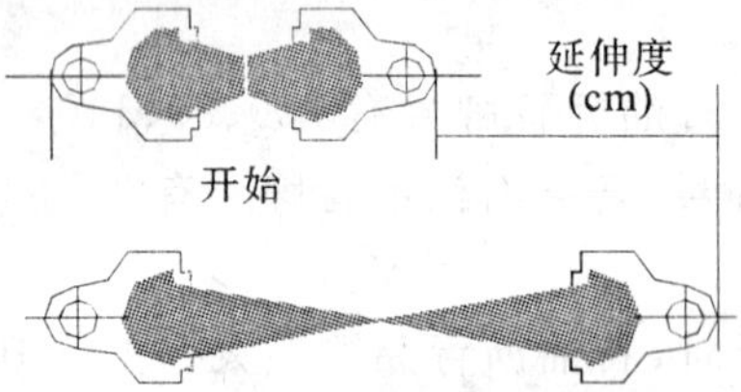

图 8-3　延伸度测定示意图

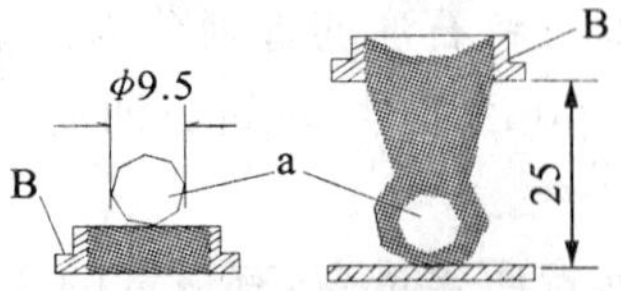

图 8-4　软化点测定示意图(mm)

a. 标准钢球；B. 铜环

在大气因素的综合作用下，沥青中的低分子量组分会向高分子量组分转化递变，即油分—树脂—地沥青质。由于树脂向地沥青质转化的速度要比油分变为树脂的速度快得多(约快50%)，因此石油沥青会随时间进展而变硬变脆，亦即“老化”。

大气稳定性可以用沥青的蒸发减量及针入度变化来表示，即试样在160℃温度加热蒸发5h后的质量损失百分率和蒸发前后的针入度比两项指标来表示。蒸发损失率越小，针入度比越大，则表示沥青的大气稳定性越好，亦即“老化”愈慢。

以上五种性质是石油沥青的主要性质，是鉴定土木工程中常用石油沥青品质的依据。

此外，为全面评定石油沥青质量和保证安全，还需了解石油沥青的溶解度、闪点等性质。

溶解度是指石油沥青在三氯乙烯、四氯化碳或苯中溶解的百分率，用以限制有害的不溶物(如沥青碳或似碳物)含量。不溶物会降低沥青的粘结性。

闪点和燃点的高低表明沥青引起火灾或爆炸的可能性的大小，它关系到运输、储存和加热使用等方面的安全。例如，建筑石油沥青闪点约230℃，在熬制时一般温度为185～200℃，为安全起见，沥青还应与火焰隔离。

三、石油沥青的技术标准

我国石油沥青产品按用途分为道路石油沥青、建筑石油沥青、防水石油沥青等。这三种石油沥青的技术标准分别列于表8-2中。石油沥青的牌号主要根据针入度、延度和软化点等质量指标来划分，以针入度值表示。同一品种的石油沥青，牌号越高，则其针入度越大，脆性越小；延度越大，塑性越好；软化点越低，温度敏感性越大。

四、石油沥青的应用

在选用沥青材料时，应根据工程类别、当地气候条件、所处工作部位来选用不同牌号的沥青。

(一)建筑石油沥青

建筑石油沥青针入度较小(黏性较大)，软化点较高(耐热性较好)，但延伸度较小(塑性较小)。主要用作制造油纸、油毡、防水涂料和沥青胶。它们绝大部分用于屋面及地下防水、沟槽防水防腐蚀及管道防腐等工程。使用时制成的沥青胶膜较厚，增大了对温度的敏感性。同时黑色沥青表面又是好的吸热体，一般同一地区的沥青屋面的表面温度比其他材料的都高。据高温季节测试，沥青屋面达到的表面温度比当地最高气温高25～30℃。为避免夏季流淌，一

表 8-2 石油沥青技术标准

沥青品种	防水防潮石油沥青(SH0002)				建筑石油沥青(GB494)			道路石油沥青(SH0522)				
项　目	质量指标				质量指标			质量指标				
	3 号	4 号	5 号	6 号	10 号	30 号	45 号	200 号	180 号	140 号	100 号	60 号
针入度(25℃,100g,5s)(1/10min)	25～45	20～40	20～40	30～50	10～25	25～40	40～60	200～300	160～200	120～160	80～100	50～80
针入度指数	≥3	≥4	≥5	≥6	≥1.5	≥3	—	—	—	—	—	—
软化点(环球法)(℃)	85	90	100	95	95	70	—	30～45	35～45	38～48	42～52	45～55
溶解度(%)	≥98	≥98	≥95	≥92	≥99.5	≥99.5	≥99.5	≥99	≥99	≥99	≥99	≥99
闪点(开口)(℃)	≥250	≥270	≥270	≥270	≥230	≥230	≥230	≥180	≥200	≥230	≥230	≥230
脆点(℃)	≤−5	≤−10	≤−15	≤−20	—	—	—	—	—	—	—	—
蒸发损失(163℃,5h)(%)	≤1	≤1	≤1	≤1	≤1	≤1	≤1	≤1	≤1	≤1	≤1	≤1
垂度(℃)			8	10	65	65	65	—	—	—	—	—
加热安定性	5	5	5	5		—		—	—	—	—	—
蒸发后针入度比(%)			—	—		—		≥50	≥60	≥60	≥65	≥70
延度(25℃,5cm/min)(cm)		—				—		>20	>100	>100	>100	>100

般屋面用沥青材料的软化点还应比本地区屋面最高温度高 20℃以上。例如，武汉、长沙地区沥青屋面温度约达 68℃，选用沥青的软化点应在 90℃左右，过低夏季易流淌，过高则因冬季低温而易硬脆甚至开裂，所以选用石油沥青时要根据地区、工程环境及要求而定。

(二)防水防潮石油沥青

防水防潮石油沥青的温度稳定性较好，特别适用做油毡的涂覆材料及建筑屋面和地下防水的粘结材料。其中 3 号沥青温度敏感性一般，质地较软，用于一般温度下的室内及地下结构部分的防水。4 号沥青温度敏感性较小，用于一般地区可行走的缓坡屋面防水。5 号沥青温度敏感性小，用于一般地区暴露屋顶或气温较高地区的屋面防水。6 号沥青温度敏感性最小，并且质地较软，除一般地区外，主要用于寒冷地区的屋面及其他防水防潮工程。

防水防潮石油沥青特别增加了保证低温变形性能的脆点指标，随牌号增大，其针入度指数增大，温度敏感性减小，脆点降低，应用温度范围愈宽，这种沥青针入度均与 30 号建筑石油沥青相近，但软化点却比 30 号沥青高 15～30℃，因而质量优于建筑石油沥青。

(三)普通石油沥青

普通石油沥青含有害成分石蜡较多，一般含量大于 5%，有的高达 20%以上，故又称多蜡石油沥青。普通石油沥青由于含有较多的蜡，故温度敏感性较大，达到液态时的温度与其软化点相差很小；与软化点大体相同的建筑石油沥青相比，针入度较大即黏性较小，塑性较差。

(四)沥青的掺配和改性

工程中使用的沥青材料必须具有其特定的性能，而通常石油加工厂制备的沥青不一定能全面满足这些要求，因此常常需要对沥青进行掺配和改性。

1. 沥青的掺配

施工中，若采用一种沥青不能满足配制沥青胶所要求的软化点时，可采用两种或三种沥青进行掺配。掺配时要注意遵循同源原则，即同属石油沥青或同属煤沥青的才可掺配。

两种沥青掺配的比例可用下式估算：

$$\text{较软沥青掺量}(\%)=\frac{\text{较硬沥青软化点}-\text{要求的沥青软化点}}{\text{较硬沥青软化点}-\text{较软沥青软化点}}\times 100 \tag{8-1}$$

$$\text{较硬沥青掺量}(\%)=100-\text{较软沥青掺量} \tag{8-2}$$

2. 氧化改性

氧化也称吹制，是在 250～300℃高温下向残留沥青或渣油吹入空气，通过氧化作用和聚合作用，使沥青分子变大，提高沥青的黏度和软化点，从而改善沥青的性能。

工程使用的道路石油沥青、建筑石油沥青和普通石油沥青均为氧化沥青。

3. 矿物填充料改性

为提高沥青的粘结能力和耐热性，减少沥青的温度敏感性，经常在石油沥青中加入一定数量的矿物填充料进行改性。常用的改性矿物填充料大多是粉状和纤维状的，主要有滑石粉、石灰石粉和石棉等。

矿物填充料之所以能对沥青进行改性，是由于沥青对矿物填充料的湿润和吸附作用。沥青成单分子状排列在矿物颗粒(或纤维)表面，形成结合力牢固的沥青薄膜。这部分沥青称为“结构沥青”，具有较高的黏性和耐热性。为形成恰当的结构沥青薄膜，掺入的矿物填充料数量要恰当。一般填充料的数量不宜少于15%。

4. 聚合物改性

聚合物(包括橡胶和树脂)同石油沥青具有较好的相溶性,可赋予石油沥青某些橡胶特性,从而改善石油沥青的性能。聚合物改性的机理复杂,一般认为聚合物改变了体系的胶体结构。当聚合物的掺量达到一定的限度,便形成聚合物的网络结构,将沥青胶团包裹。用于沥青改性的聚合物很多,使用最普遍的是SBS橡胶和APP树脂两种聚合物。

(1)SBS改性沥青。SBS是丁苯橡胶的一种。丁苯橡胶由丁二烯和苯乙烯共聚制得。SBS具有橡胶和塑料的优点,常温下具有橡胶的弹性,高温下又能像橡胶那样熔融流动,成为可塑性材料。

SBS对沥青的改性十分明显。它在沥青内部形成一个高分子量的凝胶网络,大大提高了沥青的性能。与沥青相比,SBS改性沥青具有以下特点:

①弹性好,延伸率大,延度可达2 000%;

②低温柔性大大改善,冷脆点降至−40℃;

③热稳定性提高,耐热度达90~100℃;

④耐候性很好。

SBS改性沥青是目前最成功和用量最大的一种改性沥青,在国内外已得到普遍使用,主要用途是SBS改性沥青防水卷材。

(2)APP改性沥青。APP是聚丙烯(Polypropylene,缩写PP)的一种。聚丙烯分无规聚丙烯、等规聚丙烯和间规聚丙烯三种,APP即无规聚丙烯。

无规聚丙烯为黄白色塑料,无明显熔点,加热到150℃后才开始变软。它在250℃左右熔化,并可以与石油沥青均匀混合。研究表明,改性沥青中,APP也形成了网络结构。

APP改性石油沥青与石油沥青相比,其软化点高,延度大,冷脆点降低,黏度增大,具有优异的耐热性和抗老化性,尤其适合于气温较高的地区使用。主要用于制造防水卷材。

第二节　沥青混合料

通常所说的沥青混合料是指矿料与沥青拌合而成的混合料的总称。根据沥青混合料剩余空隙率大小的不同,把剩余空隙率大于10%的沥青混合料称为沥青碎石混合料;剩余空隙率小于10%的沥青混合料称为沥青混凝土混合料。前者一般适用于过渡层及整平层。后者适用于各种等级公路的沥青面层。这里所讨论的是沥青混凝土混合料,它是由适当比例的粗集料、细集料及填料组成的符合规定级配的矿料,与沥青拌合而制成的符合技术标准的沥青混合料,简称为沥青混凝土。沥青混凝土混合料推铺、碾压成型后,即为沥青混凝土路面。

沥青混合料是一种黏-弹-塑性材料。它不仅具有良好的力学性质,而且具有一定的高温稳定性和低温柔韧性;用它铺筑的路面平整,无接缝,而且具有一定的粗糙度;路面减震、吸声、无强烈反光,使行车舒适,有利于行车安全;此外,沥青混合料施工方便,不需养护,能及时开放交通,且能再生利用。因此,沥青混合料广泛应用于高速公路、干线公路和城市道路路面。据统计,我国已建或在建的高速公路路面90%以上采用沥青混合料路面。

沥青混合料作为高等级公路最主要的路面材料，是因为它具有许多其他土木工程材料无法比拟的优越性，具体表现在以下几个方面：

(1)沥青混合料是一种弹塑性、黏性材料，因而它具有一定的高温稳定性和低温抗裂性。它不需设置施工缝和伸缩缝，路面平整且有弹性，行车比较舒适。

(2)沥青混合料路面有一定的粗糙度，雨天具有良好的抗滑性。路面又能保证一定的平整性，如高速公路路面，其平整度可达 1.0mm 以下。而且沥青混合料路面为黑色，无强烈反光，行车比较安全。

(3)施工方便，速度快，不需要较长的养护期，能及时开放交通。

(4)沥青混合料路面可分期改造和再生利用。随着道路交通量的增大，可以对原有的路面进行拓宽和加厚。对旧有的沥青混合料，可以运用现代技术，再生利用，以节约原材料。

一、沥青混合料的组成结构和强度理论

(一)沥青混合料的组成结构

沥青混合料是由沥青粗、细集料和矿粉按照一定的比例拌合而成的多组分材料。对这种较为复杂的混合料，形成两种相互对立的理论。

表面理论认为，沥青混合料是由粗、细集料和矿粉按一定的比例组成矿质骨架结构，沥青作为胶结料，把它们粘结成为一个整体。

胶体理论认为，沥青混合料是一种具有空间网络结构的多相分散体系。它是以粗集料为分散相，沥青砂浆为分散介质的粗分散系；沥青砂浆又是以细集料为分散相，沥青胶结物为分散介质的细分散系；而沥青胶结物又以矿粉为分散相，沥青为分散介质的更细的分散系。其中沥青胶结物的组成结构，对沥青混合料的高温稳定性和低温抗裂性的影响尤为重要。

沥青混合料根据其粗、细集料的比例不同，其结构组成有三种形式：

(1)悬浮密实结构。连续密级配的沥青混合料，由于细集料的数量较多，粗集料被细集料挤开，因此，粗集料以悬浮状态位于细集料之间[如图 8-5(a)所示]。这种结构的沥青混合料的密实度较高，但稳定性较差。对双层或三层结构的沥青路面，其中至少必须有一层Ⅰ型密级配沥青配合料。对干燥地区的高等级公路，也可采用这种结构的沥青混合料做表层。

(2)骨架空隙结构。连续开级配的沥青混合料，由于细集料的数量较少，粗集料之间不仅紧密相连，而且有较多的空隙[如图 8-5(b)所示]。这种结构的沥青混合料的内摩阻力起重要作用，因此，沥青混合料受沥青材料的变化影响较小，稳定性较好。当沥青路面采用这种形式的沥青混合料时，沥青面层下必须做下封层。

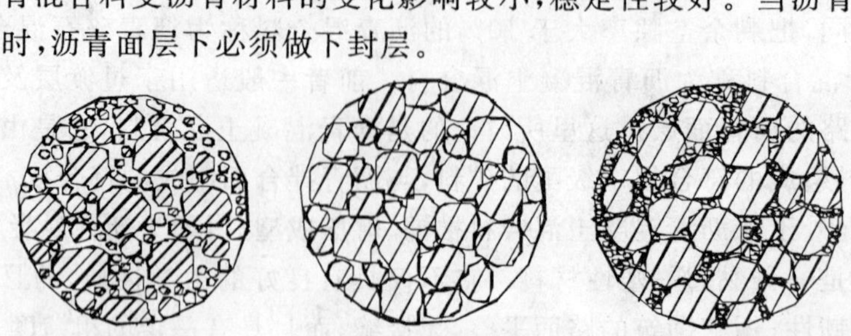

(a)悬浮密实结构　(b)骨架空隙结构　(c)骨架密实结构

图 8-5　沥青混合料的典型组成结构

(3)骨架密实结构。间断密级配的沥青混合料,是上面两种结构形式的有机组合。它既有一定数量的粗集料形成骨架结构,又有足够的细集料填充到粗集料之间的空隙中去[如图8-5(c)所示],因此,这种结构的沥青混合料的密实度、强度和稳定性都比较好。目前,这种结构形式的沥青混合料路面还用得比较少,处于研究阶段。

(二)沥青混合料的强度理论

用沥青混合料铺筑的路面产生破坏的主要原因是由于夏季高温时的抗剪强度不足和冬季低温时的抵抗变形能力过差引起的。而抵抗变形能力的大小主要取决于沥青材料本身的性质。因此,研究沥青混合料的强度可以从抗剪强度着手。目前,一般通过三轴剪切试验来研究沥青混合料的抗剪强度。试验表明:沥青混合料的抗剪强度决定于沥青混合料的内摩擦角和黏聚力。

1. 影响沥青混合料内摩擦角的因素

(1)矿质骨料对内摩擦角的影响。矿质骨料对内摩擦角大小的影响,一般来说,矿质骨料的尺寸大,形状近似正方体,有一定的棱角,表面粗糙较之矿质骨料的尺寸小,形状近似球形,缺少棱角,表面光滑具有更大的内摩擦角。因此,在选择集料的时候,宜采用较大的均匀的碎石,而不宜用小粒径的卵石。

另外,采用不同的矿料级配对内摩擦角的影响也是不同的。连续型密级配的矿质混合料由于其粗集料的数量太少,呈悬浮状态分布,因而它的内摩擦角较小;而连续型开级配的矿质混合料,粗集料的数量比较多,形成一定的骨架结构,内摩擦角也就大。

(2)沥青含量对内摩擦角的影响。沥青含量越少,矿料表面形成的沥青膜越薄,内摩擦角越大。反之,沥青含量越大,沥青的润滑作用越明显,内摩擦角越小。

2. 影响沥青混合料黏聚力的因素

(1)沥青材料的粘结性对黏聚力的影响。在沥青混合料中,沥青作为胶凝材料,对矿质混合料起胶结作用。因此,沥青本身的黏度高低直接影响着沥青混合料黏聚力的大小。沥青的黏度越大,混合料的黏滞阻力也越大,抵抗剪切变形的能力越强,则混合料的黏聚力就越大。同时,沥青的黏度随温度的变化而变化,温度升高,黏度降低,混合料的黏聚力也显著降低。

(2)矿料颗粒间的联结形式对黏聚力的影响。对于沥青与矿料之间的相互作用,有学者认为:矿粉对其周围的沥青有吸附作用,因此贴近矿粉的沥青的化学组分会重新排列,沥青在矿粉表面形成一层扩散结构膜,结构膜内的这层沥青称结构沥青;扩散结构膜外的沥青,因受矿粉吸附影响很小,化学组分并未改变,称为自由沥青。当矿粉颗粒之间以结构沥青的形式相联结时混合料的黏聚力较大。反之,以自由沥青的形式相联结时,混合料的黏聚力较小。

(3)矿粉的细度对黏聚力的影响。从矿粉的细度来看,沥青与矿粉相互作用,在矿粉周围形成一定的沥青膜。对于等量的沥青,矿粉越细,比表面积(单位质量集料的总表面积)越大,形成的沥青膜层越薄。这样,结构沥青在沥青中所占的比例越大,沥青混合料的黏聚力也就越大。同时,也要注意到矿粉不能过细,否则,沥青混合料易结团,不利于施工。

(4)沥青的用量对黏聚力的影响。从沥青的用量来看,沥青用量的多少可以影响沥青结构膜的数量,从而影响沥青混合料黏聚力的大小。沥青用量过少,沥青不足以包裹矿粉表面,矿粉间不能完全地靠沥青薄膜联结,因而沥青混合料的黏聚力很差。随着沥青用量的增加,结构沥青的数量不断增多,混合料的黏聚力也不断提高。当沥青用量达到一定程度时,形成的结构沥青数量最多，混合料的黏聚力达到最大。随着沥青用量的继续增加，多余的沥青将矿粉颗粒推开，在颗粒间形成未与矿粉作用的自由沥青，混合料的黏聚力开始逐渐降低。当然，少量自由沥青的存在也是必要的，它可以增加沥青混合料的塑性，减少沥青路面的开裂。

二、沥青混合料的技术性质

1. 高温稳定性

沥青混合料的高温稳定性是指混合料在高温情况下，承受外力不断作用，抵抗永久变形的能力。沥青混合料路面在长期的行车荷载作用下，会出现车辙现象。在经常加速或减速的路段，还会出现推移变形。

我国在20世纪70年代，就开始采用马歇尔法来评定沥青混合料的高温稳定性，用马歇尔法所测得的稳定度和流值反映沥青混合料的稳定性和水稳定性情况。但随着近来高等级公路的兴起，对路面稳定性提出了更高的要求。对一级公路和高速公路《公路沥青路面施工技术规范》还采用车辙试验来测定其高温稳定性。在试验温度60℃条件下，用车辙试验机的试验轮对沥青混合料试件进行往返碾压至1h或最大变形达25mm为止，测定其在变形稳定期每增加变形1mm的碾压次数，即为动稳定度。对高速公路动稳定度应不小于800次/mm，对一级公路，应不小于600次/mm。

影响沥青混合料高温稳定性的主要因素有沥青的用量、沥青的黏度、矿料的级配、矿料的尺寸及形态等。沥青过量，不仅降低了沥青混合料的内摩阻力，而且在夏季容易产生泛油现象。因此，适当减少沥青的用量，可以使矿料颗粒更多地以结构沥青的形式相联结，增加混合料黏聚力和内摩阻力，提高沥青的黏度，增加沥青混合料抗剪变形的能力。由合理矿料级配组成的沥青混合料，可以形成骨架密实结构，这种混合料的黏聚力和内摩阻力都比较大。在矿料的选择上，应挑选粒径大的，有棱角的矿料颗粒，提高混合料的内摩擦角。另外，还可以加入一些外加剂，来改善沥青混合料的性能。所有这些措施，都是为了提高沥青混合料的抗剪强度和减少塑性变形，从而增强沥青混合料的高温稳定性。

2. 低温抗裂性

沥青混合料随着温度的降低，变形能力下降。路面由于低温而收缩以及行车荷载的作用，在薄弱部位产生裂缝，从而影响道路的正常使用。因此，要求沥青混合料具有一定的低温抗裂性。

沥青混合料的低温裂缝是由混合料的低温脆化、低温缩裂和温度疲劳引起的。混合料的低温脆化是指其在低温条件下，变形能力降低。一般通过不同温度下小梁弯拉破坏试验来反映。低温缩裂通常是由于材料本身的抗拉强度不足而造成的。目前，比较科学的方法是采用能量法来评定。对于温度疲劳，可以模拟温度循环进行疲劳破坏，但由于其试验条件要求较高，故改用低频疲劳试验代替。

3. 耐久性

沥青混合料的耐久性是指其在外界各种因素（如阳光、空气、水、车辆荷载等）的长期作用下，仍能基本保持原有的性能。影响沥青混合料耐久性的主要因素有：沥青与骨料的性质、沥青的用量、沥青混合料的压实度与空隙率等。从材料的性质来看，优质的沥青不易老化。坚硬的骨料，不易风化、破碎，骨料中碱性成分含量多，与沥青的粘结性好，沥青混合料的寿命则较长。从沥青的用量来看，适当增加沥青的用量，可以有效地减少路面裂缝的产生。从沥青混合料的压实度和空隙率来看，压实度越大，路面承受车辆荷载的能力越强。空隙率越小，可以越有效地防止水分的渗入以及阳光对沥青的老化作用，同时，对路基起到一定的保护作用。但空隙率不能过小，必须留有一定的空间以供夏季沥青的膨胀。

目前，一般采用马歇尔试验来评价沥青混合料的耐久性。测定沥青混合料试件的空隙率、饱和度、残留稳定度等，这些指标均应达到规范的要求，才能说明沥青混合料的耐久性合格。

4. 抗滑性

随着车辆行驶速度的增加，路面的抗滑性显得尤为重要。为了提高路面的抗滑性，必须增加路面的粗糙度，因而对于面层集料应选用质地坚硬、具有棱角的碎石。像高速公路，通常采用玄武岩。为节省投资，也可采用玄武岩与石灰岩混合使用的办法，这样，等路面使用一段时间后，石灰岩骨料被磨平，玄武岩骨料相对突出，更能增加路面的粗糙性。另外，骨料的颗粒适当大些，沥青用量少些，并对沥青中含蜡量进行严格控制，都可以提高路面的抗滑性。

测定路面抗滑性的指标有路面摩擦系数和构造深度。摩擦系数和构造深度越大，说明路面的抗滑性越好。

5. 施工和易性

沥青混合料除了具备上述技术性质外，还应具备施工和易性才能顺利地进行施工作业。影响混合料施工和易性的主要因素是矿料级配和沥青用量。合理的矿料级配，使沥青混合料之间拌合均匀，不致产生离析现象。适量的沥青用量，可以避免混合料疏松或结团现象。另外，气候情况、机械性能、施工能力等外部条件也会不同程度地影响施工和易性。目前，评价施工和易性还没有一个定量的指标，只能凭经验来评估。

三、沥青混合料的技术标准

1. 稳定度

马歇尔稳定度是评价沥青混合料稳定性的指标。其测定方法是：先将沥青混合料按一定的比例混合并拌匀，采用人工或机械击实的方法制成圆柱形试件（直径 101.6±0.25mm，高 63.5±1.3mm），再将试件置于(60±1)℃的恒温水槽中保温 30～40min（对黏稠石油沥青）。然后，把试件置于马歇尔试验仪上，以 50±5mm/min 的速度加荷，至试验荷载达到最大值，此时的最大荷载即为稳定度（MS），以 kN 计。

残留稳定度是反映沥青混合料受水损害时抵抗剥落的能力。浸水马歇尔稳定度试验方法与马歇尔试验基本相同，只是将试件在恒温水槽中保温 48h，然后再测定其稳定度，浸水后的稳定度与标准马歇尔稳定度的百分比即为残留稳定度。

2. 流值

流值是评价沥青混合料抗塑性变形能力的指标。在马歇尔稳定度试验时，当试件达到最大荷载时，其压缩变形值，也就是此时流值表上的读数，即为流值（FL），以 0.1mm 计。

3. 空隙率

空隙率是指空隙的体积占沥青混合料总体积的百分率，它是评价沥青混合料密实程度的指标。空隙率的大小，直接影响沥青混合料的技术性质。空隙率大的沥青混合料，其抗滑性和高温稳定性都比较好，但其抗渗性和耐久性明显降低，而且对强度也有影响。因此，沥青混合料要有合理的空隙率。通常通过计算来求空隙率的大小，并且根据所设计路面的等级、层次不同，给予空隙率一定的范围要求。

4. 沥青混合料试件的饱和度

沥青混合料试件的饱和度也称沥青填隙率，即沥青体积与矿料空隙体积的百分率。饱和度过小，沥青难以充分裹覆矿料，影响沥青混合料的黏聚性，降低沥青混凝土耐久性；饱和度过大，减少了沥青混凝土的空隙率，妨碍夏季沥青体积膨胀，引起路面泛油，降低沥青混凝土的高温稳定性。因此，沥青混合料要有适当的饱和度。

四、沥青混合料组成材料

1. 沥青材料

不同型号的沥青材料，具有不同的技术指标，适用于不同等级、不同类型的路面。在选择沥青材料时，要考虑到交通量、气候条件、施工方法、沥青面层类型、材料来源等各种情况，这样才能使拌制的沥青混合料具有较高的力学强度和较好的耐久性。在沥青的使用上，一般面层的上层宜用较稠的沥青，下层或联结层宜用较稀的沥青。当沥青强度等级不符合使用要求时，可以采用几种不同强度等级的沥青互相掺配的方法，但掺配后的技术指标应符合要求。沥青面层所用的沥青强度等级应根据不同路面类型和气候分区按规定选用。

2. 矿质材料

沥青混合料的矿质材料必须具有良好的级配，这样，沥青混合料颗粒之间既能够比较紧密地排列起来，以达到足够的密实度，又能让颗粒之间具有一定的空隙，使沥青混合料保持良好的稳定性。因此，在进行沥青混合料配合比设计的时候，根据不同的沥青混合料类型，选择适当的矿料级配。

沥青混合料的矿质材料包括粗集料、细集料和矿粉，这几种材料除了混合后能达到要求的级配外，对于它们本身还有不同的技术要求。

(1)粗集料。沥青混合料的粗集料一般是由各种岩石经过轧制而成的碎石组成。在石料紧缺的情况下，也可利用卵石经轧制破碎而成；或利用某些冶金矿渣，如碱性高炉矿渣等，但应确认其对沥青混凝土无害，才可使用。

沥青混合料的粗集料要求洁净、干燥、无风化、无杂质，并且具有足够的强度和耐磨性。

对路面抗滑表层的粗集料应选用坚硬、耐磨、抗冲击性好的碎石或破碎砾石，不可使用筛选砾石、矿渣及软质集料。

沥青混合料的粗集料一般是用碱性石料加工制得的，因为碱性石料与沥青具有良好的粘结性。在缺少碱性石料的情况下，也可采用酸性石料代替，但必须对沥青或粗集料进行适当的处理，以增加混合料的黏聚力。对高速公路和一级公路，如采用酸性石料，则应选用针入度较小的沥青与之搭配使用。对选用的粗集料，形状要接近正立方体，且要求表面粗糙。

(2)细集料。热拌沥青混合料的细集料一般采用天然砂或人工砂，在缺少砂的地区，也可以用石屑代替。但对于高等级公路的面层或抗滑表层，石屑的用量不宜超过砂的用量。细集料同样应洁净、干燥、无风化、无杂质，并且与沥青具有良好的粘结力。对花岗岩、石英岩等酸性石料轧制的砂或石屑，因与沥青的粘结性较差，故不宜用于高等级公路。

(3)矿粉。矿粉是由石灰岩或岩浆岩中的强基性(憎水性)岩石磨制而成的，也可以由石灰、水泥、粉煤灰代替。但用这些物质作填料时，其用量不宜超过矿料总量的 2%。其中粉煤灰的用量不宜超过填料总量的 50%。粉煤灰的烧失量应少于 12%，塑性指数应小于 4%。在工程中，还可以利用拌合机中的粉尘回收末作矿粉使用，其量不得超过填料总量的 50%，并且要求粉尘干燥，掺有粉尘的填料的塑性指数不得大于 4%。

矿粉要求洁净、干燥，并且与沥青具有较好的粘结性。为提高矿粉的憎水性，可加入 1.5%～2.5%的矿粉活化剂。

五、沥青混合料的配合比设计

沥青混合料配合比设计的任务就是通过确定粗集料、细集料、矿粉和沥青之间的比例关系，使沥青混合料的各项指标达到工程要求，让沥青混合料的强度、稳定性、耐久性、平整度等各项要求，在联系与矛盾中达到统一。

沥青混合料配合比设计包括目标配合比设计、生产配合比设计和生产配合比验证三个阶段。

(一)目标配合比设计

目标配合比设计在试验室进行，分矿质混合料的组成设计和沥青最佳用量确定两部分。

1. *矿质混合料的组成设计*

矿质混合料的组成设计是让各种矿料以最佳比例相混合，从而在加入沥青后，使沥青混凝土既密实，又有一定的空隙，供夏季沥青的膨胀。矿质混合料的组成设计分下列几步：

(1)确定沥青混合料类型。根据公路等级、路面类型及所处的结构层次等，按表 8－3 选择沥青混合料类型。

表 8－3　沥青混合料类型

结构层次	高速公路、一级公路、城市快速路、主干路		其他等级公路	城市道路与其他道路工程
	三层式路面	两层式路面		
上面层	AC－13、AK－13、SMA－13、AC－16、AK－16、SMA－16、AC－20	AC－13、AK－13、SMA－13、AC－16、AK－16、SMA－16	AC－13、SMA－13、AC－16、SMA－16	AC－13、AK－13、SMA－13、AC－16、AK－16、SMA－16、AC－20
中面层	AC－20、AC－25	—	—	AC－20、AC－25
下面层	AC－25、AC－30	AC－20、AC－25、AC－30	AC－20、AM－25、AC－25、AM－30、AC－30	AC－25、AM－25、AC－30、AM－30

(2)确定矿质混合料的级配范围。根据已确定的沥青混合料类型，参照《公路沥青路面施工技术规范》(见表 8－4)推荐的级配作为沥青混合料的设计级配。

(3)检测组成材料的原始数据。根据现场取样，对粗集料、细集料和矿粉进行筛分试验，分别绘出各组成材料的筛分曲线，同时测出各组成材料的表观密度。

(4)计算矿质混合料配合比。根据各组成材料的试验结果，借用计算机或采用图解法，求出各组成材料用量的比例关系，并使合成的配合比符合以下要求：

表 8-4　沥青混合料矿料级配及沥青用量范围(方孔筛)

级配类型				通过下列筛孔(方孔筛,mm)的质量百分率(%)															沥青用量(%)
				53.0	37.5	31.5	26.5	19.0	16.0	13.2	9.5	4.75	2.36	1.18	0.6	0.3	0.15	0.075	
沥青混凝土	粗粒	AC-30	Ⅰ		100	90～100	79～92	66～82	59～77	52～72	43～63	32～52	25～42	18～32	13～25	8～18	5～13	3～7	4.0～6.0
			Ⅱ		100	90～100	65～85	52～70	45～65	38～58	30～50	18～38	12～28	8～20	4～14	3～11	2～7	1～5	3.0～5.0
		AC-25	Ⅰ			100	95～100	75～90	62～80	53～73	43～63	32～52	25～42	18～32	13～25	8～18	5～13	3～7	4.0～6.0
			Ⅱ			100	90～100	65～85	52～70	42～62	32～52	20～40	13～30	9～23	6～16	4～12	3～8	2～5	3.0～5.0
	中粒	AC-20	Ⅰ				100	95～100	75～90	62～80	52～72	38～58	28～46	20～34	15～27	10～20	6～14	4～8	4.0～6.0
			Ⅱ				100	90～100	65～85	52～70	40～60	26～45	16～33	11～25	7～18	4～13	3～9	2～5	3.5～5.5
		AC-16	Ⅰ					100	95～100	75～90	58～78	42～63	32～50	22～37	16～28	11～21	7～15	4～8	4.0～6.0
			Ⅱ					100	90～100	65～85	50～70	30～50	18～35	12～26	7～19	4～14	3～9	2～5	3.5～5.5
	细粒	AC-13	Ⅰ						100	95～100	70～88	48～68	36～53	24～41	18～30	12～22	8～16	4～8	4.5～6.5
			Ⅱ						100	90～100	60～80	34～52	22～38	14～28	8～20	5～14	3～10	2～6	4.0～6.0
		AC-10	Ⅰ							100	95～100	55～75	38～58	26～43	17～33	10～24	6～16	4～9	5.0～7.0
			Ⅱ							100	90～100	40～60	24～42	15～30	9～22	6～15	4～10	2～6	4.5～6.5
	砂粒	AC-5	Ⅰ								100	95～100	55～75	35～55	20～40	12～28	7～18	5～10	6.0～8.0
沥青碎石	特粗	AM-40		100	90～100	50～80	40～65	30～54	25～50	20～45	13～38	5～25	2～15	0～10	0～8	0～6	0～5	0～4	2.5～4.0
	粗粒	AM-30			100	90～100	50～80	38～65	32～57	25～50	17～42	8～30	2～20	0～15	0～10	0～8	0～5	0～4	2.5～4.0
		AM-25				100	90～100	50～80	43～73	38～65	25～55	10～32	2～20	0～14	0～10	0～8	0～6	0～5	3.0～4.5
	中粒	AM-20					100	90～100	60～85	50～75	40～65	15～40	5～22	2～16	1～12	0～10	0～8	0～5	3.0～4.5
		AM-16						100	90～100	60～85	45～68	18～42	6～25	3～18	1～14	0～10	0～8	0～5	3.0～4.5
	细粒	AM-13							100	90～100	50～80	20～45	8～28	4～20	2～16	0～10	0～8	0～6	3.0～4.5
		AM-10								100	85～100	35～65	10～35	5～22	2～16	0～12	0～9	0～6	3.0～4.6
抗滑表层		AK-13A							100	90～100	60～80	30～53	20～40	15～30	10～23	7～18	5～12	4～8	3.5～5.5
		AK-13B							100	85～100	50～70	18～40	10～30	8～22	5～15	3～12	3～9	2～6	3.5～5.5
		AK-16						100	90～100	60～82	45～70	25～45	15～35	10～25	8～18	6～13	4～10	3～7	3.5～5.5

①合成级配曲线宜尽量接近设计级配中限，尤其应使 0.075mm、2.36mm 和 4.75mm 筛孔的通过量接近设计级配范围的中限。

②对交通量大、轴载重的道路，宜偏向级配范围的下限。对中小交通或人行道路等，宜偏向级配范围的上限。

③合成的级配曲线应接近连续级配或有合理的间断级配，不得有过多的犬牙交错。当经过再三调整，仍有两个以上的筛孔超出级配范围时，必须对原材料进行调整或更换原材料重新设计。

2. 沥青最佳用量的确定

一般采用马歇尔试验法来确定沥青最佳用量。

(1)按所设计的矿料配合比配制五组矿质混合料，每组按表 8-4 推荐的沥青用量(或油石比)范围加入适量沥青，沥青用量按 0.5%间隔递增，拌合均匀，制成马歇尔试件。

(2)根据集料吸水率大小和沥青混合料的类型采用合适的方法，测出试件的实测密度，并计算理论密度、空隙率、沥青饱和度等物理指标。

(3)进行马歇尔试验，测定稳定度和流值这两个力学指标。

(4)以沥青用量为横坐标，以实测密度、空隙率、饱和度、稳定度、流值为纵坐标，分别将试验结果点入坐标中，沥青用量与这些指标之间连成圆滑的曲线，如图 8-6 所示。

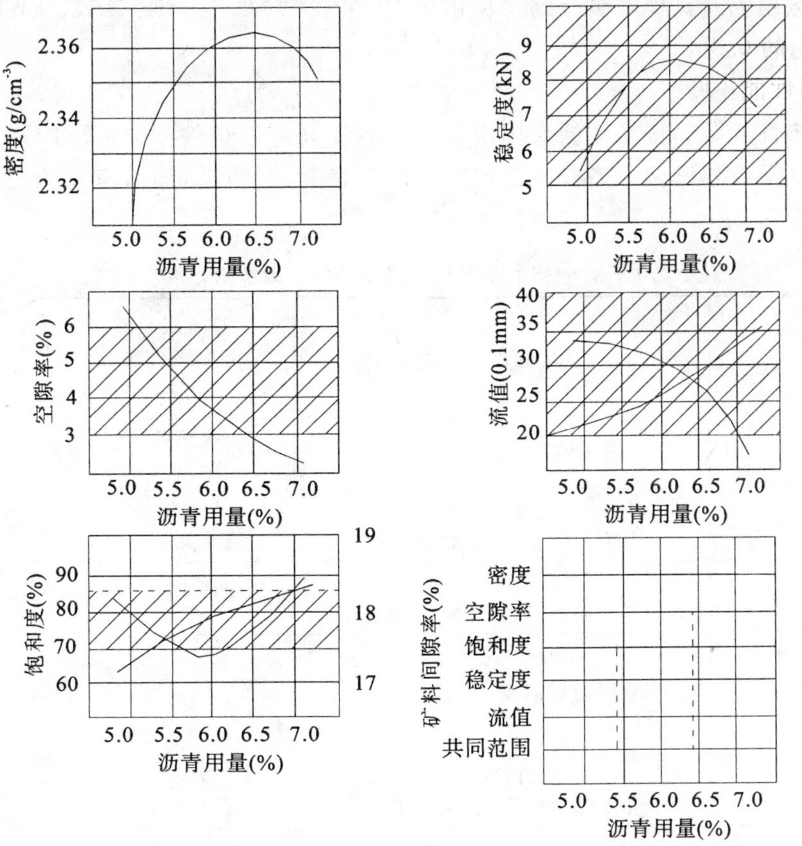

图 8-6　马歇尔试验结果示例

注意，选择的沥青用量范围应使密度及稳定度曲线出现峰值。

(5)从图 8－6 中求取相应于密度最大值的沥青用量为 a_1；相应于稳定度最大值的沥青用量为 a_2；及相应于规定空隙率范围的中值的沥青用量 a_3，按下式计算三者的平均值作为最佳沥青用量的初始值 OAC_1：

$$OAC_1=(a_1+a_2+a_3)/3$$

(6)根据沥青混合料马歇尔试验技术标准，确定各关系曲线上沥青用量范围，取各沥青用量范围的共同区间，即为沥青最佳用量范围 $OAC_{min}\sim OAC_{max}$，求其中值 OAC_2。

$$OAC_2=(OAC_{min}+OAC_{max})/2$$

(7)按最佳沥青用量初始值 OAC_1，在图 8－6 中取相应的各项指标值，当各项指标均符合马歇尔试验技术标准(见表 8－5)时，由 OAC_1 和 OAC_2 综合确定最佳沥青用量(OAC)。当不能符合表 8－5 的规定时，应重新进行级配调整和计算，直至各项指标均符合要求。

(8)由 OAC_1 和 OAC_2 综合确定最佳沥青用量(OAC)时，宜根据实践经验、道路等级、气候条件等，按下列步骤进行：

①一般情况下，取 OAC_1 和 OAC_2 的中值作为最佳沥青用量(OAC)。

②对热区道路以及车辆渠化交通的高速公路、一级公路、城市快车道、主干路，预计有可能造成较大车辙的情况下，可在 OAC_1 与下限 OAC_{min} 范围内确定，但不宜小于 OAC_2 的 0.5%。

③对寒区道路及其他等级公路与城市道路，可在 OAC_2 与上限 OAC_{max} 范围内确定，但不宜大于 OAC_2 的 0.3%。

(9)路用性能检验。

①水稳定性检验。按最佳沥青用量(OAC)制作马歇尔试件，进行浸水马歇尔试验或真空饱水后的浸水马歇尔试验。当残留稳定度不符合表 8－5 的规定时，应重新进行配合比试验，直至符合要求为止。

表 8－5　沥青混合料马歇尔试验技术标准

试验项目	沥青混合料类型	高等级公路 一级公路 城市快速路、主干道	一般公路 城市道路
击实次数(次)	沥青混凝土及抗滑表层	两面各 75 两面各 50	两面各 50 两面各 50
稳定度(kN)	Ⅰ型沥青混凝土 Ⅱ型沥青混凝土、抗滑表层	＞7.0 ＞5.0	＞5.0 ＞4.0
流值(0.1mm)	Ⅰ型沥青混凝土 Ⅱ型沥青混凝土、抗滑表层	20～40 20～40	20～45 20～45
空隙率(%)	Ⅰ型沥青混凝土 Ⅱ型沥青混凝土、抗滑表层 沥青碎石	3～6 6～10 ＞10	3～6 6～10 ＞10
沥青饱和度(%)	Ⅰ型沥青混凝土 Ⅱ型沥青混凝土、抗滑表层	70～85 60～75	70～85 60～75
残留稳定度(%)	Ⅰ型沥青混凝土 Ⅱ型沥青混凝土、抗滑表层	＞75 ＞70	＞75 ＞70

当最佳沥青用量(OAC)值与两初始值 OAC_1 和 OAC_2 相差甚大时，宜按 OAC 与 OAC_1 或 OAC_2 分别制作试件，进行残留稳定度试验，根据试验结果对 OAC 作适当调整。

②高温稳定性检验。按最佳沥青用量 OAC 制作车辙试验试件，在温度 60℃、轮压 0.7MPa 条件下，检验其高温抗车辙能力。当动稳定度不符合下列要求时，即高速公路应不小于 800 次/mm，一级公路应不小于 600 次/mm，应对矿料级配或沥青用量进行调整，重新进行配合比设计。

当最佳沥青用量 OAC 值与两初始值 OAC_1 和 OAC_2 相差甚大时，宜按 OAC 与 OAC_1 或 OAC_2 分别制作试件，进行车辙试验，根据结果，适当调整 OAC 值。

通过以上的计算和试验，最后确定最佳沥青用量。

(二)生产配合比设计

由于实际情况与试验室之间的差别，所以在目标配合比确定之后，应进行生产配合比设计。取目标配合比设计的最佳沥青用量、最佳沥青用量加 0.3%和最佳沥青用量减 0.3%等三个沥青用量进行马歇尔试验，确定生产配合比的最佳沥青用量，供试拌试铺使用。

(三)生产配合比验证

生产配合比确定后，还需要铺试验路段，并用拌合的沥青混合料进行马歇尔试验，同时钻取芯样，以检验生产配合比。如符合标准要求，则整个配合比设计完成，由此确定生产用的标准配合比；否则，还需要进行调整。

复习思考题

1. 从石油沥青的主要组分说明石油沥青三大指标之间的相互关系。

2. 石油沥青有哪些主要技术性质？各用什么指标表示？

3. 某防水工程需石油沥青 30t，要求软化点不低于 80℃，现有 60 号和 10 号石油沥青，测得它们的软化点分别为 49℃和 98℃，问这两种牌号的石油沥青如何掺配？

4. 分析影响沥青混合料强度的因素。

5. 马歇尔试验测定沥青混合料有几项指标？这些指标反映沥青混合料的什么性质？

6. 试述沥青混合料配比设计的步骤。

第九章　土工合成材料

第一节　概　述

土工合成材料,又称土工合成物(geosynthetics)是土木工程中的一种新型工程材料,以人工合成的聚合物,如塑料、化纤、合成橡胶等为原料,制成各种类型的产品,置于岩土或其他工程结构内部、表面或各结构层之间,具有加固补强、排水、反滤、隔离、保护和止水等性能,是土工织物、土工膜、土工复合材料、土工特种材料的总称。它被誉为“继钢筋混凝土之后又一次造福人类的复合材料”。经过 50 余年的应用研究,土工合成材料作为筋材的加筋土技术(reinforced earth)得到了长足的发展,成为地基处理方法中非常引人注目的方法之一,是岩土工程里的一次技术革命。

在纺织工业、化学工业的兴起和发展之前,人类将木材、竹子、芦苇、稻草等天然材料添加到建筑的土堤、土墙当中,从而形成相对强度大,不易变形的加筋土。例如,甘肃省敦煌附近的万里长城就是用这种技术筑成的,建于汉朝而保留至今,是人类建筑史上的奇迹！中东美索不达米亚的填土堤建于公元前 3 000 年之前,堤身由土砖坯砌筑,基础中加入了芦苇编织物。伊拉克首都巴格达以北的 Agar-Quf 古城的亚述故苗塔,距今至少超过 3 000 年,由 130～400mm 不等厚的黏土砖块砌筑而成的。砖块由水平方向的芦苇编织垫加固而成。在垂直方向上,砖块每隔 0.5～2.0m 铺有一层砂砾层。现残存 45m 高,估计当时的高度超过 80m。与现代人工高分子土工合成材料相对应,我们可以称木材、竹子、芦苇、稻草等天然材料为“天然土工材料”。

近代工业的发展,不仅使纺织工业、合成纤维发生了巨大变化,也使工程领域发生了技术革新。1930 年美国杜邦公司首次制成一种聚酰胺(尼龙)合成纤维。20 世纪 30～40 年代,聚脂纤维、聚乙烯、聚乙烯丝、聚氯乙烯、聚丙烯纤维等相继问世。50 年代中期,英国发明了制造塑料网络的技术。50 年代末,化纤织造土工织物诞生。1958 年,美国佛罗里达州南 Palm 海岸的护岸工程中,采用聚氯乙烯单丝编织物代替传统的级配砂砾料设置防冲垫层,被公认为是土工合成材料用于岩土工程的开端。1962 年,美国杜邦公司开发了长丝无纺纤维的制造技术。在 70 年代和 80 年代期间,涌现出许多新产品,如土工格栅、土工织物、土工膜及土工纤维等土工合成材料。

由于土工合成材料具有重量轻、强度高、性能多、易施工、低造价等优点,使土工合成材料在土木工程的各个领域中得到了广泛的应用。而且,无论是在应用领域上还是在应用数量上,其势头均有增无减。目前,在交通运输工程、水利水资源工程、海岸工程和环境工程等领域,土工合成材料的应用已变得非常普遍了。

第二节　土工合成材料分类及性能

一、土工合成材料的类型

土工合成材料主要是以聚脂纤维、聚乙烯、聚氯乙烯、聚丙烯、尼龙纤维等高分子化学材料作为原材料而制成的各种类型的产品。从日本的土工合成材料及其产品比例来看，以聚脂最多，聚乙烯次之，然后依次为聚丙烯、聚氯乙烯、杂纤维、尼龙、天然纤维等。

人工合成物的产品种类繁多，目前，还没有一个合理的、明确的统一定义和分类。例如，Giroud 等(1985)将土工合成材料分成传统的土工织物和土工织物相关产品两大类。土工织物是纺织工业的典型产品，包括织造土工布和非织造土工布。土工织物相关产品包括土工网、土工垫和土工格栅等。国际上，曾一度以透水性能将土工材料分成透水的土工布和不透水的土工膜两类。但由于透水与不透水组合材料的出现，以及在应用上的交错，使两者难以简单地划分。目前，我国将土工合成材料分为土工织物、土工膜、土工复合材料和土工特种材料四大类，如图 9-1。

- 土工合成材料
  - 土工织物
    - 织造
      - 机织
      - 针织
    - 非织造
      - 针刺
      - 热粘结
      - 化学粘结
  - 土工膜
    - 聚乙烯（PE）土工膜
    - 聚氯乙烯（PVC）土工膜
    - 氯化聚乙烯（CPE）土工膜
  - 土工复合材料
    - 复合土工膜
    - 复合土工织物
    - 复合排水材料：排水带、排水管、排水防水材料等
  - 土工特种材料
    - 土工格栅、土工带、土工格室、土工网、土工模袋、土工网垫、土工织物膨润土垫（GCL）、聚苯乙烯板块（EPS）等

图 9-1　土工合成材料的分类

表 9-1 给出了几种常见的土工合成材料的定义。

表 9-1　几种常见的土工合成材料

分　类	定　义
土工布(geotextile)	一种平面状、可渗透的、由聚合物组成的纺织材料，可以是机织的、针织的或非织造的
织造土工布 (woven geotextile)	由两组或两组以上纱线、长丝、条带或其他成分，通常垂直相交组成的土工布

续表 9-1

分　类	定　义
非织造土工布 (nonwoven geotextile)	由定向的或随机取向的纤维、长丝或其他成分通过机械固结、热粘合或化学粘合方法制成的土工布
土工膜 (geomembrane)	透水性极小，或不透水的膜状材料
土工复合材料 (geocomposite)	由两种或两种以上的材料组合而成的土工材料，其中至少有一种是土工合成材料
塑料排水带 (strip geodrain)	由不同凹凸截面形状具有连续排水槽的合成材料芯材外包无纺土工织物构成的复合排水材料
土工格栅(geogrid)	整体由抗拉材料联结构成的、呈规则孔状的一种平面聚合物结构体。可以是挤压、粘合或交织而成，其网孔大于实体
土工带(geobelt)	经挤压拉伸或再加筋制成的条带抗拉材料
土工格室(geocell)	由土工合成材料联接构成可渗透的、蜂窝状或网格状的三维聚合物结构体
土工网(geonet)	由多组类似的平行筋条按各种角度整体联接而成的土工合成材料
土工模袋(geofabriform)	由双层化纤织物制成的连续或单独的袋状材料，其中充填混凝土或水泥砂浆凝结后形成板状防护块体
土工网垫(geomat)	由聚合物单丝或其他聚合物材料通过机械固结、化学粘结、热粘结或其他粘合方法制成的可渗透的三维结构体
聚苯乙烯板块 (expanded polystyrene sheet)	由聚苯乙烯加入发泡剂膨胀经模塑或挤压制成的轻型板块

二、土工合成材料的性能

土工合成材料具有排水、反滤、隔离、加固补强、保护和防渗六个方面的性能。

1. 排水性能

土工合成材料的排水性能(drainage)是指利用土工织物将不必要的降雨、土中的多余的水分收集起来，并将其排出的性能。具有排水性能的土工合成材料必须有一定的厚度，土工合成材料在面内，也可以在三向空间上，都能发挥出良好的透水性能。其排水效果取决于相应受力条件下的导水性的大小、排水量和界面的土质条件。

图 9-2 列出了一些土工织物的排水性能的应用例子。

2. 反滤性能

土工合成材料的反滤性能(filtration)是指把土工织物铺设在被保护的土上，可起到与一般砂砾石反滤层同样的作用，既允许水流渗透通过，又避免水流将土颗粒带出，从而防止流土和管涌现象。一般而言，单独使用土工合成材料的反滤性能的场合较少，与其他性能材料并用的场合较多。其反滤效果取决于：

(1)土工织物的物理特性，诸如孔隙大小、开孔率、厚度和压缩性等；

(2)土的粒径、级配、孔隙率、黏聚力和渗透系数等；

(3)上覆应力状态；

(4)水力条件，如层流、紊流、水力梯度、单向渗流和复向渗流等条件。

土工织物的反滤性能的应用实例如图 9－3 所示。在不同粒径土石交界处，利用土工织物反滤性能防止流土、流砂、淤堵、水流的侵蚀和土岸掏空等。

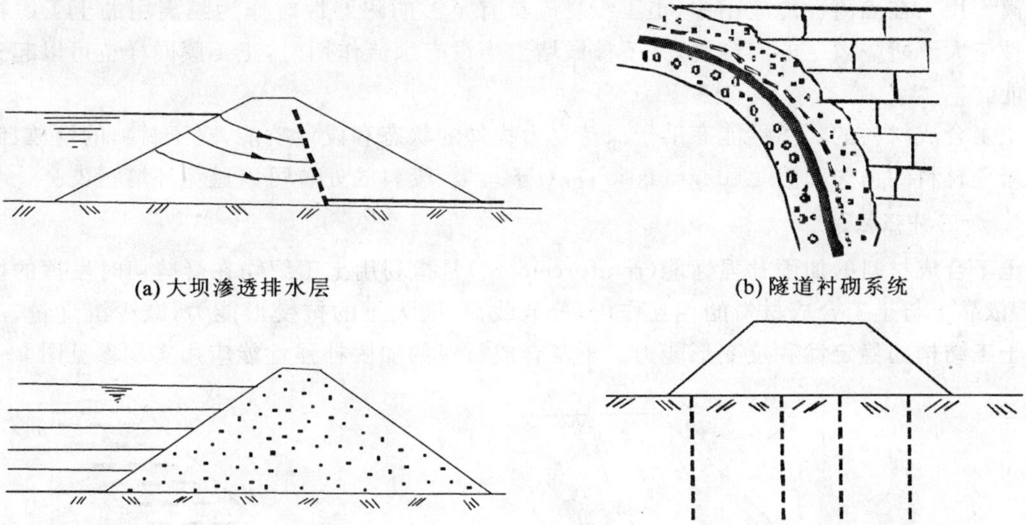

(a) 大坝渗透排水层　(b) 隧道衬砌系统　(c) 多层水平向排水层　(d) 垂向排水带

图 9－2　排水性能的应用例子

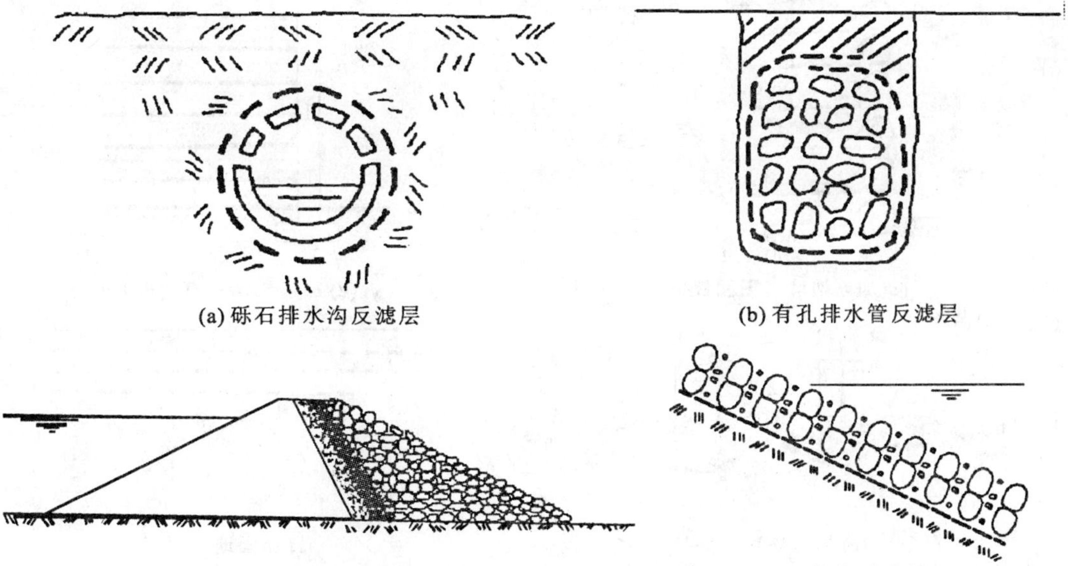

(a) 砾石排水沟反滤层　(b) 有孔排水管反滤层　(c) 土石坝反滤层　(d) 护岸反滤层

图 9－3　土工织物反滤性能的应用实例

3. 隔离性能

土工合成材料的隔离性能(separation)是指把土工织物置于两种粒径、性质相异的材料或与土之间,将它们相互隔开,以免相互混合的性能。由于土工织物具有一定的抗拉、刺破、撕裂强度和变形性能,能追随应力、变形和各种环境的变化,所以土工织物的整体连续性就可以起到隔离作用。在隔离性能应用中,土工织物应具有足够的耐磨性。作为隔离用的土工织物的渗透性应大于所隔离土的渗透性,并不被淤堵。当没有水流作用时,土工膜同样也可以起到隔离性能。

土工合成材料的隔离性能有助于保持受力构件的状态和设计功能,对于材料的堆放、储存可以避免材料的损失和劣化(degradation),对于垃圾、废料的处置可以避免环境污染。

4. 加固补强性能

土工合成材料的加固补强性能(reinforcement)是指利用土工织物在受剪切时发挥的抗拉作用,依靠土与土工合成材料的相互作用,分散载荷,增大土的抗变形能力,减少沉降量,从而提高土工结构的稳定性和抗变形能力。土工合成材料的加固补强性能应用实例参见图 9-4。

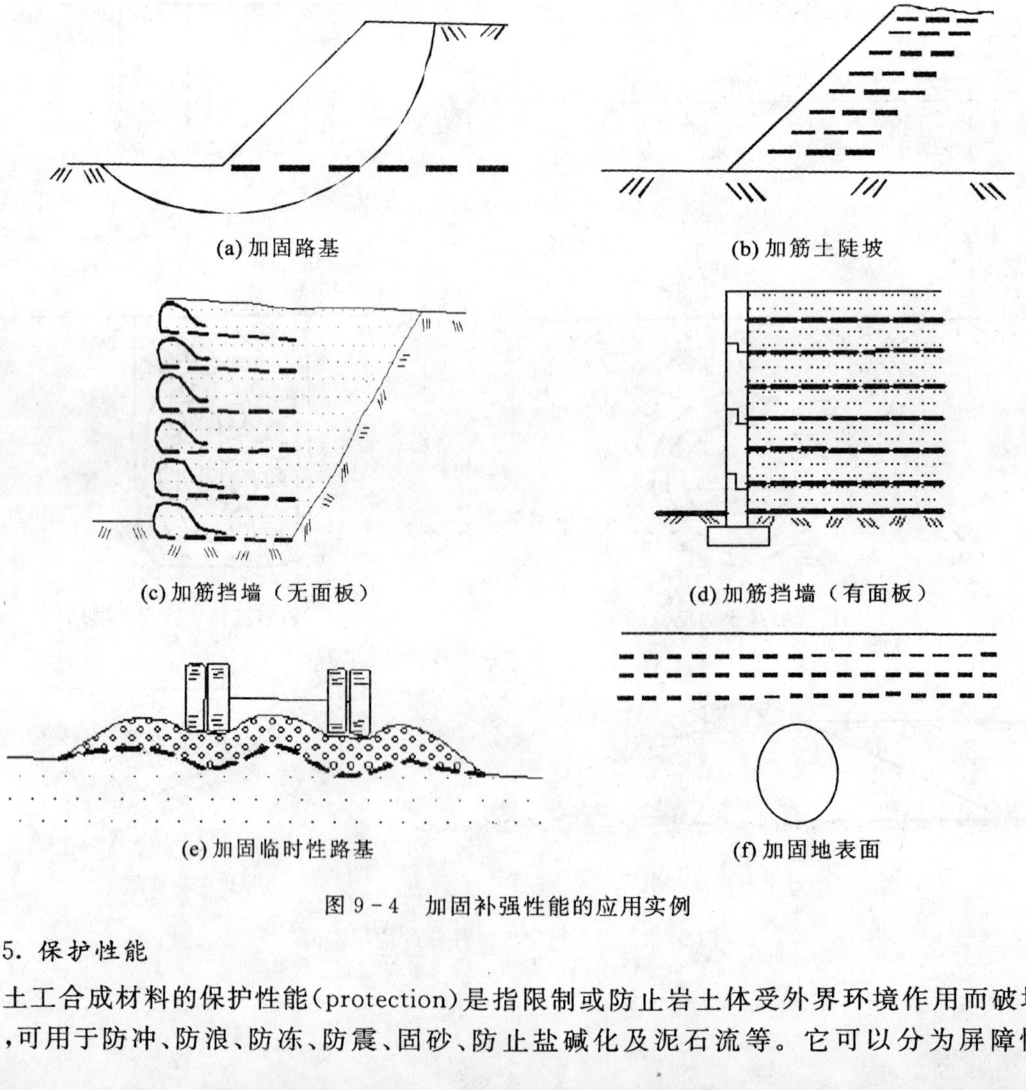
(a) 加固路基　(b) 加筋土陡坡
(c) 加筋挡墙(无面板)　(d) 加筋挡墙(有面板)
(e) 加固临时性路基　(f) 加固地表面

图 9-4　加固补强性能的应用实例

5. 保护性能

土工合成材料的保护性能(protection)是指限制或防止岩土体受外界环境作用而破坏的性能,可用于防冲、防浪、防冻、防震、固砂、防止盐碱化及泥石流等。它可以分为屏障性能

(screen)和防侵蚀性能(erosion control)。

屏障性能是将土工织物横置于流体(水流、风)的流动路径中,就像在流体中设置屏障一样,可以让流体顺利通过,但阻止土颗粒通过流失。经过一段时间之后,因为土颗粒将会在土工织屏障的背面积聚下来,所以,这个屏障还必须能够承受一定的压力。如图 9-5(a)所示,为保护施工场地的环境,设置土工网以防止水流搬运粉土的流失;或者是为了保护土堆及其稳定性,通过设置土工网来阻止砂颗粒被风吹走。图 9-5(b)是为了避免施工产生的粉土、火山灰等土颗粒悬浮物污染下游水体,在水中设置垂直土工网幕来阻止土颗粒漂浮流失的一个应用例子。图 9-5(c)为防止边坡侵蚀而应用土工织物的一个应用例子。将土工织物铺设在边坡表面,这时的土工织物就像一个侵蚀控制垫,限制、约束土颗粒因遭受雨水、风而产生的土颗粒的移动和分散。最终,这种防侵蚀性能常被逐渐生长的植被所替代。

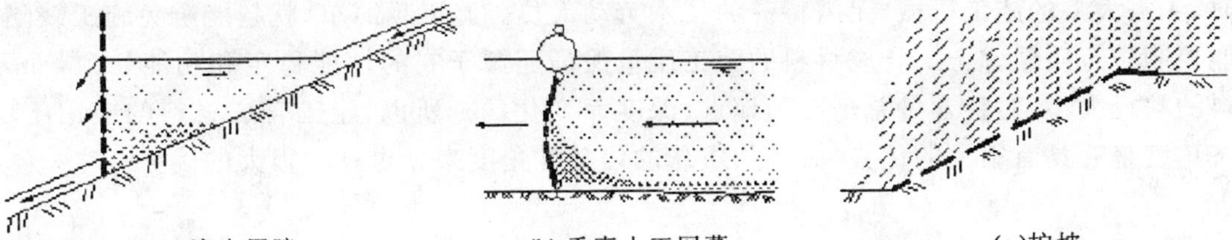

(a) 流土屏障　　(b) 垂直土工网幕　　(c)护坡

图 9-5　土工合成材料的保护性能的应用例子

6. 防渗性能

利用土工合成材料中的弱透水材料防止液体的渗透、气体的挥发,以保护环境或建筑物的安全。

三、土工合成材料的优点

土工合成材料的优点可以概况成以下四个方面。

1. 纤维习性

土工合成材料的纤维习性(fiber performance)表现在:①抗拉强度高;②具有一定范围的变形模量;③化学结构稳定,耐久性好;④纤维孔径小等内在的优点。具体地说,因为土工合成材料具有一定范围的抗拉强度和变形模量,所以土木工程师在确定加筋材料时就有了可以选择的余地。根据稳定性的需要,可选取合适的抗拉强度材料;根据允许的变形量,可选取合理的变形模量材料。土工合成材料是高分子化学结构稳定,耐腐蚀性和抗微生物侵蚀性好,不易分解,耐久性好。有资料表明,埋在地下的纤维,寿命至少超过 30 年。纤维孔径通常在 20～100μm 之间,因而土工合成材料透水性好且反滤性强。这种高透水、小渗滤孔径的特性,是纤维结构的一个显著特点,是砂卵石反滤料不可能达到的。

2. 与土兼容协调

土工合成材料与土兼容协调(compatibility with soil)的表现之一在于前述的渗滤性,其二在于土-纤维的协调性(soil-fiber association)。为充分发挥土和土工合成材料的强度优势,复合材料中的土-纤维两者的变形习性必须协调同步。加筋材料不仅增大了土的强度,而且极大地改变了土中的应变方式,可能使不连续介质的土的应变变为连续。由于它具有一定的变形特性，所以特别适用于允许有一定变形的柔性结构物，如路基、土坝等。

3. 节省运输

由于土工合成材料重量轻，所以它可以节省运输费用(transport saving)。下面所给的例子就可以充分地说明这个问题。一个 250g/m^{2}的土工织物反滤层可以替代 15cm 厚的砂砾石层，砂砾石层的重量为 250kg/m^2，前者的重量为后者的千分之一。若在一个 1km 长、8m 宽的公路工程中，所需砂砾石 2 000t，10t 的卡车需要运输 200 趟。而以土工织物作反滤层的话，仅为 2t，一辆轻型卡车的运输就足够了。这种优势，特别在缺乏砂砾石，或者在天然材料运输远的场合下就更加明显了。

4. 施工简单、质量保证

在施工过程中，由于土工合成材料重量轻、易操作，所以它的施工质量容易得到保证。施工时，无需大型的施工机械、无需特殊的技术劳动人员。施工越简单，就越能避免施工缺陷，就越能控制施工质量。土工合成材料的施工质量保证还源于它的性能稳定和功能一致，而天然材料的粒径大小、黏粒含量总是会随地点、深度而变化的。所以，土工合成材料的应用不仅从经济角度来看具有很大的优势，而且从质量的信赖性角度来看也具有很大的优势。

第三节　土工合成材料性能及试验方法

无论是从产品的质量管理的角度，还是从设计、材料选择、施工的角度，都需要了解土工合成材料的性能及其试验方法。土工合成材料的性能包括物理性能、水力性能和机械性能三大方面。

一、土工合成材料的物理性能及试验方法

土工合成材料的物理特性指标主要有厚度、单位面积质量、开孔尺寸等。

1. 厚度

土工合成材料的厚度(thickness)，放置试样的参考板与对试样施加给定压力的平行压脚接触面之间的距离，以 mm 表示。厚度是影响土工合成材料力学性能和透水性能的一个非常重要的指标，一般是针对土工布和复合土工布而言的。土工布的厚度，尤其是对较厚的土工布，是很容易随所受的压力作用的变化而变化的。

厚度测定方法如图 9－6 所示。采用圆形面积为 25cm^2、重为 5N、50N 和 500N 压板，把试样自然平放在基准板上(基准板面积大于 2 倍压块面积)，分别测定不同质量压块下的厚度。其中，5N，即压力 2kPa 作用下测定的厚度为常规厚度。

2. 单位面积质量

土工合成材料的单位面积质量(mass per unit area)是指给定尺寸的试样质量与其面积之比，以克每平方米(g/m^2)表示。通过土工合成材料产品的宽度、每卷的长度和单位面积内的质量指标，就可以计算出每卷土工合成材料的质量。这个指标在计划材料的搬运时经常要用到。

测定单位面积质量的标准方法是，采取 10 个 100cm^{2}或更大面积的试样，称出每块试样的质量，然后取其平均值作为单位面积质量，并计算出标准差和变异系数。土工合成材料每平方

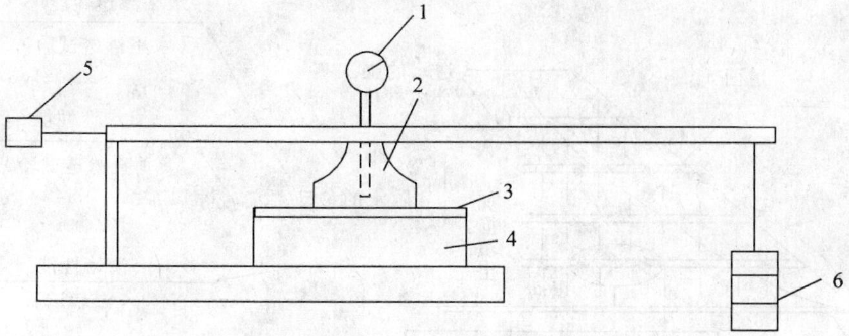

图 9-6　厚度测定仪

1. 百分表；2. 压块；3. 试样；4. 基准板；5. 平衡锤；6. 砝码

米的质量通常在 0.1kg 到 1.0kg 之间。

3. 开孔尺寸

土工合成材料的开孔尺寸(opening)就是一个反映开孔大小的指标。对于土工格栅、土工网等大孔径的土工合成材料，取 10 个完整的代表性网孔，分别测定或计算出网孔面积，再按式(9-1)计算出网孔的当量孔径 D_e。

$$D_e = 2 \times \sqrt{A/\pi} \tag{9-1}$$

对于土工布和土工复合品等孔径的大小、形状和分布是大不相同的，难以直接测量或计算得出孔径的大小。通常用特征孔径 O_{90}(characteristic opening size)来表示土工布孔径的大小及其分布，相当于 90% 的土颗粒通过土工布时的最大颗粒尺寸。孔径的大小及其分布的测定方法可分为干筛法和湿筛法。

我国常用干筛法来测定土工布的孔径。标准试验筛直径为 200mm，将土工布置于标准筛筐上当作筛子，用已知的标准粒径的颗粒材料在振筛机上进行筛析，经过一定时间振摇后，测出留在筛上的颗粒质量及其占总质量的百分数。由此整理得出各级颗粒的平均筛余率与相应各级颗粒的平均粒径，然后在半对数纸上绘出孔径分布曲线。

孔径也是土工布水利性能中的一个重要指标，它反应土工布的过滤性能，既可评价土工布阻止土颗粒过滤能力，又可反应土工布的透水性。一般而言，非织造土工布的有效孔径 O_{95} 为 0.05～0.5mm，编织型土工布为 0.1～1.0mm。

二、土工合成材料的水力性能及试验方法

土工合成材料的水力性能包括排水性能和反滤性能。评价土工合成材料的排水性能，需要把握水平向(面内)排水性和垂直向透水性；评价土工合成材料的反滤性能，需要了解垂直向透水性、孔径大小和孔径的淤堵情况(图 9-7)。关于土工合成材料水力性能的试验有水平渗透试验、垂直向透水试验、堵塞试验和耐水试验等。

1. 水平渗透试验

水平渗透试验是以评价土工合成材料的水平向(面内)的输水(透水)能力为目的的，用于测定一定法向压力作用下的土工布在常水头水流下的平面渗透系数和导水率，适用于沿水平方向具有输水能力的各类土工布和土工复合品。

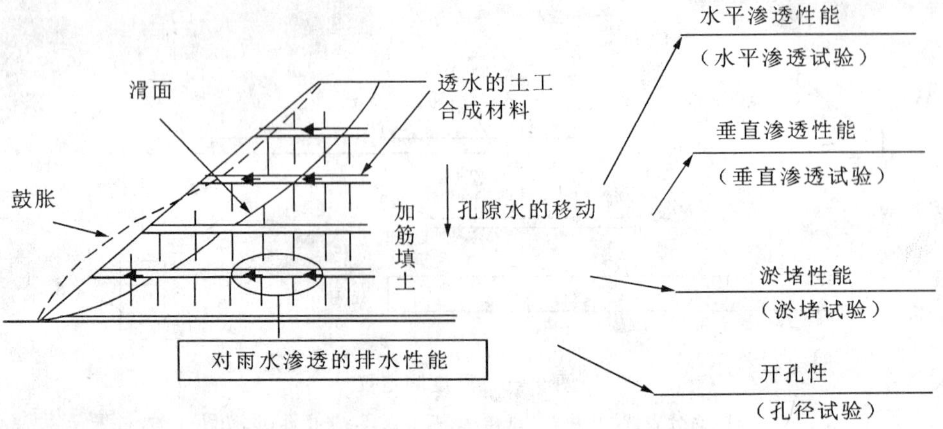

图 9－7　加筋填土与水力性能试验

若受法向应力作用，土工合成材料的排水断面就会发生变化。如图 9－8 所示，改变法向应力和水力梯度，可以测出不同压力 10～250kPa 和水力条件下土工合成材料的水平渗透性能。

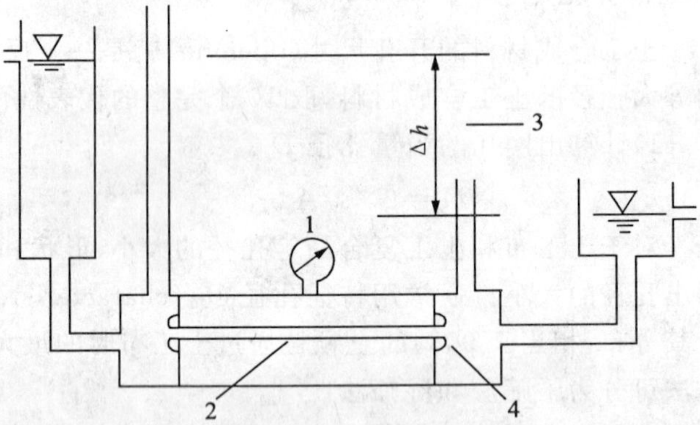

图 9－8　水平渗透试验仪

1. 压力表；2. 试样；3. 水位差；4. 端部密封

土工布 20℃时的平面渗透系数（coefficient of permeability in the plane）k_{h20} 可按下式计算：

$$k_{h20}=\frac{WL}{\delta Bt\Delta h}\cdot\frac{\eta_t}{\eta_{20}} \qquad (9-2)$$

式中：k_{h20}——土工布 20℃时平面渗透系数（cm/s）；

W——渗透水量（cm^3）；

L、B、δ——试样长度、宽度和厚度（cm）；

Δh——上下面水位差（cm）；

t——通过水量 W 的历时（s）；

η_t——试验水温 T（℃）时水的动力黏滞系数（kPa·s）；

η_{20}——20℃时水的动力黏滞系数（kPa·s）。

水平渗透性能一般不用平面渗透系数，而采用导水率（transmissivity）θ_h 来评价。导水率 θ_h 是水力梯度为 1 时，沿土工合成材料的平面水流量，即：

$$\theta_h=k_h\cdot\delta \quad (cm^2/s) \qquad (9-3)$$

2. 垂直渗透试验

垂直渗透试验是以评价土工合成材料的垂直向的透水或排水能力为目的的，用于测定在常水头或符合层流条件下土工布的垂直渗透系数和透水率。垂直向透水试验装置如图 9－9 所示。

土工布 20℃时的渗透系数 k_{20} 可按下式计算：

$$k_{20}=\frac{W\delta}{At\Delta h}\cdot\frac{\eta_t}{\eta_{20}} \qquad (9-4)$$

式中：k_{20}——土工布 20℃时渗透系数(cm/s)；

W——渗透水量(cm^3)；

δ——试样厚度(cm)；

A——试样过水面积(m^2)；

Δh——上下面水位差(cm)；

t——通过水量 W 的历时(s)；

η_t——试验水温 T(℃)时水的动力黏滞系数(kPa·s)；

η_{20}——20℃时水的动力黏滞系数(kPa·s)。

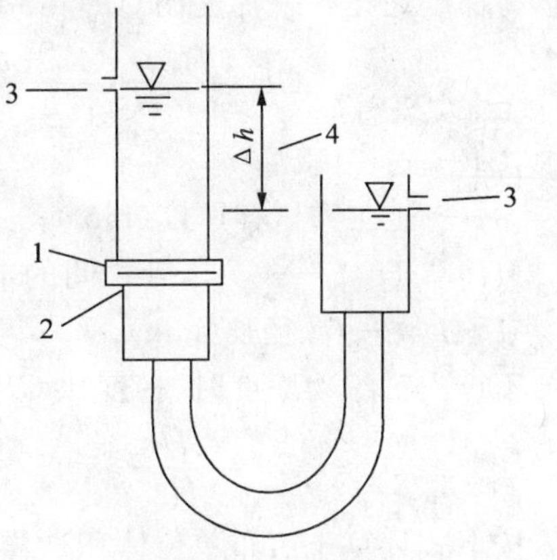

图 9-9　垂直渗透仪

1. 试样夹持器；2. 试样；3. 溢水口；4. 水位差

与水平导水率 θ_h 相似，采用垂直透水率(permittivity)θ_v 来表达垂直方向透水能力的大小，为单位面积、单位水头时的沿土工合成材料法向方向渗透水量。即：

$$\theta_v=\frac{k_v}{\delta}\quad(1/s) \qquad (9-5)$$

土工布的渗透系数变化范围很大，约为 0.001～100cm/s。

3. 淤堵试验

把土工合成材料当作反滤层和隔离材料来用时，常用淤堵试验的试验指标来评价其反滤和隔离的效果，判定其是否会产生不允许的淤堵。周围土颗粒的粒径、水流速度、水流状态、负离子、悬浮物等因素都可以影响到土工合成材料的反滤层的淤堵状况。

为把握反滤层的淤堵特性，一般采用梯度比方法测定一定水流条件下土工布及其交界面上的渗透系数和渗透比，并测定土工布的含泥量。梯度比渗透仪的淤堵试验方法如图 9-10 所示。渗透仪筒体的内径为 100mm 透明圆筒有夹持单片或多片土工布试样的装置，土工布上方土样高为 100mm；渗透仪圆筒侧壁的 6 根测压管，其内径不小于 3mm。将织物试样和筛网一起放在夹持装置内，并密封好。调节水位，使水力梯度 $i=1.0$、$i=2.5$、$i=4.0$ 和 $i=10.0$，i 每增加一级后，应等到测压管读数稳定，并在该级梯度下渗流达 1.5h 以上。每级试验结束取出土工布试样，轻轻清除表面浮土，烘干后称量土工织物及其内部含土的总质量。

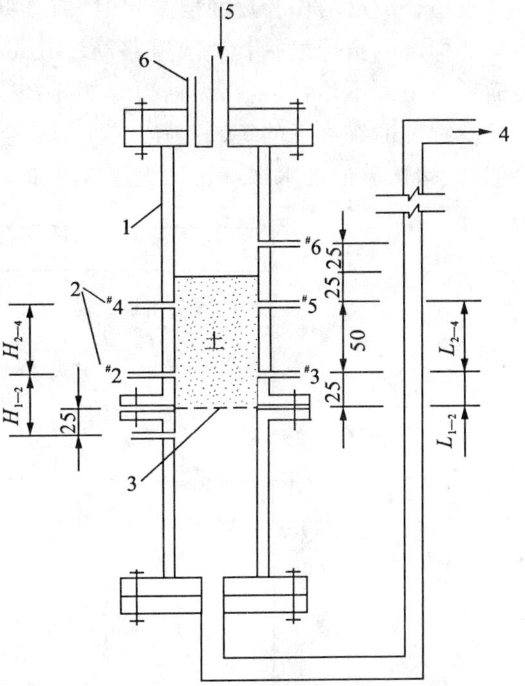

图 9-10　梯度比装置示意图(单位：mm)

1. 内径 100mm 透明圆筒；2. 测压管；3. 土工布；4. 排水口；5. 连常水头水容器；6. 排气口

淤堵试验中土工布及其上相邻 25mm 土样的复合水力梯度与其上 25～75mm 之间土样

的水力梯度之比——梯度比 GR(gradient ratio)为：

$$GR=\frac{H_{1-2}/(L_1+\delta)}{H_{2-4}/L_2} \tag{9-6}$$

式中：GR——梯度比；

δ——土工布试样厚度(mm)；

H_{1-2}、H_{2-4}——测压管之间的水位差(mm)；

L_1、L_2——渗径长(mm)。

不计土工织物厚度时，梯度比 GR 为：

$$GR=\frac{2H_{1-2}}{H_{2-4}} \tag{9-7}$$

按下式计算土工布单位体积试样中的含土量 μ，

$$\mu=\frac{m_1-m_0}{A\delta} \tag{9-8}$$

式中：μ——织物单位体积试样中的含土量(g/cm³)；

m_0——试验前织物试样的质量(g)；

m_1——试验后织物试样的烘干质量(g)；

A——织物试样面积(cm²)。

土工合成材料作为反滤层来用时，就要防止土颗粒过度地流失。淤堵试验的结果可以当作反滤标准的指标之一。美国道路局、Giroud、Ogink 等人的反滤标准如图 9-11 所示。图中的横轴为土的不均粒系数，纵轴为等效孔径 O_{95} 与土的等效孔径 D_{85} 之比。只要选取图中的任一反滤标准曲线之下的等效孔径 O_{95}，都不会出现显著的土颗粒流出问题。图中有 * 记号的数据，淤堵试验的动水梯度比均大于 3，此时发生了显著的流土。

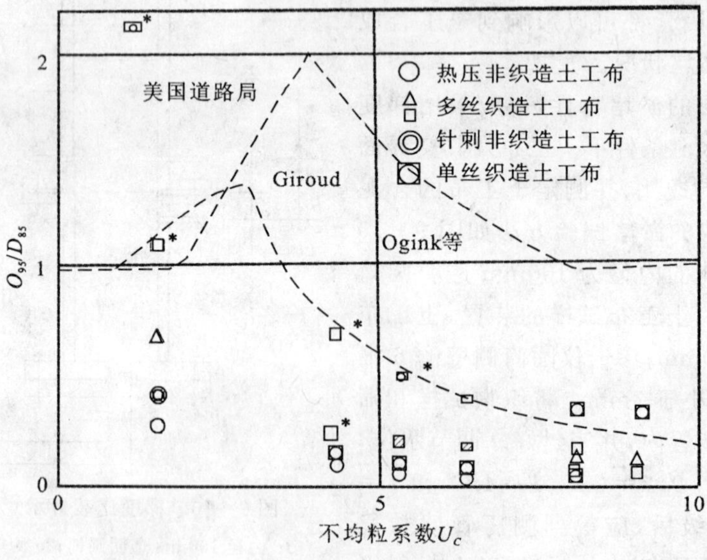

图 9-11　反滤标准与淤堵试验结果

4. 耐静水压试验

土工合成材料中的土工膜和复合土工膜，防渗性能是其重要的特征指标之一，在实际应用过程中对工程寿命有重要的影响。防渗性能可用耐静水压试验得出的耐静水压指标表征。

耐静水压试验方法的原理是，将试样置于规定的测试装置内，对其两侧施加一定水压差，逐级增加水压差，直至试样出现渗水现象，记录其能承受的最大水头差即为试样的耐静水压值。也可以测定在要求的水压力差下试样是否有渗水现象，以判断其是否满足要求。

耐静水压试验装置示意如图 9 - 12 所示，包括进水调压装置、试样夹持、加压和压力测定装置等。压力量程要求 0～2.5MPa。在一定压力差下，渗流量小于 $0.1cm^3/h$ 时，可以认为没有渗水。当渗流量急剧增大时，表明试样已出现破坏，试验可以终止。以 3 个试样测得耐静水压值中的最低值作为该试样的耐静水压值。

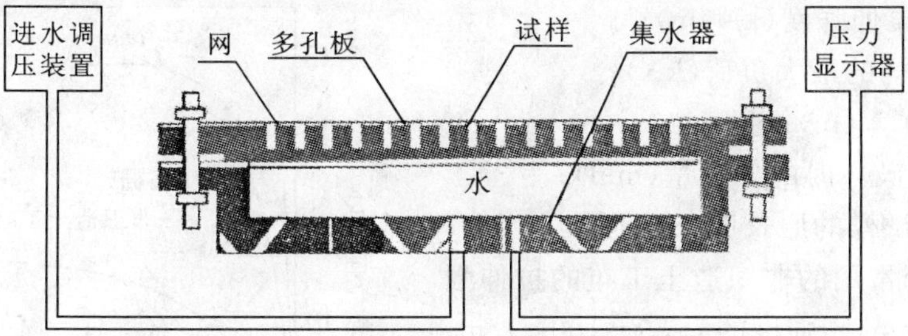

图 9 - 12 耐静水压试验装置示意图

三、土工合成材料的机械性能及试验方法

土工合成材料一般是作为抗拉补强材料来应用的。因此，抗拉强度是土工合成材料的基本力学特性，而土工合成材料的压缩强度、抗弯强度可以不予考虑。同时，土工合成材料在加筋土中使用时，由于受到施工机械的施工荷载作用，如填土的碾压，以及埋设在土中发挥它的性能时所受的工程荷载作用时，会造成土工合成材料的损伤、撕裂等现象，如图 9 - 13 所示。土工合成材料的力学性能评价应包括：拉伸强度、拉伸应变、撕裂强度、顶破强度变形特性和蠕变特性等性能。

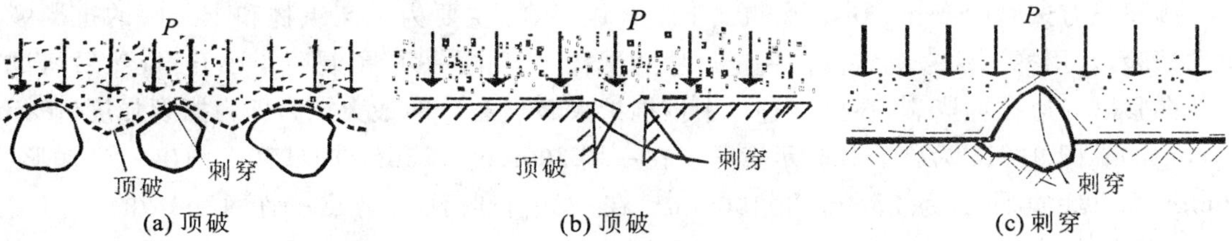

(a) 顶破 (b) 顶破 (c) 刺穿

图 9 - 13 损伤现象示意图

1. 抗拉强度试验

抗拉强度(tensile strength)特性是指在一定的温度、湿度、加载速率等试验条件下，土工合成材料试样被拉伸直至断裂时每单位宽度的最大拉伸强力。土工合成材料的拉伸强度和最大负荷的伸长率是各项工程设计中最基本的技术指标。它可由宽条抗伸度试验、(窄条)条带

拉伸试验得出。

宽条抗伸度试验主要用于土工布、复合土工布，也包括土工格栅，试样宽为 200mm，长度至少 200mm。条带拉伸试验主要用于土工格栅和土工加筋带。除测干态强度外，还需测定湿态强度。故应裁剪两倍的长度，然后一剪为二，一块测干强度，一块测湿强度。拉伸试验可以获得拉伸强度、断脱强度和伸长率等参数。

拉伸强度 T_{max} 定义为拉伸试验中，试样可获得最大拉伸强力，即：

$$T_{max}=\frac{P_f}{B}\quad(kN/m)\tag{9-9}$$

拉伸断脱 T_i 定义为试样断脱时受到的拉伸强力。此时的伸长率 ε 为：

$$\varepsilon=\frac{\Delta L}{L_0}\times100\%\tag{9-10}$$

式中：T_{maxi}——拉伸强度(kN/m)；

P_f——试样的最大负荷(kN)；

B——试样宽(m)；

ΔL——为破坏时的伸长量(mm)；

L_0——为试样的原长度(mm)。

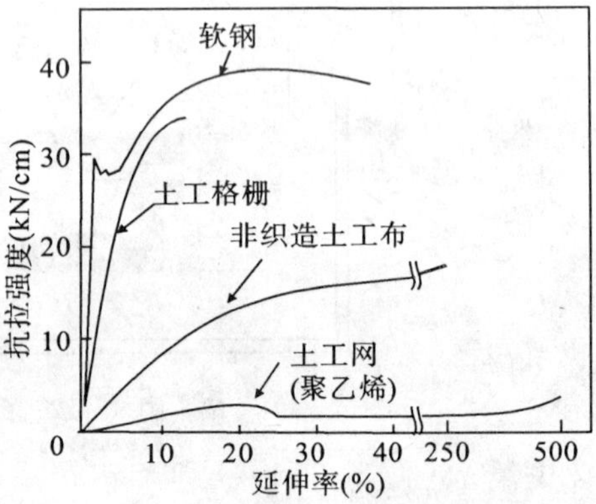

图 9-14　几种材料的拉伸强度和变形性质

对于大部分常用的非织造土工布的拉伸强度为 10～30kN/m，高强度的为 30～100kN/m；最常用的编织型土工布为 20～50kN/m，高强度的为 50～100kN/m；个别的编织土工布可达到 100～1 000kN/m。可见，土工合成材料的抗拉强度和变形特性是完全不一样的(图 9-14)。聚乙烯塑料强度低，但伸长率可以达到 500%；非织造土工布的抗拉强度较高，伸长率可以超过 250%；土工格栅的条带抗拉强度更高，与软钢的抗拉强度相当，且伸长率在 10%～20%之间。土工合成材料的拉伸强度和变形特性有如此宽广的变化范围，为土木工程师在实际工程设计时提供了充足的选择余地。特别是土工格栅的拉伸强度高且伸长率大，能很好地追随土的变形，与土兼容协调。

2. 撕破强力试验

撕裂强力试验(tearing test)是测试土工合成材料，主要为土工织物和土工膜的抗撕裂能力的试验，常用梯形法来测定。在一定尺寸的试样中部的一边，预制一个小开口，然后将试样两端夹紧以匀速拉伸撕裂，在撕裂过程中抵抗扩大破损裂口的最大拉力即为撕裂强度(tearing strength)。图 9-15 为撕裂试验示意图。在一块 200mm×76mm 的试样上画出一个梯形，高 76mm、上下底宽分别为 25mm 和 100mm。在一边中点预先剪出一个 15mm 的开口。用 75mm 宽的夹具夹紧匀速撕裂，记下开口扩大时最大的拉力即为撕裂强度。

3. CBR 顶破强力试验

顶破强力是土工合成材料力学性能的主要指标之一，采用 CBR 顶破（圆柱形顶杆）试验和圆球顶破试验方法来模拟土工合成材料，当土工织物和土工膜铺设在软基上，遇有粗粒石料对土工合成材料顶压的情形。CBR 顶破强力试验是圆柱形顶杆以一定的速度顶压土工合成材料的表面，测定最大抗顶破压力的试验。试样用内径为 150mm 的钢环夹固定，顶杆直径

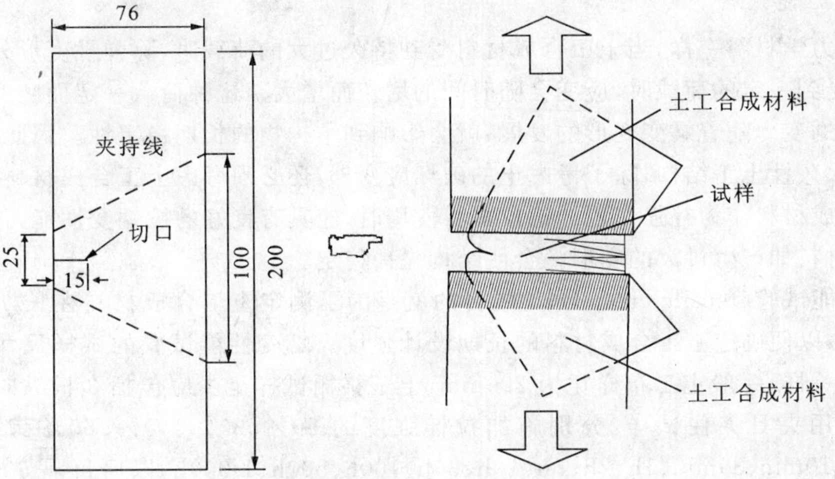

图 9-15　撕裂试验示意图(单位:mm)

50mm,匀速顶压试样,记录顶压荷载和位移,最大的荷载即为 CBR 顶破强力(CBR burst strength),如图 9-16 所示。

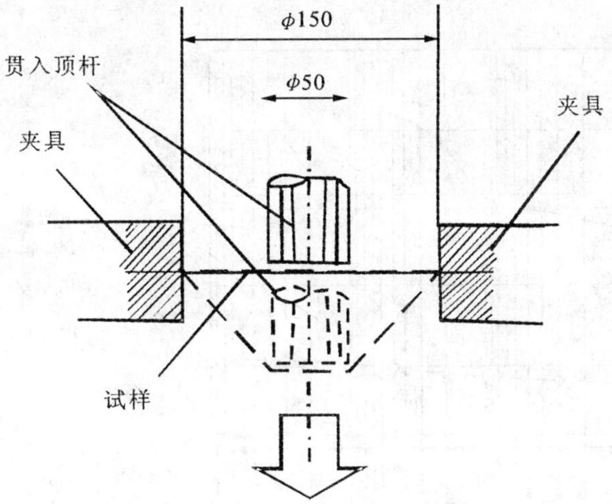

图 9-16　CBR 顶破强力试验

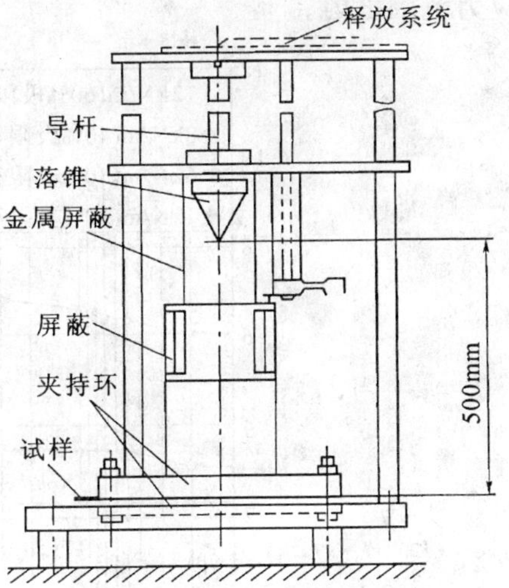

图 9-17　落锥穿透试验

4. 落锥穿透试验

落锥穿透试验(cone penetration test)是一定质量的尖锥从一定的高度自由落下到土工合成材料上,测定其穿透的孔洞直径,以模拟尖锐的石块或工具落在土工合成材料上造成损坏的情况,评价其对尖锐落物贯入时的抵抗破坏能力的试验,它主要适用于土工布、土工膜及其复合产品。如图 9-17 所示,试样用内径为 150mm 的钢环夹固定,用重 10N、最大直径 50mm,顶角为 45°的不锈钢尖锥,从 500mm 的高度下落到试样上。量测试样被刺穿的孔洞直径,这个孔径称为穿透孔径(amount of cone penetration)。孔径越小,土工合成材料的抗穿透破坏的能力越大。

5. 蠕变性能试验

与其他力学材料一样，当土工合成材料受到持久过大的荷载时，除弹性变形外还会发生塑性变形；当受到一定的荷载时，应变会随时间的增长而增大。这种荷载一定而应变随时间增大的现象就称蠕变。随着蠕变变形的发展，就会影响到结构物的长期稳定性。因此，在工程设计中，特别是永久性土工结构，除了考虑土的破坏应变外，还必须考虑土工合成材料的蠕变性能。即当土工合成材料作为补强作用的抗拉材料使用时，应具有良好的抗蠕变性能，否则在长期荷载作用下，材料如产生过大的变形将会使结构失去稳定。

蠕变性能试验(tensile creep test)的目的就是为了测定土工合成材料在长期荷载作用下的变形特性，以便确定土工合成材料的长期设计强度。蠕变性能试验的试样尺寸与抗拉强度试验的尺寸一样，一般土工布样宽为200mm，土工格栅试样至少应包括3根纵向筋条及1根横向肋条。用夹具夹住试样，分别施加拉伸强度的20%、30%、40%、60%荷载，按1min、2min、6min、10min、30min、1h、2h、5h、10h、30h、100h、500h、1 000h，以后每隔500h间隔测定伸长量。

对于低应力水平，随着时间的进程，蠕变性能试验得出的土工合成材料的伸长率会减小，最终伸长率不再增长，收束到某一水平；而对于高应力水平，土工合成材料的伸长率反而会增大，如图9－18所示。因此，土工合成材料的长期设计强度就应当确定在伸长率能收束的拉伸应力范围之内。

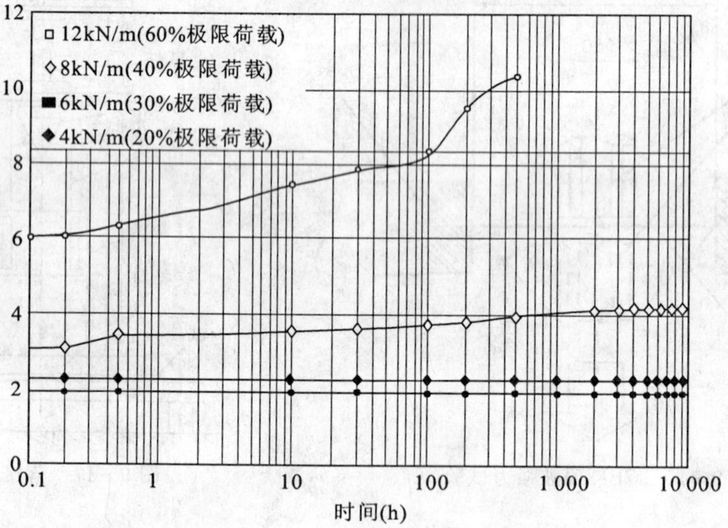

图9－18　蠕变试验曲线

土工合成材料的长期强度由蠕变土工合成材料的性能试验确定，可表达成极限抗拉强度T_{max}与蠕变性能折减系数μ之积。

$$T_{\sigma}=\mu \cdot T_{max} \tag{9-11}$$

式中：T_{σ}——考虑了蠕变性能后的长期强度；

μ——蠕变性能折减系数；

T_{max}——土工合成材料的极限拉伸强度。

从原则上讲，土工合成材料的长期强度应根据设计的使用年限而定。这样一来，所需的试验时间就非常之长。通常的做法是把蠕变性能试验的试验时间定为10 000h。对于更长时间的强度，可以通过外延方法来确定。因为一般岩土结构物的应变量在10%以内，所以，有人提议10%以内的伸长率荷载作为蠕变荷载。

实际上，由于受到围限压力的约束效应，土中的土工合成材料不易变形。因此，加筋土中的土工合成材料的长期强度要比在空气中的蠕变性能试验得到的长期设计强度大。已有试验资料表明，当蠕变荷载小于拉伸强度的40%时，Tensar SR2 土工格栅的延伸速率逐渐减小，最终延伸速率为零，延伸率停止增长。即SR2 土工格栅的长期设计强度为拉伸强度的40%；但在土中蠕变性能试验得出的SR2 土工格栅的长期设计强度，可以提高到拉伸强度的60%。

6. 耐久性能试验

永久性土工结构物的使用年限一般为100年左右，因此，加筋土中的土工合成材料也要求具有同等程度的耐久性。土工合成材料的耐久性是指土工合成材料抵抗由于天气、力学、化学、生物或其他因素随时间增长而发生性能退化，以保持其在使用寿命内所需功能的能力。它包含两方面的涵义，一方面在施工过程中能满足土工结构物的使用目的，正常发挥土工合成材料的性能；另一方面在土工结构物的使用运营过程中，土工合成材料作为一种建筑材料应有相应的耐用年限。土工合成材料在加工、贮存和使用过程中，由于受内外因素的影响，它的各种性能会逐渐蜕化，出现老化现象。老化是一种不可逆的化学变化，主要表现在：外观变化，如发黏、变硬、变脆等；物理、化学特征的变化，如密度、熔点、耐寒性和耐热性等；力学性能即拉伸强度、断脱强度、伸长率及弹性等劣化或丧失。

由于广泛运用土工合成材料只有几十年的历史，根据实际工作环境的评价结果来判断土工合成材料的耐久性尚为时过早。为了评价土工合成材料的耐久性，缩短试验时间，常用的做法是在工作环境相对苛刻的状态下进行试验。耐久性试验包括：

抗气候性能试验：抗气候性能是指在日光、雨、风、雪等自然条件下，土工合成材料的力学性质随时间的增长而劣化、老化的性能。它主要与材料的化学分子量、分子排列、厚度等有关。材料的化学分子量越大，排列越规则，抗气候性能越好；材料的厚度越厚，对抗气候性能越有利。对于暴露使用的土工合成材料，如在加筋土坡面的土工合成材料，或者在施工前土工合成材料直接暴露在屋外保管的情况下，受紫外线的照射、晴雨反复干湿的作用都会老化。抗气候性能试验可分为屋外暴露试验和抗紫外线性能试验。屋外暴露试验是直接在屋外暴露土工合成材料，观察其随暴露时间的外表变化，并测定其抗拉强度和拉断应变。抗拉强度一般用暴露后的强度与暴露前的强度之比，即抗拉强度比来表示。抗紫外线性能试验(resistance to ultraviolet light)或促进暴露试验是采用人工的紫外线辐射和喷洒水方法，以一定的时间间隔循环改变环境条件，缩短屋外暴露时间的一种试验方法。促进暴露试验的光源种类有：WV型(紫外线型)、WS型(阳光型)和WX型(氙弧灯型)。

抗热性能试验：抗热性能(heat resistance)是指当周围环境温度变化时，特别是在高温情况下，土工合成材料的力学性质的耐久性能。在有地热的地段或者在夏季温度上升时，都有必要评价土工合成材料的抗热性能。抗热性能试验的方法是把土工合成材料浸泡在预定温度的液体里，经过若干时间后，取样进行抗拉试验，得出浸泡前后的抗拉强度。

抗酸、碱性能试验：是以评价可能接触的酸、碱性液体对土工合成材料的力学特性的影响为目的的。特别是在强酸(如有温泉的地方)、强碱(如利用水泥作固化剂地基处理过的地方)

或者与混凝土接触的地方，都需要确认土工合成材料的耐久性。将土工合成材料在化学溶液中浸泡一定时间后，根据土工合成材料的用途进行相应的试验（如抗拉试验），从试验的特性值的变化（如抗拉强度比）来评价化学成分对土工合成材料的性能影响。

抗微生物性能试验：是为评价受微生物的影响，土工合成材料的力学性质发生劣化的试验。土中存活有各种各样的微生物，它们可引起多种化学反应和化学作用。自然界中微生物无所不在，只要有极少的营养就可以生存、繁育。对于高分子化学的土工合成材料而言，微生物的活性小。尚无因微生物而使土工合成材料劣化的事例报道。

第四节　土工合成材料的界面性能

因为土工合成材料是在土中使用的，作为补强材料使用时，还必须了解土与土工合成材料的界面性能，包括界面相互作用的拉拔摩擦作用和剪切摩擦作用。在极限平衡设计方法中，计算锚固长度（anchorage length）和确定土工合成材料的抗拉拔能力都需要知道土与土工合成材料界面之间的似内聚力（apparent cohesion），似摩擦角（apparent friction angle）或似摩擦系数（coefficient of interaction）。评价土与土工合成材料的相互作用的试验方法用得最多的是拉拔摩擦试验和直剪摩擦试验。试验方法的确定，应根据结构物的类型、土工合成材料的使用方法及其它们之间的作用机理而定。拉拔摩擦试验和直剪摩擦试验与现场土的变形状态的对应关系，如图 9－19 所示。

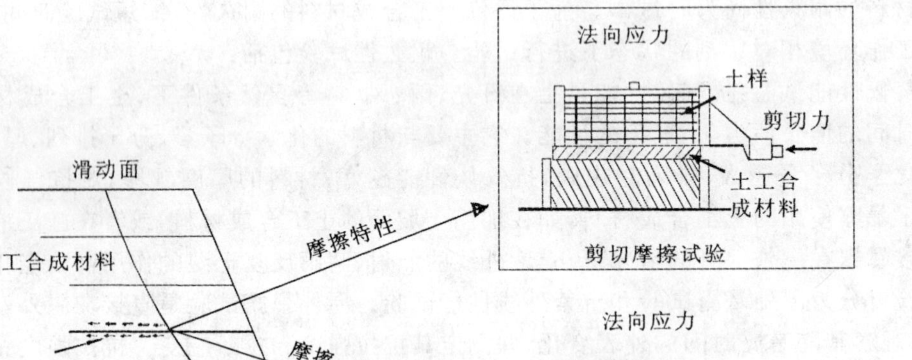

图 9－19　界面摩擦性能试验方法

一、拉拔摩擦试验

1. 拉拔摩擦试验

拉拔摩擦试验(pull out test)是用于评价土工合成材料埋在土内时与周围土体的拉拔摩擦阻力,适用于各种土性和状态的土与各种类型的土工布、土工膜、土工带和土工格栅。

拉拔摩擦试验装置由试验拉拔箱、加载装置和量测装置组成(图 9－20)。试验箱应有足够的刚度,长×宽×高不宜小于 25cm×20cm×20cm。加载系统在试验过程中应保持法向压力为恒压。水平拉拔加载一般采用调速电机和变速箱,以控制拉拔速率。按应变控制加载时,拉拔速率为 0.3～3mm/min,对砂性土宜取 0.5mm/min。当拉拔力出现峰值后,应继续拉拔直至拉拔力稳定,或者试验进行至获得稳定值时,即可停止试验。

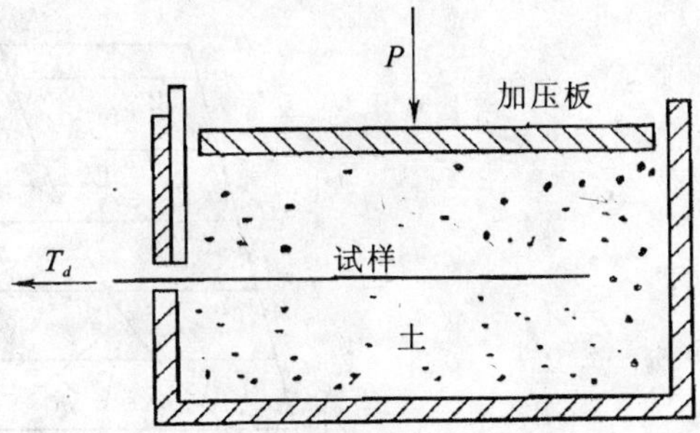

图 9－20　拉拔摩擦试验装置示意图

土与土工合成材料界面的法向应力 σ 和剪应力 τ 可由下式计算得出:

$$\sigma=\frac{P}{A} \tag{9-12}$$

$$\tau=\frac{T}{2L_E \cdot B} \tag{9-13}$$

式中:P、T——垂直荷载和拉拔力(kN);

A——试验箱的水平面积(m^2);

L_E——土工合成材料埋在土中的抵抗拉拔的长度(m);

B——土工合成材料埋在土中的宽度(m);

σ——法向应力(kPa);

τ——剪应力(kPa)。

按下式计算界面上的拉拔摩擦系数 f:

$$f=\frac{\tau}{\sigma} \tag{9-14}$$

绘制法向应力 σ 和剪应力 τ 曲线,求出界面的摩擦强度。法向应力 σ 和剪应力 τ 关系可用最小二乘法近似得出:

$$\tau=\sigma \cdot \tan\delta + c^* = \alpha \cdot \sigma \cdot \tan\phi + c^* \tag{9-15}$$

式中:δ——似摩擦角(°);

$\tan\delta$——似摩擦系数;

α——折减系数;

c^*——直线的截距(似内聚力)(kPa);

ϕ——土的内摩擦角(°)。

2. 拉拔摩擦试验的应用

在加筋土设计中,潜在的滑动面处于极限平衡状态时,要求土工合成材料不会被拉出(图

9-21)。利用拉拔摩擦试验的结果，就可以很容易地计算出锚固长度。锚固长度为：

$$L_e=\frac{T\cdot F_s}{2(\sigma\cdot\tan\phi^*+c^*)} \tag{9-16}$$

式中：F_s——安全系数；

L_e——土工合成材料的锚固长度(m)；

c^*、ϕ^*——拉拔试验得到的似抗剪强度参数。

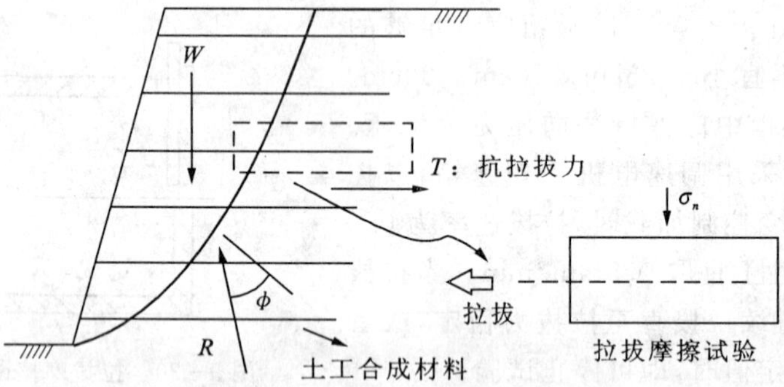

图 9-21　拉拔摩擦试验与锚固长度

二、直剪摩擦试验

1. 直剪摩擦试验

直剪摩擦试验(direct shear test)是用于评价土与土工合成材料界面的摩擦特性的，用于测定土与土工织物或土工膜之间的界面摩擦阻力。它适用于各种土性和状态的土与各种类型的土工合成材料。

直剪摩擦试验仪有接触面积不变和接触面积递减(标准土样直剪仪)两种直剪仪，如图 9-22 所示。剪切盒由上盒和下盒组成，它的尺寸不小于 30cm×30cm。垂直加载可以采用千斤顶及反力框架施加。剪切力可采用调速电动装置，以控制拉拔速率。根据土性和排水方式，剪切速率为 1mm/min。每个被测试方向取 4 个土工合成材料试样，试样的尺寸应符合剪切盒的尺寸。

界面上的法向应力 σ、剪应力 τ 和每个试样的摩擦比 $f_{g(\delta)}$ 分别为：

$$\sigma=\frac{P}{A} \tag{9-17}$$

$$\tau=\frac{T}{A} \tag{9-18}$$

$$f_{g(\delta)}=\frac{\tau_{\max(\delta)}}{\tau_{s,\max(\delta)}} \tag{9-19}$$

式中：P——垂直荷载(kN)；

A——剪切试样接触面积(m^2)；

T——剪切力(kN)；

$\tau_{\max(\delta)}$——在不同法向应力下试样界面的最大剪应力(kPa)；

$\tau_{s,\max(\delta)}$——在不同法向应力下土的最大剪应力(kPa)。

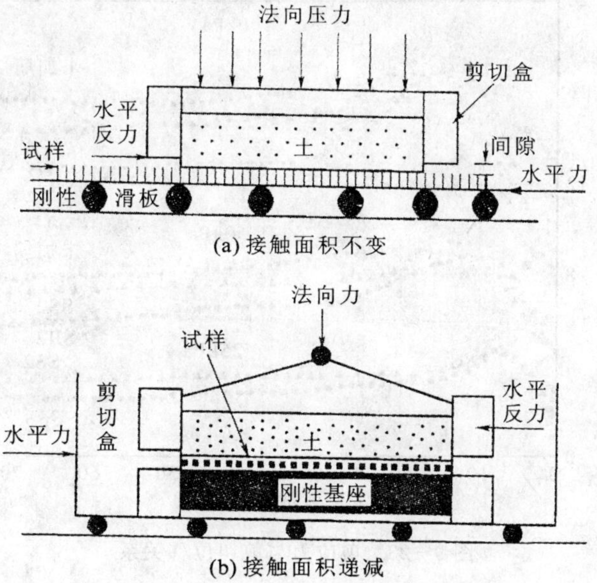

图 9－22　直剪摩擦试验装置示意图

与一般的直剪试验一样，绘制法向应力 σ 和剪应力 τ 曲线，可以求出界面的摩擦强度指标。

2. 直剪摩擦试验的经验值

图 9－23 为土工格栅 SR2、SS2 的剪应力与剪切位移关系。直剪摩擦试验中剪应力包括土工格栅的剪应力，土工格栅开口部分的土与土之间的剪应力。随着法向应力的增大，发挥最大剪应力所需的剪切位移也随之增大。铺设土工格栅的最大剪应力值约为标准砂的 90%～95%左右。尽管双向土工格栅 SS2 和单向合成土工格栅 SR2 的开口率及几何形状不同，但是两者的最大剪应力值及其对应的剪切位移却基本相同。当位移为 75mm 时，它们的残余强度就显示出了较大的差别。单向合成土工格栅 SR2 的最大剪应力值约为标准砂的 70%。

土工合成材料与土界面之间的摩擦性能是岩土工程结构稳定性必须考虑的参数。其摩擦系数与接触材料及性状有关。一般情况下，界面摩擦系数是土的摩擦角的 0.6～0.8 倍，即 $\phi^*=(0.6\sim0.8)\phi_s$。表 9－2 为土工合成材料与土界面之间的摩擦系数经验参考值。

表 9－2　界面似摩擦系数经验值

填料类型	重度(kN/m³)	填料内摩擦角 ϕ_s/(°)	界面似摩擦系数 $\tan\phi^*$
中低液限黏性土	18～21	25～40	0.25～0.40
砂性土	18～21	25	0.35～0.45
砾、碎石类土	19～22	35～40	0.40～0.50

注：黏性土内摩擦角为换算内摩擦角。

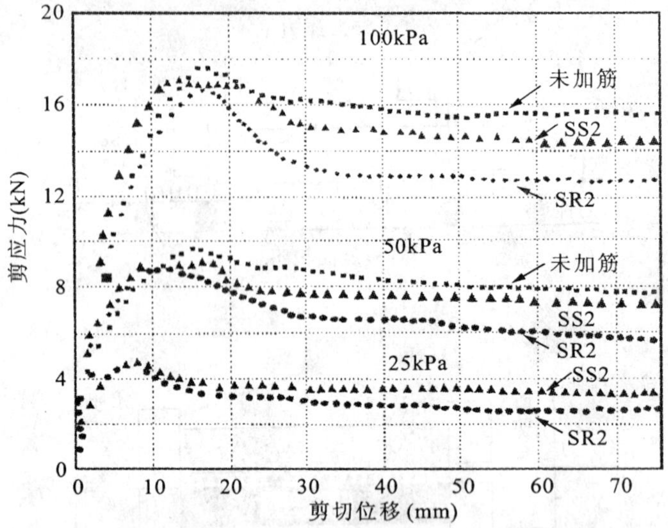

图 9-23　剪应力与剪切位移关系

三、界面摩擦特性影响因素分析

土与土工合成材料的相互作用，存在着不同的作用机理：①表面摩擦作用机理；②被动阻抗作用机理，如在土工格栅等横向肋带可发挥出被动摩擦阻力；③土颗粒的嵌锁咬合作用(interlocking effect)。要发挥这三种作用机理所需的位移量是不同的，受许多因素的影响。

1. 相对密度和剪胀效应

土样的相对密度增加，最大剪应力也增加。这一现象，对小的法向应力更为显著。因此，为获得较大的抗剪强度，增大土的密实程度是大有裨益的。在填土工程质量管理中，强调土的密实度的管理就源于此理。

在剪应力作用下，土与土工合成材料的界面的土颗粒会趋于膨胀。但是，显然这种膨胀要受周围土体的约束。膨胀约束的结果就是在界面产生一个法向应力增量(图 9-24)。对密实的砂土而言，剪胀效应可以增大法向应力，从而增大加筋土的抗剪强度。

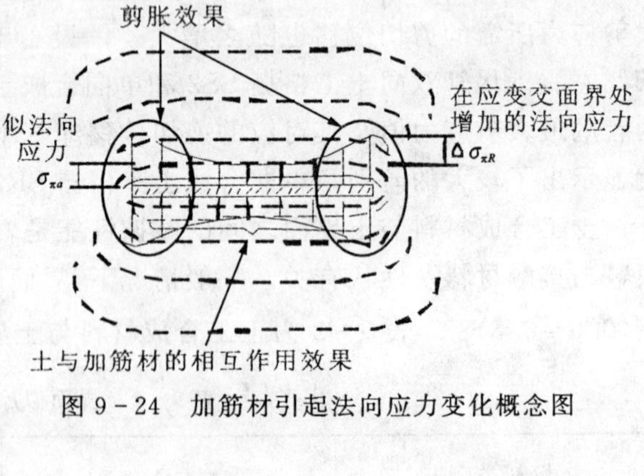

图 9-24　加筋材引起法向应力变化概念图

2. 粒度

图 9-25 显示出了开孔径/粒度与直剪摩擦试验的效益系数 α 的关系。当 SDR≫1 时，即当土颗粒粒径远远小于格栅的间距时，土颗粒不能有效地嵌锁在土工合成材料的里面，剪切阻力就小，效益系数 α<1。随着土颗粒粒径增大，土颗粒的嵌锁咬合效应增大，剪切阻力提高。当土颗粒粒径等于开孔径时(SDR＝1)，土颗粒完全嵌锁在土工合成材料的里面。因此，剪切

破坏带(区)被迫远离土与土工合成材料的界面,从而增大了剪切阻力。此时,效益系数 $\alpha=1$,摩擦阻力最大。而当土颗粒粒径远远大于格栅的间距(SDR≪1)时,土颗粒太大,不能进入到土工合成材料的开孔内,无法嵌锁咬合,剪切沿着土工合成材料的表面滑动,所以,效益系数 $\alpha<1$。当然,SDR≪1 这种现象是非常少见的。

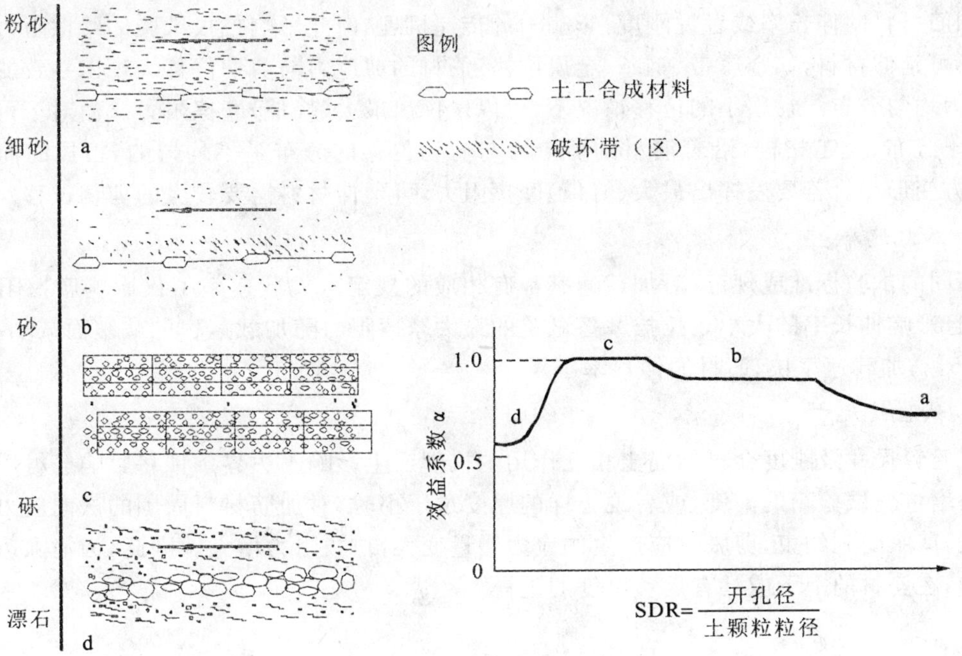

图 9-25　粒度 SDR 与效益系数 α

(Jewell, 1993)

3. *法向压力*

土的剪胀效应在很大程度取决于法向压力,所以,上覆自重可以影响摩擦阻力的大小。法向压力越大,摩擦阻力越大,刚度(曲线的斜率)也越大。虽然土工合成材料的摩擦阻力随着法向压力的增大而增大,但是,它的增长幅度一般随着法向压力的增大有减小的趋势(图 9-26)。破坏曲线可近似成两段直线。折点所对应的法向应力称之为临界界面法向应力。临界界面法向应力取决于土工合成材料及界面的内摩擦角。当法向应力小于临界界面法向应力($\sigma<\sigma_{cr}$)时,破坏沿着土工合成材料滑动(slippage failure),视摩擦角大于未加筋土的内摩擦角($\phi_1>\phi$);而当法向应力大于临界界面法向应力($\sigma>\sigma_{cr}$)时,土工合成材料产生过大的延伸而破坏(stretching failure),视摩擦角等于或小于未加筋土的内摩擦角($\phi_2\leqslant\phi$)。

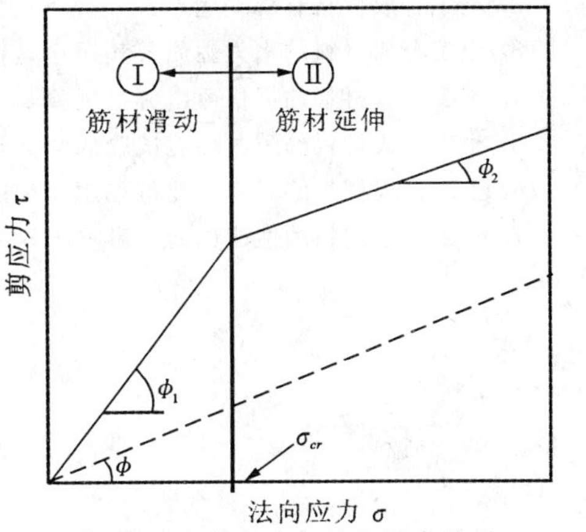

图 9-26　剪应力与法向压力关系

(Athanasopoulos, 1993)

4. 试样尺寸

试样宽度增加，最大剪应力减小。这是由于剪胀效应对宽度小的试样效果更大，法向应力的增量占有效面积的比例增大之故。

5. 延伸率

加筋材料的伸长率或者说刚度，影响力的传递机理，由此影响拉拔试验的摩擦阻力。对于(准)不可延伸材料，如金属带、钢条、金属网格，筋材的剪应力与剪切位移表现出一致的力学习性，应力均匀分布。在很小的位移情况下，可以发挥出最大(峰值)摩擦阻力。而对于可延伸材料，如土工布、土工格栅，沿着筋材的剪应力与剪切位移的分布是不均匀的，拉拔的前方变形大，后方变形小。若要发挥出最大(峰值)摩擦阻力，可延伸材料需要较大的剪切位移。

6. 加载速率

不同的试验标准或规范，对加载速率都有相应的规定。加载速率不仅影响摩擦阻力的峰值，而且影响伸长率的大小。拉拔摩擦试验的最大摩擦阻力随加载速率的减缓而减小，减小值可达25%；加载速率快，筋材的伸长率小。

7. 试验箱尺寸

试验箱尺寸及刚度会对加筋土相互作用的机理产生影响。边界条件将影响筋材周围的法向应力增量。试验箱的高度，或者说土样的厚度过于小时，对加筋材料周围的法向应力的影响就更大，剪胀受到约束，剪胀效应产生的应力增量变大，拉拔阻力增大。因此，为消除边界条件的影响，在筋材的上下应具有足够厚度的土样。

复习思考题

1. 土工合成材料的分类有哪些?
2. 土工合成材料有哪些优点?
3. 土工合成材料的水力性质及其用途是什么?
4. 土工合成材料的损伤可由哪些试验来评价?
5. 土工合成材料的耐久性能试验的意义及其试验方法有哪些?
6. 土工合成材料的界面性能可采用什么试验?表示的性质指标有哪些?
7. 土工合成材料的性能试验的影响因素有哪些?

第十章　木　材

木材具有很多优良的性能，如轻质高强，导电、导热性低，有较好的弹性和韧性，能承受冲击和振动，易于加工等。目前，木材较少用于外部结构材料，但由于它有美观的天然纹理，装饰效果较好，所以仍被广泛用作装饰与装修材料。但由于木材构造不均匀、各向异性、易吸湿变形、易腐易燃等缺点，且树木生长周期缓慢、成材不易等原因，在应用上也受到限制，所以对木材的节约使用和综合利用是十分重要的。

第一节　木材的分类及构造

一、木材的分类

树木的种类很多，一般按树种可分为针叶树和阔叶树两大类。

1. 针叶树

树叶细长呈针状，树干直而高，纹理平顺，材质均匀，木质较软，易于加工，故又称软木材。针叶树的表观密度和胀缩变形较小，强度较高，耐腐性好。建筑中多用于承重结构构件和门窗、地面材及装饰材等。常用的有松树、杉树、柏树等。

2. 阔叶树

树叶宽大呈片状，多为落叶树。树干通直部分较短，木质较硬，难加工，故又称硬木材。其强度大，胀缩变形较大，易翘曲、开裂。建筑上常用作尺寸较小的构件。某些树种（如楸子、黄菠萝等）加工后木纹和颜色美观，适用于内部装修，制作家具、胶合板等。常用树种有榆树、桦树、水曲柳等。

二、木材的构造

木材的构造是决定木材性能的重要因素。树种不同，其构造相差很大，通常可从宏观和微观两方面观察。

1. 木材的宏观构造

宏观构造是指肉眼或放大镜能观察到的木材组织。由于木材是各向异性的，可通过横切面、径切面、弦切面了解其构造，如图 10－1 所示。图中横切面是与树纵轴相垂直的横向切面；径切面是通过树轴的纵切面；弦切面是与树心有一定距离，与树轴平行的纵向切面。

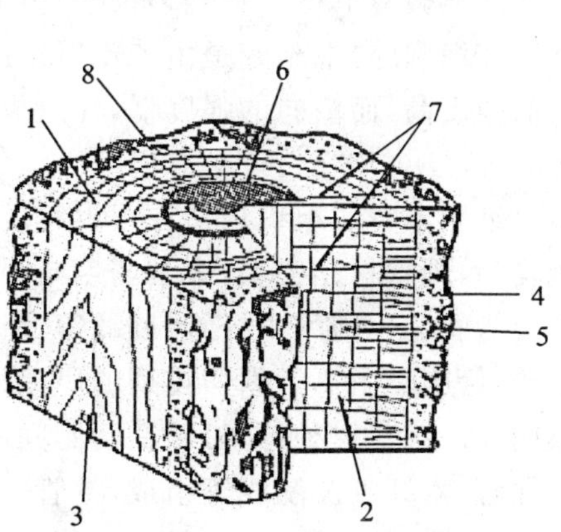

图 10－1　木材的宏观构造

1. 横切面；2. 径切面；3. 弦切面；4. 树皮；5. 木质部；6. 髓心；7. 髓线；8. 年轮

从图 10－1 中可知，树木主要由树皮、髓心和木质部组成。木材主要是使用木质部。木质部是髓心和树皮之间的部分，是木材的主体。在木质部中，靠近髓心的部分颜色较深，称为心材；靠近树皮的部分颜色较浅，称为边材。心材含水量较小，不易翘曲变形，耐蚀性较强；边材含水量较大，易翘曲变形，耐蚀性也不如心材。从横切面可以看到深浅相间的同心圆，称为年轮。每一年轮中，色浅而质软的部分是春季长成的，称为春材或早材；色深而质硬的部分是夏秋季长成的，称为夏材或晚材。夏材越多，木材质量越好。年轮越密且均匀，木材质量较好。在木材横切面上，有许多径向的，从髓心向树皮呈辐射状的细线条，或断或续地穿过数个年轮，称为髓线，是木材中较脆弱的部位，干燥时常沿髓线发生裂纹。

2. 木材的微观构造

在显微镜下所见到的木材组织称为微观构造。针叶树和阔叶树的微观构造不同，如图 10－2 和图 10－3 所示。

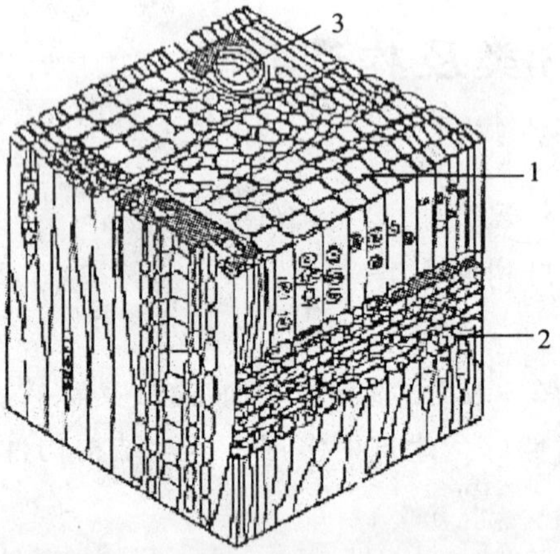

图 10－2　针叶树马尾松微观构造

1. 管胞；2. 髓线；3. 树脂道

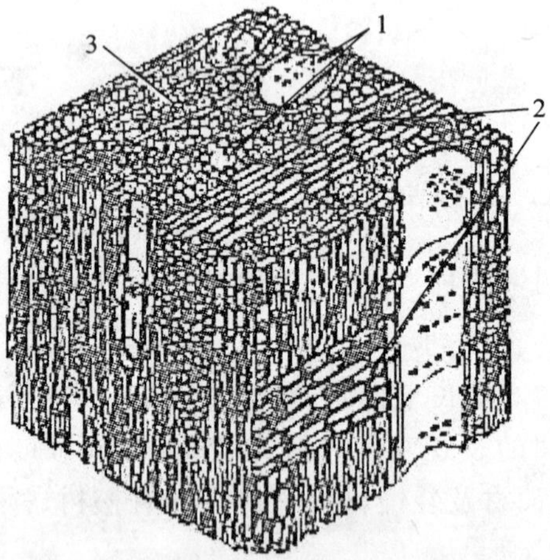

图 10－3　阔叶树柞木微观构造

1. 导管；2. 髓线；3. 木纤维

从显微镜下可以看到，木材是由无数细小空腔的长形细胞紧密结合组成，每个细胞都有细胞壁和细胞腔，细胞壁是由若干层细胞纤维组成，其联接纵向较横向牢固，因而造成细胞壁纵向的强度高，而横向的强度低，在组成细胞壁的纤维之间存在有极小的空隙，能吸附和渗透水分。

细胞本身的组织构造在很大程度上决定了木材的性质，如细胞壁越厚，腔越小，木材组织越均匀，则木材越密实，表观密度与强度越大，同时胀缩变形也越大。木材细胞因功能不同主要分为管胞、导管、木纤维、髓线等。针叶树显微结构较为简单而规则，由管胞、树脂道和髓线组成，管胞是主要为纵向排列的厚壁细胞，约占木材总体积的 100%。针叶树的髓线较细小而不明显。某些树种，如松树在管胞间尚有树脂道，富含树脂。阔叶树的显微结构较复杂，主要由导管、木纤维及髓线等组成，导管是壁薄而腔大的细胞，约占木材总体积的 20%。木纤维是一种厚壁细长的细胞，它是阔叶树的主要成分之一，占木材总体积的 50%以上。阔叶树的髓线发达而明显。导管和髓线是鉴别阔叶树的显著特征。

第二节 木材的主要性质

一、密度与表观密度

木材的密度平均约为 $1.55g/cm^3$，表观密度平均为 $500kg/m^3$，表观密度大小与木材种类及含水率有关，通常以含水率为15%(标准含水率)时的表观密度为准。

二、含水量

木材的含水量，以木材所含水的质量占木材干燥质量的百分率(即含水率)表示。

木材吸水的能力很强，其含水量随所处环境的湿度变化而异，所含水分由自由水、吸附水、化合水三部分组成。自由水是存在于细胞腔和细胞间隙内的水分，木材干燥时自由水首先蒸发，自由水的存在将影响木材的表观密度、抗腐蚀性等；吸附水是存在于细胞壁中的水分，木材受潮时其细胞壁首先吸水，吸附水的变化对木材的强度和湿胀干缩性影响很大；化合水是木材化学成分中的结合水，它是随树种的不同而异的。

水分进入木材后，首先形成吸附水，吸附饱和后，多余的水成为自由水。木材干燥时，首先失去自由水，然后才失去吸附水。当吸附水已达饱和状态而又无自由水存在时，木材的含水率称为该木材的纤维饱和点。其值随树种而异，一般为25%～35%，平均值为30%。它是木材物理力学性质是否随含水率而发生变化的转折点。

木材的含水率与周围空气相对湿度达到平衡时，称为木材的平衡含水率。即当木材长时间处于一定温度和湿度的空气中，其水分的蒸发和吸收趋于平衡，含水率相对稳定，此时的含水率为平衡含水率。木材平衡含水率随大气的温度和相对湿度变化而变化。图10-4所示为各种不同温度和湿度的环境条件下，木材相应的平衡含水率。

为了避免木材在使用过程中因含水率变化太大而引起变形或开裂，木材使用前，须干燥至使用环境长年平均的平衡含水率。我国平衡含水率平均为15%(北方约为12%，南方约为18%)。也可由图10-4求得，例如，预计某地木材使用环境的年平均温度为20℃，空气相对湿度为70%，由图10-4可知，木材平衡含水率约为13%，则事先宜将木材气干至该含水率附近后方可加工使用。

三、木材的湿胀干缩

木材细胞壁内吸附水含量的变化会引起木材的变形，即湿胀干缩。

木材的含水率大于纤维饱和点时，表示木材的含水量除吸附水达到饱和外，还有一定数量的自由水。此时，木材如受到干燥或受潮，只是自由水改变，不发生木材的变形。但含水率小于纤维饱和点时，则表明水分都吸附在细胞壁的纤维上，它的增加或减少才能引起体积的膨胀或收缩，即只有吸附水的改变才影响木材的变形，如图10-5所示。

由于木材构造的不均匀性，木材的变形在各个方向上也不同：顺纹方向最小，径向较大，弦向最大。因此，湿材干燥后，其截面尺寸和形状会发生明显的变化，如图10-6所示。

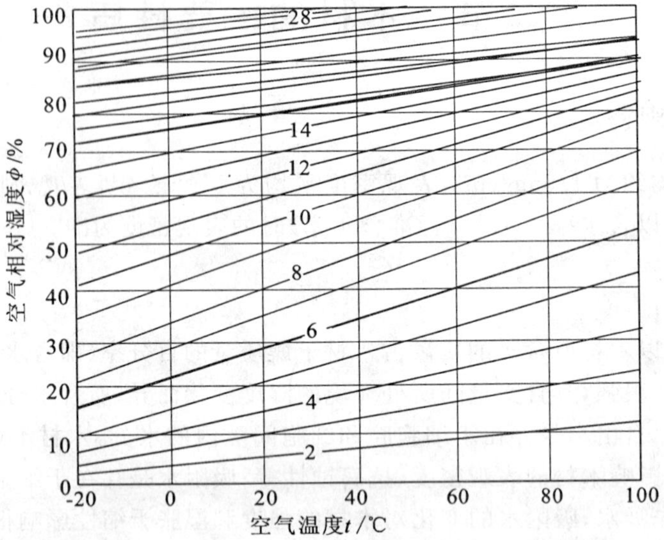

图 10-4　木材的平衡含水率(%)

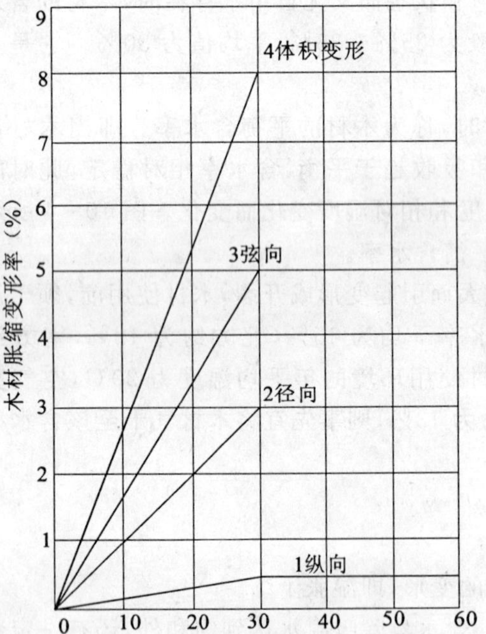

图 10-5　松木含水率对其膨胀的影响

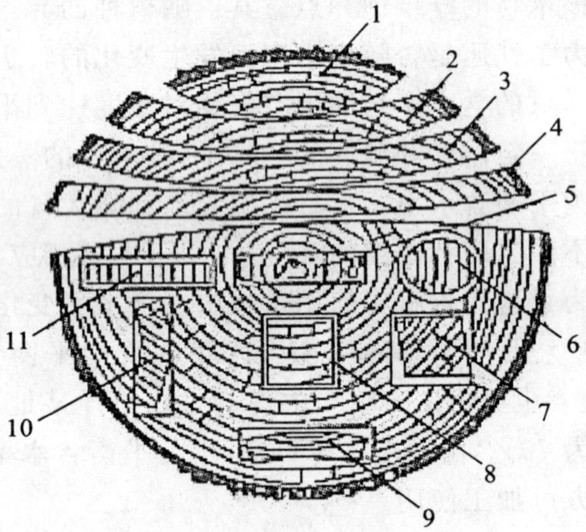

图 10-6　木材干燥后截面形状的改变

1. 弓形成橄榄核状；2、3、4. 成反翘；5. 通过髓心径锯板两头缩小成纺锤形；6. 圆形或椭圆形；7. 与年轮成对角线的正方形变菱形；8. 两边与年轮平行的正方形变长方形；9、10. 长方形板的翘曲；11. 边材径向锯板较均匀

湿胀干缩将影响木材的使用。干缩会使木材翘曲、开裂、接榫松动、拼缝不严。湿胀可造成表面鼓凸，所以木材在加工或使用前应预先进行干燥，使其接近于与环境湿度相适应的平衡含水率。

四、强度

1. 木材的各种强度

木材按受力状态分为抗拉、抗压、抗弯和抗剪四种强度，而抗拉、抗压和抗剪强度又有顺纹和横纹之分。所谓顺纹是指作用力方向与纤维方向平行；横纹是指作用力方向与纤维方向垂直。木材的顺纹和横纹强度有很大差别。木材各种强度之间的比例关系见表 10－1。

表 10－1 木材各强度之间关系

抗压强度		抗拉强度		抗弯强度	抗剪强度	
顺 纹	横 纹	顺 纹	横 纹		顺 纹	横纹切断
1	$\frac{1}{10}\sim\frac{1}{3}$	2～3	$\frac{1}{20}\sim\frac{1}{3}$	$1\frac{1}{2}\sim2$	$\frac{1}{7}\sim\frac{1}{3}$	$\frac{1}{2}\sim1$

注：以顺纹抗压强度为 1。

2. 影响木材强度的主要因素

木材强度除由本身组织构造因素决定外，还与含水率、负荷持续时间、温度、疵点(木节、斜纹、裂缝、腐朽及虫蛀等)等因素有关。

(1)含水率。木材含水率在纤维饱和点以下时，含水率降低，吸附水减少，细胞壁紧密，木材强度增加；反之，强度降低。当含水率超过纤维饱和点时，只是自由水变化，木材强度不变。

木材含水率对其各种强度的影响程度是不相同的，受影响最大的是顺纹抗压强度，其次是抗弯强度，对顺纹抗剪强度影响小，影响最小的是顺纹抗拉强度，如图 10－7 所示。

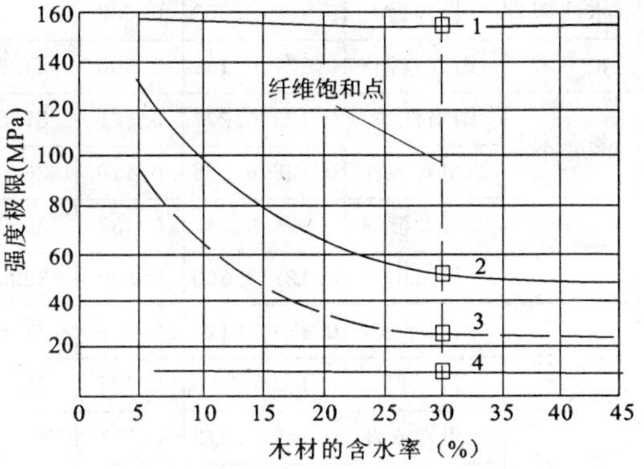

图 10－7 含水率对木材强度的影响

1. 顺纹抗拉；2. 抗弯；3. 顺纹抗压；4. 顺纹抗剪

为了具有可比性，规定以木材含水率为 12％时的强度为标准，其他含水率(ω％)时的强度(σ_w)，可按下式换算为标准强度(σ_{12})，单位为 MPa。

$$\sigma_{12}=\sigma_w[1+\alpha(\omega-12)]$$

式中：α——含水率校正系数，其值随树种和作用力形式而异。含水率在 9％～15％范围内，取值如下：

顺纹抗压：$\alpha=0.05$；

径向或弦向横纹局部抗压：$\alpha=0.045$；

顺纹抗拉：阔叶树 $\alpha=0.015$，针叶树 $\alpha=0$，即 $\sigma_w=\sigma_{12}$；

抗弯：$\alpha=0.04$；

弦面或径面顺纹抗剪：$\alpha=0.03$。

(2)负荷时间。木材在长期外力作用下，只有在应力远低于强度极限的某一定范围之下时，才可避免因长期负荷而破坏。而它所能承受的不致引起破坏的最大应力，称为持久强度。木材的持久强度仅为极限强度的 50％～60％。木材在外力作用下会产生塑性流变，当应力不超过持久强度时，变形到一定限度后趋于稳定；若应力超过持久强度时，经过一定时间后，变形急剧增加，从而导致木材破坏。因此，在设计木结构时，应考虑负荷时间对木材强度的影响，一般应以持久强度为依据。

(3)环境温度。温度对木材强度有直接影响，当温度从 25℃升至 50℃时，将因木纤维和其间的胶体软化等原因，使木材抗压强度降低 20%～40%，抗拉和抗剪强度降低 12%～20%。当温度在 100℃以上时，木材中部分组织会分解、挥发、木材变黑，强度明显下降。因此，环境温度长期超过 50℃时，不应采用木结构。

(4)缺陷。木材在生长、采伐、储存、加工和使用过程中会产生一些缺陷，如木节、裂纹、腐朽和虫蛀等。这会破坏木材的构造，造成材质的不连续性和不均匀性，从而使木材的强度大大降低，甚至可能失去其使用价值。

3. 木材的力学性质

建筑工程中常用树种的力学性质见表 10－2。

表 10－2　我国常用树种的木材主要物理力学性质

树种		产地	干缩系数		表观密度(g/cm^3)	顺纹抗压强度(MPa)	顺纹抗拉强度(MPa)	抗弯强度(MPa)	横纹抗压强度(MPa)				顺纹抗剪强度(MPa)	
									局部承压比例极限		全部承压比例极限			
			径向	弦向					径向	弦向	径向	弦向	径向	弦向
阔叶树	白桦	黑龙江	0.227	0.308	0.607	42.0	—	87.5	5.2	3.3	—	—	7.8	10.6
	柞木	长白山	0.199	0.316	0.766	55.6	155.4	124.0	10.4	8.8	—	—	11.8	12.9
	麻栎	安徽肥西	0.210	0.389	0.930	52.1	155.4	128.6	12.8	10.1	8.3	6.5	15.9	18.0
	竹叶表冈	湖南吊罗山	0.194	0.438	1.042	86.7	172.0	171.7	21.6	16.5	13.6	10.5	15.2	14.6
	枫香	江西全南	0.150	0.316	0.592	—	—	88.1	6.9	9.7	7.8	11.6	9.7	12.8
	水曲柳	长白山	0.197	0.353	0.686	52.5	138.7	118.6	7.6	10.7	—	—	11.3	10.5
	柏木	湖北崇阳	0.127	0.180	0.600	54.3	117.1	100.5	10.7	9.6	7.9	6.7	9.6	11.1
针叶树	杉木	湖南江华	0.123	0.277	0.371	37.8	77.2	63.8	3.1	3.3	1.8	1.5	4.2	4.9
		四川青衣江	0.136	0.286	0.416	36.0	83.1	63.4	3.1	3.8	2.3	2.6	6.0	5.9
	冷杉	四川大渡河	0.174	0.341	0.433	35.3	97.3	70.0	3.6	4.4	2.4	3.3	4.9	5.5
		长白山	0.122	0.300	0.390	32.5	73.6	66.4	2.8	3.6	2.0	2.5	6.2	6.5
	云杉	四川平武	0.173	0.327	0.459	38.6	94.0	75.9	3.4	4.5	2.8	2.9	6.1	5.9
		新疆	0.139	0.309	0.432	32.0	—	62.1	6.2	4.3	2.9	2.6	6.1	7.0
	铁杉	四川青衣江	0.149	0.273	0.511	46.3	117.8	91.5	3.8	6.1	3.2	3.6	9.2	8.4
		云南丽江	0.145	0.269	0.449	36.1	87.4	76.1	4.6	5.5	3.5	3.8	7.0	6.9
	红松	小兴安岭及长白山	0.122	0.321	0.440	33.4	98.1	65.3	3.7	3.8	—	—	6.3	6.9
	落叶松	小兴安岭	0.169	0.398	0.641	57.6	129.9	118.3	4.6	8.4	—	—	8.5	6.8
		新疆	0.162	0.372	0.563	39.0	113.0	84.6	3.9	6.1	2.9	3.4	8.7	6.7
	马尾松	湖南会同	0.152	0.297	0.519	44.4	104.9	91.0	4.0	6.6	2.1	3.1	7.5	6.7
		广西州沙塘	0.123	0.277	0.449	31.4	66.8	66.5	4.3	4.1	2.6	2.6	7.4	6.7

第三节 木材的腐蚀与防护

一、木材防腐防虫

木材受到真菌侵害后，其细胞改变颜色，结构逐渐变松、变脆，强度和耐久性降低，这种现象称为木材的腐蚀(腐朽)。

侵害木材的真菌，主要有霉菌、变色菌、腐朽菌等。它们在木材中生存和繁殖必须同时具备三个条件：适当的水分、足够的空气和适宜的温度。当空气相对湿度在100%以上，木材的含水率在35%～50%，环境温度在25～30℃时，适宜真菌繁殖，木材最易腐蚀。

此外，木材还易受到白蚁、天牛、蠹虫等昆虫的蛀蚀，使木材形成很多孔眼或沟道，甚至蛀穴，破坏木质结构的完整性而使强度严重降低。

木材防腐基本原理在于破坏真菌及虫类生存和繁殖的条件，常用方法有以下两种：一是将木材干燥至含水率在20%以下，保证木结构处在干燥状态，对木结构物采取通风、防潮、表面涂刷涂料等措施；二是将化学防腐剂施加于木材，使木材成为有毒物质，常用的方法有表面喷涂法、浸渍法、压力渗透法等。常用的防腐剂有水溶性的、油溶性的及浆膏类的几种。

水溶性防腐剂多用于内部木构件的防腐，常用氯化锌、氟化钠、铜铬合剂、硼氟酚合剂、硫酸铜等。油溶性防腐剂药力持久、毒性大、不易被水冲走、不吸湿，但有臭味，多用于室外、地下、水下，常用蒽油、煤焦油等。浆膏类防腐剂有恶臭，木材处理后呈黑褐色，不能油漆，如氟砷沥青等。

二、木材防火

木材为易燃物质，应进行防火处理，以提高其耐火性，使木材着火后不致沿表面蔓延，或当火源移开后，材面上的火焰能立即熄灭。常用的防火处理是在木材表面涂刷或覆盖难燃材料，或用防火剂浸渍木材。常用的防火涂料有石膏、硅酸盐类、四氯苯酐醇树脂、丙烯酸乳胶防火涂料等。浸渍用防火剂有磷氮系列、硼化物系列、卤素系列防火剂等。

第四节 木材在土木工程中的应用

在土木工程施工中，应根据已有木材的树种、等级、材质情况合理使用木材，做到大材不小用，好材不零用。

一、木材的种类与规格

建筑工程中常用木材，按其用途和加工程度有圆条、原木、锯材三类，如表10-3所示。

常用锯材按其厚度、宽度可分为薄板、中板及厚板，如表10-4。而方材按截面积(F=宽×厚)分为小方($F \leqslant 54cm^2$)、中方($F = 55 \sim 100cm^2$)、大方($F = 101 \sim 225cm^2$)、特大方($F \geqslant 226cm^2$)。

表 10－3　木材的分类

分类名称	说　明	主　要　用　途
圆　条	除去皮、根、树梢的木料，但尚未按一定尺寸加工成规定直径和长度的材料	建筑工程的脚手架、建筑用材、家具等
原　木	已经除去皮、根、树梢的木料，并已按一定尺寸加工成规定直径和长度的材料	直接使用的原木：用于建筑工程（如屋架、檩、椽等）、桩木、电杆、坑木等 加工原木：用于胶合板、造船、车辆、机械模型及一般加工用材等
锯　材	已经加工锯解成材的木料，凡宽度为厚度 3 倍或 3 倍以上的，称为板材，不足 3 倍的称为方材	建筑工程、桥梁、家具、造船、车辆、包装箱板等

表 10－4　针叶树、阔叶树锯材宽度、厚度

<table>
<tr><th rowspan="2">分　类</th><th rowspan="2">厚　度(mm)</th><th colspan="2">宽　度(mm)</th></tr>
<tr><th>尺寸范围</th><th>进　级</th></tr>
<tr><td>薄　板</td><td>12、15、18、21</td><td>50～240</td><td rowspan="3">10</td></tr>
<tr><td>中　板</td><td>25、30</td><td>50～260</td></tr>
<tr><td>厚　板</td><td>40、50、60</td><td>60～300</td></tr>
</table>

锯材有特等和普通之分。普通锯材又分为一等、二等、三等。各等级技术指标见表 10－5 所示。

表 10－5　锯材的等级

<table>
<tr><th rowspan="4">缺陷名称</th><th rowspan="4">检　量　方　法</th><th colspan="8">允　许　限　度</th></tr>
<tr><th colspan="4">针　叶　树</th><th colspan="4">阔　叶　树</th></tr>
<tr><th rowspan="2">特等锯材</th><th colspan="3">普通锯材</th><th rowspan="2">特等锯材</th><th colspan="3">普通锯材</th></tr>
<tr><th>一等</th><th>二等</th><th>三等</th><th>一等</th><th>二等</th><th>三等</th></tr>
<tr><td rowspan="2">活节、死节</td><td>最大尺寸不得超过材宽的(%)</td><td>10</td><td>20</td><td>40</td><td rowspan="2">不限</td><td>10</td><td>20</td><td>40</td><td rowspan="2">不限</td></tr>
<tr><td>任意材长 1m 范围内的个数不得超过</td><td>3</td><td>5</td><td>10</td><td>2</td><td>4</td><td>6</td></tr>
<tr><td>腐　朽</td><td>面积不得超过所在材面面积的(%)</td><td>不许有</td><td>不许有</td><td>10</td><td>25</td><td>不许有</td><td>不许有</td><td>10</td><td>25</td></tr>
<tr><td>裂纹、夹皮</td><td>长度不得超过材长的(%)</td><td>5</td><td>10</td><td>30</td><td>不限</td><td>10</td><td>15</td><td>40</td><td>不限</td></tr>
<tr><td>虫　害</td><td>任意材长 1m 范围内的个数不得超过</td><td>不许有</td><td>不许有</td><td>15</td><td>不限</td><td>不许有</td><td>不许有</td><td>8</td><td>不限</td></tr>
<tr><td>钝　棱</td><td>最严重缺角尺寸不得超过材宽的(%)</td><td>10</td><td>25</td><td>50</td><td>80</td><td>15</td><td>25</td><td>50</td><td>80</td></tr>
<tr><td rowspan="2">弯　曲</td><td>横弯不得超过(%)</td><td>0.3</td><td>0.5</td><td>2</td><td>3</td><td>0.5</td><td>1</td><td>2</td><td>4</td></tr>
<tr><td>顺弯不得超过(%)</td><td>1</td><td>2</td><td>3</td><td>不限</td><td>1</td><td>2</td><td>3</td><td>不限</td></tr>
<tr><td>斜　纹</td><td>斜纹倾斜高不得超过水平长的(%)</td><td>5</td><td>10</td><td>20</td><td>不限</td><td>5</td><td>10</td><td>20</td><td>不限</td></tr>
</table>

二、木材的综合利用

木材的综合利用就是将木材加工过程中的大量边角、碎料、刨花、木屑等，经过再加工处理，制成各种人造板材，有效提高木材利用率，这对弥补木材资源严重不足有着十分重要的意义。

(1)胶合板。胶合板是用原木旋切成薄片，经干燥处理后，再用胶粘剂按奇数层数，以各层纤维互相垂直的方向，粘合热压而成的人造板材，一般为3～13层。工程中常用的是三合板和五合板。针叶树和阔叶树均可制作胶合板。

胶合板的特点是：材质均匀，强度高，无明显纤维饱和点存在，吸湿性小，不翘曲开裂，无疵病，幅面大，使用方便，装饰性好。

胶合板广泛用作建筑室内隔墙板、护壁板，天花板、门面板以及各种家具和装修。

普通胶合板的胶种、特性及适用范围见表10-6所示。

(2)细木工板。细木工板属于特种胶合板的一种，芯板用木板拼接而成，两面胶粘一层或二层单板。细木工板按结构不同，可分为芯板条不胶拼的和芯板条胶拼的两种；按表面加工状况可分为一面砂光、两面砂光和不砂光三种；按所使用的胶合剂不同，可分为Ⅰ类胶细木工板、Ⅱ类胶细木工板两种；按面板的材质和加工工艺质量不同，可分为一、二、三共三个等级。细木工板具有质坚、吸声、绝热等特点，适用于家具和建筑物内装修等。

细木工板的尺寸规格和技术性能见表10-7。

(3)纤维板。纤维板是以植物纤维为主要原料，经破碎、浸泡、研磨成木浆，再加入一定的胶料，经热压成型、干燥等工序制成的一种人造板材。

纤维板的原料非常丰富。如木材采伐加工剩余物(板皮、刨花、树枝等)、稻草、麦秸、玉米秆、竹材等。

表10-6　胶台板分类、特性及适用范围

种类	分类	名　称	胶　种	特　性	适用范围
阔叶树材普通胶合板	Ⅰ类	NQF (耐气候胶合板)	酚醛树脂胶或其他性能相当的胶	耐久、耐煮沸或蒸汽处理、耐干热、抗菌	室外工程
	Ⅱ类	NS (耐水胶合板)	脲醛树脂胶或其他性能相当的胶	耐冷水浸泡及短时间热水浸泡、不耐煮沸	室外工程
	Ⅲ类	NC (耐潮胶合板)	血胶、带有多量填料的脲醛树脂胶或其他性能相当的胶	耐短期冷水浸泡	室内工程 一般常态下使用
	Ⅳ类	BNS (不耐潮胶腷板)	豆胶或其他性能相当的胶	有一定胶合强度，但不耐水	室内工程 一般常态下使用
松木普通胶合板	Ⅰ类	Ⅰ类胶合板	酚醛树脂胶或其他性能相当的合成树脂胶	耐久、耐热、抗真菌	室外长期使用工程
	Ⅱ类	Ⅱ类胶合板	脱水脲醛树脂胶、改性脲醛树脂胶或其他性能相当的合成树脂胶	耐水、抗真菌	潮湿环境下使用的工程
	Ⅲ类	Ⅲ类胶合板	血胶和加少量填料的脲醛树脂胶	耐湿	室内工程
	Ⅳ类	Ⅳ类胶合板	豆胶和加多量填料的脲醛树脂胶	不耐水、不耐湿	室内工程 (干燥环境下使用)

表 10－7　细木工板的尺寸规格、技术性能

长　度(mm)						宽度(mm)	厚度(mm)	技术性能
915	1 220	1 520	1 830	2 135	2 440			
915	—	—	1 830	2 135	—	915	16 19 22 25	含水率：10%±3% 静曲强度(MPa)： 厚度为 16，不低于 15 厚度<16，不低于 12 胶层剪切强度不低于 1
—	1 220	—	1 830	2 135	2 440	1 220		

注：芯条胶拼的细木工板，其横向静曲强度为表中规定值上各增加 10MPa。

按纤维板的体积密度分为硬质纤维板(体积密度>800kg/m^3)、中密度纤维板(体积密度为 500～800kg/m^3)和软质纤维板(体积密度<500kg/m^3)三种；按表面分为一面光板和两面光板两种；按原料分为木材纤维板和非木材纤维板两种。

①硬质纤维板。硬质纤维板的强度高、耐磨、不易变形，可用于墙壁、门板、地面、家具等。硬质纤维板的幅面尺寸有 610mm×1 220mm，915mm×1 830mm，1 000mm×2 000mm，915mm×2 135mm，1 220mm×1 830mm，1 200mm×2 440mm；厚度为 2.50mm，3.00mm，3.20mm，4.00mm，5.00mm。硬质纤维板按其物理力学性能和外观质量分为特级、一级、二级、三级共四个等级。

②中密度纤维板。中密度纤维板按体积密度分为 80 型(体积密度为 0.80g/cm^3)、70 型(体积密度为 0.70g/cm^3)、60 型(体积密度为 0.60g/cm^3)；按胶粘剂类型分为室内用和室外用两种。中密度纤维板的长度为 1 830mm，2 135mm，2 440mm；宽度为 1 220mm；厚度为 12mm，15mm，16mm，18mm，21mm，24mm……。中密度纤维板按外观质量分为特级品、一级品、二级品共三个等级，各等级的外观质量和物理性能应满足表 10－8 的规定。

表 10－8　中密度纤维板的外观质量和物理性能要求

项　目		特级品	一级品	二级品
外观质量	局部松软(直径≤80mm)	不允许	1 个	3 个
	边角缺损(宽度≤10mm)	不允许		允　许
	分层、鼓泡、碳化	不允许		
物理性能	出厂含水率(%)	4～13		
	吸水厚度膨胀率(%)，不大于	12		
	甲醛释放量	每 100g 板重可抽出的总甲醛量≤70mg		
	体积密度偏差(%)，不大于	±10		

中密度纤维板表面光滑、材质细密、性能稳定、边缘牢固，且板材表面的再装饰性能好。中密度纤维板主要用于隔断、隔墙、地面、高档家具等。

③软质纤维板。软质纤维板的结构松软，故强度低，但吸音性和保温性好，主要用于吊顶等。

(4)刨花板、木丝板、木屑板。是利用木材加工中产生的大量刨花、木丝、木屑为原料，经干燥，与胶结料拌合，热压而成的板材。所用胶结料有动植物胶(豆胶、血胶)、合成树脂胶(酚醛

树脂、脲醛树脂等)、无机胶凝材料(水泥、菱苦土等)。

这类板材表观密度小,强度较低,主要用作绝热和吸声材料。经饰面处理后,还可用作吊顶板材、隔断板材等。

三、木质地板

木材具有天然的花纹,良好的弹性,给人以淳朴、典雅的质感。用木材制成的木质地板作为室内地面装饰材料具有独特的功能和价值,得到了广泛的应用。

木地板是由软木树材(如松、杉等)和硬木树材(如水曲柳、榆木、柚木、橡木、枫木、樱桃木、柞木等)经加工处理而制成的木板拼铺而成。木地板可分为:条木地板、拼花木地板、漆木地板、复合木地板等。

1. 条木地板

条木地板是使用最普遍的木质地板。地板面层有单、双层之分,单层硬木地板是在木搁栅上直接钉企口板,称普通实木企口地板;双层硬木地板是在木搁栅上先钉一层毛板,再钉一层实木长条企口地板。木搁栅有空铺与实铺两种形式,但多用实铺法,即将木搁栅直接铺在水泥地坪上,然后在搁栅上铺毛板和地板。

普通条木地板(单层)的板材常选用松、杉等软木树材,硬木条板多选用水曲柳、柞木、枫木、柚木、榆木等硬质木材。材质要求采用不易腐朽、不易变形开裂的木板。条板宽度一般不大于120mm,板厚为20～30mm。条木拼缝做成企口或错口,直接铺钉在木搁栅上,端头接缝要相互错开。条木地板铺设完工后,应经过一段时间,待木材变形稳定后再进行刨光、清扫及油漆。条木地板一般采用调合漆,当地板的木色和纹理较好时,可采用透明的清漆作涂层,使天然的纹理清晰可见,以增添室内装饰感。

条木地板自重轻,弹性好,脚感舒适,其导热性小,冬暖夏凉,且易于清洁。条木地板被公认为是良好的室内地面装饰材料,它适用于办公室、会议室、会客室、休息室、旅馆客房、住宅起居室、卧室、幼儿园及实验室等场所。

2. 拼花木地板

拼花木地板是较普通的室内地面装修材料,安装分双层和单层两种。双层拼花木地板是将面层用暗钉钉在毛板上,单层拼花木地板是采用粘结材料,将木地板面层直接粘贴于找平后的混凝土基层上。

拼花木地板的木块尺寸一般为,长250～300mm,宽40～60mm,板厚20～25mm,有平头接缝地板和企口拼接地板两种。

拼花木地板是由水曲柳、柞木、胡桃木、柚木、枫木、榆木、柳桉等优良木材,经干燥处理后,加工出的条状小木板。它具有纹理美观、弹性好、耐磨性强、坚硬、耐腐等特点,且拼花木地板一般均经过远红外线干燥,含水率恒定(约12%),因而变形稳定,易保持地面平整、光滑而不翘曲变形。

拼花木地板适用于高级楼宇、宾馆、别墅、会议室、展览室、体育馆和住宅等的地面装饰。可根据装修等级的要求,选择合适档次的木地板。

3. 漆木地板

漆木地板是国际上最新流行的高级装饰材料。这种地板的基板选用珍贵树种,如北美洲的橡木、枫木、樱桃木、胡桃木、山毛榉；南美巴西的象牙木；东南亚、非洲地区的柚木、花梨木、紫檀木、柳桉木、孟格里斯、橡胶木、春茶木、波罗格、昆甸木；台湾地区的榉木、红豆杉及中国的水曲柳、香柏、金丝木等，经先进设备严格按规定进行锯割、干燥、定型、定湿等科学化处理，再进行精细加工而成精密的企口地板基板，然后对企口基板表面进行封闭处理，并用树脂漆进行涂装的板材。漆木地板的宽度一般不大于 90mm，厚度在 15～20mm 之间，长度从 450～4 000mm不等。

漆木地板特别适合高档的住宅装修，容易与室内其他装饰产生和谐感，不论应用在客厅、餐厅、卧室，都能使人仿佛置身于大自然中。板宽一般根据装修部位的面积、格调决定，厚度根据使用功能选用，家庭中选用 15mm 较适宜，公共场所选用 18mm 以上为好。

4. 复合地板

随着木材加工技术和高分子材料应用的快速发展，复合地板作为一种新型的地面装饰材料得到了广泛的开发和应用。在我国木材资源（尤其是珍贵木材资源）相对缺乏的情况下，采用复合地板代替木质地板不失为节约天然资源的好方法。复合地板分为两类：实木复合地板和耐磨塑料贴面复合地板。

实木复合地板一般为三层结构，表层 4～7mm。选用珍贵树种如榉木、橡木、枫木、樱桃木、水曲柳等的锯切板；中间层 7～12mm，选用一般木材如松木、杉木、杨木等；底层（防潮层）2～4mm，选用各种木材旋切单板。也有以多层胶合板为基层的多层实木复合地板。板厚通常为 12mm、15mm、18mm 三种，宽度大多为 303mm。该地板既可以直接铺设在平整的地坪上，又可以像实木长条企口地板一样，铺设在毛地板上。

耐磨塑料贴面复合地板简称复合地板。它是以防潮薄膜为平衡层，以硬质纤维板、中密度纤维板、刨花板为基层，木纹图案浸汁纸为装饰层，耐磨高分子材料面层复合而成的新型地面装饰材料。复合地板的装饰层是一种木纹图案浸汁纸，因此复合地板的品种花样很多，色彩丰富，几乎覆盖了所有珍贵树种，如榉木、栎木、樱桃木、橡木、枫木等。该地板避免了木材受气候变化而产生的变形、虫蛀，以及防潮和经常性保养等问题。而且，耐磨、阻燃、防潮、防静电、防滑、耐压、易清理、花纹整齐、色泽均匀，但其弹性不如实木地板。复合地板适用于铺设实木地板的场所，还可以用于具有洁净要求的车间、实验室、游乐场所的健身房及医院等。但用在湿度较大的场所，应先作防潮处理。

复习思考题

1. 木材按树种分为哪几类？其特点和用途如何？

2. 木材从宏观构造观察有哪些主要组成部分？

3. 什么是木材的纤维饱和点、平衡含水率、标准含水率？各有什么实用意义？

4. 木材含水率的变化对其性能有什么影响？

5. 影响木材强度的因素有哪些？如何影响？

6. 某松木构件处于相对湿度为 65%、温度为 20℃的环境中，测得松木的顺纹抗压强度为 45MPa，求该木材在标准含水率时的顺纹抗压强度。

7. 简述木材的腐蚀原因及防腐方法。

8. 简述木材综合利用的方法和实际意义。

9. 简述各类木地板的特点。

第十一章　砌筑材料

砌体结构是一种历史悠久的结构，它是由砂浆和块体材料砌筑而成，具有原材料丰富、造价较低、耐久性好、施工简单等优点，在土木工程中得到了广泛应用。砌筑材料是指砌体结构中使用的砂浆和砖、砌块及板材等块体材料。本章主要介绍砌筑用砖、砌块及板材等块体材料。

第一节　砌墙砖

凡是由黏土、工业废料或其他地方资源为主要原料，以不同工艺制成的，在建筑中用于砌筑承重和非承重墙体的砖，统称砌墙砖。

砌墙砖可分为普通砖和空心砖两大类。普通砖是没有孔洞或孔洞率(砖面上孔洞总面积占砖面积的百分率)小于 15%的砖；而孔洞率等于或大于 15%的砖称为空心砖，其中孔的尺寸小而数量多者又称多孔砖。根据生产工艺又有烧结砖和非烧结砖之分。经焙烧制成的砖为烧结砖，如黏土砖(N)、页岩砖(Y)、煤矸石砖(M)、粉煤灰砖(F)等；非烧结砖有碳化砖、常压蒸汽养护(或高压蒸汽养护)硬化而成的蒸养(压)砖(如粉煤灰砖、炉渣砖、灰砂砖等)。

一、烧结砖

1. 烧结普通砖

烧结普通砖，是以黏土、页岩、煤矸石、粉煤灰为主要原料经焙烧而成的普通砖。以黏土为主要原料，经配料、制坯、干燥、焙烧而成的烧结普通砖，简称黏土砖(符号为 N)，有红砖和青砖两种。焙烧窑中为氧化气氛时，可烧得红砖，若焙烧窑中为还原气氛，红色的高价氧化铁被还原为青灰色的低价氧化铁时，则所烧得的砖呈现青色。青砖较红砖耐碱，耐久性较好。

按焙烧方法不同，烧结黏土砖又可分内燃砖和普通砖。内燃砖，是将可燃性工业废渣(煤渣、含碳量高的粉煤灰、煤矸石等)以一定比例掺入黏土中(作为内燃原料)制坯，当砖坯在窑内被烧到一定温度后，坯体内的燃料燃烧而烧结成砖。内燃法制砖，除了可节省外投燃料和部分黏土用量外，由于焙烧时热源均匀、内燃原料燃烧后留下许多封闭小孔，因此，砖的表观密度减小、强度提高(约 20%)，隔音保温性能增强。

由于砖在焙烧时窑内温度分布(火候)难于绝对均匀，因此，除了正火砖(合格品)外，还常出现欠火砖和过火砖。欠火砖色浅、敲击声发哑、吸水率大、强度低、耐久性差。过火砖色深，敲击时声音清脆，吸水率低，强度较高，但有弯曲变形。欠火和过火砖均属不合格产品。

(1)烧结普通砖的技术性能指标。

①尺寸规格。烧结普通砖的标准尺寸是 240mm×115mm×53mm。通常将 240mm×115mm 面称为大面，240mm×53mm 面称为条面，115mm×83mm 面称为顶面，如图 11－1 所示。4 块砖长、8 块砖宽、16 块砖厚，再加上砌筑灰缝(10mm)，长度均为 lm；1m^3砖砌体需用砖

512 块。

②表观密度。烧结普通砖的表观密度因原料和生产方式不同而异，一般为 1 600～1 800kg/m³。

③吸水率。砖的吸水率反映了其空隙率的大小和空隙构造特征。它与砖的焙烧程度有关。欠火砖的吸水率大，过火砖吸水率小，一般吸水率为 8%～16%。

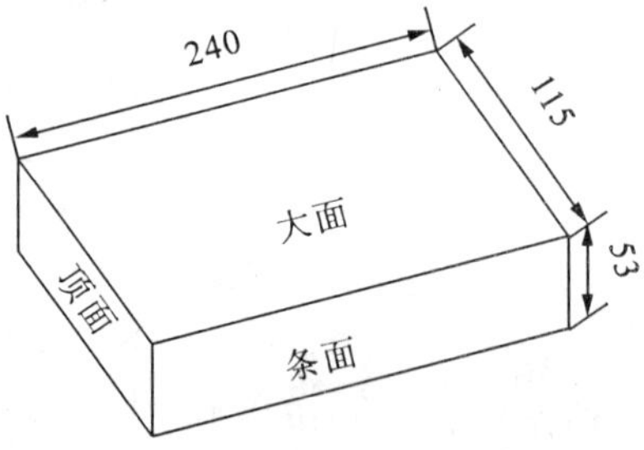

图 11-1　砖的尺寸及平面(单位：mm)

④强度等级。烧结普通砖按抗压强度分为：MU30、MU25、MU20、MU15 和 MU10 五个强度等级。在评定强度等级时，若强度变异系数 $\delta \leqslant 0.21$ 时，采用平均值-标准值方法；若强度变异系数 $\delta > 0.21$ 时，则采用平均值-最小值方法。各等级的强度标准值见表 11-1。

表 11-1　烧结普通砖强度等级

强度等级	抗压强度平均值 f/MPa	变异系数 $\delta \leqslant 0.21$	变异系数 $\delta > 0.21$
		强度标准值 f_k/MPa	单块最小抗压强度 f_{min}/MPa
MU30	≥30.0	≥22.0	≥22.5
MU25	≥25.0	≥18.0	≥22.0
MU20	≥20.0	≥14.0	≥16.0
MU15	≥15.0	≥10.0	≥12.0
MU10	≥10.0	≥6.5	≥7.5

⑤抗风化性能。抗风化性能是指在干湿变化、温度变化、冻融变化等物理因素作用下，材料不破坏保持原有性质的能力。它是材料耐久性的重要内容之一。显然，地域不同，风化作用程度就不同。我国按风化指数分为严重风化区和非严重风化区。

由于抗风化性能是一项综合性指标，主要受砖的吸水率与地域位置的影响，因而用于东北、内蒙、新疆这些严重风化区的烧结普通砖，必须进行冻融试验。冻融试验后，每块砖样不允许出现裂纹、分层、掉皮、缺棱、掉角等冻坏现象，且质量损失不得大于 2%。而用于非严重风化区和其他严重风化区的烧结普通砖，其 5h 沸煮吸水率和饱和系数若能达到国家标准的要求，可认为其抗风化性能合格，不再进行冻融试验。否则，必须作冻融试验，以确定其抗冻融性能。

⑥质量等级。尺寸偏差和抗风化性能合格的砖，根据外观质量、泛霜和石灰爆裂三项指标，分为优等品(A)、一等品(B)、合格品(C)三个等级。

泛霜(也叫起霜、盐析、盐霜等)，是指可溶性盐类(如硫酸钠等盐类)在砖或砌块表面的析出现象，一般呈白色粉末、絮团或絮片状。这些结晶的粉状物不仅有损于建筑物的外观，而且结晶膨胀也会引起砖表层的疏松，甚至剥落。

石灰爆裂是指烧结砖的砂质黏土原料中夹杂着石灰石，焙烧时被烧成生石灰块，在使用过程中会吸水消化成消石灰，体积膨胀约 98%，产生内应力导致砖块裂缝，严重时甚至使砖砌体强度降低，直至破坏。

(2)烧结普通砖的优缺点及应用。烧结普通砖具有一定的强度、较好的耐久性及隔热、隔声、价格低廉等优点，加之原料广泛、工艺简单，所以是应用最久、应用范围最为广泛的墙体材料。另外，也可用来砌筑柱、拱、烟囱、地面及基础等。还可与轻骨料混凝土、加气混凝土、岩棉等复合砌筑成各种轻质墙体，在砌体中配置适当钢筋或钢丝网制作柱、过梁等，可代替钢筋混凝土柱、过梁使用。烧结普通砖优等品用于清水墙的砌筑，一等品、合格品可用于混水墙的砌筑。中等泛霜的砖不能用于潮湿部位。

黏土砖的缺点是制砖取土，大量毁坏农田。砖自重大，烧砖能耗高，成品尺寸小，施工效率低，抗震性能差等。所以，我国正大力推广墙体材料改革，以空心砖、工业废渣砖及砌块、轻质板材来代替实心黏土砖。

2. 烧结多孔砖和烧结空心砖

用多孔砖和空心砖代替实心砖可使建筑物自重减轻 1/3 左右，节约黏土 20%～30%，节省燃料 10%～20%，且烧成率高，造价降低 20%，施工效率提高 40%，并能改善砖的绝热和隔声性能，在相同的热工性能要求下，用空心砖砌筑的墙体厚度可减薄半砖左右。所以，推广使用多孔砖、空心砖也是加快我国墙体材料改革，促进墙体材料工业技术进步的措施之一。

(1)烧结多孔砖。烧结多孔砖，是孔洞率等于或大于 15%，孔的尺寸小而数量多的烧结砖。常用于建筑物承重部位。多孔砖有 190mm×190mm×90mm(M 型)和 240mm×115mm×90mm(P 型)两种规格。其孔洞尺寸为：圆孔直径≤22mm，非圆孔内切圆直径≤15mm；手抓孔(30～40)mm×(75～85)mm，如图 11－2 所示。

多孔砖根据抗压强度、抗折荷重分为 MU30、MU25、MU20、MU15、MU10、MU7.5 六个强度等级。各产品等级的强度值均应不低于国家标准的规定，见表 11－2 所示。

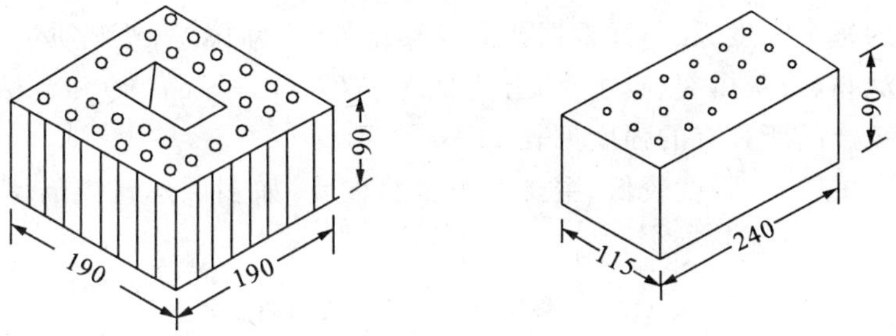

图 11－2　烧结多孔砖(单位：mm)

表 11－2　烧结多孔砖各产品等级的强度指标(GB13544)

产品等级	强度等级	抗压强度(MPa)		抗折荷载(kN)	
		平均值不小于	单块最小值不小于	平均值不小于	单块最小值不小于
优等品	MU30	30.0	22.0	13.5	9.0
	MU25	25.0	18.0	11.5	7.5
	MU20	20.0	14.0	9.5	6.0
一等品	MU15	15.0	10.0	7.5	4.5
	MU10	10.0	6.0	5.5	3.0
合格品	MU7.5	7.5	4.5	4.5	2.5

多孔砖根据耐久性、外观质量和尺寸偏差、强度等级分为优等品(A)、一等品(B)、合格品(C)三个等级。

烧结多孔砖主要用于六层以下建筑物的承重墙体。M型砖符合建筑模数,使设计规范化、系列化,提高施工速度,节约砂浆;P型砖便于与普通砖配套使用。

(2)烧结空心砖。烧结空心砖是以黏土、页岩、煤矸石为主要原料,经焙烧而成的孔洞率等于或大于35%的砖。其孔尺寸大而数量少,平行于大面和条面,一般用于砌筑填充墙或非承重墙,见图11-3所示。

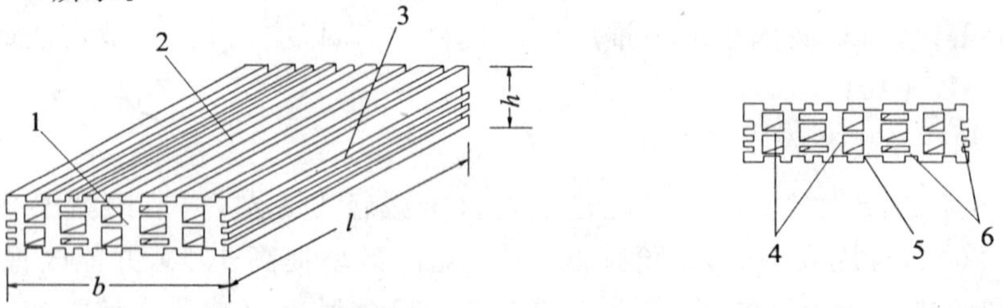

图11-3　烧结空心砖的外形

1. 顶面;2. 大面;3. 条面;4. 肋;5. 凹线槽;6. 外壁;*l*. 长度;*b*. 宽度;*h*. 高度

空心砖的长度、宽度、高度有两个系列:①290mm、190mm、90mm;②240mm、180mm、115mm。若长度、宽度或高度有一项或一项以上分别大于365mm、240mm或115mm,则称为烧结空心砌块。砖或砌块的壁厚应大于10mm,肋厚应大于7mm。

根据国家标准规定,按砖或砌块的表观密度不同分为800、900、1 100三个密度等级,见表11-3所示。

烧结空心砖的每个密度级别,又根据孔洞及其排数、尺寸偏差、外观质量、强度等级和物理性能(包括冻融、泛霜、石灰爆裂、吸水率)分为优等品(A)、一等品(B)和合格品(C)三个产品等级。这三个等级产品所具有的强度见表11-4所示。

烧结空心砖自重较轻,强度较低,主要用作非承重墙,如多层建筑内隔墙或框架结构的填充墙等。

表11-3　烧结空心砖密度级别的划分

密度级别	五块砖的平均密度值(kg/m³)
800	≤800
900	801～900
1 100	901～1 100

表11-4　烧结空心砖的强度等级

产品等级	强度等级	大面抗压强度(MPa)		条面抗压强度(MPa)	
		平均值≥	单块最小值≥	平均值≥	单块最小值≥
优等品	5.0	5.0	3.7	3.4	2.3
一等品	3.0	3.0	2.2	2.2	1.4
合格品	2.0	2.0	1.4	1.6	0.9

3. 烧结页岩砖

页岩经破碎、粉磨、配料、成型、干燥和焙烧等工艺制成的砖，称烧结页岩砖。生产这种砖完全不用黏土，配料调制时所需水分较少，有利于砖坯干燥。由于其表观密度比普通黏土砖大，约为1 500～2 750kg/m^3，为减轻自重，宜制成空心烧结砖。这种砖颜色与普通砖相似，抗压强度为7.5～15MPa，吸水率为20%左右。页岩砖的质量标准、检验方法及应用范围均与普通砖相同。

4. 其他黏土质烧结砖

在烧制普通砖时，为了节省黏土，可利用粉煤灰、煤矸石等成分及性质与黏土相似的工业废料，以部分或全部取代黏土作为制砖原料。用这些原料烧成的砖，目前主要有烧结煤矸石砖和烧结粉煤灰砖等。由于这些工业废料中均含有一部分可燃物质，能在砖坯内燃烧，故可以节省大量燃料煤，是充分利用工业废料的有效途径。这类砖亦称为内燃砖或半内燃砖。

(1)烧结煤矸石砖。采煤和洗煤时，被剔除的大量煤矸石，其成分与烧砖用的黏土相似。经粉碎后，根据其含碳量和可塑性进行适当配料，即可制砖，焙烧时基本不需外投煤。这种砖比一般单靠外部燃料烧的砖可节省用煤量50%～60%，并可节省大量的黏土原料。烧结煤矸石砖的表观密度一般为1 400～1 650kg/m^3，比普通砖稍轻，颜色略淡，抗压强度一般为10～20MPa，抗折强度为2.3～5MPa，吸水率为15.5%左右，能经受15次冻融循环而不破坏。在一般工业与民用建筑中，煤矸石砖完全能代替普通砖使用。此外，煤矸石也可用于生产烧结空心砖。

(2)烧结粉煤灰砖。烧结粉煤灰砖是以粉煤灰为主要原料，经配料、成型、干燥、焙烧而制成。由于粉煤灰塑性差，通常掺用适量黏土作粘结料，以增加塑性。配料时，粉煤灰的用量可达50%左右。这类烧结砖为半内燃砖，其表观密度较小，约为1 300～1 400kg/m^3，颜色从淡红至深红，抗压强度10～15MPa，抗折强度3.0～4.0MPa，吸水率为20%左右，能满足砖的抗冻性要求。烧结粉煤灰砖可代替普通砖用于一般的工业与民用建筑中。

二、非烧结砖

不经焙烧而制成的砖均为非烧结砖，如碳化砖、免烧免蒸砖、蒸养(压)砖等。目前，应用较广的是蒸养(压)砖。这类砖是以含钙材料(石灰、电石渣等)和含硅材料(砂子、粉煤灰、煤矸石灰渣、炉渣等)与水拌合，经压制成型，在自然条件下或人工水热合成条件(蒸养或蒸压)下，反应生成以水化硅酸钙、水化铝酸钙为主要胶结料的硅酸盐建筑制品。主要品种有灰砂砖、粉煤灰砖、炉渣砖等。

1. 蒸压灰砂砖

蒸压灰砂砖，是以石灰、砂子为原料(也可加入着色剂或掺合剂)，经配料、拌合、压制成型和蒸压养护(175～191℃，0.8～1.2MPa的饱和蒸汽)而制成的。用料中石灰约占10%～20%。

灰砂砖的尺寸规格与烧结普通砖相同，为240mm×115mm×53mm。其表观密度为1 800～1 900kg/m^3，导热系数约为0.61W/(m·K)。根据产品的尺寸偏差和外观分为优等品(A)、一等品(B)、合格品(C)三个等级。

灰砂砖按GB 11945－99的规定，根据砖浸水24h后的抗压强度和抗折强度分为MU25、

MU20、MU15、MU10 四个强度等级。各等级的抗折强度和抗压强度值及抗冻性指标应符合表 11－5 的规定。

表 11－5　蒸压灰砂砖强度指标和抗冻性指标

强度等级	抗压强度(MPa)		抗折强度(MPa)		抗冻性	
	平均值不小于	单块值不小于	平均值不小于	单块值不小于	冻后抗压强度(MPa)平均值不小于	单块砖的干质量损失(%)不大于
MU25	25.0	20.0	5.0	4.0	20.0	2.0
MU20	20.0	16.0	4.0	3.2	16.0	2.0
MU15	15.0	12.0	3.3	2.6	12.0	2.0
MU10	10.0	8.0	2.5	2.0	8.0	2.0

注：优等品的强度级别不得小于 MU15。

灰砂砖有彩色(Co)和本色(N)两类。灰砂砖产品采用产品名称(LSB)、颜色、强度等级、标准编号的顺序标记，如 MU20，优等品的彩色灰砂砖，其产品标记为 LSB Co 20A GB11945。MU15、MU20、MU25 的砖可用于基础及其他建筑；MU10 的砖仅可用于防潮层以上的建筑。

灰砂砖不得用于长期受热(200℃以上)、受急冷急热和有酸性介质侵蚀的建筑部位，也不宜用于有流水冲刷的部位。

2. 蒸压(养)粉煤灰砖

粉煤灰砖，是利用电厂废料粉煤灰为主要原料，掺入适量的石灰和石膏或再加入部分炉渣等，经配料、拌合、压制成型、常压或高压蒸汽养护而成的实心砖。其外形尺寸同普通砖，即长 240mm、宽 115mm、高 53mm，呈深灰色，表观密度约为 1 500kg/m^3。

根据《粉煤灰砖》(JC239)规定的抗压强度和抗折强度，分为 MU20、MU15、MU10、MU7.5 四个强度等级。各等级的强度值及抗冻性应符合表 11－6 的规定，优等品的强度等级应不低于 MU15，一等品的强度等级应不低于 MU10。干燥收缩率：优等品应不大于 0.60mm/m；一等品应不大于 0.75mm/m；合格品应不大于 0.85mm/m。

表 11－6　粉煤灰砖强度指标和抗冻性指标

强度等级	抗压强度(MPa)		抗折强度(MPa)		抗冻性	
	平均值不小于	单块值不小于	平均值不小于	单块值不小于	冻后抗压强度(MPa)平均值不小于	单块砖的干质量损失(%)不大于
MU20	20.0	15.0	4.0	3.0	16.0	2.0
MU15	15.0	11.0	3.2	2.4	12.0	2.0
MU10	10.0	7.5	2.5	1.9	8.0	2.0
MU7.5	7.5	5.6	2.0	1.5	6.0	2.0

注：强度等级以蒸汽养护后 1d 的强度为准。

粉煤灰砖可用于工业与民用建筑的墙体和基础,但用于基础或易受冻融和干湿交替作用的建筑部位,必须使用一等品和优等品。粉煤灰砖不得用于长期受热(200℃以上)、受急冷急热和有酸性介质侵蚀的建筑部位。为避免或减少收缩裂缝的产生,用粉煤灰砖砌筑的建筑物,应适当增设圈梁及伸缩缝。

3. *炉渣砖*

炉渣砖,是以煤燃烧后的炉渣(煤渣)为主要原料,加入适量的石灰或电石渣、石膏等材料混合、搅拌、成型、蒸汽养护等而制成的砖。其尺寸规格与普通砖相同,呈黑灰色,表观密度为1 500~2 000kg/m^3,吸水率6%~19%;按其抗压强度和抗折强度分为MU20、MU15、MU10三个强度等级。各级的强度指标应满足表11-7的要求。该类砖可用于一般工程的内墙和非承重外墙,但不得用于受高温、受急冷急热交替作用或有酸性介质侵蚀的部位。

表11-7 炉渣砖的强度指标

强度等级	抗压强度(MPa)		抗折强度(MPa)	
	样组砖的平均值不小于	单块最小值不小于	样组砖的平均值不小于	单块最小值不小于
MU20	20.0	15	9.1	2.0
MU15	15.0	11	2.3	1.3
MU10	10.0	7.5	1.8	1.1

注:①每样组5块砖,以5块砖为一样组评定时,不得有两块以上的砖低于所属强度等级的平均强度值;
②如怀疑取样代表性不足,允许复检一次,但重新抽样的数量应加倍,以10块砖评定时,不得有5块以上的砖低于所属强度等级的平均强度值。

第二节 墙用砌块

砌块是用于砌筑的,形体大于砌墙砖的人造块材,一般为直角六面体。按产品主规格的尺寸,可分为大型砌块(高度大于980mm)、中型砌块(高度为380~980mm)和小型砌块(高度大于115mm,小于380mm)。砌块高度一般不大于长度或宽度的6倍,长度不超过高度的3倍。根据需要也可生产各种异形砌块。

砌块是一种新型墙体材料,可以充分利用地方资源和工业废渣,并可节省黏土资源和改善环境。具有生产工艺简单,原料来源广,适应性强,制作及使用方便,可改善墙体功能等特点,因此发展较快。

砌块的分类方法很多,若按用途可分为承重砌块和非承重砌块;按有无孔洞可分为实心砌块(无孔洞或空心率小于25%)和空心砌块(空心率≥25%);按材质又可分为硅酸盐砌块、轻骨料混凝土砌块、加气混凝土砌块、混凝土砌块等。本节主要简介几种常用砌块。

一、蒸压加气混凝土砌块

蒸压加气混凝土砌块,是以钙质材料(水泥、石灰等)和硅质材料(砂、矿渣、粉煤灰等)以及加气剂(铝粉)等,经配料、搅拌、浇注、发气(由化学反应形成孔隙)、预养切割、蒸汽养护等工艺过程制成的多孔硅酸盐砌块。

按养护方法分为蒸养加气混凝土砌块和蒸压加气混凝土砌块两种。按原材料的种类，蒸压加气混凝土砌块主要分为：蒸压水泥-石灰-砂加气混凝土砌块；蒸压水泥-石灰-粉煤灰加气混凝土砌块；蒸压水泥-矿渣-砂加气混凝土砌块；蒸压水泥-石灰-尾矿加气混凝土砌块；蒸压水泥-石灰-沸腾炉渣加气混凝土砌块；蒸压水泥-石灰-煤矸石加气混凝土砌块；蒸压石灰-粉煤灰加气混凝土砌块等，总称为加气混凝土砌块。

1. 砌块的尺寸规格

砌块公称尺寸的长度 L 为 600mm；宽度 B 有 100mm、125mm、150mm、200mm、250mm、300mm 及 120mm、180mm、240mm；高度 H 有 200mm、250mm、300mm 等多种规格。

2. 砌块抗压强度和体积密度等级

(1)砌块的强度等级。按砌块的抗压强度，划分为：A1.0，A2.0，A2.5，A3.5，A5.0，A7.5，A10.0 七个级别。各等级的立方体抗压强度值不得小于表 11-8 的规定。

(2)砌块的体积密度等级。按砌块的干体积密度，划分为：B03，B04，B05，B06，B07，B08 六个级别。各级别的密度值应符合表 11-9 的规定。

(3)砌块等级。砌块按尺寸偏差与外观质量、体积密度和抗压强度分为：优等品(A)、一等品(B)、合格品(C)三个等级。各级的体积密度和相应的强度应符合表 11-10 的规定。

表 11-8　砌块的抗压强度(GB/T 11968-97)

强度级别	立方体抗压强度(MPa)	
	平均值不小于	单块最小值不小于
A1.0	1.0	0.8
A2.0	2.0	1.6
A2.5	2.5	2.0
A3.5	3.5	2.8
A5.0	5.0	4.0
A7.5	7.5	6.0
A10.0	10.0	8.0

表 11-9　砌块的干体积密度

体积密度级别		B03	B04	B05	B06	B07	B08
体积密度 (kg/m^3)	优等品(A)≤	300	400	500	600	700	800
	一等品(B)≤	330	430	530	630	730	830
	合格品(C)≤	350	450	550	650	750	850

表 11-10 砌块的等级

体积密度级别		B03	B04	B05	B06	B07	B08
强度级别	优等品(A)	A1.0	A2.0	A3.5	A5.0	A7.5	A10.0
	一等品(B)			A3.5	A5.0	A7.5	A10.0
	合格品(C)			A2.5	A3.5	A5.0	A7.5

3. 粉煤灰加气混凝土砌块的应用

加气混凝土砌块质量轻，表观密度约为黏土砖的 1/3，具有保温、隔热、隔音性能好、抗震性强(自重小)、导热系数低[0.10～0.28W/(m·K)]、耐火性好、易于加工、施工方便等特点，是应用较多的轻质墙体材料之一。适用于低层建筑的承重墙、多层建筑的间隔墙和高层框架结构的填充墙，也可用于一般工业建筑的围护墙。作为保温隔热材料也可用于复合墙板和屋面结构中。在无可靠的防护措施时，该类砌块不得用在处于水中或高湿度和有侵蚀介质的环境中，也不得用于建筑物的基础和温度长期高于 80℃的建筑部位。

二、蒸养粉煤灰砌块

粉煤灰砌块，是以粉煤灰、石灰、石膏和骨料(炉渣、矿渣)等为原料，经配料、加水搅拌、振动成型、蒸汽养护而制成的密实砌块。其主规格尺寸有 880mm×380mm×240mm 和 880mm×420mm×240mm 两种。

1. 粉煤灰砌块的主要技术性能指标

根据《粉煤灰砌块》(JC238)规定：砌块按其立方体试件的抗压强度分为 MU10 和 MU13 两个强度等级；按外观质量、尺寸偏差和干缩性能分为一等品(B)和合格品(C)两个质量等级。

粉煤灰砌块的立方体抗压强度、碳化后强度、抗冻性和密度应符合表 11-11 的要求。粉煤灰砌块的干缩值应符合表 11-12 的规定。

表 11-11 粉煤灰砌块的立方体抗压强度、碳化后强度、抗冻性能和密度

项　　目	指　　标	
	MU10	MU13
抗压强度(MPa)	3 块试件平均值不小于 10.0，单块最小值不小于 8.0	3 块试件平均值不小于 13.0，单块最小值不小于 10.5
人工碳化后强度(MPa)	不小于 6.0	不小于 7.5
抗　冻　性	冻融循环结束后，外观无明显疏松、剥落或裂缝，强度损失不大于 20%	
密度(kg/m³)	不超过设计密度 10%	

表 11-12 粉煤灰砌块的干缩值(mm/m)

一　等　品(B)	合　格　品(C)
≤0.75	≤0.90

2. 粉煤灰砌块的应用

蒸养粉煤灰砌块属硅酸盐类制品，其干缩值比水泥混凝土大，弹性模量低于同强度的水泥混凝土制品。以炉渣为骨料的粉煤灰砌块，其表观密度约为 1 300～1 550kg/m^3，导热系数为 0.465～0.582W/(m·K)。粉煤灰砌块适用于一般工业与民用建筑的墙体和基础。但不宜用于长期受高温(如炼钢车间)和经常受潮湿的承重墙，也不宜用于有酸性介质侵蚀的建筑部位。

三、普通混凝土小型空心砌块(代号 NHB)

这种砌块主要是以普通混凝土拌合物为原料，经成型、养护而成的空心块体墙材。有承重砌块和非承重砌块两类。为减轻自重，非承重砌块可用炉渣或其他轻质骨料配制。根据外观质量和尺寸偏差，分为优等品(A)、一等品(B)及合格品(C)三个质量等级。其强度等级分为：MU3.5，MU5.0，MU7.5，MU10.0，MU15.0，MU20.0。砌块的主规格尺寸为 390mm×190mm×190mm，其他规格尺寸可由供需双方协商。砌块的最小外壁厚应不小于 30mm，最小肋厚应不小于 25mm，空心率应不小于 25%。

砌块的强度等级应符合表 11-13 的规定。相对含水率应符合表 11-14 的规定。用于清水墙的砌块，其抗渗性应满足表 11-15 的规定。其抗冻性应符合表 11-16 的规定。各性能指标按 GB/T 4111-97 规定的方法测试。

表 11-13　NHB 强度等级(GB 8239-97)

强度等级	砌块抗压强度(MPa)	
	平均值不小于	单块最小值不小于
MU3.5	3.5	2.8
MU5.0	5.0	4.0
MU7.5	7.5	6.0
MU10.0	10.0	8.0
MU15.0	15.0	12.0
MU20.0	20.0	16.0

表 11-14　NHB 相对含水率

使用地区	潮　湿	中　等	干　燥
相对含水率(%)不大于	45	40	35

注：潮湿——系指年平均相对湿度大于 75%的地区；
中等——系指年平均相对湿度为 50%～75%的地区；
干燥——系指年平均相对湿度小于 50%的地区。

表 11-15　NHB 抗渗性

项目名称	指　标(mm)
水面下降高度	3 块中任 1 块不大于 10

表 11 - 16　NHB 抗冻性

使用环境条件		抗冻标号	指　标
非采暖地区		不规定	—
采暖地区	一般环境	D15	强度损失≤25% 质量损失≤5%
	干湿交替环境	D25	

注：非采暖地区指最冷月份平均气温高于－5℃的地区；
采暖地区指最冷月份平均气温低于或等于－5℃的地区。

这类小型砌块适用于地震设计烈度为 8 度和 8 度以下地区的一般民用与工业建筑物的墙体。对用于承重墙和外墙的砌块，要求其干缩率小于 0.5mm/m，非承重或内墙用的砌块，其干缩率应小于 0.6mm/m。砌块堆放运输及砌筑时应有防雨措施。砌块装卸时，严禁碰撞、扔摔，应轻码轻放，不许翻斗倾卸。砌块应按规格、等级分批分别堆放，不得混杂。

四、混凝土中型空心砌块

中型空心砌块是以水泥或无熟料水泥，配以一定比例的骨料，制成空心率≥25%的制品。其尺寸规格为：长度 500mm、600mm、800mm、1 000mm；宽度 200mm、240mm；高度 400mm、450mm、800mm、900mm。砌块的构造形式见图 11 - 4。

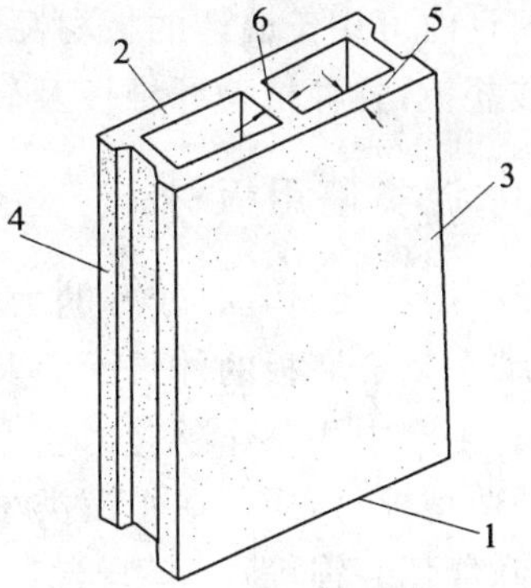

图 11 - 4　中型空心砌块的构造形式示意图
1. 铺浆面；2. 坐浆面；3. 侧面；4. 端面；5. 壁；6. 肋

用无熟料水泥或少熟料水泥配制的砌块属硅酸盐类制品，生产中应通过蒸汽养护或相关的技术措施以提高产品质量。这类砌块的干燥收缩值≤0.8mm/m；经 15 次冻融循环后其强度损失≤15%，外观无明显疏松、剥落和裂缝；自然碳化系数(1.15×人工碳化系数)≥0.85。

中型水泥混凝土空心砌块的抗压强度应满足表 11 - 17 的要求。

中型空心砌块具有表观密度小、强度较高、生产简单、施工方便等特点，适用于民用与一般工业建筑物的墙体。

表 11 - 17　水泥混凝土中型空心砌块技术性能

强　度　等　级	MU3.5	MU5.0	MU7.5	MU10.0	MU15.0
砌块抗压强度(MPa)不小于	3.5	5.0	7.5	10.0	15.0

五、企口空心混凝土砌块

此种砌块是采用最大粒径为 6mm 的小石子配制成干硬性混合料，经振动加压成型、自然养护而成。要求形状规整、企口尺寸准确，便于不用砂浆进行干砌(拼装)。例如，在北欧、东南亚等地区，就有采用该种无砂浆企口型混凝土空心砌块体系，直接搭建房屋。

企口空心混凝土砌块具有质量轻、强度较高、耐火、耐冻性较好，制造简单，施工迅速等优点。适用于五层和五层以下的承重墙，或五层以上的非承重墙。作承重墙时可浇注混凝土角柱或圈梁，以提高抗震抗风能力。砌块空腔中可填充保温材料，以提高墙体的热工性能或安装水电线路。也可作大跨度的临时隔墙和围墙等。主砌块为 400mm×200mm×200mm 时，质量为 16.4kg，便于手工操作，组装灵活，是一种有发展前景的砌块类型。

第三节　墙用板材

随着建筑结构体系的改革和大开间多功能框架结构的发展，各种轻质和复合墙用板材也蓬勃兴起。以板材为围护墙体的建筑体系，具有质轻、节能、施工方便快捷、使用面积大、开间布置灵活等特点，因此，具有良好的发展前景。

我国目前可用于墙体的板材品种很多，有承重用的预制混凝土大板；质量较轻的石膏板和加气硅酸盐板；各种植物纤维板及轻质多功能复合板材等。本节仅介绍几种有代表性的板材。

一、水泥类墙用板材

水泥类墙用板材具有较好的力学性能和耐久性，生产技术成熟，产品质量可靠。可用于承重墙、外墙和复合墙板的外层面。其主要缺点是表观密度大，抗拉强度低（大板在起吊过程中易受损）。生产中可制作预应力空心板材，以减轻自重和改善隔音隔热性能，也可制作以纤维等增强的薄型板材，还可在水泥类板材上制作成具有装饰效果的表面层（如花纹线条装饰、露骨料装饰、着色装饰等）。

1. 预应力混凝土空心墙板

预应力混凝土空心板构造如图 11-5 所示。使用时可按要求配以保温层、外饰面层和防水层等。该类板的长度为 1 000～1 900mm，宽度为 600～1 200mm，总厚度为 200～480mm。可用于承重或非承重外墙板、内墙板、楼板、屋面板和阳台板等。

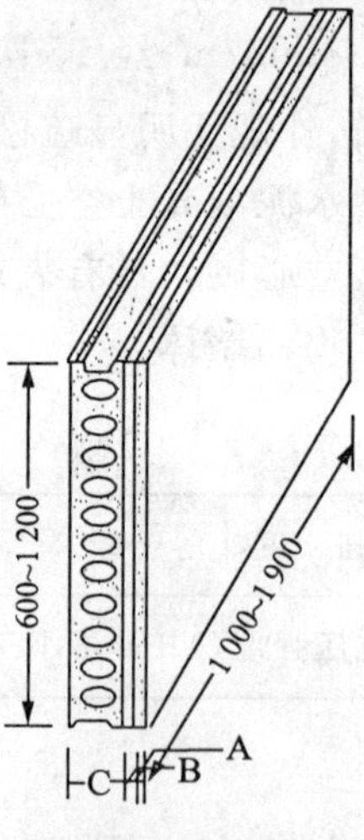

图 11-5　预应力空心墙板示意图

A. 外饰面墙；B. 保温层；

C. 预应力混凝土空心板

2. 玻璃纤维增强水泥(GRC)空心轻质墙板

该空心板是以低碱水泥为胶结料，抗碱玻璃纤维或其网格布为增强材料，膨胀珍珠岩为骨料（也可用炉渣、粉煤灰等），并配以发泡剂和防水剂等，经配料、搅拌、浇注、振动成型、脱水、养护而成。长度为 3 000mm，宽度为 600mm，厚度为 60mm、90mm、120mm。

GRC 空心轻质墙板的优点是质轻（60mm 厚的板 35kg/m^2）、强度高（抗折荷载，60mm 厚的板大于 1 400N；120mm 厚的板大于 2 500N）、隔热[导热系数≤0.2W/(m·K)]、隔声[隔声指数>(30～45)dB]、不燃（耐火极限

1.3～3h)、加工方便等。可用于工业和民用建筑的内隔墙及复合墙体的外墙面。

3. 纤维增强水泥平板(TK 板)

该板是以低碱水泥、耐碱玻璃纤维为主要原料，加水混合成浆，经圆网机抄取制坯、压制、蒸养而成的薄型平板。其长度为 1 200～3 000mm，宽度为 800～900mm，厚度为 4mm、5mm、6mm 和 8mm。

TK 板的表观密度约为 1 750kg/m^3，抗折强度可达 15MPa，抗冲击强度≥0.25J/cm^2。其质量轻、强度高、防潮、防火、不易变形，可加工性(锯、钻、钉及表面装饰等)好。适用于各类建筑物的复合外墙和内隔墙，特别是高层建筑有防火、防潮要求的隔墙。

4. 水泥木丝板

该板是以木材下脚料经机械刨切成均匀木丝，加入水泥、水玻璃等经成型、冷压、养护、干燥而成的薄型建筑平板。它具有自重轻、强度高、防火、防水、防蛀、保温、隔音等性能，可进行锯、钻、钉、装饰等加工。主要用于建筑物的内外墙板、天花板、壁橱板等。

5. 水泥刨花板

该板以水泥和木材加工的下脚料——刨花为主要原料，加入适量水和化学助剂，经搅拌、成型、加压、养护而成。表观密度为 1 000～1 400kg/m^3。其性能和用途同水泥木丝板。

6. 其他水泥类板材

除上述水泥类墙板外，还有钢丝网水泥板、水泥木屑板、纤维增强硅酸钙板、玻璃纤维增强水泥轻质多孔隔墙条板、维纶纤维增强水泥平板等。它们均可用于墙体或复合墙板的组合板材。

二、石膏类墙用板材

石膏制品有许多优点，详见本书第四章第一节。石膏类板材在轻质墙体材料中占有很大比例，主要有纸面石膏板、无面纸的石膏纤维板、石膏空心板和石膏刨花板等。

1. 纸面石膏板

该板材是以石膏芯材及与其牢固结合在一起的护面纸组成，分普通型、耐水型和耐火型三种。以建筑石膏及适量纤维类增强材料和外加剂为芯材，与具有一定强度的护面纸组成的石膏板为普通纸面石膏板；若在芯材配料中加入防水、防潮外加剂，并用耐水护面纸，即可制成耐水纸面石膏板；若在配料中加入无机耐火纤维和阻燃剂等，即可制成耐火纸面石膏板。

纸面石膏板常用规格为：

长度：1 800mm、2 100mm、2 400mm、2 700mm、3 000mm、3 300mm 和 3 600mm。

宽度：900mm 和 1 200mm。

厚度：普通纸面石膏板为 9mm、12mm、15mm 和 18mm。

耐水纸面石膏板为 9mm、12mm 和 15mm。

耐火纸面石膏板为 9mm、12mm、15mm、18mm、21mm 和 25mm。

纸面石膏板的质量要求和性能指标应满足现行标准 GB 9775、GB 11978 和 GB 11979 的要求，耐水纸面石膏板的耐水性指标应符合表 11－18 中规定；耐火纸面石膏板遇火稳定时间应不小于表 11－19 中规定。

纸面石膏板的表观密度为 800～950kg/m^3，导热系数低[约 0.20W/(m·K)]，隔声系数为 35～50dB,抗折荷载为 400～800N,表面平整,尺寸稳定。具有自重轻、保温隔热、隔声、防火、抗震,可调节室内湿度,加工性好,施工简便等优点。但用纸量较大,成本较高。

普通纸面石膏板可作为室内隔墙板、复合外墙板的内壁板、天花板等。耐水型板可用于相对湿度较大(≥75%)的环境,如厕所、盥洗室等。耐火型纸面石膏板主要用于对防火要求较高的房屋建筑中。

表 11-18　耐水纸面石膏板的耐水性能

项目		指标					
		优等品		一等品		合格品	
		平均值	最大值	平均值	最大值	平均值	最大值
吸水率(浸水 2h,%),不大于		5.0	6.0	8.0	9.0	10.0	11.0
表面吸水量(g),不大于		1.6		2.0		2.4	
受潮挠度(mm),不大于	板厚 9mm	48		52		56	
	板厚 12mm	32		36		40	
	板厚 15mm	16		20		24	

注:板材浸水 2h 后,护面纸与石膏芯不得剥离。

表 11-19　耐火纸面石膏板遇火稳定时间(min)

优等品	一等品	合格品
30	25	20

2. *石膏纤维板*

该板材是以纤维增强石膏为基材的无面纸石膏板。用无机纤维或有机纤维与建筑石膏、缓凝剂等经打浆、铺装、脱水、成型、烘干而制成。可节省护面纸,具有质轻、高强、耐火、隔声、韧性高等性能,可加工性好。其尺寸规格和用途与纸面石膏板相同。

3. *石膏空心板*

该板材外形与生产方式类似于水泥混凝土空心板。它是以熟石膏为胶凝材料,适量加入各种轻质骨料(如膨胀珍珠岩、膨胀蛭石等)和改性材料(如矿渣、粉煤灰、石灰、外加剂等),经搅拌、振动成型、抽芯模、干燥而成。其长度为 2 500～3 000mm,宽度为 500～600mm,厚度为 60～90mm。该板生产时不用纸,不用胶,安装墙体时不用龙骨,设备简单,较易投产。

石膏空心板的表观密度为 600～900kg/m^3,抗折强度为 2～3MPa,导热系数约为 0.22W/(m·K),隔声指数大于 30dB,耐火极限为 1～2.25h。具有质轻、比强度高、隔热、隔声、防火、可加工性好等优点,且安装方便。适用于各类建筑的非承重内隔墙。但若用于相对湿度大于 75%的环境中,则板材表面应作防水等相应处理。

4. *石膏刨花板*

该板材是以熟石膏为胶凝材料,木质刨花为增强材料,添加所需的辅助材料,经配合、搅拌、铺装、压制而成。具有上述石膏板材的优点，适用于非承重内隔墙和作装饰板材的基材板。

三、植物纤维类板材

随着农业的发展，农作物的废弃物（如稻草、麦秸、玉米秆、甘蔗渣等）随之增多，污染环境。但各种废弃物如经适当处理，则可制成各种板材。早在1930年，瑞典人就用25kg稻草生产板材代替250块黏土砖使用，因而节省了大量农田。中国是农业大国，农作物资源丰富，该类产品应该得到发展和推广。

1. 稻草（麦秸）板

稻草板生产的主要原料是稻草或麦秸、板纸和脲醛树脂胶等。其生产方法是将干燥的稻草热压成密实的板芯，在板芯两面及四个侧边用胶贴上一层完整的面纸，经加热固化而成。板芯内不加任何粘结剂，只利用稻草之间的缠绞拧编与压合形成密实并有相当刚度的板材。其生产工艺简单，生产线全长只有80～90m，从进料到成品仅需1h。稻草板生产能耗低，仅为纸面石膏板生产能耗的1/3～1/4。

稻草板质量轻，表观密度为310～440kg/m^3，隔热保温性能好，导热系数<0.14W/(m·K)，单层板的隔音量为30dB，如果两层稻草板中间加30mm的矿棉和20mm的空气层，则隔音效果可达50dB，耐火极限为0.5h，其缺点是耐水性差，可燃。

稻草板具有足够的强度和刚度，可以单板使用而不需要龙骨支撑。且便于锯、钉、打孔、粘接和油漆，施工很便捷。适用作非承重的内隔墙、天花板、厂房望板及复合外墙的内壁板。

2. 稻壳板

该板材是以稻壳与合成树脂为原料，经配料、混合、铺装、热压而成的中密度平板。可用脲醛胶和聚醋酸乙烯胶粘贴，表面可涂刷酚醛清漆或用薄木贴面加以装饰。可作为内隔墙及室内各种隔断板和壁橱（柜）隔板等。

3. 蔗渣板

该板材是以甘蔗渣为原料，经加工、混合、铺装、热压成型而成的平板。该板生产时可不用胶而利用蔗渣本身含有的物质热压时转化成呋喃系树脂而起胶结作用，也可用合成树脂胶结成有胶蔗渣板。具有质轻、吸声、易加工（可钉、锯、刨、钻）和可装饰等特点。可用作内隔墙、天花板、门心板、室内隔断用板和装饰板等。

4. 麻屑板

该板材是以亚麻杆茎为原料，经破碎后加入合成树脂、防水剂、固化剂等，混合、铺装、热压固化、修边、研光等工序制成。性能、用途同蔗渣板。

四、复合墙板

以单一材料制成的板材，常因材料本身的局限性而使其应用受到限制。如质量较轻、隔热、隔声效果较好的石膏板、加气混凝土板、稻草板等，因其耐水性差或强度较低，通常只能用于非承重的内隔墙。而水泥混凝土类板材虽有足够的强度和耐久性，但其自重大，隔声保温性能较差。为克服上述缺点，常用不同材料组合成多功能的复合墙体以满足需要。

常用的复合墙板主要由承受（或传递）外力的结构层（多为普通混凝土或金属板）和保温层（矿棉、泡沫塑料、加气混凝土等）及面层（各类具有可装饰性的轻质薄板）组成，如图11-6所

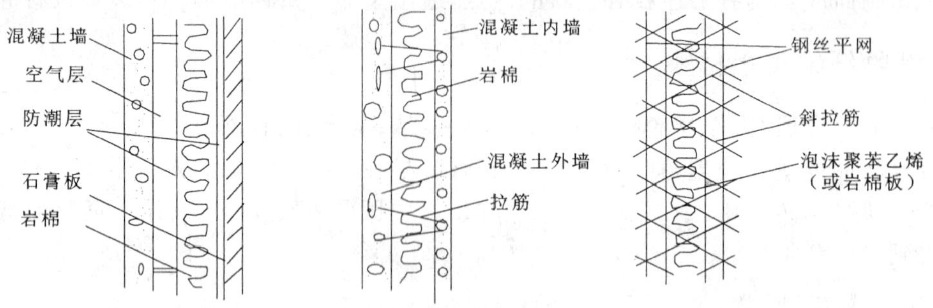

(a)拼装复合墙　(b)岩棉-混凝土预制复合墙板　(c)泰柏板（或GY板）

图 11-6　几种复合墙体构造

示。其优点是承重材料和轻质保温材料的功能都得到合理利用，实现物尽其用，开拓材料来源。

1. 混凝土夹心板

混凝土夹心板以 20～30mm 厚的钢筋混凝土作内外表面层，中间填以矿渣毡或岩棉毡、泡沫混凝土等保温材料，夹层厚度视热工计算而定。内外两层面板以钢筋件连接，用于内外墙。

2. 泰柏墙板

泰柏板是以直径为 $\phi 2.06mm \pm 0.03mm$，屈服强度为 390～490MPa 的钢丝焊接成的三维钢丝网骨架与高热阻自熄性聚苯乙烯泡沫塑料组成的芯材板，两面喷（抹）涂水泥砂浆而成，如图 11-7 所示。泰柏板的标准尺寸为 $1.22m \times 2.44m = 3m^2$，标准厚度为 100mm，平均自重为 $90kg/m^2$，热阻为 $0.64(m^2 \cdot K)/W$（其热损失比一砖半的砖墙小 50%）。由于所用钢丝网骨架构造及夹心层材料、厚度的差别等，该类板材有多种名称，如 GY 板（夹芯为岩棉毡）、三维板、3D 板、钢丝网节能板等，但它们的性能和基本结构相似。

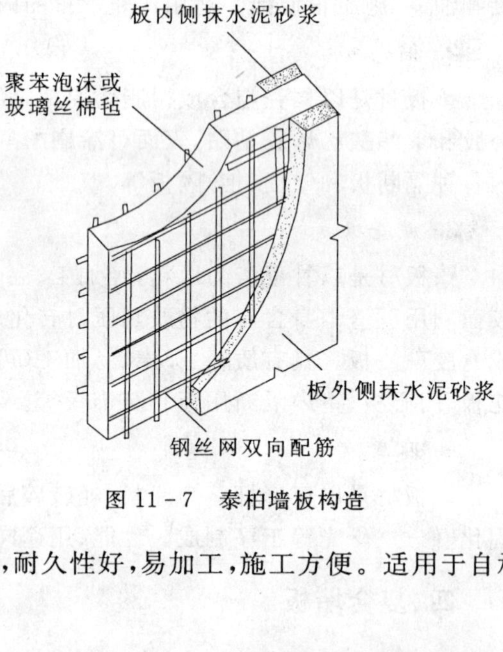

图 11-7　泰柏墙板构造

该类板轻质高强，隔热、隔声、防火、防潮、防震，耐久性好，易加工，施工方便。适用于自承重外墙、内隔墙、屋面板、3m 跨内的楼板等。

3. 轻型夹心板

该类板是用轻质高强的薄板为外层，中间以轻质的保温隔热材料为芯材组成的复合板。用于外墙面的外层薄板有不锈钢板、彩色镀锌钢板、铝合金板、纤维增强水泥薄板等。芯材有岩棉毡、玻璃棉毡、阻燃型发泡聚苯乙烯、发泡聚氨酯等。用于内侧的外层薄板可根据需要选用石膏类板、植物纤维类板、塑料类板材等。该类复合墙板的性能和适用范围与泰柏板基本相同。

第四节　砌筑用石材

砌筑用石材是指具有一定的物理、化学性能，可用作砌筑材料的岩石。天然石材是人类使用最早的砌筑材料，它由天然岩石开采后经人工加工而制得。我国对天然石材的使用已有悠久的历史和丰富的经验，例如河北隋代赵州永济桥、江苏洪泽湖大堤、北京人民英雄纪念碑等都是使用石材的典范。在现代土木工程中，常利用天然石材的强度高、耐久、纹理与色泽美观大方等特点，广泛应用于建筑、道路、桥梁、水利、大坝等工程。由于天然石材具有抗压强度高，耐久性和耐磨性良好，资源分布广，便于就地取材等优点而至今仍被广泛应用。但岩石的性质较脆，抗拉强度较低，表观密度大，硬度高，因此开采和加工比较困难。

一、岩石的分类

岩石是由各种不同地质作用所形成的天然固态矿物组成的集合体。根据岩石的成因，按地质分类法，天然岩石可以分为岩浆岩、沉积岩、变质岩三大类。

1. *岩浆岩*

岩浆岩又称火成岩，是地壳内的熔融岩浆在地下或喷出地面后冷凝而成的岩石。根据不同的形成条件，岩浆岩可分为以下三种：

(1)深成岩。深成岩是地壳深处的岩浆，在受上部覆盖层压力的作用下，经缓慢冷凝而形成的岩石。其结晶完整、晶粒粗大、结构致密，具有表观密度大、孔隙率及吸水率小、抗压强度高、抗冻性好等特点。建筑上常用的深成岩有花岗岩、正长岩、橄榄岩、闪长岩和辉长岩等。

(2)喷出岩。喷出岩是岩浆冲破覆盖层喷出地表时，在压力降低和冷却较快的条件下而形成的岩石。由于其大部分岩浆喷出后还来不及完全结晶即凝结，因而常呈隐晶质(细小的结晶)或玻璃质(非晶质)结构。当喷出的岩浆形成较厚的岩层时，其岩石的结构与性质类似深成岩；当形成较薄的岩层时，由于冷却速度快及气压作用而易形成多孔结构的岩石，其性质近似于火山碎屑岩。建筑上常用的喷出岩有玄武岩、安山岩等。

(3)火山碎屑岩。火山碎屑岩是火山爆发时，岩浆被喷到空中而急速冷却后形成的岩石。有多孔玻璃质结构且表观密度小的散粒状火山岩，如火山灰、火山砂、浮石等；也有因散粒状火山岩堆积而受到覆盖层压力作用并凝聚成大块的胶结火山岩，如火山灰凝灰岩(简称凝灰岩)。

2. *沉积岩*

沉积岩又称水成岩，是由沉积物固结而形成的岩石，即由地表的各类岩石经自然界的风化、搬运、沉积并重新成岩(压实、相互胶结、重结晶等)而形成的岩石。主要存在于地表及不太深的地下。其特征是呈层状构造，外观多层理，表观密度小，孔隙率和吸水率较大，强度较低，耐久性较差。由于分布较广，加工较容易，因此应用也较广。根据沉积岩的生成条件，可分为以下三种：

(1)机械沉积岩。由自然风化而逐渐破碎松散的岩石及砂等，经风、雨、冰川、沉积等机械力的作用而重新压实或胶结而成的岩石，如砂岩、页岩等。

(2)化学沉积岩。由溶解于水中的矿物质经聚积、反应、重结晶等并沉积而形成的岩石，如石膏、白云岩等。

(3)有机沉积岩。由各种有机体的残骸沉积而成的岩石，如生物碎屑灰岩、硅藻土等。

3. 变质岩

变质岩是由原有岩石经变质后形成的岩石。即地壳中原有的各类岩石，在地层的压力或温度作用下，在固体状态下发生再结晶作用，而使其矿物成分、结构构造以至化学成分发生部分或全部改变而形成的新岩石，如大理岩、石英岩等。

二、天然岩石的技术性质

天然石材的技术性质，可分为物理性质、力学性质和工艺性质。

天然石材因形成条件各异，常含有不同种类的杂质，矿物成分也会有所变化，所以，即使是同一类岩石，它们的性质也可能有很大差别。因此，在使用时，都必须进行检验和鉴定，以保证工程质量。

1. 物理性质

(1)表观密度。天然石材根据表观密度大小可分为：

轻质石材　表观密度≤1 800kg/m^3；

重质石材　表观密度>1 800kg/m^3。

表观密度的大小常间接反映石材的致密程度与孔隙多少。在通常情况下，同种石材的表观密度愈大，则抗压强度愈高，吸水率愈小，耐久性好，导热性好。

(2)吸水性。吸水率低于1.5%的岩石称为低吸水性岩石，介于1.5%～3.0%的称为中吸水性岩石，吸水率高于3.0%的称高吸水性岩石。

岩浆深成岩以及许多变质岩，它们的孔隙率都很小，故而吸水率也很小，例如花岗岩的吸水率通常小于0.5%。沉积岩由于形成条件、密实程度与胶结情况有所不同，因而孔隙率与孔隙特征的变动很大，这导致石材吸水率的波动也很大，例如致密的石灰岩，它的吸水率可小于1%，而多孔的贝壳石灰岩吸水率可高达15%。

石材的吸水性对其强度与耐水性有很大影响。石材吸水后，会降低颗粒之间的粘结力，从而使强度降低，有些岩石还容易被水溶蚀，因此，吸水性强与易溶的岩石，其耐水性较差。

(3)耐水性。石材的耐水性以软化系数表示。岩石中含有较多的黏土或易溶物质时，软化系数则较小，其耐水性较差。根据软化系数大小，可将石材分为高、中、低三个等级。软化系数>0.90为高耐水性，软化系数在0.75～0.90之间的为中耐水性，软化系数在0.60～0.75之间为低耐水性，软化系数<0.60者，则不允许用于重要建筑物中。

(4)抗冻性。石材的抗冻性是指其抵抗冻融破坏的能力。其值是根据石材在水饱和状态下按规范要求所能经受的冻融循环次数表示。能经受的冻融循环次数越多，则抗冻性越好。石材抗冻性与吸水性有密切的关系，吸水率大的石材其抗冻性也差。根据经验，吸水率<0.5%的石材，则认为是抗冻的。

(5)耐热性。石材的耐热性与其化学成分及矿物组成有关。石材经高温后，由于热胀冷缩、体积变化而产生内应力或因组成矿物发生分解和变异等导致结构破坏。如含有石膏的石材，在100℃以上时就开始破坏；含有碳酸镁的石材，温度高于725℃会发生破坏；含有碳酸钙的石材，温度达827℃时开始破坏。由石英与其他矿物所组成的结晶石材，如花岗岩等，当温度达到700℃以上时，由于石英受热发生膨胀，强度迅速下降。

2. 力学性质

天然石材的力学性质主要包括:抗压强度、冲击韧性、硬度及耐磨性等。

(1)抗压强度。石材的抗压强度,是以三个边长为70mm的立方体试块的抗压破坏强度的平均值表示。根据抗压强度值的大小,石材共分九个强度等级:MU100、MU80、MU60、MU50、MU40、MU30、MU20、MU15和MU10。抗压试件也可采用表11－20所列各种边长尺寸的立方体,但应对其试验结果乘以相应的换算系数。

表11－20　石材强度等级的换算系数

立方体边长(mm)	200	150	100	70	50
换算系数	1.43	1.28	1.14	1	0.86

矿物组成对石材抗压强度有一定影响。例如,组成花岗岩的主要矿物成分中石英是很坚硬的矿物,其含量越多,则花岗岩的强度也就越高;而云母为片状矿物,易于分裂成柔软薄片,因此,若云母含量越多,则其强度越低。沉积岩的抗压强度则与胶结物成分有关,由硅质物质胶结的,其抗压强度较大,石灰质物质胶结的次之,黏土物质胶结的则抗压强度最小。

结构与构造特征对石材的抗压强度也有很大影响。结晶质石材的强度较玻璃质的高;等粒状结构的强度较斑状结构的高;构造致密的强度较疏松多孔的高。具有层状、带状或片状构造的石材,其垂直于层理方向的抗压强度较平行于层理方向的高。

(2)冲击韧性。石材的冲击韧性决定于岩石的组成矿物与构造。石英岩、硅质砂岩脆性较大。含暗色矿物较多的辉长岩、辉绿岩等具有较高的韧性。通常,晶体结构的岩石较非晶体结构的岩石具有较高的韧性。

(3)硬度。它取决于石材的矿物组成的硬度与构造。凡由致密、坚硬矿物组成的石材,其硬度就高。岩石的硬度以莫氏硬度表示。

(4)耐磨性。耐磨性是指石材在使用条件下抵抗摩擦、边缘剪切以及冲击等复杂作用的能力。石材的耐磨性包括耐磨损与耐磨耗两方面。耐磨损性是以石材受摩擦作用时,其单位面积因摩擦而产生的质量损失的量来表示。耐磨耗性是以石材在同时受摩擦与冲击作用时,其单位面积的磨耗量表示。石材耐磨性质与石材内部组成矿物的硬度、结构、构造相关。石材的组成矿物越坚硬,构造越致密以及其抗压强度和冲击韧性越高,则石材的耐磨性越好。

凡是用于可能遭受磨损作用的场所,例如台阶、人行道、地面、楼梯踏步等和可能遭受磨耗作用的场所,例如道路路面的碎石等,应采用具有高耐磨性的石材。

3. 工艺性质

石材的工艺性质,主要指其开采和加工过程的难易程度及可能性,包括加工性、磨光性与抗钻性等。

(1)加工性。石材的加工性,主要是指对岩石开采、锯解、切割、凿琢、磨光和抛光等加工工艺的难易程度。凡强度、硬度、韧性较高的石材,不易加工;质脆而粗糙,有颗粒交错结构,含有层状或片状构造,以及业已风化的岩石,都难以满足加工要求。

(2)磨光性。指石材能否磨成平整光滑表面的性质。致密、均匀、细粒的岩石,一般都有良好的磨光性,可以磨成光滑亮洁的表面。疏松多孔、有鳞片状构造的岩石,磨光性不好。

(3)抗钻性。指石材钻孔时,其难易程度的性质。影响抗钻性的因素很复杂,一般石材的强度越高、硬度越大,越不易钻孔。

由于用途和使用条件的不同,对石材的性质及其所要求的指标均有所不同。工程中用于基础、桥梁、隧道以及石砌工程的石材,一般规定其抗压强度、抗冻性与耐水性必须达到一定指标。

建筑工程中常用天然石材的技术性能可参见表 11-21。

表 11-21　建筑中常用天然石材的性能及用途

<table>
<tr><th rowspan="2">名　称</th><th colspan="3">主要质量指标</th><th rowspan="2">主要用途</th></tr>
<tr><th colspan="2">项　目</th><th>指　标</th></tr>
<tr><td rowspan="11">花岗岩</td><td colspan="2">表观密度(kg/m³)</td><td>2 500～2 700</td><td rowspan="11">基础、桥墩、堤坝、拱石、阶石、路面、海港结构、基座、勒脚、窗台、装饰石材等</td></tr>
<tr><td rowspan="3">强度(MPa)</td><td>抗压</td><td>120～250</td></tr>
<tr><td>抗折</td><td>8.5～15.0</td></tr>
<tr><td>抗剪</td><td>13～19</td></tr>
<tr><td colspan="2">吸水率(%)</td><td><1</td></tr>
<tr><td colspan="2">膨胀系数(10⁻⁶/℃)</td><td>5.6～7.34</td></tr>
<tr><td colspan="2">平均韧性(cm)</td><td>8</td></tr>
<tr><td colspan="2">平均质量磨耗率(%)</td><td>11</td></tr>
<tr><td colspan="2">耐用年限(年)</td><td>75～200</td></tr>
<tr><td rowspan="11">石灰岩</td><td colspan="2">表观密度(kg/m³)</td><td>1 000～2 600</td><td rowspan="11">墙身、桥墩、基础、阶石、路面、石灰及粉刷材料的原料等</td></tr>
<tr><td rowspan="3">强度(MPa)</td><td>抗压</td><td>22.0～140.0</td></tr>
<tr><td>抗折</td><td>1.8～20</td></tr>
<tr><td>抗剪</td><td>7.0～14.0</td></tr>
<tr><td colspan="2">吸水率(%)</td><td>2～6</td></tr>
<tr><td colspan="2">膨胀系数(10⁻⁶/℃)</td><td>6.75～6.77</td></tr>
<tr><td colspan="2">平均韧性(cm)</td><td>7</td></tr>
<tr><td colspan="2">平均质量磨耗率(%)</td><td>8</td></tr>
<tr><td colspan="2">耐用年限(年)</td><td>20～40</td></tr>
<tr><td rowspan="11">砂　岩</td><td colspan="2">表观密度(kg/m³)</td><td>2 200～2 500</td><td rowspan="11">基础、墙身、衬面、阶石、人行道、纪念碑及其他装饰石材等</td></tr>
<tr><td rowspan="3">强度(MPa)</td><td>抗压</td><td>47～140</td></tr>
<tr><td>抗折</td><td>3.5～14</td></tr>
<tr><td>抗剪</td><td>8.5～18</td></tr>
<tr><td colspan="2">吸水率(%)</td><td><10</td></tr>
<tr><td colspan="2">膨胀系数(10⁻⁶/℃)</td><td>9.02～11.2</td></tr>
<tr><td colspan="2">平均韧性(cm)</td><td>10</td></tr>
<tr><td colspan="2">平均质量磨耗率(%)</td><td>12</td></tr>
<tr><td colspan="2">耐用年限(年)</td><td>20～200</td></tr>
<tr><td rowspan="11">大理岩</td><td colspan="2">表观密度(kg/m³)</td><td>2 500～2 700</td><td rowspan="11">装饰材料、踏步、地面、墙面、柱面、柜台、栏杆、电气绝缘板等</td></tr>
<tr><td rowspan="3">强度(MPa)</td><td>抗压</td><td>47～140</td></tr>
<tr><td>抗折</td><td>2.5～16</td></tr>
<tr><td>抗剪</td><td>8～12</td></tr>
<tr><td colspan="2">吸水率(%)</td><td><1</td></tr>
<tr><td colspan="2">膨胀系数(10⁻⁶/℃)</td><td>6.5～11.2</td></tr>
<tr><td colspan="2">平均韧性(cm)</td><td>10</td></tr>
<tr><td colspan="2">平均质量磨耗率(%)</td><td>12</td></tr>
<tr><td colspan="2">耐用年限(年)</td><td>30～100</td></tr>
</table>

三、砌筑用石材

采石场开采出的石块可直接使用,也可加工后使用。根据土木工程的使用要求,砌筑用石材可加工成毛石、料石和条石等。

1. 毛石

毛石是在采石场爆破后直接得到的形状不规则的石块。按其表面的平整程度分为乱毛石和平毛石两类。乱毛石是形状不规则的毛石,如图11-8;平毛石是乱毛石略经加工后,形状较整齐,大致有两个平行面的毛石,如图11-9。建筑用毛石,一般要求石块中部厚度不小于150mm,长度为300～400mm,质量约为20～30kg,其强度不宜小于10MPa,软化系数不应小于0.75。

乱毛石主要用于砌筑基础、勒脚、墙身、堤坝和挡土墙等,平毛石除用于砌筑基础、勒脚、墙体外,还用于砌筑桥墩、涵洞等。

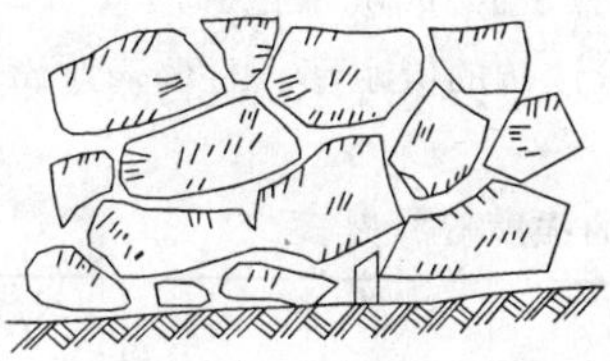
图11-8 乱毛石

图11-9 平毛石

2. 料石

料石(又称条石)是用毛料加工成较为规则的,具有一定规格的六面体石材。按料石表面加工的平整程度可分为以下四种:毛料石、粗料石、半细料石和细料石。料石常用致密的砂岩、石灰岩、花岗岩等开采凿制,至少应有一个面的边角整齐,以便相互合缝。料石常用于砌筑墙身、地坪、踏步、拱和纪念碑等;形状复杂的料石制品可用于柱头、柱基、窗台板、栏杆和其他装饰品等。

3. 条石

条石是由致密岩石凿平或锯解而成,其外露表面可加工成粗糙的剁斧面或平整的机刨面或平滑面无光的粗磨面或光亮且色泽鲜明的磨光面。条石一般选用强度高、无裂缝、耐久、耐磨且色泽雅致的花岗岩等岩种。条石的尺寸按设计要求确定。

条石主要用于台阶踏步、勒脚、桥面、地面、洞口过梁、小型桥梁、桥墩以及其他重要的石砌体。

四、石材的选用原则

在建筑设计和施工中,应根据适用性、经济性及安全性等原则选用石材。

(1)适用性。主要考虑石材的技术性能是否能满足使用要求。可根据石材在建筑物中的用途和部位及所处环境,选定其主要技术性质能满足要求的岩石。如承重用的石材(基础、脚、墙等),主要应考虑其强度等级、耐久性、抗冻性等技术性能指标;围护结构用的石材应考虑是否具良好的绝热性能；用作地面、台阶等的石材应坚韧耐磨；装饰用的构件（饰面板、拉杆、扶手等），需考虑石材本身的色彩与环境的协调及可加工性等；对处在高温、高湿、严寒等特殊条件下的构件，还要考虑所用石材的耐久性、耐水性、抗冻性及耐化学侵蚀性等。

(2)经济性。天然石材的密度大，运输不便，运费高，应综合考虑地方资源，尽可能做到就地取材。难以开采和加工的石料，将使材料成本提高，选材时应加以注意。

(3)安全性。由于天然石材是构成地壳的基本物质，因此可能存在含有放射性的物质。石材中的放射性物质主要是指镭、钍等放射性元素，在衰变中会对人体产生放射性危害。

复习思考题

1. 砌墙砖有哪几类？它们各有什么特性？

2. 简要叙述烧结普通砖的强度等级是如何确定的？

3. 可用哪些简易方法鉴别过火黏土砖和欠火黏土砖？

4. 一块烧结普通黏土砖，其尺寸符合标准尺寸，烘干恒定质量为 2 500g，吸水饱和质量为 2 900g，再将该砖磨细，过筛烘干后取 50g，用密度瓶测定其体积为 18.5cm^3。试求该砖的吸水率、密度、表观密度及孔隙率。

5. 建筑工程中常用的非烧结砖有哪几种？

6. 有烧结普通黏土砖一批，经抽样测定，其结果如下，问该砖的强度等级是多少？

砖编号	1	2	3	4	5	6	7	8	9	10
破坏荷载(kN)	254	270	218	183	238	259	151	280	220	254

7. 按材质分类，墙用砌块有哪几类？砌块与烧结普通黏土砖相比有什么优点？

8. 加气混凝土砌块与粉煤灰硅酸盐砌块有什么不同？

9. 在墙用板材中有哪些不宜用于长期处于潮湿的环境中？有哪些不宜用于长期处于高热（>200℃）环境？

10. 以烧结普通黏土砖为主要材料的墙体模式是否需要改革？为什么？如何改？

11. 岩石按成因可分为哪几类？并举例说明。

12. 砌筑用石材有哪些？其强度等级是如何划分的？

13. 选择天然石材应考虑哪些原则？为什么？

第十二章　建筑装饰材料

第一节　建筑装饰材料的基本要求与功能

一、建筑装饰材料及其主要种类

铺设或涂装在建筑物表面，如墙面、柱面、地面及顶棚等，起装饰效果的材料称为建筑装饰材料，也称装修材料或饰面材料。一般它是在建筑主体工程（结构工程和管、线安装等）基本完成后，在最后进行装修阶段所使用的材料。

装饰材料品种繁多、色彩纷呈，质量、产量都有迅猛的发展和提高，已成为建筑材料中应用广泛的品种。装饰材料主要有装饰用砖、装饰用板材、装饰涂料、装饰用钢材、建筑玻璃等。

二、装饰材料的效果

一个建筑物的外观效果主要取决于总的体型、比例、尺度、虚实对比、大的线条等设计手法。在设计已确定的情况下，如何处理内饰面也是影响装饰效果的一个重要因素，应综合考虑，合理选取。仅就饰面的装饰效果而言，主要取决于质感、线型及色彩等要素。

1. 质感

质感是人们对材料质地的感觉。任何饰面的施工，如光滑的涂料、饰面砖及粗糙的水刷石、拉毛等都给人们不同的质地感觉。同时，又通过线条粗细、凹凸对光线的吸收和反射程度的不同而产生感观效果。

质感主要取决于饰面所用材料及做法，同样材料，不同做法可以取得不同的质感效果。如同样的花岗石贴面，做成磨光面和做成剁斧面的，给人的质感效果是不同的。装饰材料的质感一般表现为下面几种现象：①坚实或疏松的；②细致或粗糙的；③光泽或暗哑的；④清晰或混沌的；⑤厚重或薄轻的；⑥平滑或凹凸的；⑦拉毛或彩砂的；⑧平光或无光的；⑨坚硬或松软的；⑩透明的或不透明的。

选择饰面质感，不能只看它本身装饰效果如何，要结合具体建筑物的体型、体量、立面风格一并考虑。例如对立面造型比较纤细的建筑物宜用质感比较纤细的平滑饰面，如面砖、磨光大理石、花岗石贴面等。对于体量比较大的建筑物可用粗旷的装饰混凝土墙面等，能较好地体现整个建筑物的风格。

选择质感，除观感外，同时还要考虑耐污染等具体问题。通常，比较粗的质感饰面对表面平整度要求低，对暇疵不平等缺陷的遮丑力强，但易于挂灰积尘，使立面有可能比较快地遭到污染，失去其原有的装饰效果，而平细质感的饰面则反之，虽遮丑能力较弱但挂灰积尘的程度小，对此必须根据环境条件、人们的心理状态等综合考虑。

2. 线型

各种各样的线条也是体现饰面装饰效果的因素。抹灰、水刷石、天然石材、加气混凝土条板等设置分块、分格缝既是防止开裂、施工接茬的需要，也是装饰立面的比例、尺度感上的需要。门窗口、预制壁板四周、镜边等也是这样，既便于磕碰后的修补和施工，又装饰了立面。

饰面的这种线型在某种程度上也可看作是整体质感的一个组成部分，其装饰作用是不容忽视的，无论是直线轮廓、折线轮廓，还是曲线轮廓，如果线条比例和谐，会给人们一种强烈的吸引力，以愉快、活泼、庄重等不同风貌出现都会给人们以美的享受。

3. 色彩

色彩是最吸引人的，是构成一个建筑物外观乃至影响环境的重要因素。建筑色彩，像一件朴素大方而美观的外衣穿在建筑物体上，必须浓淡相宜、色彩艳丽、相互谐调。

色彩充分利用墙体材料本色来达到设计要求是最经济、合理、可靠的。例如，我国故宫浅灰色磨砖对缝的墙面数百年来保持了它的色彩效果。现代采用的金属玻璃幕墙建筑，以整体雄伟、奇特光亮的不同色彩的玻璃墙而别具一格。

确定立面颜色时所要考虑的因素比较多，例如，满足建筑艺术的要求、与周围环境相协调、符合规划意图、考虑地区气候特点等。另外，还要受到所用墙体材料、饰面做法以及造价等因素的制约。一般来说，色调不宜过于使人感到刺激，对比不宜过于强烈，并且一栋建筑的立面所用颜色不宜过多，通常宜以一个颜色为主，其他处于从属地位。

三、室内、外装修材料的功能

1. 室外装修的功能

建筑物外墙饰面材料的主要功能是保护墙体和装饰立面。由于外墙是建筑物的重要组成部分，除承重外，要遮风挡雨、防水、保温绝热、隔声等，同时还要满足一定的耐久性和美观的要求。因此，当外墙本体材料不能全部满足需要时，可以选用合适的外墙饰面材料，通过饰面处理加以弥补。如加气混凝土的墙体，常需做饰面层以提高其耐久性和美感；又如冷库等工程绝热要求高，若外墙用白色反光性强的材料抹面或涂刷，就可以进一步减少太阳辐射热对库内温度的影响，既可增加美观又可减少制冷能耗。

2. 室内装修的功能

室内装修主要是指内墙装修、地面装修和吊天花。其目的除保护墙体和增加美观外，还应为室内的使用创造更好的条件。

一般情况下，内饰面不但承担墙体的热工功能，在墙体本身热工性能不能满足使用要求时，应用保温材料装修涂层；而且还能起到“吸湿”作用，来调节室内的相对湿度。

内饰面的另一项功能是辅助墙体起到反射声波、吸音、隔音等声学功能作用，同时还应该具有清洁功能，即为了保持人们在室内的正常工作、生活，墙面应易于保持清洁；应有较好的反光性，使室内的亮度比较均匀。

由于室内装饰和外立面装饰不同，它是内墙饰面、地面、顶棚饰面和家具、灯具及其他陈设相结合的综合效果，人们对内饰面的距离也比外墙面近得多。因此，选择内墙饰面的做法、质感和色彩时也要综合考虑。室内装饰效果不仅取决于材料本身的装饰质量，而且更大程度上取决于色调安排、适当的质感对比、主次分明重点突出等，室内墙、地、顶的装饰应是家具、陈设的陪衬，不宜喧宾夺主。选用品种繁多的装饰材料，效果不一定好。

3. 地面装修的功能

做地面的目的是为了保护基底材料，如楼板或地坪，也保证使用条件及装饰室内。

普通钢筋混凝土楼板和混凝土地坪的强度和耐久性均好，但给人们的感觉是冷、硬、湿；加气混凝土楼板和灰土垫层，其材质较弱，必须依靠面层解决耐磨耗、耐碰撞冲击、防渗等不利因素。因此，选用做地面的材料时应注意房间的使用功能，选择与其要求相适应的材料性能，如强度、耐磨性、防水、防火、保温、隔声等。在颜色方面，一般应服从整个室内的色彩处理方案，同时又要考虑有利于保持清洁等。

四、装饰材料的基本要求及选用

在选用装饰材料时，首先要从建筑物的实用出发，不仅要求表面的美观，而且要求它具有多种功能，使装饰材料能长期保持它的特征，并能有效地保护主体结构材料。

装饰材料用于不同环境、不同部位时，对它的要求也不同，因此在选用装饰材料时，应结合建筑物的特点，使之与室内环境相协调，应使材料颜色的深浅合适，色调柔和美观。应运用装饰材料的花纹、图案及材料表面结构特征，拼装成所需要的质感和色彩效果的饰面。对装饰材料的质量要求除满足功能需要外，为了保证其装饰效果，应该注意以下两个方面。

1. 材料颜色、光泽、透明度

装修材料色彩的选择是十分重要的，它是构成人造环境的重要内容，也是构成装饰效果中最重要的组成部分“色调”的主要因素，不同部位的装饰材料所要求的基调和侧重面是不同的，如门、窗玻璃，主要侧重于透明度；内、外墙面主要侧重颜色和光泽。

由于影响颜色、光泽和透明度评定的因素很多，因此，鉴定时应按规定的标准和方法测定，使用时要在体察材料内在结构和美的基础上，精于选材，注重材料的合理培植与和谐运用。

2. 材料的表面组织及形状尺寸

由于装饰材料所用的原料、生产工艺及加工方法不同，使表面组织有多种多样的特征，有细致或粗糙的，有平整或凸凹的，也有坚实或疏松的，还有带各种花纹和图案的。在规格尺寸方面也是花样繁多，如长方、正方、多角、卷材等，可以形成不同质感的装饰效果。如坚实而有光泽的材料（磨光的花岗石、大理石等）有严肃、有力、整洁之感；富有弹性而松软的材料（如地毯及纺织品）给人以柔顺、温暖、舒适之感；保持自然特征的材料（如竹、木、藤、石及其仿形品）给人以清新、亲切、纯朴之感；使用在大量建筑中的蘑菇石、表露骨料的混凝土等给人以粗犷、有力之感。因此，应根据质感要求，充分发挥材料的表面特征，以获得更好的装饰效果。

选用装饰材料时，除了应注意满足使用功能和装饰效果的需要外，还应考虑材料的耐久性和经济性。应采用美观、适用、耐久、价格适中的材料装饰和美化建筑物。

第二节　建筑装饰用砖

一、陶瓷类装饰面砖

陶瓷装饰是建筑上常用的也是重要的装饰材料，主要用于墙面、地面、顶棚、卫生间等。生产陶瓷的原材料主要是黏土，其化学成分包括 SiO_2、Al_2O_3、Fe_2O_3、TiO_2、CaO、MgO、K_2O、Na_2O 等。陶瓷制品的特点是结构致密、强度大、耐磨性好，尤其是耐酸碱腐蚀能力强。建筑用陶瓷制品主要有：外墙面砖、釉面砖、玻璃瓦、陶瓷壁画、卫生陶瓷等。

1. 外墙面砖

外墙面砖是一种片状陶瓷材料，主要镶嵌于建筑物外墙面、柱等表面。它是采用品质均匀、耐火度较高的黏土经压制成型后焙烧而成。按面砖表面的装饰情况的不同，主要有三种，即表面不施釉的单色砖（又称墙面砖）、表面施釉的彩釉砖、表面既有彩釉又有突起的花纹图案的立体彩釉砖（又称线砖）等。为了与基层墙面能很好粘结，面砖的背面均有肋纹。使用外墙面砖，即提高了建筑物的艺术性，也改善了建筑物的耐久性。

外墙面砖的主要规格尺寸有 200mm×100mm×(8～12)mm，150mm×75mm×8mm，400mm×400mm×12mm 等多种，质感、颜色多样，具有强度高、防潮、抗冻、耐用、不易污染和装饰效果好的特点。根据 GB 11947－89 规定，彩釉砖的主要技术指标为：吸水率不大于10%，经三次急冷急热循环不出现炸裂或裂纹，经 20 次冻融循环不出现破裂或裂纹，弯曲强度平均值不低于 24.5MPa。外墙贴面砖的种类、规格和用途见表 12－1。

表 12－1　外墙贴面砖的种类、规格和用途

种类		一般规格(mm)	性能	用途
名称	说明			
表面无釉外墙贴面砖（又名“单色砖”）	有白、浅黄、深黄、红、绿等色	200×100×12 150×75×12 75×75×8 108×108×8 150×30×8	质地坚固，吸水率不大于8%，色调柔和，耐水抗冻，经久耐用，防火，易清洗等	用于建筑物外墙，作装饰及保护墙面之用
表面有釉外墙贴面砖（又名“彩釉砖”）	有粉红、蓝、绿、金砂釉、黄、白等色			
立体彩釉砖（线砖）	表面有凸起线纹，有釉，并有黄、绿等色	200×60×8 300×80×8		
仿花岗岩釉面砖	表面有花岗岩花纹，表面施釉	195×45 95×95 108×60 227×60		

2. 内墙面砖

内墙面砖是适用于建筑物室内装饰的薄型精陶制品，也称釉面砖、瓷砖、瓷片。它由多孔坯体和表面釉层两部分组成。表面釉层有结晶釉、花釉、有光釉等不同类别。

釉面砖的标准形状分为正方形砖、长方形砖即异型配件砖三种，主要尺寸规格有：152mm×152mm×(5,6)mm；108mm×108mm×5mm；152mm×75mm×(5,6)mm 五种，近年来也出现了一些大规格的薄型砖（如厚度为 3mm 的 200mm×200mm，200mm×300mm，200mm×250mm 等）。除白色外，还有其他花色和图案砖。釉面砖的主要技术指标包括：白度、外观质量、尺寸允许偏差、变形、色差、平整度、边直度和直角度、吸水率、弯曲强度、抗龟裂性、釉面抗化学腐蚀性及热稳定性。

釉面砖色泽柔和典雅，朴实大方、热稳定性好，防潮、防火、耐酸碱，表面光滑、易清洗，因此广泛用于厨房、卫生间、浴室、实验室、医院等室内墙面、台面等，但不宜用于室外，因其多孔坯体层和表面釉层的吸水率、湿胀率相差较大，在室外受到日晒雨淋及温度变化时，易开裂或剥落。釉面砖的主要种类及特点见表 12－2。

表 12－2　釉面砖的种类与特点

种类		代号	特点
白色釉面砖		F，J	色纯白，釉面光亮，镶于墙面，清洁大方
彩色釉面砖	有光彩色釉面砖	YG	釉面光亮晶莹，色彩丰富雅致
	石光彩色釉面砖	SHG	釉面半无光，不晃眼，色泽一致，色调柔和
装饰釉面砖	花釉砖	HY	系在同一砖上施以多种彩釉，经高温烧成，色釉互相渗透，花纹千姿百态，有良好的装饰效果
	结晶釉砖	JJ	晶花辉映，纹理多姿
	斑纹釉砖	BW	斑纹釉面，丰富多彩
	大理石釉砖	LSH	具有天然大理石花纹，颜色丰富，美观大方
图案砖	白地图案砖	BT	系在白色釉面砖上装饰各种彩色图案，经高温烧成，纹样清晰，色彩明朗，清洁优美
	色地图案砖	YGT D－YGT SHGT	系在有光或石光彩色釉面砖上，装饰各种图案，经高温烧成，产生浮雕、缎光、绒毛、彩漆等效果，做内饰墙面，别具风格
瓷砖画及色釉陶瓷字	瓷砖画	—	以各种釉面砖拼成各种瓷砖画，或根据已有画稿烧成釉面砖拼成各种瓷砖画，清洁优美，永不褪色
	色釉陶瓷字	—	以各种色釉、瓷土烧制而成，色彩丰富，光亮美观，永不褪色

3. *墙地砖*

墙地砖既可用于外墙又可用于地面，包括外墙用贴面砖和室内、外地面铺贴用砖。

墙地砖是以优质陶土为主要原料，在半干状态下压制成型后于 1 100℃左右焙烧而成，因而具有较高的密实性，其特点是抗压强度和抗折强度高、冲击韧性好、硬度大、耐磨性好。此外，由于地砖的孔隙率小，因此其吸水率低，抗冻能力强，耐久性好。

地砖分为无釉（无光面砖）和有釉（彩釉砖）两种。其颜色繁多，表面质感多样，通过配料和制作工艺的变化，可制成平面、麻面、毛面、抛光面、仿石表面、压光浮雕面等多色多种制品，其主要品种有劈裂墙地砖、麻面砖、彩胎砖等。

墙地砖具有强度高、耐磨、化学稳定性好、易清洗、吸水率低、不燃、耐久等特点。按《彩色釉面陶瓷墙地砖》（GB11947）的规定，墙地砖的物理化学性能应满足表 12－3 的规定。

表 12－3　墙地砖理化性能

项　目	技 术 要 求
吸水率(%)	≤10
耐急冷急热性	经三次急冷急热循环不出现炸裂或裂纹
抗冻性	经 20 次冻融循环不出现破裂、剥落或裂纹
弯曲强度平均值(MPa)	≥24.5

4. 陶瓷锦砖

陶瓷锦砖俗称马赛克，既可作为地砖，也可用作外墙面砖，是由各种颜色、多种形状的小块瓷片(长边一般不大于 50mm)铺贴在牛皮纸上的陶瓷制品(又称纸皮砖)。产品出厂前已按各种图案粘贴好。每张(联)牛皮纸制品面则为 0.093m^2，质量约为 0.65kg，每 40 联为一箱，每箱可铺贴面积约 3.7m^2。

陶瓷锦砖以优质黏土烧制而成，有挂釉和不挂釉两类，目前多是不挂釉的。按砖联分为单色、拼花两种。陶瓷锦砖的特点是密实度大，抗压强度较高，吸水率小，抗冻性及耐磨性好，质地坚实，经久耐用，色泽图案多样，耐酸、耐碱、耐火，不渗水，易清洗，温度稳定性好。

陶瓷锦砖主要用于室内地面装饰，如浴室、厨房、餐厅、化验室等地面；也可用作内、外墙饰面，并可镶拼成风景名胜和花鸟动物图案的壁画，形成别具风格的锦砖壁画艺术，其装饰性和艺术性均较好，还可增强建筑物的耐久性。

二、玻璃类装饰砖

1. 玻璃锦砖

玻璃锦砖又称玻璃马赛克或玻璃纸皮砖(石)。它是以边长不超过 45mm 的各种颜色和形状的玻璃质小块预先粘贴在纸上而构成的装饰材料。其原料是石英砂(SiO_2)、纯碱(Na_2CO_3)和磨细的废玻璃粉，并加入适量的颜料和其他辅料。生产方法有烧结法和压延法，是一种乳浊或半乳浊制品，内含气泡和未熔透的石英砂，外形上与陶瓷锦砖相似，但价格便宜。

玻璃马赛克的常用规格为：每片尺寸为 20mm×20mm×4mm，每块(张)纸皮石尺寸为 32.7cm×32.7 cm，每箱装 40 块，可铺贴 4.2m^2，毛重约 27kg。另外还有 25mm×25mm×4mm 和 30mm×30mm×4mm 等规格。

根据《玻璃马赛克》GB 7697－87 规定，其物理化学性能见表 12－4。

玻璃马赛克颜色多种、色彩绚丽、色泽柔和、不褪色，表面光滑、不吸水、不吸尘、天雨自涤、历久常新，化学稳定性及冷热稳定性好，与水泥砂浆粘结性好，施工方便，适用于各类建筑的外墙饰面及壁画装饰等。

2. 玻璃砖

玻璃砖又称特厚玻璃，有空心砖和实心砖两种。实心玻璃砖是用机械压制方法制成的。空心玻璃砖是先把熔融的玻璃液在模具中压成凹型的玻璃块，再将两个凹型的玻璃块，熔合或粘结成整体，其空腔内充以干燥空气或其他绝热材料的玻璃制品。

表 12-4　玻璃马赛克的物理化学性能

试验项目	条　件	指　标
玻璃马赛克与铺贴纸粘合牢固度	直立平放法 卷曲摊平法	均无脱落
胶纸时间	水　浸	5min 时，无单块脱落；40min 时，有 70%以上的单块脱落
热稳定性	90℃水(30min)， 18～25℃水(10min)循环 5 次	全部试样均无裂纹、破损
化学稳定性	1mol/L 盐酸溶液，100℃，4h； 1mol/L 硫酸溶液，100℃，4h； 1mol/L 氢氧化钠溶液，100℃，4h； 蒸馏水，100℃，4h	质量变化率：$K \geqslant 99.90$，且外观无变化； $K \geqslant 99.93$，且外观无变化； $K \geqslant 99.88$，且外观无变化； $K \geqslant 99.96$，且外观无变化

空心砖有单孔和双孔两种。按光学性能不同可分为两种：一是在内侧面做成各种花纹，赋予它特殊的采光性，使外来的光散射的玻璃砖；二是使外来光向一定方向折射的指向性玻璃砖。其形状有正方形、矩形以及各种异型产品。尺寸一般有 115mm、145mm、240mm、300mm 等规格。玻璃空心砖可制成各种颜色，有玻璃本身着色的，有在其侧面涂色的，以及在内侧面用透明着色材料涂饰的等产品。

玻璃砖作为墙体材料时被誉为"透光墙壁"。它具有强度高、绝热、隔声、透明度高、耐水、耐火等优越特性。玻璃砖主要用来砌筑透光的墙壁、建筑物的非承重内外隔墙、淋浴隔断、门厅、通道等。特别适用于高级建筑、体育馆、图书馆，用作控制透光、眩光和太阳光等场合。

3. 地面用装饰砖

地面用装饰砖主要有墙地砖和地面砖，以及天然石材和人造石材类制品。

地面砖是用作铺筑地面的不上釉的板状陶瓷材料，又称防潮砖、缸砖、地砖。是用塑性较大且难熔黏土经压制成型，焙烧而成。有各种色，具有质坚、耐磨、强度高、吸水率低、易清洗等特点，一般用作室外平台、阳台、浴室、厕所、厨房以及人流量大的通道、站台、商店等地面装饰。其规格和性能见表 12-5。

表 12-5　地砖的品种、性能、特点、规格

花色品种	性　能	特点、用途	一般规格 (长×宽×厚)(mm)
地砖花色有红、白、浅黄、深黄等色，分方形、长方形、六角形三种，并有带釉及不带釉两类； 红地砖多不带釉，其他有带釉者，也有不带釉者	红地砖吸水率≤8%， 其他各色地砖≤4%； 冲击强度 6～8 次以上	各色地砖色调均匀，砖面平整，抗腐耐磨，施工方便；还可排成图案，装饰效果更好；一般用于室外台阶、地面及室内门厅、厨房、浴厕等处地面	150×75×13 150×150×13 150×150×15 150×150×20 100×100×10 六角： 115×100×10 200×100×13

续表 12－5

花色品种	性能	特点、用途	一般规格（长×宽×厚）(mm)
玻化石有纯色系列、梦幻彩系列、聚晶系列、麻点系列、特种系列、宇宙系列	吸水率＜0.1%，莫氏硬度达到75级，耐磨性较好，强度高且耐酸碱	平整，一般用于门厅、厨房、走廊等地面	300×300 400×400 600×600 300×600
宇宙石系列			300×300 300×600
地砖花色有化石砖、意大利仿洞石砖、仿古休闲砖、艺术砖、木纹砖等系列	吸水率≤(0.1%～1%)，抗酸耐碱	适用于客厅、走道、会议厅、卧室、浴室、厨房、咖啡厅、餐厅等地面	330×330 165×330 165×165 80×333 108×108 200×500 666×666
地砖花色有亚光纯色艺术地砖、超硬度釉面地砖、复古地砖等系列	吸水率＜3%，抗冻性、耐急冷急热性好	适用于客厅、走道、会议厅、餐厅等地面	300×300

铺地陶瓷类产品已向大尺寸、多功能、豪华型发展，如已有边长达400～600mm的大规格地板砖（已接近铺地石材的常用规格），并有仿石型地砖、防滑型地砖、玻化地砖等不同装饰效果的陶瓷铺地砖。

第三节　建筑装饰用板材

一、金属类装饰板材

金属有特殊的装饰性和质感，又有其优良的物理力学性能，因而是建筑装饰装修中不可缺少的重要材料之一。其中，作为装饰应用最多的是铝材，如铝合金门、窗、百页窗帘及装饰板等。目前，不锈钢的应用大大增加。此外，由于防蚀技术的发展，各种普通钢材的应用也逐渐增加。

金属装饰材料的主要形式为各种板材，如花纹板、波纹板、压型板、冲孔板等。其中波纹板可增加强度，降低板材厚度，并具有其特殊形状风格。冲孔板主要为增加其吸声性能，大多用作顶棚装饰。

1. 铝合金装饰板材

纯铝为银白色有光泽的金属。它的密度为2.7g/cm^3，只有钢的1/3，质量轻，属轻金属。铝的比强度高、延展性好，可辗压成0.001cm的箔片。

纯铝由于质地软，强度低，不能满足工程的广泛要求，因此常在铝中加一些合金元素制成铝合金。建筑中常用的铝合金装饰板材如下：

(1)铝合金花纹板。铝合金花纹板是采用防锈铝合金等坯料，用特殊的花纹机辊轧制而成的。花纹美观大方，筋高适中，不易磨损，防滑性好，防腐蚀性能强，也便于冲洗。通过表面处理可以得到各种美丽的色彩。花纹板板材平整，裁剪尺寸精确，便于安装，广泛应用于现代建筑的场面装饰以及楼梯踏板等处。

(2)铝合金浅花纹板。铝合金浅花纹板是优良的建筑装饰材料之一，它的花纹精巧别致，色泽美观大方，除具有普通铝合金共有的优点外，刚度提高 20%，抗污垢、抗划伤、抗擦伤能力均有所提高。对白光反射率达 75%～90%，热反射率达 85%～95%，耐腐蚀性良好。通过表面处理可以得到不同色彩的浅花纹板。

(3)铝合金波纹板。铝合金波纹板主要用作墙面装修，也可用作屋面。铝合金波纹板质量轻(仅为钢材的 3/10)，有银白色等多种颜色，既有装饰效果，又有很强的反光能力。能防火、防潮、防腐，在大气中可使用 20 年以上。屋面常采用强度高、耐腐蚀性能好的防锈铝(LF_{21})制成。墙用板材可用防锈铝或纯铝制作。

(4)铝合金压型板。铝合金压型板是目前广泛应用的一种新型建筑装修材料。它具有质量轻、外形美、耐腐蚀、经久耐用、安装容易、施工快速等优点，通过表面处理可得各种优美的色彩，主要用作墙面和屋面。

(5)铝合金冲孔平板。铝合金冲孔板系用各种铝合金平板经机械冲孔而成。孔型根据需要有圆孔、方孔、长圆孔、长方孔、三角孔、大小组合孔等。这是近年来开发的一种降低噪音并兼有装饰作用的新产品。

铝合金冲孔板材的特点是质轻，耐高温，耐高压，耐腐蚀，防火，防潮，防震，化学稳定性好，有一定的强度，易于机械加工成各种规格的形状、尺寸。铝合金冲孔板材造型美观，色泽幽雅，立体感强，装饰效果好，组装简单。主要用于宾馆、饭店、剧场、影院、播音室等公共建筑和中、高级民用建筑以改善音质条件，也可用于各类车间厂房、机房、人防地下室等作为降噪声措施。

(6)铝合金吊顶。铝合金作为吊顶材料，具有重量轻，不燃烧，耐腐蚀，施工方便，装饰华丽等优点。其表面型式有开放式、封闭式、挂板式、波纹式、格栅式、藻井式、龟背式、阶梯式、组合挂板式、内圆式等条形、块形吊顶。

铝合金吊顶材料的表面处理可以根据建筑物要求选用阳极化、烤漆、穿孔喷砂等方法。表面颜色有本色、古铜色、茶色、金黄色、青铜色等氧化颜色和各种烤漆颜色。

2. 装饰用钢板

随着钢的冶炼和加工技术的不断进步，具有优良技术性能和独特装饰效果的装饰用钢材制品发展迅速。目前，应用较广泛的主要有不锈钢装饰制品、彩色不锈钢板、彩色涂层钢板和轻钢龙骨等。

(1)不锈钢装饰制品。不锈钢是以铬为主加元素的合金钢，铬含量越高，钢的抗腐蚀性越好。此外，不锈钢中还含有镍、锰、钛、硅等元素，这些元素将影响不锈钢的强度、塑性、韧性和耐蚀性等技术性能。

不锈钢按其化学成分可分为铬不锈钢、铬镍不锈钢和高锰低铬不锈钢等几类。按不同耐腐蚀特点，又可分为普通不锈钢(简称不锈钢)和耐酸钢两类。

建筑装饰用不锈钢制品主要是薄钢板，其中厚度小于 1mm 的薄钢板用得最多。常用冷轧钢板厚度为 0.2～2.0mm，宽度为 500～1 000mm，长度为 100～200m，成品卷装供应。不锈钢的主要特征是耐腐蚀，而光泽度是其另一重要装饰特性。其独特的金属光泽，经不同的表面加工可形成不同的光泽度，并按此划分成不同等级，可根据建筑功能要求和具体环境条件进行选用。

(2)彩色涂层钢板。彩色涂层钢板又称有机涂层钢板。它是以冷轧钢板或镀锌钢板的卷板为基板，经过刷磨、少油、磷化、钝化等表面处理后，在基板的表面形成一层极薄的磷化钝化膜。该膜层对增强基材耐腐蚀性和提高漆隐才基材的附着力具有重要作用。经过表面处理的基板通过辊涂或层压，基板的两面被覆以一定厚度的涂层，再通过烘烤炉加热使涂层固化。一般经涂覆并烘干两次，即获得彩色涂层钢板。其涂层色彩和表面纹理丰富多彩。涂层除必须具有良好防腐蚀能力，以及与基板良好的粘结力外，还必须具有较好的防水蒸汽渗透性，避免产生腐蚀斑点。常用的涂层材料有聚氯乙烯(PVC)、环氧树脂、聚脂树脂、聚丙烯酸脂、酚醛树脂等。常见产品有以下几种。

① PVC 涂层钢板。聚氯乙烯(PVC)涂层钢板是在经过表面处理的基板上先涂以粘结剂，再涂覆 PVC 增塑溶胶而制成。与之相类似的聚氯乙烯复层钢板是将软质或半软质的聚氯乙烯薄膜层粘压到钢板上而制成。这种 PVC 涂层或复层钢板，兼有钢板与塑料二者之长，具有良好的加工成型性、耐腐蚀性和装饰性。可用作建筑外墙板、屋面板、护壁板等，还可加工成各种管道(排气、通风等)、电气设备罩等。

②彩色涂层压型钢板。彩色涂层压型钢板是将彩色涂层钢板辊压加工成 V 型、梯型、水波纹等形状而制成的轻型围护结构材料，可用作工业与民用建筑的屋盖、墙板及墙壁贴面等。

用彩色涂层压型钢板与 H 型钢、冷弯型材等各种经济断面型材配合建造的钢结构房屋，已发展成为一种完整而成熟的建筑体系，它使结构的重量大大减轻。某些以彩色涂层压型钢板为围护结构的全钢结构的用钢量，已接近或低于钢筋混凝土结构的用钢量。

③彩板组角门窗。利用彩色涂层钢板生产组角钢门窗，完全摒弃了能耗高、技术复杂的焊接工艺，全部采用插接件组角自攻螺钉联接。将切成 45°或 90°断面的型材，在冲床上利用多工位复合模具进行冲孔、冲口等多工位加工，接着组装零附件，然后在自动组装成框机上连同玻璃一起组装成框，再后成品在成品组装工作台上完成。彩板组角门窗密封性能好，耐腐蚀性强，并具有良好装饰性，适用于中、高级宾馆、展览馆、影剧院等建筑。

(3)轻钢龙骨。轻钢龙骨是以镀锌钢带或薄钢板经特制轧机以多道工艺轧制而成。它具有强度大、通用性强、耐火性好、安装简易等优点，可装配各种类型的石膏板、钙塑板、吸音板等饰面材料，是室内吊顶装饰和轻质板材隔断的龙骨支架。

轻钢龙骨断面有 U 型、C 型、T 型及 L 型等。吊顶龙骨代号 D，隔断龙骨代号 Q。吊顶龙骨分主龙骨(大龙骨)，次龙骨(中龙骨、小龙骨)。主龙骨也叫承重龙骨，次龙骨也叫覆面龙骨。隔断龙骨分竖龙骨、横龙骨和通贯龙骨等。

《建筑用轻钢龙骨》(GB 11981－89)标准对轻钢龙骨的产品规格、技术要求、试验方法和检验规则等均作了具体规定。产品规格系列有：隔断龙骨主要规格分为 Q50、Q75 和 Q100；吊顶龙骨主要规格分为 D38、D45、D50 和 D60。技术要求包括外观质量、表面防锈、形状、尺寸和力学性能等。根据其有关技术指标分为优等品、一等品和合格品三个产品等级。

二、有机类装饰板材

有机类装饰板材主要有硬质聚氯乙烯塑料装饰板、塑料贴面装饰板、覆塑装饰板、玻璃钢装饰板、模压饰面板等。

硬质聚氯乙烯(PVC)装饰板有波型结构和异型结构两类。PVC 波型板厚度为 1.2～1.5mm，有透明(透光率为 75％～85％)和不透明两种，可作外墙装饰，特别是阳台栏板和窗间墙，色彩鲜艳，可增加建筑物立面的装饰效果；PVC 异型板有单层异型板和中空异型板两种，单层板具有各种形状的断面，其厚度为1～1.2mm，板宽为100～200mm，长度可根据需要裁剪，两板之间采用钩、槽互嵌的重迭式连接，牢固、稳定；中空异型板的刚性好，两板之间采用企口形式连接。硬质PVC异型板可作内外墙装饰护墙板，既装饰和保护墙体，又提高了墙体的隔音、隔热功能。

塑料贴面装饰板简称塑料贴面板，是以酚醛树脂的纸质压层为基胎，表面用三聚氰胺树脂浸渍过的花纹纸为面层，经热压制成的一种装饰贴面材料，有镜面型和柔光型两种，它们均可覆盖于各种基材上。其厚度为0.8～1.0mm，幅面为(920～1 230)mm×(1 880～2 450)mm。塑料贴面板的图案、色调丰富多彩，耐磨、耐湿、耐烫、不易燃，平滑光亮、易清洗，装饰效果好，并可代替装饰木材。适用于室内、车船、飞机及家具等的表面装饰。

覆塑装饰板是以塑料贴面板或以塑料薄膜为面层，以胶合板、纤维板、刨花板等为基层，采用胶合剂热压而成的一种板材。它既有基层板的厚度、刚度及相关性能，又有塑料贴面板或薄膜的装饰效果和性能。可用于高级建筑及家具、车、船等的装饰装修。

玻璃钢装饰板是以玻璃布为增强材料，以不饱和聚酯树脂为胶结剂，在固化剂、催化剂的作用下加工而成，规格有1 850mm×850mm×0.5mm、2 000mm×850mm×0.5mm等多种。色彩多样。主要图案有木纹、石纹、花纹等，美观大方。漆膜亮、硬度高、耐磨、耐酸碱、耐高温，适用于粘贴在各种基层、板材表面，作建筑装修和家具饰面。

模压饰面板是用木材与合成树脂，经高温高压成型制成。此板平滑光洁、经久耐用，具有防火、防虫、防霉、耐热、耐晒、耐寒、耐酸碱等优点。它有木材类的可加工性，安装方便，装饰效果好。适用于作护墙板、顶棚、窗台板、家具饰面板以及酒吧台、展台等的饰面。

三、无机类装饰板材

无机类装饰板材主要有天然石材饰面板、人造石材饰面板、石膏板等，其性能、规格详见前述。

第四节　卷材类装饰材料

一、卷材类地面装饰材料

1. 塑料类卷材地板

主要有聚氯乙烯(PVC)塑料、氯化聚乙烯(CPE)卷材地板等。

聚氯乙烯(PVC)塑料卷材地板主要原料是糊状PVC树脂，用矿棉纸和玻璃纤维毡作卷材地板的基材，经辊压(或涂布)、塑化而成。表面平整光洁，色泽、图案多样。具有弹性好、耐磨、耐污染、收缩率小、步行舒适等特点。适用于各类建筑的室内地面装饰。

氯化聚乙烯(CPE)卷材地板是聚乙烯与氯经取代反应制成的无规则氯化聚合物，含氯量30%～40%，具有类似橡胶的弹性。它是以糊状CPE树脂为面层，矿棉纸和玻纤毡为基材的地面装饰材料。色泽、图案多样，性能同PVC卷材，但其延伸率明显优于PVC卷材。适用于各类建筑物的室内地面装饰。

2. 地毯

地毯是一种高级的地面装饰材料，也是世界通用的生活用品之一。传统的地毯是手工编织的羊毛地毯。但当今的地毯，其原料、款式多种多样，同时，颜色从艳丽到淡雅，绒毛从柔软到强韧，使用从室内到室外，已形成了地毯的高、中、低档系列产品。

现代地毯通常按其图案、材质、编制工艺及规格尺寸分为多种类型。如按其图案类型和风格的不同，可分为“京式”地毯、美术式地毯、仿古式地毯、彩花式地毯、素凸式地毯等；按所用材质不同可分为羊毛地毯、混纺地毯、化纤地毯、塑料地毯、剑麻地毯等；按生产的编织工艺可分为三类：手工编织地毯、簇绒地毯、无纺地毯。

地毯主要品种有纯毛地毯、化纤地毯、塑料地毯。

二、卷材类墙面装饰材料

卷材类墙面装饰材料主要有墙布与壁纸、高级墙面装饰织物、艺术壁毯等。

墙布、壁纸实际属同一类别材料，墙布也称墙纸或壁纸，是一种薄型饰面材料，它主要通过粘结剂粘贴到具有一定强度的平整基层上，如水泥砂浆基层、胶合板基层、石膏板基层等。其种类繁多，按外观装饰效果分类，有印花墙布、浮雕墙纸等；按其功能分，有装饰墙纸、防火墙纸、防水墙纸等；按施工方法分，有现场刷胶棱贴的，有背面预涂压敏胶直接铺贴的：按墙纸所用材料分，有纸面纸基、天然纤维、合成纤维、玻璃纤维墙纸和场砖。常用的有：棉纺墙布、无纺贴墙布、化纤装饰贴墙布、玻璃纤维印花贴墙布、麻草壁纸、金属壁纸等。

高级墙面装饰织物是指锦缎、丝绒、呢料等织物。这些织物由于所用纤维材料、织造方法以及处理工艺不同，产生的质感和装饰效果也不一样，它们均能给人以美的感受。锦缎是一种丝织品，它具有纹理细腻、柔软绚丽、古朴精致、高雅华贵的特点，其价格昂贵，用作高级建筑室内墙面浮挂装饰、室内高级墙面滚糊；丝绒色彩华丽，质感厚实温暖，格调高雅，用于高级建筑室内窗帘、软隔断或浮挂，显示富贵、豪华特色；粗毛呢料或仿毛化纤织物和麻类织物，质感粗实厚重，具有温暖感，吸声性能好，还能从纹理上显示出厚实、古朴等特色，适用于高级宾馆等公共厅堂柱面的棱糊装饰。

艺术壁毯又称壁毯或挂毯，是室内墙挂艺术品。图案、花色精美，常用纯羊毛或蚕丝等高级材料精心制作而成。画面多为名家所绘的动物花鸟、山水风光等，显现华贵、典雅、古朴或富有民族艺术特色，给人以美的享受。

第五节 建筑玻璃

玻璃是建筑工程中的一种重要建筑材料。它除了透光、透视、隔声、绝热外，还有艺术装饰作用。特种玻璃还具有防辐射、防爆等特殊用途。此外，玻璃还可制成各种玻璃空心砖及泡沫玻璃等作为轻质建筑材料，以满足隔声、绝热、保温等方面的特殊要求，现代建筑中越来越多地采用玻璃门窗、玻璃幕墙和玻璃构件，以达到控光、控温、节能、防噪及美化环境等多种目的。

生产玻璃的主要原料是石英砂(SiO_2)、纯碱(Na_2CO_3)和石灰石($CaCO_3$)。此外，玻璃中还有一些其他添加剂，主要有氧化硼(B_2O_3)、氧化铝(Al_2O_3)、氧化磷(P_2O_5)、氧化钾(K_2O)、氧化锂(LiO_2)、氧化铅(PbO_3)和氧化镁(MgO)等。如果是彩色玻璃，还需要加入一些相应颜色的金属氧化物着色剂。玻璃的制造方法目前主要有“引上法”和“浮法”两种。玻璃的生产工艺主要包括高温熔融、成型、冷却三个过程。

建筑中使用的玻璃制品种类很多，其中最主要的有普通平板玻璃、压花玻璃、钢化玻璃、磨砂玻璃、彩色玻璃等。

一、平板玻璃

1. 普通平板玻璃

普通平板玻璃简称平板玻璃，是未经加工的钠钙玻璃类平板。其透光率为85%～90%，也称单光玻璃、净片玻璃、窗玻璃，简称玻璃。是平板玻璃中产量最大、使用最多的一种，也是进一步加工成技术玻璃及玻璃制品的基础材料。它主要用于门、窗，起透光、保温、隔音、挡风雨等作用。

根据国家标准GB 4871－95（引拉法玻璃）和GB 11614－89（浮法玻璃）的规定，按玻璃的厚度规格可分为以下几类：引拉法玻璃分为2mm、3mm、4mm、5mm、6mm五类；浮法玻璃分为3mm、4mm、5mm、6mm、8mm、10mm、12mm七类。

普通平板玻璃的厚度允许偏差见表12－6所示，同时，要求一片玻璃的厚薄差不得大于0.3mm。

平板玻璃产品为矩形体，按标准规定，引拉法生产的玻璃其长宽比不得大于2.5，其中厚度2mm、3mm的玻璃尺寸不得小于400mm×300mm，厚度4mm、5mm、6mm的玻璃不得小于600mm×400mm。浮法玻璃尺寸一般不小于1 000mm×1 200mm，但也不应大于2 500mm×3 000mm。

普通平板玻璃的产量以标准箱计，它以厚度为2mm的平板玻璃，10m^{2}为1标准箱；对于其他厚度规格的平板玻璃，均需进行标准箱换算。

表12－6　普通平板玻璃的厚度允许偏差

引拉法玻璃		浮法玻璃	
厚度（mm）	允许偏差（mm）	厚度（mm）	允许偏差（mm）
2	±0.20	3	±0.20
3	±0.20	4	
4	±0.20	5	+0.20 −0.30
5	±0.25	6	
		8	±0.35
		10	
		12	±0.40

根据国家标准，普通平板玻璃根据其外观质量进行分等定级，由引拉法生产的平板玻璃分为特选品、一等品和二等品三个等级，如表12－7所示。浮法玻璃分为优等品、一级品和合格品三个等级。同时规定，玻璃的弯曲度不得超过0.3%。

平板玻璃主要用于建筑物的采光并起装饰作用。镜面用平板玻璃也属于普通平板玻璃。常选窗用玻璃的特选品或磨光玻璃制作镜面玻璃，因此，平板玻璃应具有一定的透光率和外观质量。

表 12－7　平板玻璃的等级

缺陷种类	说　明	优等品	一等品	合格品
波筋(包括波纹辊子花)	不产生变形的最大入射角	60°	45° 50mm 边部,30°	30° 100mm 边部,0°
气　泡	长度 1mm 以下的	集中的不允许	集中的不允许	不限
	长度大于 1mm 的,$1m^2$ 面积允许个数	≤6mm,6	≤8mm,8 >8～10mm,2	≤10mm,12 >10～20mm,2 >20～25mm,1
划　伤	宽度 0.1mm 以下的,$1m^2$ 面积允许条数	长度≤50mm 3	长度≤100mm 5	不限
	宽度大于 0.1mm 的,$1m^2$ 面积允许条数	不许有	宽≤0.4mm 长<100mm 1	宽≤0.8mm 长<100mm 3
砂　粒	非破坏性的,直径 0.5～2mm,$1m^2$ 面积允许个数	不许有	3	3
疙　瘩	非破坏性的疙瘩波及范围直径不大于 3mm,$1m^2$ 面积允许条数	不许有	1	3
线　道	正面可以看到的,每片玻璃允许条数	不许有	30mm 边部允许有 宽 0.5mm 以下的 1 条	宽 0.5mm 以下的 2 条
麻　点	表面呈现的集中麻点	不许有	不许有	$1m^2$ 面积不超过 3 处
	稀疏的麻点,$1m^2$ 面积允许个数	10	15	30

平板玻璃在透过光线时,玻璃表面要发生光线的反射,玻璃内部对光线产生吸收,从而将使透过光线的强度降低,平板玻璃的透光率可用下式表示:

$$C=\frac{\phi_2}{\phi_1}\times 100\% \tag{12-1}$$

式中:C——玻璃的透光率;

ϕ_1——光线透过玻璃前的光通量;

ϕ_2——光线透过玻璃后的光通量。

我国普通平板玻璃标准中,透光率规定为:玻璃厚 2mm,88%;玻璃厚 3mm、4mm,86%;玻璃厚 5mm、6mm,82%。一般采用 BTG－1 型平板玻璃透光率测定仪测定。影响平板玻璃透光率的主要因素为原料成分及熔制工艺。

平板玻璃在生产过程中,由于生产方法不同,可能产生各种不同的外观缺陷,直接影响产品质量和使用效果,影响平板玻璃外观质量的缺陷有以下几种:波筋(又称水线)、气泡、线道、疙瘩与砂粒。

普通平板玻璃大部分直接用于房屋建筑和维修,一部分加工成钢化、夹层、镀膜、中空等玻璃,小量用作工艺玻璃。

一般建筑采光用玻璃多为 3mm 厚的普通平板玻璃,用作玻璃幕墙、采光屋面、商店橱窗或柜台等多采用厚度为 5mm 或 6mm 的钢化玻璃,公共建筑的大门玻璃则常用经钢化后的 8mm 以上的厚玻璃。

2. 磨光玻璃

为了消除普通平板玻璃表面不平而引起的筋缕或波纹缺陷，使透过玻璃的物像不变形，从而对其进行机械磨光、抛光等处理，即为磨光玻璃，又称镜面玻璃。它分单面磨光和双面磨光两种。磨光玻璃具有表面平整光滑且有光泽、物像透过不变形、透光率大于84%等特点。主要用于大型高级建筑的门窗采光、橱窗或制镜。这种玻璃，加工费时，又不经济。自出现浮法生产工艺后，它的用量已大大减少。

3. 磨砂玻璃

对平板玻璃进行研磨、喷砂或氢氟酸溶蚀等加工，使表面(单面或双面)成为均匀粗糙的平板玻璃，即为磨砂玻璃，又称毛玻璃。由于毛玻璃表面粗糙，使透过光线产生漫射，造成透光不透视，使室内光线不眩目、不刺眼。一般用于建筑物的卫生间、浴室、办公室等的门窗及隔断，也可用作黑板及灯罩等。

4. 花纹玻璃

花纹玻璃按加工方法可分为压花玻璃和喷花玻璃两种。

压花玻璃又称滚花玻璃，是用带花纹图案的滚筒压制处于可塑状态的玻璃料坯而制成的。可一面压花，也可两面压花。它可将集中光线分散，使室内光线均匀、柔和，且有一定的装饰效果，在压花玻璃有花纹的一面，用气溶胶对表面进行喷涂处理，玻璃可呈浅黄色、浅蓝色、橄榄色等。经过喷涂处理的压花玻璃，立体感强，且可提高强度50%～70%。压花玻璃有一般压花玻璃、真空镀膜压花玻璃、彩色膜压花玻璃等。

喷花玻璃又称胶花玻璃，是在平板玻璃表面贴上花纹图案，抹以保护层，再经喷砂处理而成。花纹玻璃常用于办公室、会议室、浴室以及公共场所的门窗和各种室内隔断。

5. 彩色玻璃

彩色玻璃又称有色玻璃，分为透明和不透明两种，有各种颜色。

透明的彩色玻璃是在玻璃原料中加入一定的金属氧化物，按平板玻璃的生产工艺进行加工生产而成。

不透明的彩色玻璃是用4～6mm厚的平板玻璃按照要求的尺寸切割成型，然后经过清洗、喷釉、烘烤、退火而制成。它又称饰面玻璃。经过退火处理的饰面玻璃可以切割，经钢化处理的饰面玻璃不能切割。

彩色玻璃的彩面也可用有机高分子涂料制得，可拼成各种图案花纹，并有耐蚀、抗冲刷、易清洗等特点。主要用于建筑物的内外墙、门窗装饰及有特殊采光要求的部位。

二、安全玻璃

安全玻璃的主要功能是力学强度较大，抗冲击性能较好，被击碎时其碎块不会飞溅伤人，并兼有防火功能和装饰效果。常用的品种有钢化、夹丝、夹层玻璃。

1. 钢化玻璃

将平板玻璃经物理(淬火)钢化或化学钢化处理的玻璃称为钢化玻璃，也称强化玻璃。钢化处理可使玻璃中形成可缓解外力作用的均匀预应力，因而其产品的强度、抗冲击性、热稳定性大幅度提高。

钢化玻璃的抗弯强度比普通玻璃大5～6倍，抗折强度可达125MPa以上，韧性提高约5

倍，弹性好。这种玻璃破碎时形成的碎块不易飞射伤人，热稳定性高，最大安全工作温度为288℃，能承受204℃的温差变化，故可用来制造炉门上的观测窗、辐射式气体加热器、干燥器和弧光灯等。

钢化玻璃在汽车工业、建筑工程以及其他工业领域得到广泛应用。常被用作高层建筑的门、窗、幕墙、隔墙、屏蔽及商店橱窗、军舰与轮船舷窗、球场后挡架子隔板、桌面玻璃等。

2. 夹丝玻璃

将编织好的钢丝网压入已软化的红热玻璃中即成夹丝玻璃。这种玻璃的抗折强度、抗冲击能力和耐温度剧变的性能都比普通玻璃好。破碎时其碎片仍附着在钢丝上而不致飞出伤人。适用于公共建筑的走廊、防火门、楼梯间、厂房天窗及各种采光屋顶等。

根据国家行业标准JC433－91，我国生产的夹丝玻璃产品分为夹丝压花玻璃和夹丝磨光玻璃两类。产品按厚度分为6mm、7mm、10mm三种，按等级分为优等品、一等品和合格品，尺寸一般不小于600mm×400mm，且不大于2 000mm×1 200mm。

3. 夹层玻璃

夹层玻璃是由两片或多片平板玻璃之间嵌夹透明塑料薄衬片，经加热、加压、粘合而成的平面或曲面的复合玻璃制品。这种玻璃被击碎后，由于中间有塑料衬片的粘合作用，所以仅产生辐射状的裂纹而不致伤人。

生产夹层玻璃的原片可采用普通平板玻璃、钢化玻璃、彩色玻璃、吸热玻璃或热反射玻璃等。夹层玻璃的层数有3、5、7层，最多可达9层。主要用作汽车和飞机的挡风玻璃、防弹玻璃以及有特殊安全要求的建筑门窗、隔墙、工业厂房的天窗和某些水下工程等。

三、绝热玻璃

1. 吸热玻璃

吸热玻璃是一种可以控制阳光，既能吸收全部或部分热射线(红外线)，又能保持良好透光率的平板玻璃。其生产是在普通钠-钙硅酸盐玻璃中加入有着色作用的氧化物，如氧化铁、氧化镍、氧化钴以及硒等，使玻璃带色并具有较高的吸热性能。也可在玻璃表面喷涂氧化锡、氧比锑、氧化钴等有色氧化物薄膜而制成。

吸热玻璃按成分可分为硅酸盐吸热玻璃、磷酸盐吸热玻璃、光致变色吸热玻璃与镀膜玻璃等。它有各种颜色，目前已广泛用于建筑工程门窗或外墙，以及用作车、船挡风玻璃等，起到采光、隔热、防眩等作用。它还可以按不同用途进行加工，制成磨光、夹层、镜面及中空玻璃，在外部围护结构中用它配制彩色玻璃窗。在室内装饰中，用它镶嵌玻璃隔断，装饰家具，以增加美感。

2. 热反射玻璃

热反射玻璃是具有较高的热反射性能而又保持良好的透光性能的平板玻璃，又称遮阳镀膜玻璃或镜面玻璃。它是在玻璃表面用热解、蒸发、化学处理等方法喷涂金、银、铝、铁等金属及金属氧化物或粘贴有机物的薄膜而制成。

热反射玻璃具有良好的隔热性能，对太阳辐射热有较高的反射能力，反射率达30%以上，最高可达60%，而普通玻璃仅7%～8%。镀金属膜的热反射玻璃还有单向透像作用，使白天在室内能看到室外景物，而在室外却看不到室内的景物，对建筑物内部起到遮蔽及帷幕的作用。主要用于避免由于太阳辐射而增热及设置空调的建筑。适用于各种建筑物的门窗、汽车和轮船的玻璃窗、玻璃幕墙以及各种艺术装饰。目前，国内外还常用热反射玻璃来制成中空玻璃或夹层玻璃窗，以提高其绝热性能。

3. 光致变色玻璃

光致变色玻璃是受太阳或其他光线照射时，其颜色随光的增强而逐渐变暗，停止照射后又能恢复原来的颜色的玻璃。它能自动调节室内的光线和温度。这种玻璃是在玻璃中加入卤化银，或在玻璃与有机夹层中加入铝和钨的感光化合物而获得光致变色性。光致变色玻璃的应用已很广泛，可作车辆、建筑物挡风玻璃，计算机图像显示装置，光学仪器透视材料，最普通的是用作光致变色眼镜。

4. 中空玻璃

中空玻璃是由两片或多片平板玻璃构成的，中间用边框隔开，四周边部用胶接、焊接或熔接的办法密封，中间充入干燥空气或其他气体，还可以用不同颜色或镀有不同性能薄膜的平板玻璃制作，整体构件是在工厂里制成的。

由于中空玻璃是根据不同用途的要求，采用不同品种和规格的玻璃原片制成的，其原片有各种规格的无色透明玻璃、钢化、夹丝、彩色、吸热、热反射及涂层镀膜玻璃等，品种繁多。因而所制成的中空玻璃产品可适用于保温、防寒、隔音、防盗报警等多种用途，且一种产品也可以具备多种功能。仅就节能而言，采用双层中空玻璃，冬季采暖的能耗约可降低25%～30%。目前中空玻璃在国外发展很快，已在建筑中用得很多。主要用于需要采暖、空调、防止噪音等的建筑上，如住宅、饭店、宾馆、办公楼、学校、医院、商店等，也可用于火车、轮船等。

四、玻璃制品

玻璃制品主要有异形玻璃、玻璃砖、玻璃锦砖等。

异形玻璃是用硅酸盐玻璃制成的形状各异的大型长条构件。一般采用压延法、浇注法和辊压法生产，有槽形、波形、箱形、肋形、三角形、Z形和V形等品种。异形玻璃有无色和彩色的；表面带花纹和不带花纹的；夹丝和不夹丝的。异形玻璃的特性是由硅酸盐玻璃的物理化学性质和它所具有的几何形状决定的。它透光、隔热、隔声、机械强度高、使用安全，其应用日益广泛。异形玻璃可以各种方式组合成大面积构件，可用作建筑物的围护结构、内隔墙、天窗、透光屋面、阳台、走廊等。

玻璃砖、玻璃锦砖的性能等详见前述地面装饰用砖。

复习思考题

1. 装饰材料在建筑中起什么作用？有哪几大类？
2. 内外墙的饰面材料在性能要求上有无差别？为什么？
3. 对室内外的地面装饰材料的要求是否相同？为什么？适用于室外地面的装饰材料主要有哪些？
4. 简述釉面地砖的特点和应用。
5. 地面用装饰卷材有哪些？各有何特点？
6. 生产平板玻璃的常用方法有哪几种？采用浮法生产玻璃有什么优点？
7. 中空玻璃、钢化玻璃有哪些特点？

第十三章　土木工程材料实验

第一节　水泥标准稠度用水量测定

一、实验目的

水泥的用水量直接影响着水泥的安定性和凝结时间，为了消除试验条件的差异，有利于结果的分析，采用标准稠度时的用水量来进行测定。标准稠度用水量可用“调整水量”和“不变水量”两种方法中的任一种来测定。如两种方法有矛盾时，以“调整水量”为准。测定方法必须符合 GB/T 1346－2001 的规定。

二、实验仪器设备(包括凝结时间实验)

实验仪器设备应符合 JC/T727、JC/T729 的要求，包括水泥净浆搅拌机(图 13－1)、水泥标准稠度测定仪(图 13－2)、天平、量筒等设备。

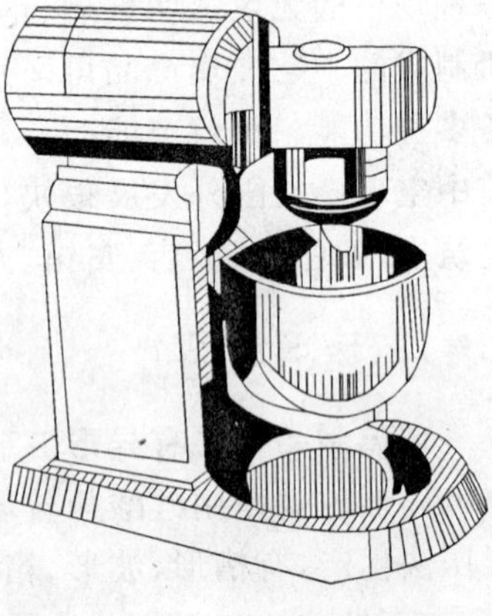

图 13－1　水泥净浆搅拌机

(1)标准法维卡仪：如图 13－2 所示，标准稠度测定用试杆[见图 13－2(c)]有效长度为 50mm±1mm，由直径为 ϕ10mm± 0.05mm 的圆柱形耐腐蚀金属制成。测定凝结时间时取下试杆，用试针[见图 13－2(d、e)]代替试杆。试针由钢制成，其有效长度初凝针为 50mm±1mm、终凝针为 30mm±1mm，直径为 ϕ1.13mm± 0.05mm 的圆柱体。滑动部分的总质量为 300g±1g。与试杆、试针联结的滑动杆表面应光滑，能靠重力自由下落，不得有紧涩和旷动现象。

(2)盛装水泥净浆的试模[见图 13－2(a)]应由耐腐蚀的、有足够硬度的金属制成。试模为深 40mm±0.2mm、顶内径 ϕ65mm±0.5mm、底内径 ϕ75mm±0.5mm 的截顶圆锥体。每只试模应配备一个大于试模、厚度≥2.5mm 的平板玻璃底板。

(3)量水器：最小刻度 0.1mL，精度 1%。

(4)天平：最大称量不小于 1 000g，分度值不大于 1g。

三、标准法测定标准稠度用水量实验步骤

1. 实验前准备工作

实验前必须做到：

(1)维卡仪的金属棒能自由滑动；

(2)调整至试杆接触玻璃板时指针对准零点；

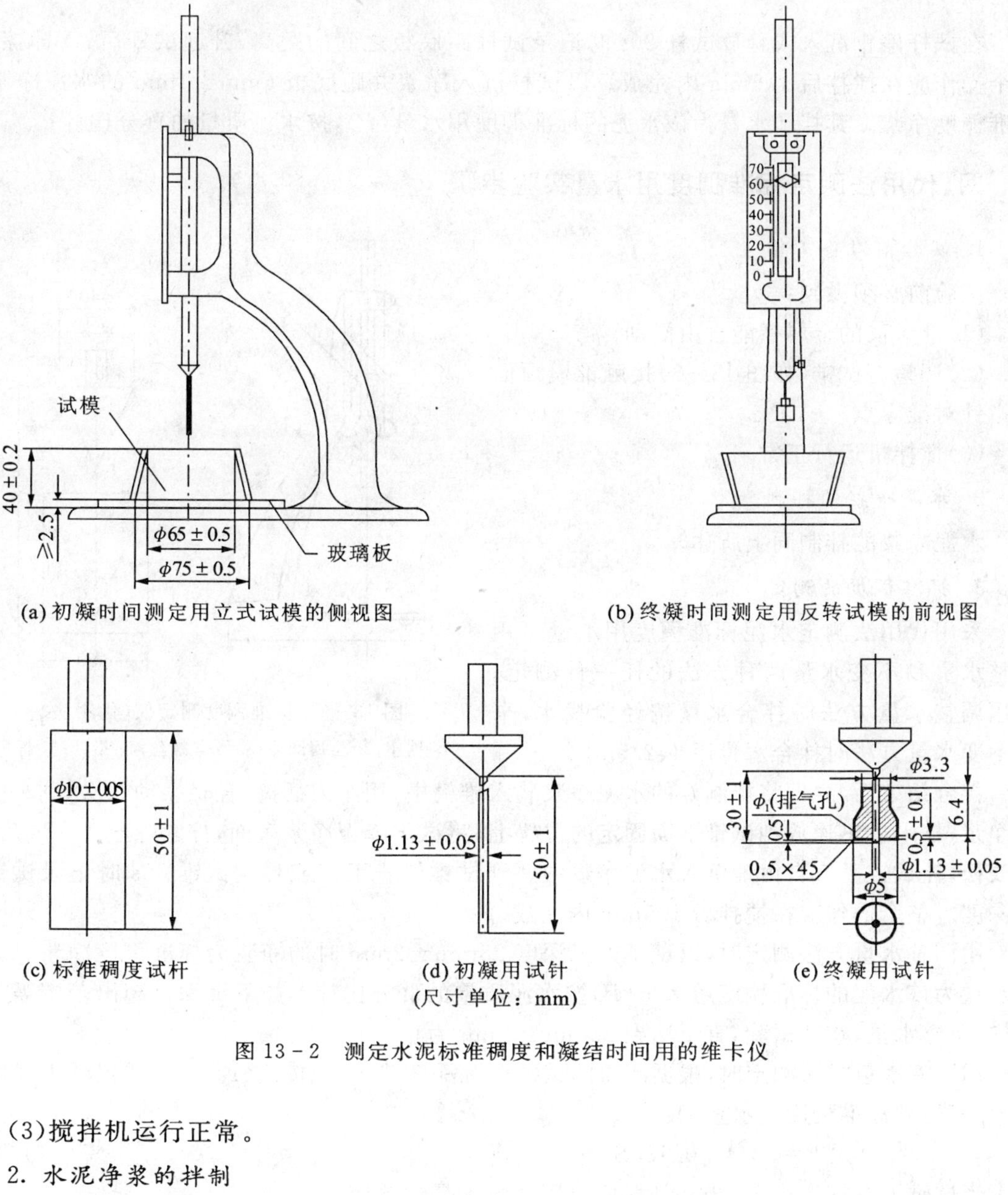

(a) 初凝时间测定用立式试模的侧视图　　(b) 终凝时间测定用反转试模的前视图

(c) 标准稠度试杆　　(d) 初凝用试针　　(e) 终凝用试针

(尺寸单位：mm)

图 13－2　测定水泥标准稠度和凝结时间用的维卡仪

(3)搅拌机运行正常。

2. 水泥净浆的拌制

用水泥净浆搅拌机搅拌，搅拌锅和搅拌叶片先用湿布擦过，将拌合水倒入搅拌锅内，然后在 5～10s 内小心将称好的 500g 水泥加入水中，防止水和水泥溅出；拌合时，先将锅放在搅拌机的锅座上，升至搅拌位置，启动搅拌机，低速搅拌 120s，停 15s，同时将叶片和锅壁上的水泥浆刮入锅中间，接着高速搅拌 120s 停机。

3. 标准稠度用水量的测定

拌合结束后，立即将拌制好的水泥净浆装入已置于玻璃底板上的试模中，用小刀插捣，轻轻振动数次，刮去多余的净浆；抹平后迅速将试摸和底板移到维卡仪上，并将其中心定在试杆下，降低试杆直至与水泥净浆表面接触，拧紧螺丝 1～2s 后，突然放松，使试杆垂直自由地沉入水泥净浆中。

在试杆停止沉入或释放试杆 30s 时记录试杆距底板之间的距离，升起试杆后，立即擦净；整个操作应在搅拌后 1.5min 内完成。以试杆沉入净浆并距底板 6mm±1mm 的水泥净浆为标准稠度净浆。其拌和水量为该水泥的标准稠度用水量(*P*)，按水泥质量的百分比计。

四、代用法测定标准稠度用水量实验步骤

1. 实验前准备工作

试验前必须做到：

(1)维卡仪的金属棒能自由滑动；

(2)调整至试锥(如图 13-3)接触锥模顶面时指针对准零点；

(3)搅拌机运行正常。

2. 水泥净浆的拌制

水泥净浆的拌制同上所述。

3. 标准稠度的测定

采用代用法测定水泥标准稠度用水量可用调整水量和不变水量两种方法的任一种测定。采用调整水量方法时拌合水量按经验找水，采用不变水量方法时拌合水量用 142.5mL。

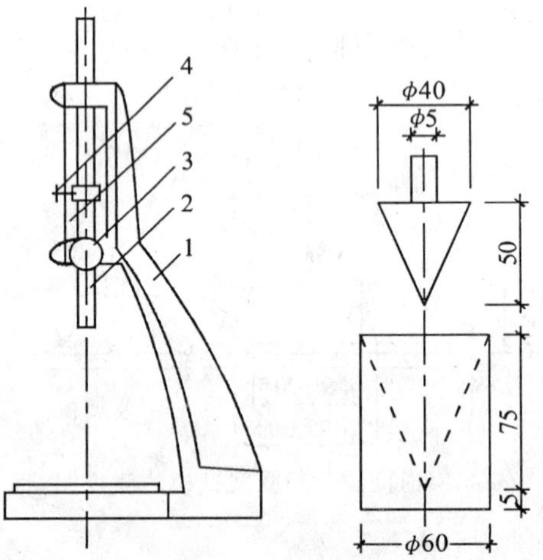

图 13-3　标准稠度测定仪(代用法)

1. 铁座；2. 金属圆棒；3. 松紧螺丝；4. 指针；5. 标尺

拌合结束后，立即将拌制好的水泥净浆装入锥模中，用小刀插捣，轻轻振动数次，刮去多余的净浆；抹平后迅速放到试锥下面固定的位置上，将试锥降至净浆表面，拧紧螺丝 1～2s 后，突然放松，让试锥垂直自由地沉入水泥净浆中。到试锥停止下沉或释放试锥 30s 时记录试锥下沉深度。整个操作应在搅拌后 1.5min 内完成。

用调整水量方法测定时，以试锥下沉深度 28mm±2mm 时的净浆为标准稠度净浆。其拌和水量为该水泥的标准稠度用水量(*P*)按水泥质量的百分比计。如下沉深度超出范围需另称试样，调整水量，重新试验，直至达到 28mm±2mm 为止。

用不变水量方法测定时，根据测得的试锥下沉深度 *S*(mm)按式(13-1)(或仪器上对应标尺)计算得到标准稠度用水量 *P*(%)。

$$P=33.4-0.185S \tag{13-1}$$

当试锥下沉深度小于 13mm 时，应改用调整水量法测定。

第二节　水泥凝结时间的测定

一、实验目的

水泥浆的凝结时间有初凝与终凝之分。初凝时间是指从水泥加水到开始失去塑性的时间，而终凝时间是指从加水到完全失去塑性的时间。

凝结时间的快慢，对施工方法和工程进度有很大的影响，所以要进行凝结时间的测定，以

检验其是否满足混凝土施工所提出的要求。

二、主要仪器设备

与“水泥标准稠度用水量试验”相同，仅将水泥净浆稠度测定仪的试杆取下，换上直径为1.13mm、长50mm的试针；净浆用圆模（上部内径65mm、下部内径75mm、高40mm）盛装（如图13-2）。

三、试验步骤

1. 实验前准备工作

测定前，将圆模放在玻璃板上，并调整仪器，使试针接触玻璃板时，指针对准标尺零点。

2. 水泥净浆的拌制

称500g水泥，加入标准稠度用水量，按“标准稠度用水量试验”相同的方法拌制净浆。

将拌制好的净浆，立即一次装进圆模，振动数次后刮平，然后立即放入湿气养护箱中。记录水泥全部加入水中的时间作为凝结时间的起始时间。

3. 初凝时间的测定

试件在湿气养护箱中养护至加水后30min时进行第一次测定。测定时，从湿气养护箱中取出试模放到试针下，降低试针与水泥净浆表面接触。拧紧螺丝1～2s后，突然放松，试针垂直自由地沉入水泥净浆。观察试针停止下沉或释放试针30s时指针的读数。当试针沉至距底板4mm±1mm时，为水泥达到初凝状态；由水泥全部加入水中至初凝状态的时间为水泥的初凝时间，用“min”表示。

4. 终凝时间的测定

为了准确观测试针沉入的状况，在终凝针上安装了一个环形附件[见图13-2(e)]。在完成初凝时间测定后，立即将试模连同浆体以平移的方式从玻璃板上取下，翻转180°，直径大端向上，小端向下放在玻璃板上，再放入湿气养护箱中继续养护，临近终凝时间时每隔15min测定一次，当试针沉入试体0.5mm时，即环形附件开始不能在试体上留下痕迹时，为水泥达到终凝状态，由水泥全部加入水中至终凝状态的时间为水泥的终凝时间，用“min”表示。

5. 注意事项

测定时应注意，在最初测定的操作时应轻轻扶持金属柱，使其徐徐下降，以防试针撞弯，但结果以自由下落为准；在整个测试过程中试针沉入的位置至少要距试模内壁10mm。临近初凝时，每隔5min测定一次，临近终凝时每隔15min测定一次，到达初凝或终凝时应立即重复测一次，当两次结论相同时才能定为到达初凝或终凝状态。每次测定不能让试针落入原针孔，每次测试完毕须将试针擦净并将试模放回湿气养护箱内，整个测试过程要防止试模受振。

另外，可以使用能得出与标准中规定方法相同结果的凝结时间自动测定仪，使用时不必翻转试体。

第三节　水泥胶砂试件的制作及养护

一、实验目的

水泥胶砂试件的制作和养护，是为了对水泥的强度检测做准备工作，试件制作的质量好坏直接影响后一步的测试工作。测试必须符合水泥砂浆强度检验方法(GB/T 17671－1999)。

二、实验仪器设备

它包括如下主要实验仪器设备。

(1)试验筛。金属网试验筛符合 GB/T 6003 要求。

(2)胶砂搅拌机。搅拌机属行星式(图 13－4)，应符合 JC/T681 的要求。

(3)试模。试模(图 13－5)的材质与制造尺寸应符合 JC/T726 的要求。

(4)振实台。振实台(图 13－6)应符合 JC/T682 的要求。

(5)其他设备。另需下料漏斗、天平、量筒等设备。

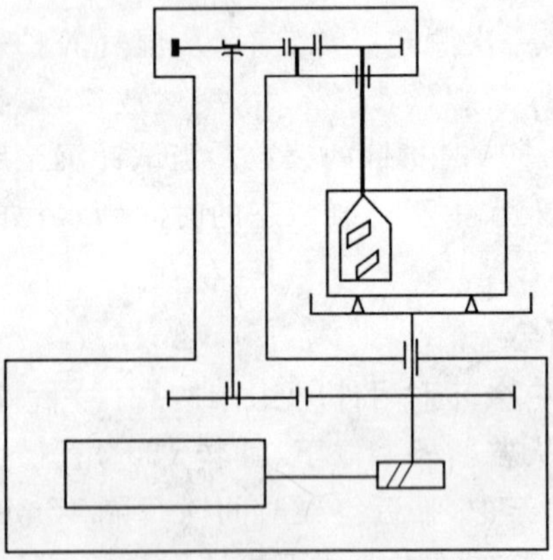

图 13－4　胶砂搅拌机

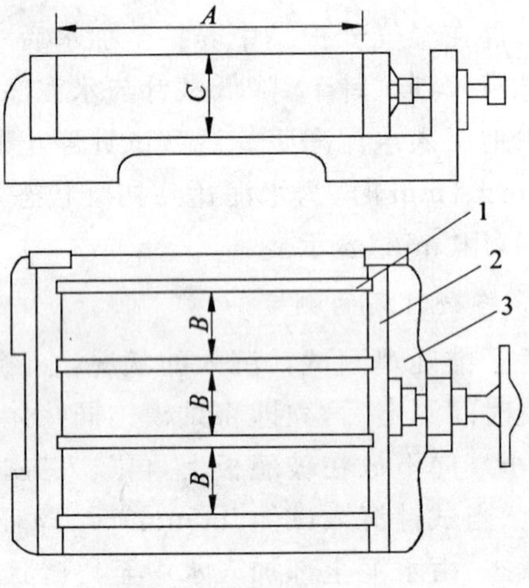

图 13－5　典型的试模

1. 隔板；2. 端板；3. 底座

三、胶砂组成

1. 砂

(1)ISO 基准砂。ISO 基准砂(Reference Sand)是由德国标准砂公司制备的 SiO_2 含量不低于 98%的天然圆形硅质砂组成，其颗粒分布在表 13－1 规定的范围内。

表 13－1　ISO 基准砂颗粒分布

筛网孔边长(mm)	累计筛余(%)	筛网孔边长(mm)	累计筛余(%)
2.0	0	0.5	67±5
1.6	7±5	0.16	87±5
1.0	33±5	0.08	99±1

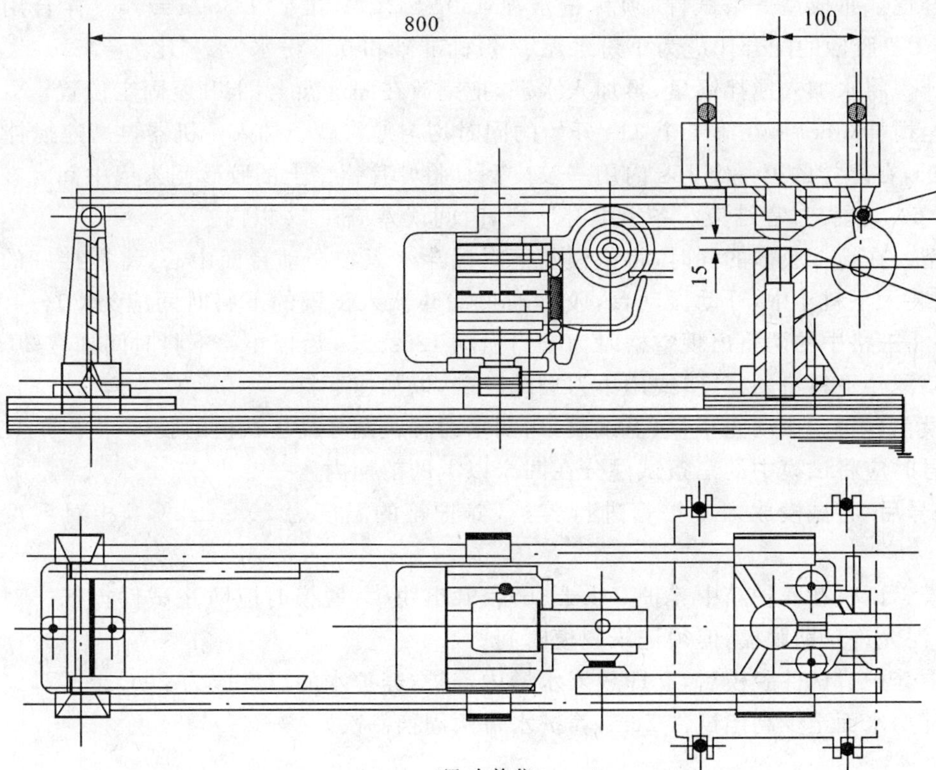

(尺寸单位：mm)

图 13 - 6　典型的振实台

1. 突头；2. 凸轮；3. 止动器；4. 随动轮

砂的筛析试验应用有代表性的样品来进行，每个筛子的筛析试验应进行至每分钟通过量小于 0.5g 为止。

砂的湿含量是在 105～110℃下用代表性砂样烘 2h 的质量损失来测定，以干基的质量百分比来表示，应小于 0.2%。

(2)中国 ISO 标准砂。中国 ISO 标准砂应完全符合上述颗粒分布和湿含量的规定。生产期间这种测定每天应至少进行一次。中国 ISO 标准砂可以单级分包装，也可以各级预配合以 1 350g±5g 量的塑料袋混合包装，但所用塑料袋材料不得影响强度试验结果。

2. 水泥

当试验水泥从取样至试验要保持 24h 以上时，应把它贮存在基本装满和气密的容器里，这个容器应不与水泥起反应。

3. 水

仲裁试验或其他重要试验用蒸馏水，其他试验可用饮用水。

四、实验步骤

(1)准备工作。试件擦净，四周模板与底座的接触面上应涂黄油，紧密装配，防止漏浆，内壁均匀刷一层机油，以便脱模。

(2)配合比。每成型三条试件,须称量水泥 450g±2g,标准砂 1 350g±5g。拌合用水量 225mL±1mL。胶砂的配合比应为 1 份水泥、3 份标准砂和 0.5 份水(水灰比为 0.5)。

(3)搅拌。将水加入搅拌锅里,再加入水泥,把锅放在固定架上,上升至固定位置。立即开动机器,低速搅拌 30s 后,在第二个 31s 开始的同时均匀地将砂子加入。机器再高速搅拌 30s。

停拌 90s,在停拌的第一个 15s 内用一胶皮刮具将叶片锅壁上的胶砂刮入锅中间。在高速下继续搅拌 60s,搅拌过程结束。各个搅拌阶段,时间误差应在 1s 以内。

(4)成型。在搅拌胶砂的同时,将试模及下料漏斗卡紧在振动台面中心,将搅拌好的全部胶砂均匀地装入下料斗中,开动振动台,胶砂通过漏斗流入试模的下料时间应为 20～40s(下料时间从漏斗三格中的两格出现空格时为准),振动 120s±5s 后停止。下料时间如在 20～40s 以外,须调整漏斗下料口的宽度,或用小刀插动胶砂,以加速下料。

(5)脱模前养护。振动完毕,取下试模,用刮平刀轻轻刮去高出试模的胶砂并抹平,在试件上编号,编号时应将试模中的三条试件分在两个以上的龄期内。

试件编号后,将试模放入养护箱进行养护,养护箱的温度为 20℃±2℃,相对湿度大于 95%。

(7)脱模。试模在养护箱中养护 24h±3h 后取出脱模,脱模时应防止试件损伤。对于硬化较慢的水泥允许延期脱模,但须记录脱模时间。

(8)水中养护。试件脱模后,立即放入水槽中养护,养护水的温度应为 20℃±2℃,试件之间应留有间隙,水面至少高出试件 2cm,养护水每两周换一次。

第四节　水泥胶砂强度检验

一、实验目的

水泥胶砂的强度,是反映水泥硬化到一定龄期后胶结能力大小的重要指标。它是确定水泥强度等级的依据。

二、实验仪器设备

抗折试验机(图 13－7)、液压式压力试验机、抗压夹具等。

三、实验步骤

1. 抗折强度测定

(1)认识了解抗折机,接通电源,查看是否通电。然后游码对零,调整大、小平衡砣,使杠杆平衡,并固定。

(2)各龄期试件必须在规定的时间(3d±2h、7d±2h、28d±3h)内从水槽中取出,进行抗折强度测定。测定前须擦去试件表面的水分和砂粒,清除夹具上圆柱表面粘着的杂物。

(3)将试件放入夹具内(侧面与圆柱接触)。调整试样下的手轮,使杠杆扬起 4°～8°的角度。

(4)按下启动开关,机器开始工作,加荷速度为 50N/s±5N/s,直至试样折断,自动切断电

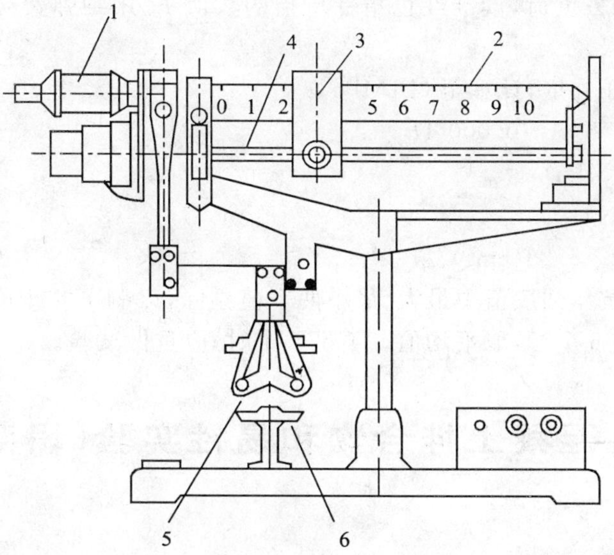

图 13-7　水泥抗折试验机

1. 平衡砣；2. 大杠杆；3. 游动砝码；4. 丝杆；5. 抗折夹具；6. 手轮

机的电源。

(5)读出游码上红线与标尺上所对应的数据 f 或 f_v(标尺上部为单杠杆时的数值，下部为双杠杆时的数值)。

(6)按下式计算抗折强度，精确到 0.01MPa。

$$f_v = 3FL/2bh^2 = 0.00234F \tag{13-2}$$

式中：f_v——抗折强度(MPa)；

F——破坏荷载(N)；

L——支撑圆柱中心距 (100mm)；

b、h——试件面的宽与高均为 40mm。

当采用 1∶50 双杠杆时，系数 0.002 34 须乘以 50，即 0.117。

(7)取三条试件所测强度值的平均值，并取整数作为抗折强度测定结果。当三个强度值中有一个超过平均值的±10%时，应予以剔除，以其余两个数值平均值作为试验结果。如两个试件测定结果超过平均值的±10%时，应重做试验。

2. 抗压强度测试

(1)认识了解压力机的工作原理。接通电源，检查是否通电。

(2)安装夹具，使其置于下预压板中心。放入试样(侧面受压)，转动手轮，调节上预压板，使夹具压板接近试件的位置。

(3)通过滚花螺母调整玄线，使黑色指针对准刻度盘的零点，并使红色指针与黑色指针重合。启动压机，松开回油阀，打开送油阀，运转几秒钟。

(4)关闭回油阀，控制好送油阀。当压板接触试件时，按 50N/s 的速度加荷。观察指针，当黑色指针开始往回走时，表示试件已被压至极限。此时，红色指针所指的就是所测的压力值 F。

(5)松开回油阀，卸去负荷，读准红色指针所指的数值 F(用细弹簧时，读内圈；用粗弹簧时，读外圈)，并予以记录。

(6)按下式计算抗压强度，计算至0.1MPa。

$$f_c = F/A = 0.0004F \tag{13-3}$$

式中：f_c——抗压强度(MPa)；

F——破坏荷载(N)；

A——受压面积 $4\times6.25(cm^2)$。

(7)将所测的6个抗压强度值中最大、最小两个值剔除，以剩下4个的平均值作为抗压强度的测定结果。如不足6个时，取平均值。不足4个时，应重做试验。

第五节　混凝土拌合物和易性实验(坍落度法)

一、实验目的

混凝土由各组成材料按一定比例配合、搅拌而成。混凝土拌合物的和易性是一项综合性的指标，它包括流动性、黏聚性和保水性等三方面的性能。由于它的内涵较为复杂，根据我国的现行标准规定，采用"坍落度"法和"维勃稠度"法来测定混凝土拌合物的流动性。这里先进行"坍落度"实验。(本试验适用于坍落度值不小于10mm，骨料粒径不大于40mm混凝土拌合物)。

二、实验设备和仪器

用金属材料制成的标准坍落度筒和弹头型捣棒(图13-8)、铁锹、直尺、镘刀、磅称等。

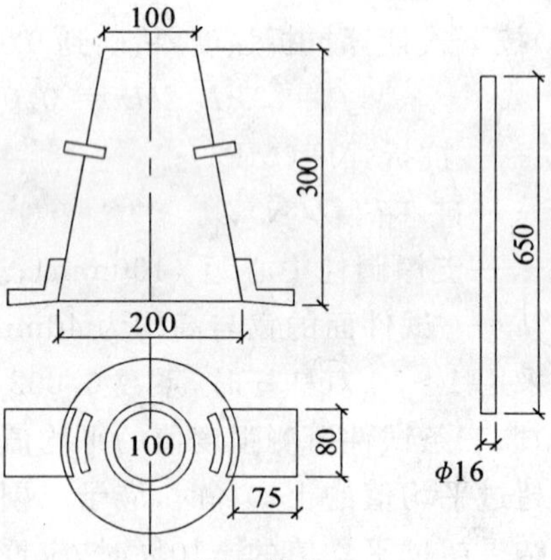

(尺寸单位：mm)

图13-8　标准坍落度筒

三、实验步骤

(1)按所定的配合比配出15L拌合材料，以全干状态为准，将拌板和拌铲用湿布湿润后，将砂倒在拌板上，然后加入水泥，用拌铲自拌板一端翻拌至另一端，然后翻拌回来，如此重复，直至混合均匀，再加入石子，翻拌至混合均匀为止。将干混合料堆成堆，再将中间扒一凹洼，边加水边进行拌合，直至拌合均匀。

(2)用湿布将拌板及坍落度筒内外擦净、润滑，并将筒顶部加上漏斗，放在拌板上。用双脚踩紧踏板，使其位置固定。

(3)用小铲将拌好的拌合物分三层均匀地装入筒内，每层装入高度在插捣后大致为筒高的1/3。顶层装料时，应使拌合物高出筒顶。插捣过程中，如试样沉落到低于筒口，则应随时添加，以便自始至终保持高于筒顶。每装一层分别用捣棒插捣25次，插捣应在全部面积上进行，沿螺旋线由边缘渐向中心。在筒边插捣时，捣棒应稍有倾斜，然后垂直插捣中心部分。每层插捣时应捣至下层表面为止。

(4)插捣完毕后卸下漏斗，将多余的拌合物用镘刀刮去，使之与筒顶面齐平，筒周围拌板上的杂物必须刮净、清除。

(5)将坍落度筒小心平稳地垂直向上提起，不得歪斜，提离过程约5～10s内完成，将筒放在拌合物试体一旁，量出坍落后拌合物试体最高点与筒的高度差(以mm为单位，读数精确至5mm)，即为该拌合物的坍落度(如图13-9所示)。从开始装料到提起坍落度筒的整个过程在150s内完成。

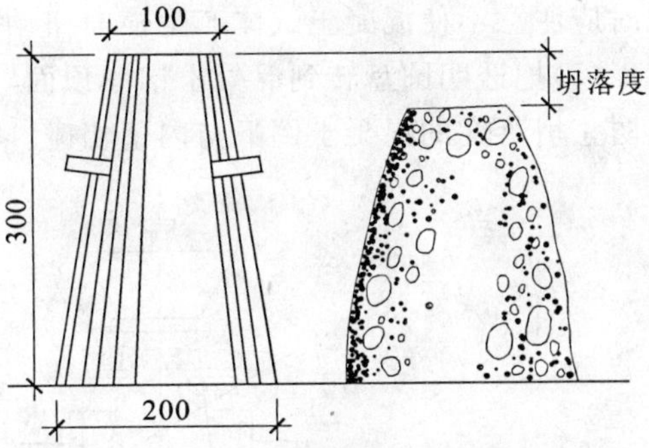

(尺寸单位：mm)
图13-9　坍落度实验

(6)当坍落度筒提离后，如试件发生崩坍或一边剪坏现象，则应重新取样进行试验。如第二次仍然出现这种现象，则表示该拌合物和易性不好，应予记录备案。

(7)测定坍落度后，观察拌合物的下述性质，并记录。

黏聚性：用捣棒在已坍落的拌合物锥体侧面轻轻敲打，如果锥体逐步下沉，表示黏聚性良好；如果突然倒塌，部分崩裂或石子离析，则为黏聚性不好的表现。

保水性：当提起坍落度筒后如有较多的稀浆从底部析出，锥体部分的拌合物也因失浆而骨料外露，则表明保水性不好。如无这种现象，则表明保水性良好。

第六节　混凝土拌合物和易性实验(维勃稠度法)

一、实验目的

混凝土拌合物的流动性是由它的稠度程度直接反映的，水灰比的大小决定了拌合物的稀稠程度。维勃稠度实验是测定混凝土稠度的一个常规测定方法，它适用于骨料最大粒径不超过40mm，维勃稠度在5～30s之间的混凝土拌合物的稠度测定。测定时须配制拌合物约15Kg(与坍落度实验的配制相同)。

二、实验仪器设备

实验仪器为维勃稠度仪(图13-10)，它由振动台、容器、坍落度筒、旋转架、透明圆盘等组成。

三、实验步骤

(1)把维勃稠度仪放置在坚实水平的基面上，用湿布把容器、坍落度筒、漏斗内壁及其他用具擦湿。

(2)将漏斗提到坍落度筒的上方扣紧，校正容器位置，使其中心与漏斗中心重合，然后拧紧旋转架螺丝。

(3)按本章第五节中拌合混凝土的方法拌好15kg混凝土拌合物，并将它们经漏斗装入坍落度筒内。装料及插捣的方法与"第五节"相同。

(4)将旋转架螺丝松开,把透明圆盘、漏斗都转离坍落度筒,小心并垂直地提起坍落度筒,此时应注意不使混凝土试体产生横向扭动。

(5)把透明圆盘转到混凝土锥体顶面,放松测量杆螺丝,使圆盘轻轻落到混凝土顶面,此时应防止坍落度的混凝土倒下与内壁相碰。如有需要可记录坍落度值。

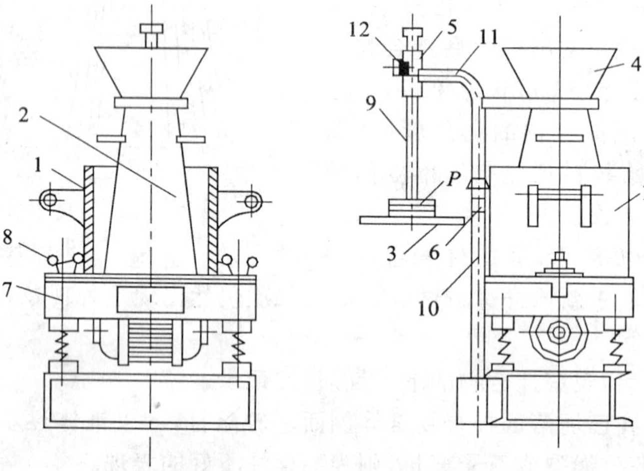

图 13-10　维勃稠度仪

1. 圆柱形容器;2. 坍落度筒;3. 透明圆盘;4. 喂料斗;5. 套筒;6. 定位螺丝;
7. 振动台;8. 固定螺丝;9. 测量杆;10. 支柱;11. 旋转架;12. 测杆螺丝

(6)拧紧转动架的螺丝,同时开动振动台和秒表,在透明盘的底面被水泥浆所布满的瞬间停下秒表,并关闭振动台。

(7)记录秒表上的时间,读数精确到 1s,由秒表读出的时间秒数即为该混凝土拌合物的维勃稠度值。如维勃稠度值小于 5s 或大于 30s,则此种混凝土所具有的稠度已超过本仪器的适用范围,应改用其他的方法测定。

第七节　混凝土拌合物表观密度测定

一、仪器设备

(1)磅秤(称量 100kg,感量 50g)。

(2)容量筒(金属制成的圆筒,对骨料粒径不大于 40mm 的混合料,采用容积为 5L 的容量筒,其内径与高均为 186mm±2mm,筒壁厚为 3mm;骨料粒径大于 40mm 时,容量筒的内径及高均应大于骨料最大粒径的 4 倍)。

(3)捣棒(同坍落度测定用的捣棒)。

(4)振动台(频率为 50Hz±3Hz,负载振幅为 0.35mm)。

(5)小铲、抹刀、金属直尺等。

二、试验步骤

(1)试验前用湿布将容量筒内外擦干净,称出容量筒质量,精确至 50g。

(2)拌合物的装料及捣实方法应视混凝土的稠度和施工方法而定。一般来说,坍落度不大于 70mm 的混凝土,用振动台振实;大于 70mm 的,采用捣棒人工捣实。又如施工时用机械振捣,则采用振动法捣实混凝土拌合物,如施工时用人工插捣,则同样采用人工插捣。

采用振动法捣实时,混凝土拌合物应一次装入容量筒,装料时可稍加插捣,并应装满至高出筒口,然后把筒移至振动台上振实,如在振捣过程中混凝土高度沉落到低于筒口,则应随时添加混凝土并振动,直到拌合物表面出现水泥浆为止。如在实际生产的振动时尚须进行加压,则试验时也应在相应压力下予以振实。

采用捣棒捣实时,应根据容量筒的大小决定分层和插捣次数,对 5L 的容量筒,混凝土拌合物分两层装入,每层的插捣次数为 25 次。大于 5L 的容量筒,每层混凝土的高度不大于 100mm,每层插捣次数按 $100cm^2$ 不少于 12 次计算。各次插捣应均衡地分布在每层截面上,插捣底层时捣棒应贯穿整个深度,插捣顶层时,捣棒应插透本层,并使之刚刚插入下面一层。每一层捣完后可把捣棒垫在筒底,将筒按住,左右交替地颠击地面各 15 下。插捣后如有棒坑留下,可用捣棒轻轻填平。

(3)用金属直尺沿筒口将捣实后多余的混凝土拌合物刮去,仔细擦净容量筒外壁,然后称出质量,精确至 50g。

三、试验结果计算

用下式计算混凝土拌合物的表观密度(精确至 $10kg/m^3$):

$$\rho_b=\frac{m_n-m_1}{V}\times 1\ 000 \tag{13-4}$$

式中:ρ_b——混凝土拌合物的表观密度(kg/m^3);

m_n——容量筒和混凝土拌合物总质量(kg);

m_1——空容量筒的质量(kg);

V——空容量筒的容积(L)。

第八节　普通混凝土抗压强度试验

一、试验设备

(1)试验机。压力试验机或万能试验机,其精度应不低于±2%,量程应能使试件在预期破坏荷载值不小于全量程的 20%,也不大于全量程的 80%。试验机因按计量仪表使用规定进行定期检查,以确保试验结果的准确性。

(2)振动台。振动频率为 50Hz±3Hz,空载振幅约为 0.5mm。

(3)试模。试模由铸铁或钢制成,应具有足够的刚度并拆装方便。试模内表面应保证足够的平滑度,或经机械加工,其不平度不超过 0.05%,组装后相邻面的不垂直度应不超过±0.5°。

(4)捣棒、小铁铲、金属直尺、镘刀等。

二、试件的成型和养护

(1)混凝土抗压强度试验一般以3个试件为一组。每一组试件所用的拌合物应从同一盘或同一车运送的混凝土中取出,或在试验室内用机械或人工单独拌制。用以检验现浇混凝土工程或预制构件质量的试件分组及取样原则,应按现行《混凝土结构工程施工及验收规范》及其他有关标准的规定执行。

(2)制作前,应将试模擦拭干净,并在试模内表面涂一薄层矿物油脂。

所有试件应在取样后立即制作。试件成型方法应视混凝土的稠度而定。一般坍落度小于70mm的混凝土,用振动台振实,大于70mm的,用捣棒人工捣实。

①振动台振实成型。将拌合物一次装入试模,并稍有富裕,然后将试模放在振动台上并加以固定。开动振动台,振至拌合物表面呈现水泥浆时为止。记录振动时间。振动结束后,用镘刀沿试模边缘将多余的拌合物刮去,并将表面抹平。

②人工捣实成型。拌合物分两层装入试模,每层厚度大致相等。插捣按螺旋方向从边缘向中心均匀进行。插捣底层时,捣棒应达到试模底面,插捣上层时,捣棒应穿入下层深度约20～30mm。插捣时,捣棒应保持垂直。并用镘刀沿试模内壁插入数次。每层插捣次数见表13-2,一般100cm²面积应不少于12次,然后刮除多余的混凝土,并用镘刀抹平。

抗压强度试验用的试件尺寸,应根据骨料的最大颗粒直径选择。制作试块所需的混凝土大致数量见表13-3。

表13-2　表观密度试验所需试样数量

最大粒径(mm)	<26.5	31.5	37.5	63.0	75.0
最少试样质量(kg)	2.0	3.0	4.0	6.0	6.0

表13-3　试件尺寸及强度值换算系数

试件边长(mm)	允许骨料最大粒径(mm)	每层插捣次数	每组需混凝土量(kg)	换算系数
100×100×100	30	12	9	0.95
150×150×150	40	25	30	1.00
200×200×200	60	50	65	1.05

(3)试件成型后应覆盖,以防止水分蒸发,并在室温为20℃±5℃情况下至少静置1d(但不得超过2d),然后编号拆模。

拆模后的试件应立即放在温度为20℃±2℃、相对湿度为95%以上的标准养护室中养护。在标准养护室内试件应放在架上,彼此间隔为10～20mm,并应避免用水直接冲淋试件。无标准养护室时,混凝土试件可放在温度为20℃±2℃的不流动的$Ca(OH)_2$饱和溶液中养护。标准养护龄期为28d(从搅拌加水开始计时)。

同条件养护试件的拆模时间可与实际构件的拆模时间相同,拆模后的试件仍应保持与构件相同的养护条件。

三、抗压试验步骤

(1)试件从养护地点取出后应及时进行试验,以免试件内部的温、湿度发生显著变化。

(2)试件在试压前应先擦干净,测量尺寸,并检查其外观,试件尺寸测量精确至1mm,并据此计算试件的承压面积值(A)。试件不得有明显缺损,其承压面的不平度要求不超过0.05%,承压面与相邻面的不垂直偏差不超过±1°。

(3)把试件安放在试验机下压板中心,试件的承压面与成型时的顶面垂直。开动试验机,当上压板与试件接近时,调整球座,使之接触均衡。

(4)加压时,应持续而均匀的加荷。加荷速度为:混凝土强度等级小于C30时,取0.3~0.5MPa/s;混凝土强度等级≥C30且<C60时,取0.5~0.8 MPa/s;混凝土强度等级≥C60时,取0.8~1.0 MPa/s。当试件接近破坏而开始迅速变形时,应停止调整试验机油门,直至试件破坏,然后记录破坏荷载(P)。

四、试验结果计算

(1)混凝土立方体试件抗压强度按下式计算:

$$f_{cc}=\frac{P}{A} \tag{13-5}$$

式中:f_{cc}——混凝土立方体试件抗压强度(MPa);

P——破坏荷载(N);

A——试件承压面积(mm^2)。

混凝土立方体试件抗压强度的计算应精确至0.1MPa。

(2)以3个试件算术平均值作为该组试件的抗压强度值。3个试件中的最大值或最小值中,如有一个与中间值的差异超过中间值的15%,则把最大与最小值一并舍去,取中间值作为该组试件的抗压强度值。如最大值、最小值与中间值的差均超过中间值的15%,则该组试件的试验结果无效。

(3)取150mm×150mm×150mm试件抗压强度为标准值,用其他尺寸试件测得的强度值均应乘以尺寸换算系数(见表13-3)。

第九节 沥青三大指标试验

一、沥青针入度试验

1. 目的与适用范围

本方法适用于测定道路石油沥青、改性沥青针入度以及液体石油沥青蒸馏或乳化沥青蒸发后残留物的针入度。本方法评定聚合物改性沥青的改性效果时,仅适用于融混均匀的样品。测定方法必须符合JTJ 052T 0604-2000。

测定沥青的针入度,以评价道路黏稠石油沥青的黏滞性,并确定沥青标号。还可以进一步计算沥青的针入度指数,用以描述沥青的温度敏感性;计算当量软化点800(相当于沥青针入度为 800 时的温度),用以评价沥青的高温稳定性;计算当量脆点 $T_{1.2}$(相当于沥青针入度为 1.2 时的温度),用以评价沥青的低温抗裂性能。

2. 仪器设备

(1)针入度仪:凡能保证针和针连杆在无明显摩擦下垂直运动,并能使指示针贯入深度准确至 0.1mm 的仪器均可使用。针和针连杆组合件总质量为 50g±0.05g,另附 50g±0.05g 砝码一只,试验时总质量为 100g±0.05g。当采用其他试验条件时,应在试验结果中注明。仪器设有放置平底玻璃保温皿的平台,并有调节水平的装置,针连杆应与平台相垂直。仪器设有针连杆制动按钮,使针连杆可自由下落。

(2)标准针:由硬化回火的不锈钢制成,针及针杆总质量 2.5g±0.05g,针杆上应打印号码标志,针应设有固定用装置盒(筒),以免碰撞针尖。其尺寸及针头如图 13-11。

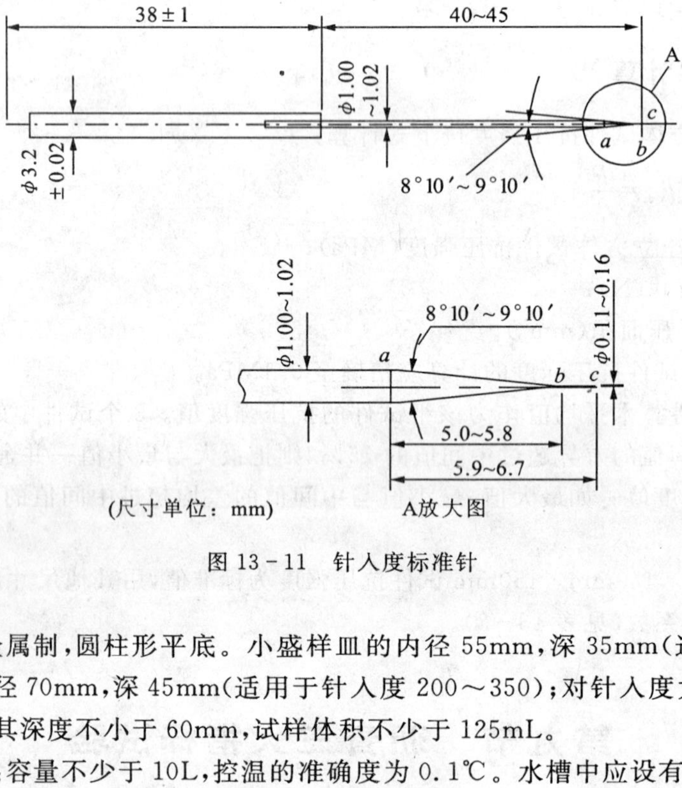

图 13-11　针入度标准针

(3)盛样皿:金属制,圆柱形平底。小盛样皿的内径 55mm,深 35mm(适用于针入度小于 200);大盛样皿内径 70mm,深 45mm(适用于针入度 200～350);对针入度大于 350 的试样需使用特殊盛样皿,其深度不小于 60mm,试样体积不少于 125mL。

(4)恒温水槽:容量不少于 10L,控温的准确度为 0.1℃。水槽中应设有一带孔的搁架,位于水面下不得少于 100mm,距水槽底不得少于 50mm 处。

(5)平底玻璃皿:容量不少于 1L,深度不少于 80mm,内设有一不锈钢三脚支架,能使盛样皿稳定。

(6)温度计:0～50℃,分度为 0.1℃。

(7)秒表:分度 0.1s。

(8)盛样皿盖:平板玻璃,直径不小于盛样皿开口尺寸。

(9)溶剂:三氯乙烯。

(10)其他:电炉或砂浴、石棉网、金属锅或瓷把坩埚等。

3. 试验准备

(1)沥青试样准备方法。

①将装有试样的盛样器带盖放入恒温烘箱中，当石油沥青试样中含有水分时，烘箱温度80℃左右，加热至沥青全部熔化后供脱水用。当石油沥青中无水分时，烘箱温度宜为软化点温度以上90℃，通常为135℃左右。沥青试样不得直接采用电炉或煤气炉明火加热。

②当石油沥青试样中含有水分时，将盛样器皿放在可控温的砂浴、油浴、电热套上加热脱水，不得已采用电炉、煤气炉加热脱水时必须加放石棉垫。时间不超过30min，并用玻璃棒轻轻搅拌，防止局部过热。在沥青温度不超过100℃的条件下，仔细脱水至无泡沫为止，最后的加热温度不超过软化点以上100℃(石油沥青)或50℃(煤沥青)。

③将成样器中的沥青通过0.6mm的滤筛过滤。

(2)按试验要求将恒温水槽调节到要求的试验温度25℃或15℃、30℃，保持稳定。

(3)将试样注入盛样皿中，试样高度应超过预计针入度值10mm，并盖上盛样皿，以防落入灰尘。盛有试样的盛样皿在15～30℃室温中冷却1～1.5h(小盛样皿)、1.5～2h(大盛样皿)或2～2.5h(特殊盛样皿)后移入保持规定试验温度±0.1℃的恒温水槽中1～1.5h (小盛样皿)、1.5～2h(大试样皿)或2～2.5h(特殊盛样皿)。

(4)调整针入度仪使之水平。检查针连杆和导轨。以确认无水和其他外来物，无明显摩擦。用三氯乙烯或其他溶剂清洗标准针，并拭干。将标准针插入针连杆，用螺丝固紧。按试验条件，加上附加砝码。

4. 试验步骤

(1)取出达到恒温的盛样皿，并移入水温控制在试验温度±0.1℃(可用恒温水槽中的水)的平底玻璃皿中的三脚支架上，试样表面以上的水层深度不少于10mm。

(2)将盛有试样的平底玻璃皿置于针入度仪的平台上。慢慢放下针连杆，用适当位置的反光镜或灯光反射观察，使针尖恰好与试样表面接触。拉下刻度盘的拉杆，使与针连杆顶端轻轻接触，调节刻度盘或深度指示器的指针指示为零。

(3)开动秒表，在指针正指5s的瞬间，用手紧压按钮，使标准针自动下落贯入试样，经规定时间，停压按钮使针停止移动。

注：当采用自动针入度仪时，计时与标准针落下贯入试样同时开始，至5s时自动停止。

(4)拉下刻度盘拉杆与针连杆顶端接触，读取刻度盘指针或位移指示器的读数，准确至0.5(0.1mm)。

(5)同一试样平行试验至少3次，各测试点之间及与盛样皿边缘的距离不应少于10mm。每次试验后应将盛有盛样皿的平底玻璃皿放入恒温水槽，使平底玻璃皿中水温保持试验温度。每次试验应换一根干净标准针或将标准针取下用蘸有三氯乙烯溶剂的棉花或布揩净，再用干棉花或布擦干。

(6)测定针入度大于200的沥青试样时，至少用3支标准针，每次试验后将针留在试样中，直到3次平行试验完成后，才能将标准针取出。

5. 结果整理

同一试样3次平行试验结果的最大值和最小值之差在下列允许偏差范围内时，计算3次试验结果的平均值，取整数作为针入度试验结果，以0.1mm为单位(表13-4)。

当试验值不符此要求时，应重新进行。

(1)当试验结果小于 50(0.1mm)时，重复性试验的允许差为 2(0.1mm)，复现性试验的允许差为 4(0.1mm)。

(2)当试验结果等于或大于 50(0.1mm)时，重复性试验的允许差为平均值的 4%，复现性试验的允许差为平均值的 8%。

表 13-4　平行试验结果极差的允许偏差范围

针入度(0.1mm)	允许差值(0.1mm)
0～49	2
50～149	4
150～249	12
250～500	20

6. 实验记录(表 13-5)

表 13-5　沥青针入度试验记录表

试样编号				试样来源			
试样名称				初拟用途			
试验次数	试验温度(℃)	试验时间(s)	试验荷载(N)	指针读数			平均针入度 P_{en}(0.1mm)
				标准针穿入前	标准针穿入后	针入度	
1							
2							
3							
准确度校核							

试验者________　计算者________　校核者________　实验日期________

二、沥青延度试验

1. 目的与适用范围

(1)本方法适用于测定道路石油沥青、液体沥青蒸馏和乳化沥青蒸发残留物的延度。

(2)沥青延度的试验温度与拉伸速率可根据要求采用，通常采用的试验温度为 25℃、15℃、10℃或 5℃，拉伸速度为 5cm/min±0.25cm/min。当低温采用 1cm/min±0.5cm/min 拉伸速度时，应在报告中注明。测定方法必须符合 JTJ 052T 0605-1993 的规定。

2. 仪器设备

(1)延度仪：将试件浸没于水中，能保持规定的试验温度及按照规定拉伸速度拉伸试件且试验时无明显振动的延度仪均可使用。其形状及组成如图 13-12 所示。

(2)试模：黄铜制，由两个端模和两个侧模组成，其形状和尺寸如图 13-13。试模内侧表面粗糙度 $Ra0.2\mu m$，当装配完好后可浇筑成表 13-6 所示尺寸的试样。

表 13-6　延度试样尺寸

(单位：mm)

总　长	74.5～75.5
中间缩颈部长度	29.7～30.3
端部开始缩颈处宽度	19.7～20.3
最小横断面宽	9.9～10.1
厚度(全部)	9.9～10.1

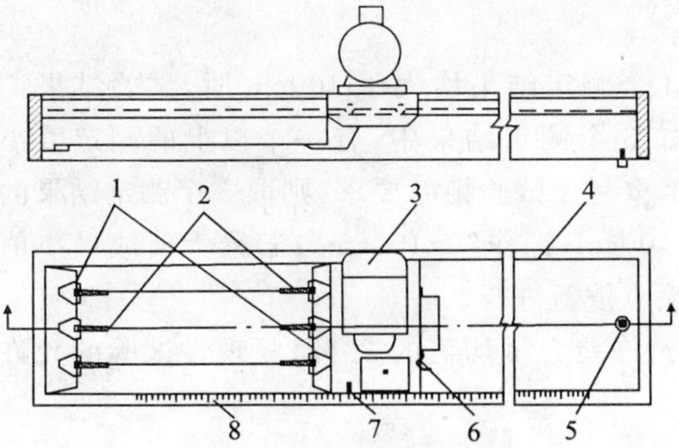

图 13-12　延度仪

1.试模;2.试件;3.电机;4.水槽;5.泄水孔;
6.开关柄;7.指针;8.标尺

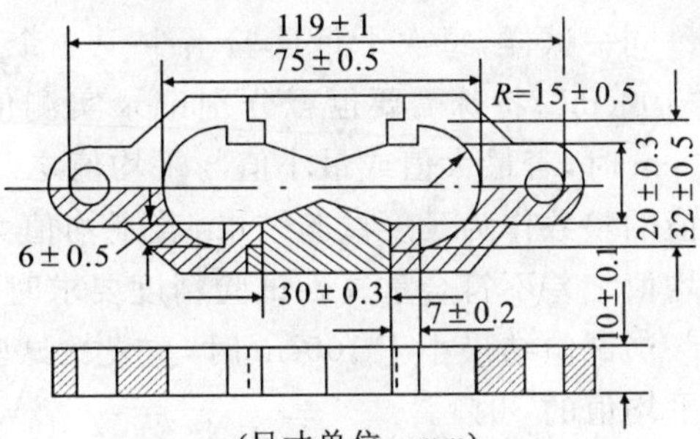

(尺寸单位: mm)

图 13-13　延度试模

(3)试模底板:玻璃板、磨光的铜板或不锈钢板。

(4)恒温水槽:容量不小于 10L,控制温度的准确度为 0.1℃,水槽中设有带孔搁架,搁架距水槽底不得少于 50mm。试件侵入水中深度不小于 100mm。

(5)温度计:0～50℃,分度为 0.1℃。

(6)砂浴或其他加热炉具。

(7)甘油滑石粉隔离剂(甘油与滑石粉的质量比 2∶1)。

(8)其他:平刮刀、石棉网、酒精、食盐等。

3. 试验准备

(1) 将隔离剂拌和均匀,涂于清洁干燥的试模底板和两个侧模的内侧表面,并将试模在试模底板上装妥。

(2)将热融的沥青试样仔细自试模的一端至另一端往返数次缓缓注入模中,最后略高出试模。注意:灌模时勿使气泡混入。

(3)试件在室温中冷却 30～40min,然后置于规定试验温度±0.1℃的恒温水槽中,保持 30min 后取出,用热刮刀刮除高出试模的沥青,使沥青面与试模面齐平。沥青的刮法应自模的中间刮向两端,且表面应刮得平滑。将试模连同底板再浸入规定试验温度的水槽中 1～1.5h。

(4)检查延度仪拉伸速度是否符合规定要求,然后移动滑板使其指针正对标尺的零点。将延度仪注水,并保温达试验温度±0.5℃。

4. 试验步骤

(1)将保温后的试件连同底板移入延度仪的水槽中,从底板上取下试件,将试模两端的孔分别套在滑板及槽端固定板的金属柱上,取下侧模。水面距试件表面应不小于 25mm。

(2)开动延度仪,并注意观察试样的延伸情况。在试验时,水温应始终保持在试验温度规定范围内,且仪器不得有振动,水面不得有晃动,当水槽采用循环水时,应暂时中断循环,停止水流;如发现沥青细丝浮于水面或沉入槽底时,则应在水中加入酒精或食盐调整水的密度至与试样密度相近后,再重新试验。

(3)试件拉断时,读取指针所指标尺上的读数,以 cm 表示。在正常情况下,试件延伸时应成锥尖状,拉断时实际断面接近于零。如不能得到这种结果,则应在报告中注明。

5. 结果整理

同一试样，每次平行试验不少于 3 个，如 3 个测定结果均大于 100cm 时，试验结果记作“＞100cm”；特殊需要也可分别记录实测值。如 3 个测定结果中，有一个以上的测定值小于 100cm 时，若最大值或最小值与平均值之差满足重复性试验精度要求，则取 3 个测定结果的平均值的整数作为延度试验结果，若平均值大于 100cm，记作“＞100cm”；若最大值或最小值与平均值之差不符合重复性试验精度要求时，试验应重新进行。

当试验结果小于 100cm 时，重复性试验的允许差为平均值的 20%；复现性试验的允许差为平均值的 30%。

6. 实验记录(表 13－7)

表 13－7　沥青延度试验记录表

试样编号			试样来源		
试样名称			初拟用途		
试验温度 T_0(℃)	延伸速度 V(m/min)	延度 D(cm)			
		试件 1	试件 2	试件 3	平均值
准确度校核					

试验者________　计算者________　校核者________　实验日期________

三、沥青软化点试验(环球法)

1. 目的与适用范围

本方法适用于测定道路石油沥青、煤沥青的软化点，也适用于测定液体石油沥青经蒸馏或乳化沥青破乳蒸发后残留物的软化点。测定沥青的软化点，可以评定黏稠沥青的热稳定性。测定方法必须符合 JTJ 052T 0606－2000 的规定。

2. 仪器设备

(1)软化点试验仪：如图 13－14 所示，由下列部件组成：

①钢球：直径 9.53mm，质量 3.5g±0.05g。

②试样环：黄铜或不锈钢等制成，形状尺寸如图 13－15。

③钢球定位环：黄铜或不锈钢制成，形状尺寸如图 13－16。

④金属支架：由两个主杆和三层平行的金属板组成。上层为一圆盘，直径略大于烧杯直径，中间有一圆孔，用以插放温度计。中层板形状尺寸如图 13－17，板上有两个孔，各放置金属环，中间有一小孔可支持温度计的测温端部。一侧立杆距环上面 51mm 处刻有水高标记。环下面距下层底板为 25.4mm，而下底板距烧杯底不少于 12.7mm，也不得大于 19mm。三层金属板和两个主杆由两螺母固定在一起。

⑤耐热玻璃烧环：容量 800～1 000mL，直径不小于 86mm，高不小于 120mm。

⑥温度计：0～80℃，分度为 0.5℃。

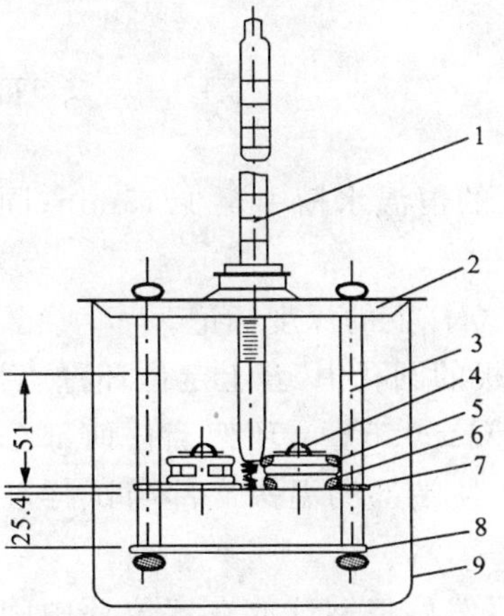

(尺寸单位：mm)

图 13-14　软化点试验仪

1. 温度计；2. 土盖板；3. 立杆；4. 钢球；
5. 钢球定位环；6. 金属环；7. 中层板；
8. 下底板；9. 烧杯

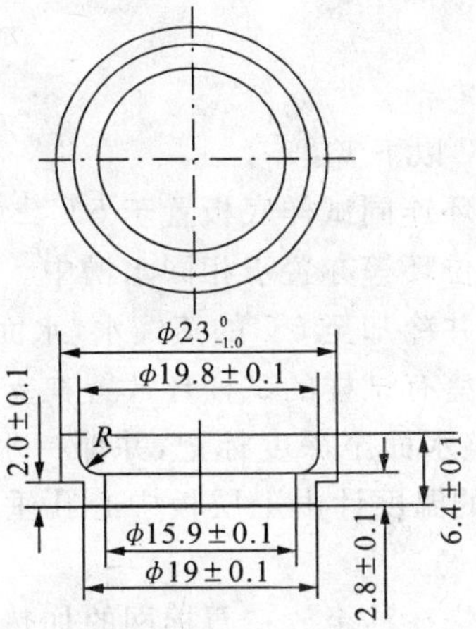

(尺寸单位：mm)

图 13-15　试样环

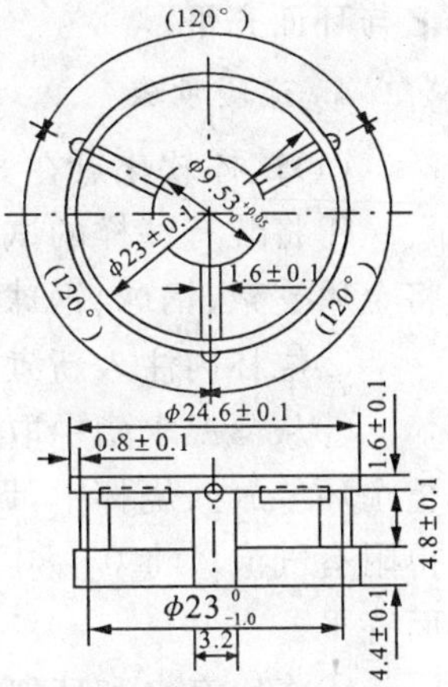

(尺寸单位：mm)

图 13-16　钢球定位环

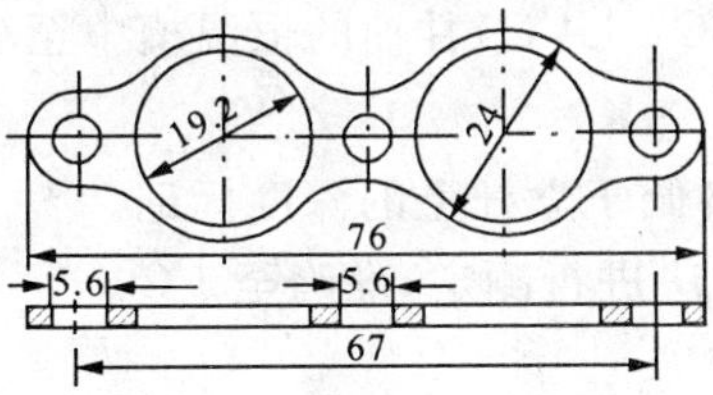

(尺寸单位：mm)

图 13-17　中层板

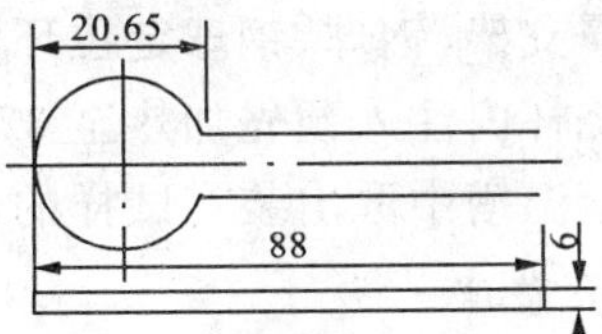

(尺寸单位：mm)

图 13-18　环夹

(2)环夹：由薄钢条制成，用以夹持金属环，以便刮平表面，形状尺寸如图 13-18。

(3)装有温度调节器的电炉或其他加热炉具(液化石油气、天然气等)。应采用带有振荡搅拌器的加热电炉，振荡器置于烧杯底部。

(4)试样底板：金属板(表面粗糙度 Ra 应达 0.8μm)或玻璃板。

(5)恒温水槽：控温的准确度为 0.5℃。

(6)平直刮刀。

(7)甘油滑石粉隔离剂(甘油与滑石粉的比例为质量比 2：1)。

(8)新煮沸过的蒸馏水。

(9)其他：石棉网。

3. 试验准备

(1)将试样环置于涂有甘油滑石粉隔离剂的试样底板上，按规定方法将准备好的沥青试样徐徐注入试样环内至略高出环面为止。

如估计试样软化点高于 120℃，则试样环和试样底板(不用玻璃板)均应预热至 80～100℃。

(2)试样在室温冷却 30min 后，用环夹夹着试样杯，并用热刮刀刮除环面上的试样，务使之与环面齐平。

4. 试验步骤

(1)试样软化点在 80℃以下者：

①将装有试样的试样环连同试样底板置于 5℃±0.5℃水的恒温水槽中至少 15min；同时将金属支架、钢球、钢球定位环等亦置于相同水槽中。

②烧杯内注入新煮沸并冷却至 5℃的蒸馏水，水面略低于立杆上的深度标记。

③从恒温水槽中取出盛有试样的试样环放置在支架中层板的圆孔中，套上定位环；然后将整个环架放入烧杯中，调整水面至深度标记，并保持水温为 5℃±0.5℃。环架上任何部分不得附有气泡。将 0～80℃的温度计由上层板中心孔垂直插入，使端部测温头底部与试样环下面齐平。

④将盛有水和环架的烧杯移至放在石棉网的加热炉具上，然后将钢球放在定位环中间的试样中央，立即开动振荡搅拌器，使水微微振荡，并开始加热，使杯中水温在 3min 内调节至维持每分钟上升 5℃±0.5℃。在加热过程中，应记录每分钟上升的温度值。如温度上升速度超出此范围时，则试验应重作。

⑤试样受热软化逐渐下坠，至与下层底板表面接触时，立即读取温度，准确至 0.5℃。

(2)试样软化点在 80℃以上者：

①将装有试样的试样环连同试样底板置于装有 32℃(±1℃)甘油的恒温槽中至少 15min；同时将金属支架、钢球、钢球定位环等亦置于甘油中。

②在烧杯内注入预先加热至 32℃的甘油，其液面略低于立杆上的深度标记。

③从恒温槽中取出装有试样的试样环，按上述的方法进行测定，准确至 1℃。

5. 结果整理

同一试样平行试验两次，当两次测定值的差值符合重复性试验精密度要求时，取其平均值作为软化点试验结果，准确至 0.5℃。

(1)当试样软化点小于 80℃时，重复性试验的允许差为 1℃，复现性试验的允许差为 4℃。

(2)当试样软化点等于或大于 80℃时，重复性试验的允许差为 2℃，复现性试验的允许差为 8℃。

6. 试验记录(表 13-8)

表 13-8　沥青软化点试验记录表

<table>
<tr><td colspan="3">试样编号</td><td colspan="10"></td><td colspan="3">试样来源</td><td colspan="6"></td></tr>
<tr><td colspan="3">试样名称</td><td colspan="10"></td><td colspan="3">初拟用途</td><td colspan="6"></td></tr>
<tr><td rowspan="2">试验次数</td><td rowspan="2">室内温度(℃)</td><td rowspan="2">烧杯内液体种类</td><td rowspan="2">开始加热时间(s)</td><td rowspan="2">开始加热液体温度(℃)</td><td colspan="15">烧杯中液体在下列各分钟末温度上升记录(℃)</td><td rowspan="2">试样下垂与下底板接触时的温度(℃)</td><td rowspan="2">软化点(℃)</td></tr>
<tr><td>1</td><td>2</td><td>3</td><td>4</td><td>5</td><td>6</td><td>7</td><td>8</td><td>9</td><td>10</td><td>11</td><td>12</td><td>13</td><td>14</td><td>15</td></tr>
<tr><td>1</td><td></td><td></td><td></td><td colspan="16"></td><td></td><td></td></tr>
<tr><td>2</td><td></td><td></td><td></td><td colspan="16"></td><td></td><td></td></tr>
<tr><td colspan="3">准确度校核</td><td colspan="17"></td><td></td><td></td></tr>
</table>

试验者________　　计算者________　　校核者________　　实验日期________

第十节　沥青混合料马歇尔试验

一、沥青混合料的拌制及试件制备

1. 目的与适用范围

(1)本方法适用于标准击实法或大型击实法制作沥青混合料试件，以供试验室进行沥青混合料物理力学性质试验使用。

(2)标准击实法适用于马歇尔试验、间接抗拉试验(劈裂法)等所使用的 ϕ101.6mm×63.5mm 圆柱体试件的成型。大型击实法适用于 ϕ152.4mm×95.3mm 的大型圆柱体试件的成型。测定方法必须符合 JTJ 052T 0702－2000 的规定。

(3)沥青混合料试件制作时矿料规格及试件数量应符合如下规定：

①沥青混合料配合比设计及在试验室人工配制沥青混合料制作试件时，试件尺寸应符合试件直径不小于集料公称最大粒径的 4 倍，厚度不小于集料公称最大粒径的 1～1.5 倍的规定。对直径 ϕ101.6mm 的试件，集料公称最大粒径应不大于 26.5mm。对粒径大于 26.5mm 的粗粒式沥青混合料，其大于 26.5mm 的集料应用等量的 13.2～26.5mm 集料代替(替代法)，也可采用直径口 ϕ152.4mm 的大型圆柱体试件。大型圆柱体试件适用于集料公称最大粒径不大于 37.5mm 的情况。试验室成型的一组试件的数量不得少于 4 个，必要时宜增加至 5～6 个。

②用拌合厂及施工现场采集的拌和沥青混合料成品试样制作直径 ϕ101.6mm 的试件时，按下列规定选用不同的方法及试件数量：

当集料公称最大粒径小于或等于 26.5mm 时，可直接取样(直接法)。一组试件的数量通常为 4 个。

当集料公称最大粒径大于 26.5mm，但不大于 31.5mm 时，宜将大于 26.5mm 的集料筛除后使用(过筛法)，一组试件数量仍为 4 个，如采用直接法，一组试件的数量应增加至 6 个。

当集料公称最大粒径大于 31.5mm 时，必须采用过筛法。筛的筛孔为 26.5mm，一组试件的数量仍为 4 个。

2. 仪器设备

(1)标准击实仪：由击实锤、ϕ98.5mm 平圆形压实头及带手柄的导向棒组成。用人工或机械将压实锤举起，从 457.2mm±1.5mm 高度沿导向棒自由落下击实，标准击实锤质量4 536g±9g。

大型击实仪：由击实锤、ϕ149.5mm 平圆形压实头及带手柄的导向棒(直径 15.9mm)组成。用机械将压实锤举起，从 457.2mm±2.5mm 高度沿导向棒自由落下击实，大型击实锤质量 10 210g±10g。

(2)标准击实台：用以固定试模，在 200mm×200mm×457mm 的硬木墩上面有一块 305mm×305mm×25mm 的钢板，木墩用 4 根型钢固定在下面的水泥混凝土板上。木墩采用青冈栎、松或其他干密度为 0.67～0.77g/cm^3 的硬木制成。人工击实或机械击实均必须有此标准击实台。

自动击实仪是将标准击实锤及标准击实台安装一体并用电力驱动使击实锤连续击实试件且可自动记数的设备，击实速度为 60 次/min±5 次/min。大型击实法电动击实的功率不小于 250W。

(3)试验室用沥青混合料拌合机：能保证拌和温度并充分拌合均匀，可控制拌和时间，容量不小于 10L，如图 13－19 所示。搅拌叶自转速度 70～80r/min，公转速度 40～50r/min。

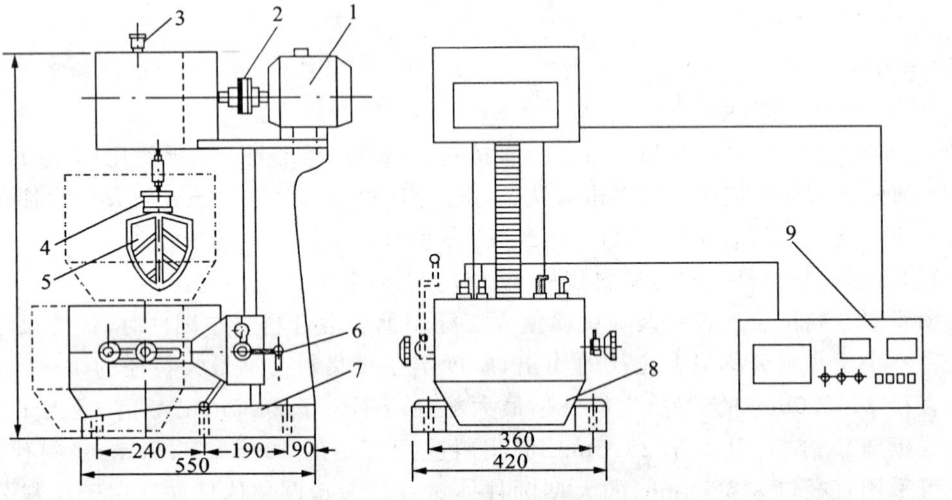

图 13－19　试验室用沥青混备料拌合机

1. 电机；2. 联轴器；3. 变速箱；4. 弹簧；5. 拌和叶片；6. 升降手柄；7. 底座；8. 加热拌合锅；9. 温度时间控制仪

(4)脱模器：电动或手动，可无破损地推出圆柱体试件，备有标准圆柱体试件及大型圆柱体试件尺寸的推出环。

(5)试模：由高碳钢或工具钢制成，每组包括内径 101.6mm±0.2mm、高 87mm 的圆柱形金属筒，底座(直径约 120.6mm)和套筒(内径 101.6mm、高 70mm)各 1 个。

大型圆柱体试件的试模与套筒如图 13－20 所示。套筒外径 165.1mm，内径 155.6mm±0.3mm，总高 83mm。试模内径 152.4mm±0.2mm，总高 115mm，底座板厚 12.7mm，直径 172mm。

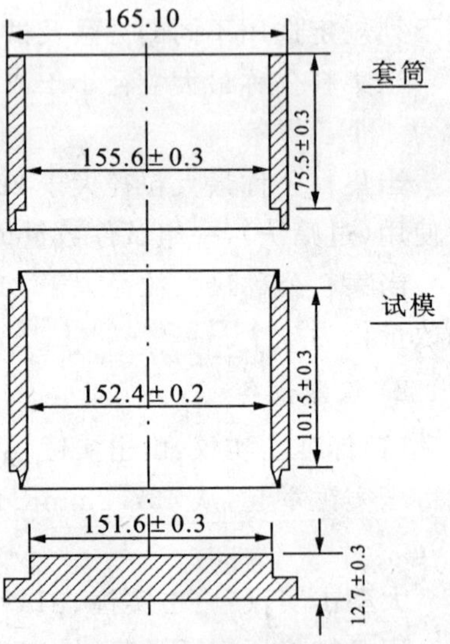

图 13－20　大型圆柱体试件的试模与套筒

(6)烘箱：大、中型各一台，有温度调节器。

(7)天平或电子秤：用于称矿料的，感量不大于 0.5g；用于称沥青的，感量不大于 0.1g。

(8)沥青运动黏度测定设备：毛细管黏度计、赛波特重油黏度计或布洛克菲尔德黏度计。

(9)插刀或大螺丝刀。

(10)温度计：分度值不大于 1℃。宜采用有金属插杆的热电偶沥青温度计，金属插杆的长度不小于 300mm。量程 0～300℃，数字显示或度盘指针的分度 0.1℃，且有留置读数功能。

(11)其他：电炉或煤气炉、沥青熔化锅、拌合铲、标准筛、滤纸(或普通纸)、胶布、卡尺、秒表、粉笔、棉纱等。

3. 试验方法

(1)混合料的拌制。

①选用确定制作沥青混和料试件的拌合与压实温度，可按表 13-9 选用，并根据沥青品种和标号作适当调整。针入度小、稠度大的沥青取高限，针入度大、稠度小的沥青取低限，一般取中值。对改性沥青，应根据改性剂的品种和用量，适当提高混合料的拌和与压实温度，对大部分聚合物改性沥青，需要在基质沥青的基础上提高 15～30℃左右，掺加纤维时，尚需再提高 10℃左右。

表 13-9 沥青混合料拌和及压实温度参考表

沥青结合料种类	拌和温度(℃)	压实温度(℃)
石油沥青	130～160	120～150
煤沥青	90～120	80～110
改性沥青	160～175	140～170

②将各种规格的矿料置于 105℃±5℃烘箱中烘干至恒重(一般不少于 4～6h)。根据需要，粗集料可先用水冲洗干净后烘干；也可将粗细集料过筛后，用水冲洗再烘干备用。

③按规定试验方法分别测定不同规格粗、细集料及填料的各种密度，并测定沥青的密度。

④将烘干分级的粗细集料，按每个试件设计级配要求称其质量，在一金属盘中混合均匀，矿粉单独加热，置烘箱中预热至沥青拌和温度以上约 15℃(石油沥青通常为 163℃)备用。一般按一组试件(每组 4～6 个)备料，但进行配合比设计时宜对每个试件分别备料。当用替代法时，对粗集料中粒径大于 26.5mm 的部分，以 13.2～26.5mm 粗集料等量代替。

⑤将采集的沥青试样，用恒温烘箱或油浴、电热套熔化加热至规定的沥青混合料拌和温度备用，但不得超过 175℃。当不得已采用燃气炉或电炉直接加热进行脱水时，必须使用石棉垫隔开。用沾有少许黄油的棉纱擦净试模、套筒及击实座等，并置 100℃左右烘箱中加热 1h 备用。

⑥将沥青混合料拌合机预热至拌和温度以上 10℃备用。

⑦将每个试件预热的粗细集料置于拌合机中，用小铲适当混合，然后再加入需要数量的已加热至拌和温度的沥青，开动拌和机一边搅拌，一边将拌和叶片插入混合料中拌和 1～1.5min，然后暂停拌和，加入单独加热的矿粉，继续拌和至均匀为止，并使沥青混合料保持在要求的拌和温度范围内，标准的总拌和时间为 3min。

(2)试件成型。

①将拌好的沥青混合料，均匀称取一个试件所需的用量(标准试件约 1 200g)。如已知沥青混合料的密度，可根据试件的标准尺寸计算并乘以 1.03 得到要求沥青混合料数量。当一次拌和几个试件时，宜将其倒入经预热的金属盘中，用小铲拌和均匀分成几份，分别取用。试件

制作过程中，为防止混合料温度下降，应连盘放入烘箱中保温。

②从烘箱中取出预热的试模及套筒，用沾有少许黄油的棉纱擦拭套筒、底座及击实锤底面，将试模装在底座上，垫一张圆形的吸油性小的纸，按四分法从四个方向用小铲将混合料铲入试模中，用插刀沿周边插捣 15 次，中间 10 次。插捣后将沥青混合料表面整平成凸圆弧面。

③插入温度计，至混合料中心附近，检查混合料温度。

④待混合料温度达到要求的压实温度后，将试模连同底座一起放在击实台上固定，也可在装好的混合料上垫一张吸油性小的圆纸，再将装有击实锤及导向棒的压实头插入试模中，然后开启电动机（或人工）将击实锤从 457mm 的高度自由落下击实规定的次数（75 次、50 次或 35 次）。

⑤试件击实一面后，取下套筒，将试模掉头，装上套筒，再以同样的方法和次数击实另一面。

⑥试件击实结束后，如上下面垫有圆纸，应立即用镊子取掉，用卡尺量取试件离试模上口的高度并由此计算试件高度，如高度不符合要求时，试件应作废，并按下式调整试件的混合料数量，使高度符合 63.5mm±1.3mm 的标准试件的要求。

⑦卸去套筒和底座，将装有试件的试模横向放置冷却至室温后（不少于 12h），置脱模机上脱出试件。并将试件仔细置于干燥洁净的平面上，供试验用。

4. 试验记录（表 13－10）

表 13－10　沥青混合料试件制作试验　（击实法）记录表

试样编号			试样来源			
试样名称			初拟用途			
配合组成	组成材料名称		配合时所需质量(g)		配合比(%)	
试件编号	制备日期	成形温度 T(℃)	成形压力 F_0(Pa)	时间尺寸(mm)		试件用途
				高度 h	直径 d	

试验者______　计算者______　校核者______　实验日期______

二、沥青混合料马歇尔稳定度试验

1. 目的与适用范围

(1)本方法适用于马歇尔稳定度试验和浸水马歇尔稳定度试验，以进行沥青混合料的配合比设计或沥青路面施工质量检验。浸水马歇尔稳定度试验供检验沥青混合料受水损害时抵抗剥落的能力时使用，通过测试其水稳定性检验配合比设计的可行性。

(2)本方法适用于标准马歇尔试件圆柱体和大型马歇尔试件圆柱体。测定方法必须符合JTJ 052T 0709－2000 的规定。

2. 仪器设备

(1)沥青混合料马歇尔试验仪:符合国家标准《沥青混合料马歇尔试验仪》(GB/T 11823)技术要求的产品,对用于高速公路和一级公路的沥青混合料宜采用自动马歇尔试验仪,用计算机或 X－Y 记录仪记录荷载-位移曲线,并具有自动测定荷载与试件垂直变形的传感器、位移计,能自动显示或打印试验结果。对 ϕ63.5mm 的标准马歇尔试件,试验仪最大荷载不得小于25kN,测定精度为 100N,加载速率应能保持 50mm/min±5mm/min。钢球直径 16mm,上下压头曲率半径为 50.8mm。当采用 ϕ152.4mm 大型马歇尔试件时,试验仪最大荷载不得小于50kN,读数准确度为 100N。上下压头的曲率内径为 152.4mm±0.2mm,上下压头间距19.05mm±0.1mm。

大型马歇尔试件的压头尺寸如图 13－21 所示。

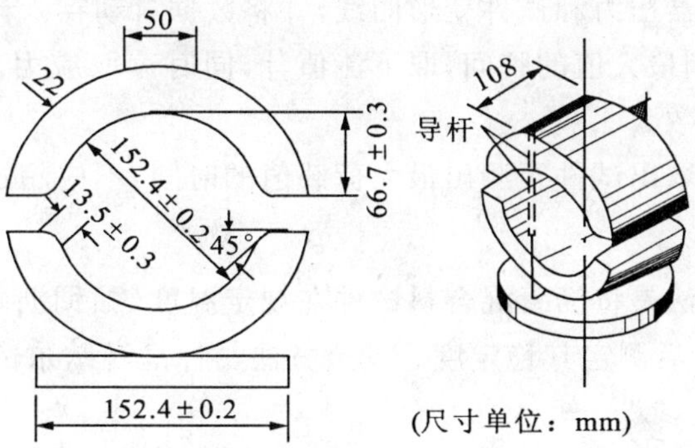

图 13－21　大型马歇尔试件的压头

(2)恒温水槽:控温准确度为 1℃,深度不小于 150mm。

(3)真空饱水容器:包括真空泵及真空干燥器。

(4)烘箱。

(5)天平:感量不大于 0.1g。

(6)温度计:分度为 1℃。

(7)卡尺。

(8)其他:棉纱,黄油。

3. 试验方法

(1)按照前述方法成型马歇尔试件,标准的马歇尔试件尺寸应符合直径 101.6mm±0.2mm,高 63.5mm±1.3mm 的要求。一组试件不得少于 4 个。

(2)测量试件直径和高度:用卡尺测量试件中部的直径,用马歇尔试件高度测定器或卡尺在十字对称的 4 个方向量测离试件边缘 10mm 处的高度,准确至 0.1mm,并取 4 个值的平均值作为试件的高度。如试件高度不符合 63.5mm±1.3mm 要求或两侧高度差大于 2mm 时,此试件应作废。

(3)将测定密度后的试件置于恒温水槽中,对于标准的马歇尔试件保温时间需 30～

40min。试件之间应有间隔，并架起，试件离水槽底部不小于 5cm。恒温水槽的温度分别为：黏稠石油沥青混合料或烘箱养生的乳化沥青混合料温度为 60℃±1℃，煤沥青混合料为 33.8℃±1℃，空气养生的乳化沥青或液体沥青混合料为 25℃±1℃。

(4)将马歇尔试验仪的上下压头放入水槽或烘箱中达到同样温度。再将试件取出置于下压头上，盖上上压头，然后装在加载设备上。

(5)在上压头的球座上放妥钢球，并对准荷载测定装置的压头。

(6)采用自动马歇尔试验仪时，将自动马歇尔试验仪的压力传感器、位移传感器与计算机或 X-Y 记录仪正确连接，调整好适宜的放大比例。调整好计算机程序或将 X-Y 记录仪的记录笔对准原点。

(7)采用压力环和流值计时，将流值计安装在导棒上，使导向套管轻轻地压住上压头，同时将流值计读数调零。调整压力环中百分表，对零。

(8)启动加载设备，使试件承受荷载，加载速度为 50mm/min±5mm/min。计算机或 X-Y 记录仪自动记录传感器压力和试件变形曲线，并将数据自动存入计算机。

(9)当试验荷载达到最大值的瞬间，取下流值计，同时读取应力环中百分表或荷载传感器读数及流值计的流值读数。

(10)从恒温水槽中取出试件至测出最大荷载值的时间，不应超过 30s。

4. *浸水马歇尔试验*

浸水马歇尔试验方法是将沥青混合料试件在规定温度(黏稠沥青混合料为 60℃±1℃)的恒温水槽中保温 48h，然后测定其稳定度。其余方法与标准马歇尔试验方法相同。

5. *结果计算*

(1)试件的稳定度及流值。

①当采用自动马歇尔试验仪时，将计算机采集的数据绘制成压力和试件变形曲线。曲线上最大荷载为稳定度，以 kN 计；相应于荷载最大值时的变形为流值，以 mm 计。

②采用压力环和流值计测定时，根据压力环标定曲线，将压力环中百分表的读数换算为荷载值，或者由荷载测定装置读取的最大值即为试样的稳定度(MS)，以 kN 计，准确至 0.01kN。由流值计及位移传感器测定装置读取的试件垂直变形，即为试件的流值(FL)，以 mm 计，准确至 0.1mm。

(2)试件的马歇尔模数按下式计算。

$$T=\frac{MS}{FL} \tag{13-6}$$

式中：T——试件的马歇尔模数(kN/mm)；

MS——试件的稳定度(kN)；

FL——试件的流值(mm)。

(3)试件的浸水残留稳定度按下式计算。

$$MS_0=\frac{MS_1}{MS}\times 100 \tag{13-7}$$

式中：MS_0——试件的浸水残留稳定度(%)；

MS_1——试件浸水 48h 后的稳定度(kN)。

6. 试验结果报告

(1)当一组测定值中某个测定值与平均值之差大于标准差的 k 倍时,该测定值应予舍弃,并以其余测定值的平均值作为试验结果。当试件数目 n 为 3、4、5、6 个时,k 值分别为 1.15、1.46、1.67、1.82。

(2)采用自动马歇尔试验时,试验结果应附上荷载-变形曲线原件或自动打印结果,并报告马歇尔稳定度、流值、马歇尔模数,以及试件尺寸、试件密度、空隙率、沥青用量、沥青体积百分率、沥青饱和度、矿料间隙率等各项物理指标。

7. 试验记录(表 13-11)

表 13-11　沥青混合料稳定度试验记录表

试样编号				试样来源			
试样名称				初拟用途			
试样编号	稳定度(kN)				流值 FL (mm)	马歇尔模数 T(kN/mm)	备注
	百分表读数 (1/100mm)	折算稳定度	修正系数 k	稳定度 MS(kN)			

试验者________　计算者________　校核者________　实验日期________

参考文献

高琼英. 建筑材料[M]. 武汉:武汉理工大学出版社,2002

耿洪滨,吴宜勇. 新编工程材料[M]. 哈尔滨:哈尔滨工业大学出版社,2000

国家建材局标准化研究所编. 混凝土常用标准汇编(上、下)[M]. 北京:中国标准出版社,2000

湖南大学,天津大学等合编. 建筑材料(第四版)[M]. 北京:中国建筑工业出版社,1997

黄晓明,潘钢华等. 土木工程材料[M]. 南京:东南大学出版社,2001

建材局标准化所编. 建筑材料标准汇编[M]. 北京:中国标准出版社,2000

李铭臻. 新编建筑工程材料[M]. 北京:中国建材工业出版社,1997

吴科如,张雄等. 土木工程材料[M]. 上海:同济大学出版社,2003

现行建筑材料规范大全[M]. 北京:中国建筑工业出版社,2000

徐光黎,刘丰收,唐辉明. 现代加筋土技术理论与工程应用[M]. 武汉:中国地质大学出版社,2004

姚燕. 实施水泥新标准技术资料汇编[M]. 北京:中国标准出版社,2001

中国建筑科学研究院. 普通混凝土配合比设计规程(JGJ 55-2000)[M]. 北京:中国建筑工业出版社,2001

中华人民共和国国家标准. 土工合成材料术语和定义(GBT 13759-2009). 北京:中国标准出版社,2009

中华人民共和国交通部. 公路工程沥青与沥青混合料试验规程(JTJ 052-2000)[M]. 北京:人民交通出版社,2000

中华人民共和国交通行业. 公路加筋土工程设计规范(JTJ 015-91)[M]. 北京:人民交通出版社,1991

中华人民共和国行业标准. 公路工程土工合成材料试验规程(JTG_E 50-2006). 北京:人民交通出版社,2006

中华人民共和国行业标准. 土工合成材料测试规程(SL. T 235-1999)[M]. 北京:中国水利水电出版社,1999

Jewell R A. Links between the testing, modeling and design of reinforced soil[J]. Earth Reinforcement Practice, Ochiai, Hayashi and Otani(eds). Balkema, Rotterdam 1993, 2: 755～772

ジオテキスタイル補強土工法普及委員会. ジオテキスタイルを用いた補強土の設計. 施工マニュアル[M]. 東京:財団法人 土木研究センター